中等职业学校以工作过程为导向课程改革实验项目
电气运行与控制专业核心课程系列教材

电气控制基础电路安装与调试

岳丽英 主 编
孙宝林 主 审

机 械 工 业 出 版 社

本书是北京市教育委员会实施的“北京市中等职业学校以工作过程为导向课程改革实验项目”的电气运行与控制专业系列教材之一，依据北京市教育委员会与北京教育科学研究院组织编写的“北京市中等职业学校以工作过程为导向课程改革实验项目”电气运行与控制专业教学指导方案、电气控制基础电路安装与调试课程标准，并参照相关国家职业标准和行业职业技能鉴定规范编写而成。

本书主要内容包括小型三相异步电动机、大功率三相异步电动机、绕线转子异步电动机、双速电动机、直流电动机接触器控制线路的安装与调试，PLC 控制系统的安装与调试，变频器控制电路的安装与调试。

本书可作为中等职业学校、技工学校电气运行与控制专业、电气技术专业教材。

为了便于教学，本书随书配有工作页。同时本书还配有国家示范性职业学校《电气运行与控制专业》精品课程数字化资源。

图书在版编目（CIP）数据

电气控制基础电路安装与调试/岳丽英主编．—北京：机械工业出版社，2014.3（2025.1 重印）

中等职业学校以工作过程为导向课程改革实验项目

电气运行与控制专业核心课程系列教材

ISBN 978-7-111-45753-4

Ⅰ．①电… Ⅱ．①岳… Ⅲ．①电气控制-控制电路-安装-中等专业学校-教材②电气控制-控制电路-调试方法-中等专业学校-教材 Ⅳ．①TM571.2

中国版本图书馆 CIP 数据核字（2014）第 024366 号

机械工业出版社（北京市百万庄大街 22 号 邮政编码 100037）

策划编辑：高 倩 责任编辑：张晓媛 版式设计：霍永明

责任校对：陈延翔 封面设计：路恩中 责任印制：常天培

固安县铭成印刷有限公司印刷

2025 年 1 月第 1 版第 7 次印刷

184mm×260mm · 20.5 印张 · 502 千字

标准书号：ISBN 978-7-111-45753-4

定价：49.90 元

电话服务 网络服务

客服电话：010-88361066 机 工 官 网：www.cmpbook.com

010-88379833 机 工 官 博：weibo.com/cmp1952

010-68326294 金 书 网：www.golden-book.com

机工教育服务网：www.cmpedu.com

编写说明

为更好地满足首都经济社会发展对中等职业人才需求，增强职业教育对经济和社会发展的服务能力，北京市教育委员会在广泛调研的基础上，深入贯彻落实《国务院关于大力发展职业教育的决定》及《北京市人民政府关于大力发展职业教育的决定》文件精神，于2008年启动了“北京市中等职业学校‘以工作过程为导向’课程改革实验项目”，旨在探索以工作过程为导向的课程开发模式，构建理论实践一体化、与职业资格标准相融合，具有首都特色、职教特点的中等职业教育课程体系和课程实施、评价及管理的有效途径和方法，不断提高技能型人才培养质量，为北京率先基本实现教育现代化提供优质服务。

历时五年，在北京市教育委员会的领导下，各专业课程改革团队学习、借鉴先进课程理念，校企合作共同建构了对接岗位需求和职业标准，以学生为主体、以综合职业能力培养为核心、理论实践一体化的课程体系，开发了汽车运用与维修等17个专业教学指导方案及其232门专业核心课程标准，并在32所中职学校、41个试点专业进行了改革实践，在课程设计、资源建设、课程实施、学业评价、教学管理等多方面取得了丰富成果。

为了进一步深化和推动课程改革，推广改革成果，北京市教育委员会委托北京教育科学研究院全面负责17个专业核心课程教材的编写及出版工作。北京教育科学研究院组建了教材编写委员会和专家指导组，在专家和出版社编辑的指导下有计划、按步骤、保质量完成教材编写工作。

本套教材在编写过程中，得到了北京市教育委员会领导的大力支持，得到了所有参与课程改革实验项目学校领导和教师的积极参与，得到了企业专家和课程专家的全力帮助，得到了出版社领导和编辑的大力配合，在此一并表示感谢。

希望本套教材能为各中等职业学校推进课程改革提供有益的服务与支撑，也恳请广大教师、专家批评指正，以利进一步完善。

北京教育科学研究院

2013年7月

前言

本书是根据“北京市中等职业学校以工作过程为导向课程改革实验项目”中电气运行与控制专业“电气控制基础电路安装与调试”课程标准编写的。

2008年北京市在中等职业学校电气运行与控制专业开展了“以工作过程为导向”的课程开发实验项目，该项目根据电气运行与控制专业岗位群的典型工作任务，在企业调研的基础上，通过实践专家进行研讨，对典型工作任务的工作过程、工作岗位、工作对象、工具与器材、工作方法、劳动组织、对工作及工作对象的要求等进行分析，完成了工作任务分析表。在职业教育专家的指导下，根据工作过程导向课程开发的指导思想，将工作过程的工作项目和内容转化为学习的课程内容，构建了电气运行与控制专业全新的理实一体化教学模式的课程体系，形成了行动导向的教学指导方案和课程标准。

本书在编写过程中进行了大量的企业调研，许多企业专家参与了典型职业活动分析，并经过职业教育专家的指导将典型职业活动转化为学习领域课程，突破了以往学科体系教材编写理念。本书在编写的过程中以能力为本位，以工作过程为导向，以项目为载体，以实践为主线，以学生为中心，本着符合行业企业需求，紧密结合生产实际，跟踪先进技术，强化应用，注重实践的原则设计应用项目，同时本着“必需”、“够用”的原则围绕所设计的项目组织理论知识。在任务实施过程中强调技能、知识要素与情感态度价值观要素相融合。

本课程主要采用行动导向教学法，在教学过程中建议采用项目式教学，综合运用多媒体、模型、实物展示等手段，以个人自主学习、小组合作、角色扮演等多种方式，组织学生进行实际操作或模拟实物操作，在学生完成职业活动的同时，特别注重对常用工具、仪表使用等基本技能训练和团结协作、安全环保意识等职业素质培养。教学情境要根据现场设备、技术、工艺发展动态及时进行相应的调整和改进。

本书学时分配建议如下：

单元名称	项目名称	学时
学习单元一　继电—接触器控制电路	项目一　台式钻床控制电路安装与调试	20
	项目二　工作台自动往返控制电路安装与调试	8
	项目三　两台风机顺序起动控制电路安装与调试	8
	项目四　大功率风机星—三角减压起动电路安装与调试	8
	项目五　卷扬机电磁制动控制电路安装与调试	8
	项目六　双速风机运行控制电路安装与调试	8
	项目七　起重机绕线转子异步电动机控制电路安装与调试	8
	项目八　电梯直流门机电路安装与调试	8

（续）

单元名称	项目名称	学时
学习单元二　PLC控制电路	项目九　PLC控制三相异步电动机电路安装与调试	18
	项目十　PLC控制霓虹灯电路安装与调试	12
	项目十一　PLC控制七段数码管电路安装与调试	6
学习单元三　变频器控制电路	项目十二　变频器控制电路安装与调试	16
合计		128

本书由北京铁路电气化学校岳丽英主编，王亚妮、张宗耀、李忠生参编。其中学习单元一的项目一任务三、项目二、项目四、项目七由岳丽英编写；学习单元二由王亚妮编写；学习单元一的项目一任务一、任务二，项目五，项目六由张宗耀编写；项目三、项目八、学习单元三由李忠生编写。

本书由孙宝林主审，在编写过程中还得到了七星华创电子有限公司、ABB、北京奥的斯电梯有限公司、北京地铁车辆段、图新燕园科技有限公司、三菱电梯有限公司、首钢薄板轧钢厂等大量企业的支持与参与，同时企业专家孙宝林、王贯山及北京市教科院职教专家柳燕君、苏永昌、孙雅筠、陈昊、李玉崑均给予本书悉心指导，在此一并表示感谢。

由于编者水平有限，书中难免有错误及不妥之处，希望广大读者、同行、老师提出批评指正，在此表示衷心感谢！

编　者

CONTENTS 目录

目录 CONTENTS

学习单元一

UNIT 1

继电—接触器控制电路

单元概要描述

本单元以台式钻床、自动往返运动工作台、两台风机、大功率风机、卷扬机、双速风机、起重机、电梯门机为载体，以台式钻床、自动往返运行工作台、两台风机电控柜、大功率风机电控柜、卷扬机电磁制动控制电路、起重机绕线转子异步电动机控制电路、电梯直流门机控制电路的安装、调试任务为主线，引导学生认识常用低压电器，学习三相异步电动机点动控制电路、连续控制电路、正反转控制电路、自动往返控制电路、顺序控制电路、星—三角减压起动控制电路、电磁制动控制电路，双速电动机控制电路，绕线转子异步电动机转子回路串电阻起动控制电路，直流电动机控制电路工作原理。学会正确安装、调试三相异步电动机点动控制电路、连续控制电路、正反转控制电路、自动往返控制电路、顺序控制电路、星—三角减压起动电路、电磁制动控制电路，双速电动机控制电路，绕线转子异步电动机转子回路串电阻起动控制电路，直流电动机控制电路，并能进行简单故障的处理。

学习单元一

项目一 台式钻床控制电路安装与调试

任务一　台式钻床点动运行控制电路安装与调试

※任务目标※

1. 识别常用刀开关、熔断器、接触器、断路器和按钮，掌握其结构、符号、原理、作用、选用及安装方法，并能正确使用。
2. 正确识读台式钻床点动运行控制电路原理图，会分析其工作原理。
3. 能根据台式钻床点动运行控制电路图安装、调试电路。
4. 能根据故障现象对台式钻床点动运行控制电路的简单故障进行排查。

※任务描述※

某车间要安装一台台式钻床（简称台钻），如图 1-1 所示。现在为此钻床安装点动控制电路，要求三相异步电动机采用继电—接触器控制，点动运行，要求设置短路、欠电压、失电压保护。电动机的型号是 YS6324，其额定电压为 380V，额定功率为 180W，额定转速为 1400r/min，额定电流为 0.65A。

※相关知识※

一、认识常用低压电器

1. 刀开关

刀开关旧称为闸刀开关或隔离开关。刀开关在电路中的作用是：隔离电源，以确保电路和设备维修的安全。其中以熔体作为动触头的，称为熔断器式刀开关，简称刀熔开关。

（1）外形　图 1-2 为刀开关外形图及内部结构。

（2）型号及含义

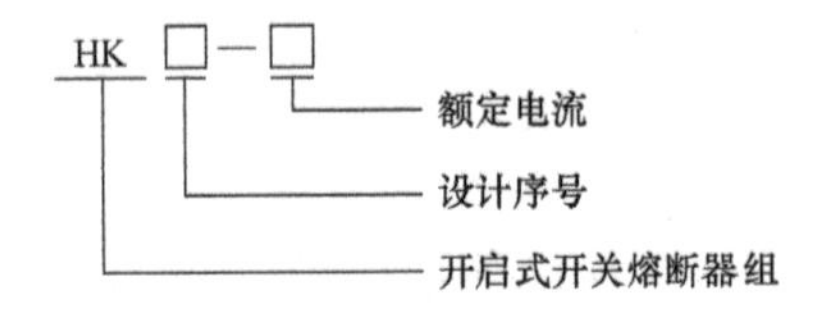

（3）结构及符号　HK 系列负荷开关由刀开关和熔断器组合而成，外形结构及符号如

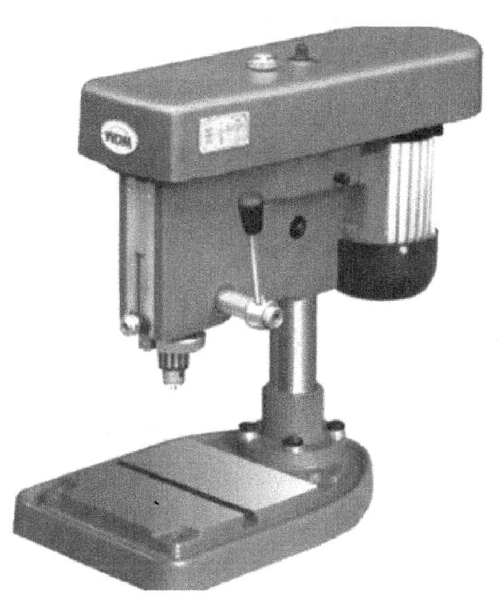

图 1-1　台式钻床

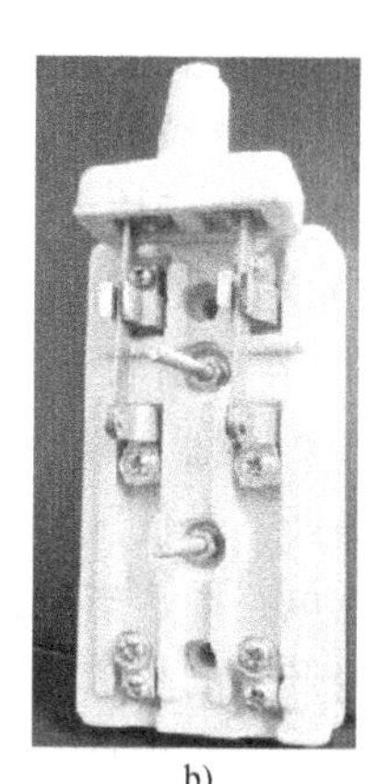

a)　　b)

图 1-2　刀开关外形图及内部结构
a）外形图　b）内部结构

图 1-3 所示。开关的瓷底座上有进线座、静触头、熔体、出线座和带瓷质手柄的刀式动触头，上面盖有胶盖以防止操作时触及带电体或分断时产生的电弧飞出伤人。

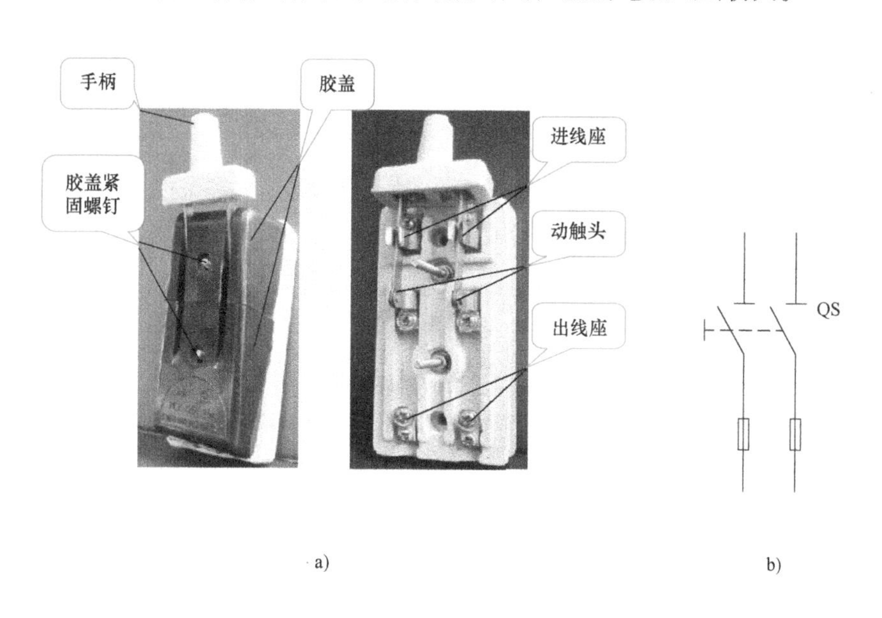

图 1-3　HK 系列负荷开关结构图及符号
a）结构　b）符号

（4）选用

1）用于照明和电热负载时，选用额定电压 220V 或 250V，额定电流不小于电路所有负载额定电流之和的两极开关。

2）用于控制电动机的直接起动和停止时，选用额定电压 380V 或 500V，额定电流不小于电动机额定电流 3 倍的三极开关。

（5）安装与使用

1）开启式开关熔断器组必须垂直安装，且合闸状态时手柄应朝上。不允许倒装或平装，以防发生误合闸事故。

2）开启式开关熔断器组的上接线端应接电源进线，负载接在下接线端。

3）开启式开关熔断器组用作电动机的控制开关时，应将开关的熔体部分用铜导线直连，并在出线端另外加装熔断器作为短路保护。

4）安装后应检查闸刀和静触头的接触是否直接或紧密。

5）更换熔体时，必须在闸刀断开的情况下按原规格更换。

6）在分闸和合闸操作时，应动作迅速，使电弧尽快熄灭。

2. 熔断器

熔断器是低压配电网络和电力拖动系统中主要用作短路保护的电器。使用时串联在被保护的电路中，当电路发生短路故障时，通过熔断器的电流达到或超过某一规定值时，以其自身产生的热量使熔体熔断，从而自动分断电路，起到保护作用。它具有结构简单、价格便宜、动作可靠、使用维护方便等优点，因此得到广泛应用。

（1）外形　图 1-4 所示为熔断器外形图。

a)

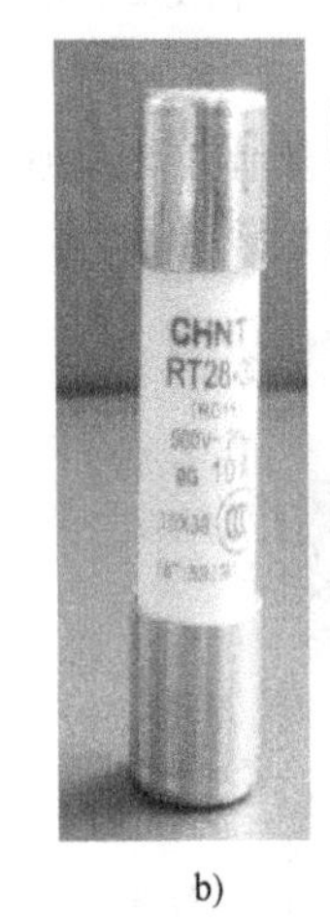

b)

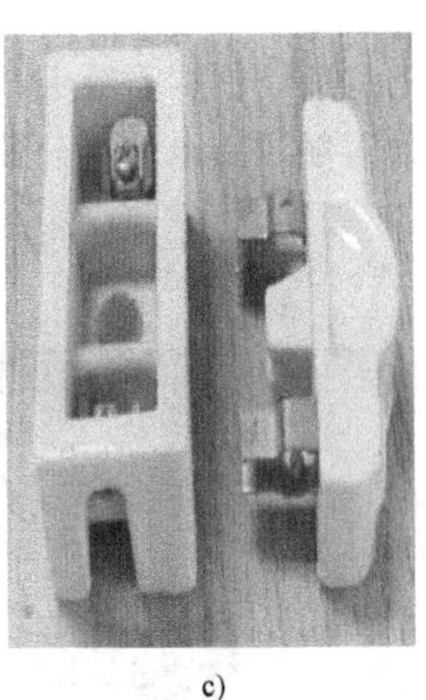

c)

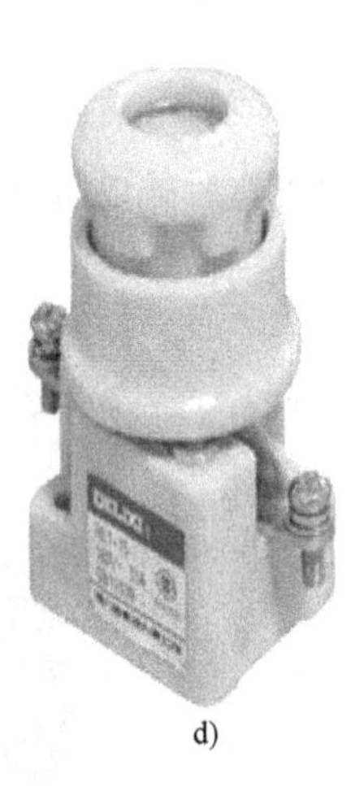

d)

图 1-4　熔断器外形图

a）RT-18 系列熔断器　b）RT-18 系列熔断器熔体　c）插入式熔断器　d）螺旋式熔断器

（2）型号及含义

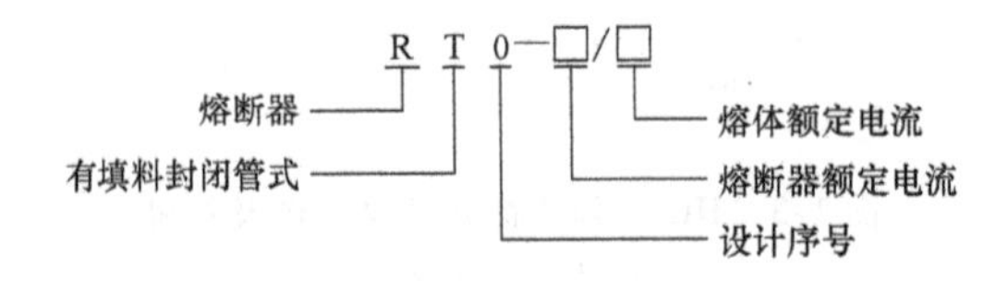

（3）结构及符号　图 1-5 为熔断器的结构及符号。

（4）选用

1）用于家用电器的熔断器。配置原则是按家用电器全部使用时总电流的 1.05 ~ 1.15 倍来配置。

2）用于高、低压断路器合闸回路。用于高、低压断路器电磁型合闸机构合闸回路的合闸熔断器通常按断路器合闸电流的 1/3 配置。

3）用于低压电动机的瞬时型短路保护。对于轻负荷起动或起动时间短配置的熔断器，其大小按电动机额定电流的5～6倍设置；对于起动过程超过8s甚至更长时间，以及频繁起动的电动机，熔断器按电动机额定电流的5～7倍配置。

4）对于多台小容量电动机共用线路短路保护。按其中一台最大容量的电动机额定电流的1.5～2.5倍与余下所有电动机额定电流之和来整定。

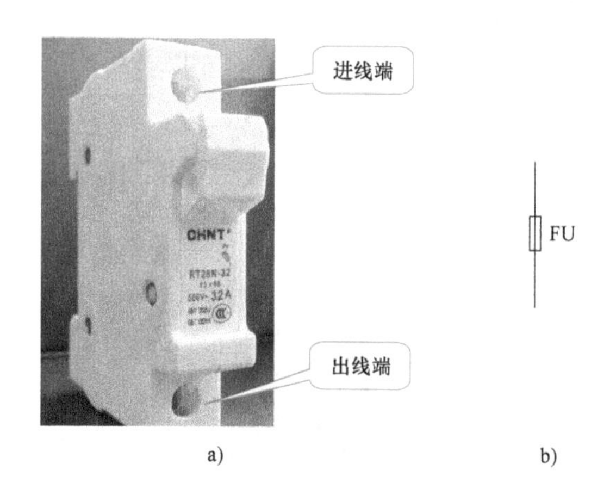

图1-5　熔断器结构及符号
a）结构　b）符号

（5）安装与使用

1）熔断器应完整无损，接触紧密可靠，并标出额定电压、额定电流的值。

2）圆筒帽形熔断器应垂直安装，接线遵循“上进下出”，若采用螺旋式熔断器，电源进线应接在底座中心点的接线端子上，被保护的用电设备应接在与螺口相连的接线端子上，遵循“低进高出”。

3）安装熔断器时，各级熔体应相互配合，并要求上一级熔体额定电流大于下一级熔体的额定电流。

4）熔断器兼作隔离目的使用时，应安装在控制开关的进线端；若仅作短路保护使用时，应安装在控制开关的出线端。

3. 交流接触器

接触器是一种自动的电磁式开关，适用于远距离频繁地接通或断开交、直流主电路及大容量控制电路。其主要控制对象是电动机，也可用于控制其他负载，它不仅能实现远距离自动操作和欠电压释放保护功能，而且具有控制容量大、工作可靠、操作频率高、使用寿命长等优点，因而在电力拖动系统中得到了广泛应用。

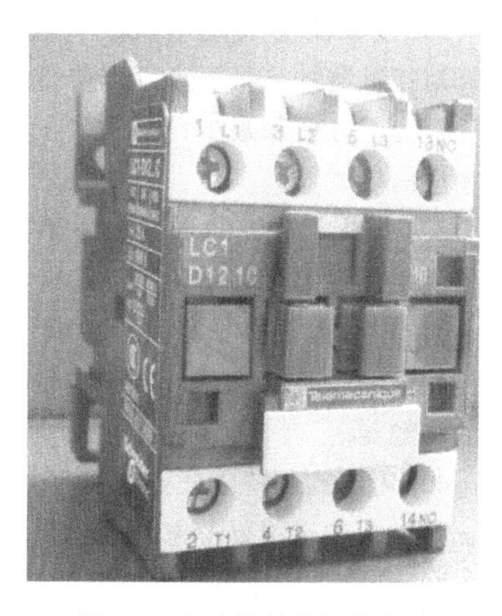

图1-6　交流接触器的外形图

（1）外形　图1-6为交流接触器的外形图。

（2）型号及含义

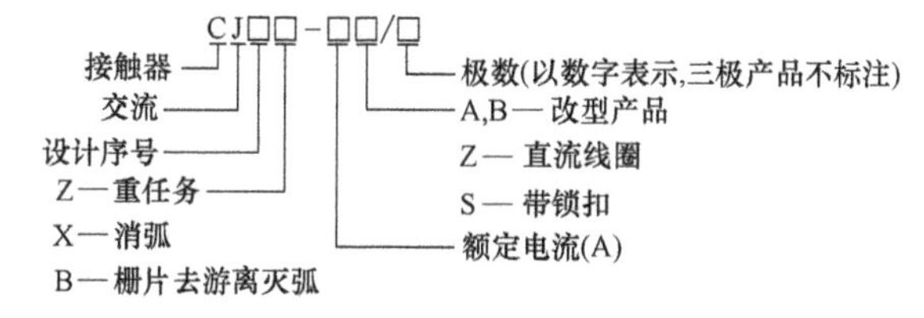

（3）结构及符号　图1-7为交流接触器结构及符号。

（4）工作原理　交流接触器的工作原理如图1-8所示。当接触器的线圈通电后，线圈中流过的电流产生磁场，使铁心产生足够大的吸力，克服反作用弹簧的反作用力，将衔铁吸合，通过传动机构带动三对主触头和辅助常开触头闭合，辅助常闭触头断开。当接触

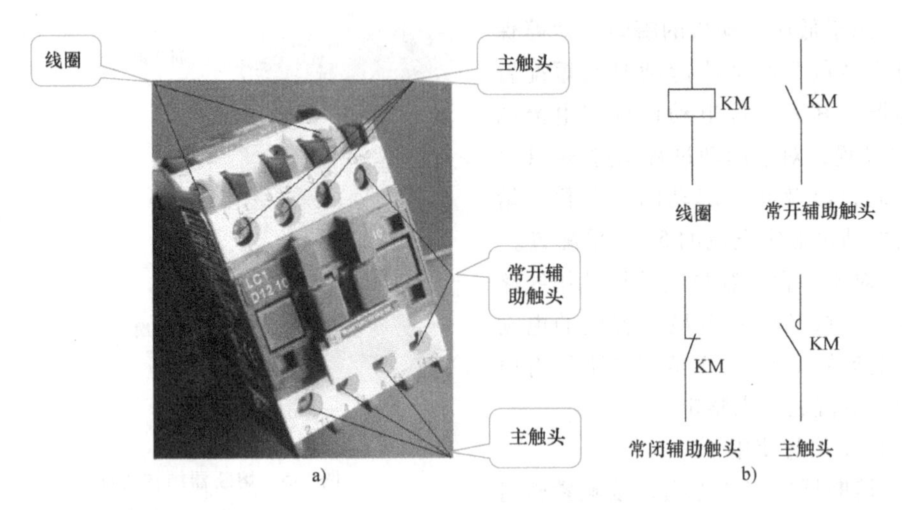

图 1-7　交流接触器结构及符号

a）结构　b）符号

器线圈断电或电压显著下降时，由于电磁吸力消失或过小，衔铁在反作用弹簧力的作用下复位，带动各触头恢复到原始状态。

（5）选用

1）接触器的线圈电压，一般应低一些为好，这样对接触器的绝缘要求可以降低，使用时也较安全。但为了方便和减少设备，常按实际电网电压选取相应的接触器。

2）如果电动机的操作频率不高，则选用的接触器满足额定电流大于负荷额定电流即可。

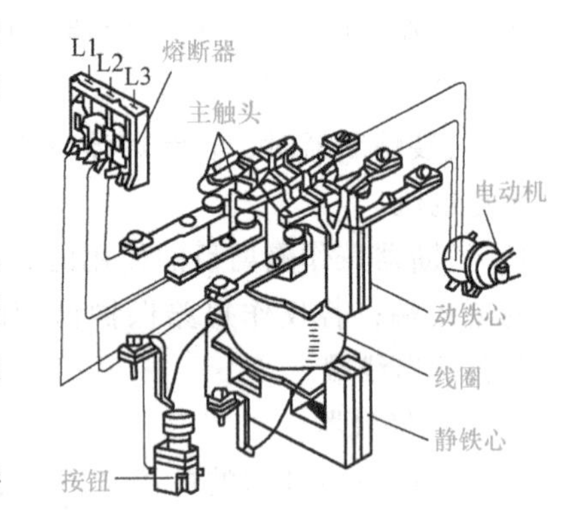

图 1-8　交流接触器的工作原理

3）用于控制重任务型电动机（如机床中的主电机和升降设备、绞盘、破碎机等中的电动机）时，应选用额定电流大于电动机额定电流的接触器。

4）用于控制特重任务电机（如印刷机、镗床等设备中的电动机）时，因操作频率很高，接触器的选用要考虑具连续开断能力及起动电流。

5）交流回路中的电容器投入电网或从电网中切除时，接触器选择应考虑电容器的合闸冲击电流。一般地，接触器的额定电流可按电容器的额定电流的 1.5 倍选取。

6）用接触器对变压器进行控制时，应考虑浪涌电流的大小。一般可按变压器额定电流的 2 倍选取接触器。

7）接触器额定电流是指接触器在长期工作状态下的最大允许电流，持续时间小于等于 8h，且安装于敞开的控制板上。如果冷却条件较差，选用接触器时，接触器的额定电流按负荷额定电流的 110% ~120% 选取。对于长时间工作的电动机，由于其氧化膜没有机会得到清除，其接触电阻增大，导致触点发热超过允许温升。因此在实际选用时，所选接触器的额定电流应高于实际电流的 1.3 倍。

（6）安装与使用

1）交流接触器一般应安装在垂直面上，倾斜度不得超过 5°；若有散热孔，则应将有孔的一面放在垂直方向上，以利散热，并按规定留有适当的飞弧空间，以免飞弧烧坏相邻电器。

2）安装和接线时，注意不要将零件失落或掉入接触器内部。安装孔的螺钉应装有弹簧垫圈和平垫圈，并拧紧螺钉以防振动松脱。

3）安装完毕，检查接线正确无误后，在主触头不带电的情况下操作几次，然后测量产品的动作值和释放值，所测数值应符合产品的规定要求。

4. 按钮

按钮是一种依靠人体某一部分（一般为手指或手掌）所施加力而动作的操动器，是具有储能（弹簧）复位功能的一种控制开关。按钮的触头允许通过的电流较小，一般不超过5A，因此一般情况下它不直接控制主电路的通断，而是在控制电路中发出指令或信号去控制接触器、继电器等电器，再由它们去控制主电路的通断、功能转换或电气联锁。

a) b)

图1-9 按钮的外形图及内部结构

a）外形 b）内部结构

（1）外形 图1-9为按钮的外形图及内部结构。

（2）型号及含义

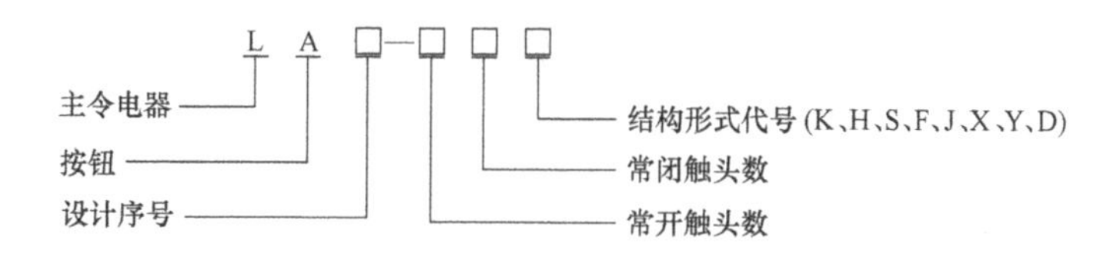

（3）结构及符号 图1-10为按钮的结构及符号。

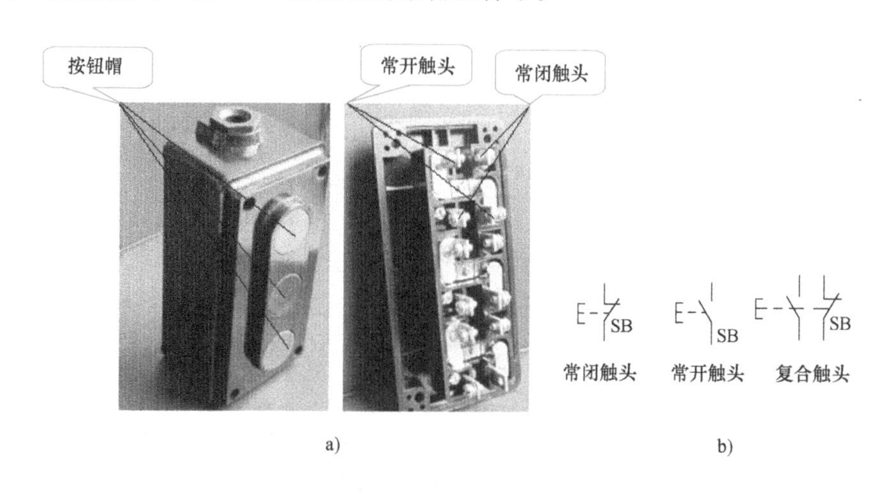

a) b)

图1-10 按钮的结构及符号

a）结构 b）符号

（4）选用　按钮类型选用应根据使用场合和具体用途确定。例如控制柜面板上的按钮一般选用开启式；需显示工作状态则选用带指示灯式；重要设备为防止无关人员误操作就需选用钥匙式。按钮颜色根据工作状态指示和工作情况要求选择，如表 1-1 所示。

表 1-1　按钮颜色及含义明细表

按钮颜色	含义	说　明	应用示例
红	紧急	危险或紧急情况时操作	急停
黄	异常	异常情况时操作	干预制止异常情况
绿	正常	正常情况时起动操作	
蓝	强制性	要求强制动作情况下操作	复位功能

（5）安装与使用

1）将按钮安装在面板上时，应布置整齐，排列合理，可根据电动机起动的先后次序，从上到下或从左到右排列。

2）按钮的安装固定应牢固，接线应可靠。应用红色按钮表示停止，绿色或黑色表示起动或通电，不要搞错。

3）由于按钮触头间距离较小，如有油污等容易发生短路故障，因此应保持触头的清洁。

4）安装按钮的按钮板和按钮盒必须是金属的，并设法使它们与机床总接地母线相连接，对于悬挂式按钮必须设有专用接地线，不得借用金属管作为地线。

5）按钮用于高温场合时，易使塑料变形老化而导致松动，引起接线螺钉间相碰短路，可在接线螺钉处加套绝缘塑料管来防止短路。

6）带指示灯的按钮因灯泡发热，长期使用易使塑料灯罩变形，应降低灯泡电压，延长使用寿命。

7）“停止”按钮必须是红色；“急停”按钮必须是红色蘑菇头式；“起动”按钮必须有防护挡圈，防护挡圈应高于按钮头，以防意外触动使电气设备误动作。

5. 低压断路器

（1）外形　图 1-11 为低压断路器外形图。

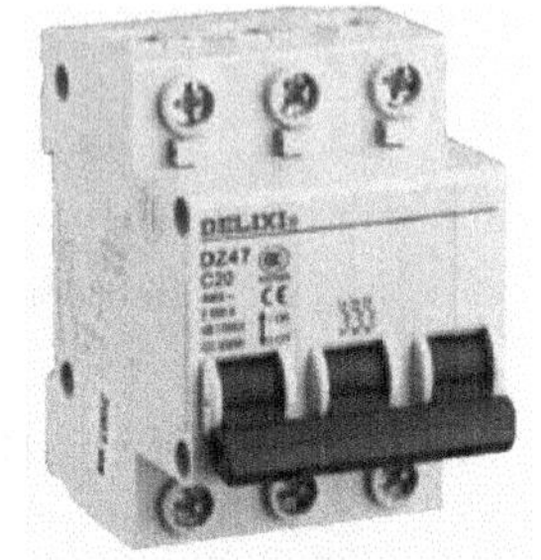

图 1-11　低压断路器外形图

（2）型号及含义

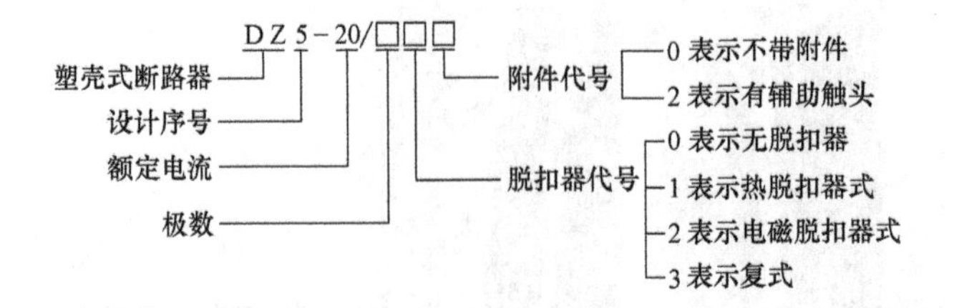

（3）结构及符号　图 1-12 为断路器结构及符号。

（4）工作原理　断路器的工作原理如图 1-13 所示。使用时断路器的三副主触头串联在被控制的三相电路中，按下接通按钮时，外力使锁扣克服反作用弹簧的反作用力，将固定在锁扣上面的动触头与静触头闭合，并由锁扣锁住搭钩使动静触头保持闭合，开关处于接通状态。

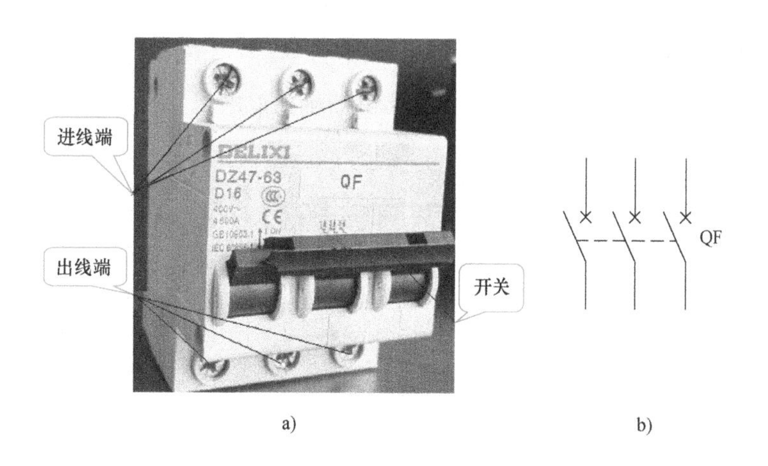

a)　　b)

图 1-12　断路器结构及符号

a）结构　b）符号

当线路发生过载时，过载电流流过热元件产生一定的热量，使双金属片受热向上弯曲，通过杠杆推动搭钩与锁扣脱开，在反作用弹簧的推动下，动静触头分开，从而切断电路，使用电设备不致因过载而烧毁。

当线路发生短路故障时，短路电流超过电磁脱扣器的瞬时脱扣整定电流，电磁脱扣器产生足够大的吸力将衔铁吸合，通过杠杆推动搭钩与锁扣分开，从而切断电路，实现短路保护。低压断路器出厂时，电磁脱扣器的瞬时脱扣整定电流一般整定为 $10I_N$（I_N 为断路器的额定电流）。

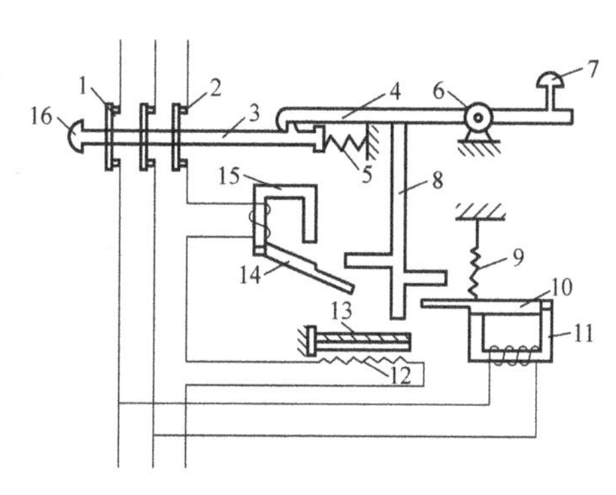

图 1-13　断路器工作原理示意图

1—动触头　2—静触头　3—锁扣　4—搭钩　5—反作用弹簧　6—转轴座　7—分断按钮　8—杠杆　9—拉力弹簧　10—欠压脱扣器衔铁　11—欠压脱扣器　12—热元件　13—双金属片　14—电磁脱扣器衔铁　15—电磁脱扣器　16—接通按钮

欠压脱扣器的动作过程与电磁脱扣器恰好相反。当线路电压正常时，欠压脱扣器的衔铁被吸合，衔铁与杠杆脱离，断路器的主触头能够闭合；当线路上的电压消失或下降到某一数值时，欠压脱扣器的吸力消失或减小到不足以克服拉力弹簧的拉力时，衔铁在拉力弹簧的作用下撞击杠杆，将搭钩顶开，使触头分断。由此也可看出，具有欠压脱扣器的断路器在欠压脱扣器两端无电压或电压过低时，不能接通电路。

（5）选用

1）型号选择。按不同用途选用不同的低压断路器。低压断路器一般分为配电用、照明用、保护电动机用、晶闸管保护用以及漏电保护用等。

2）极数选择。根据控制、保护对象的相数，选择四极、三极、二极、单极低压断路器。

3）额定电压应大于或等于断路器安装处线路的最大工作电压。

（6）安装与使用　断路器的接线方式有板前、板后、插入式、抽屉式，板前接线是常见的接线方式。

二、三相交流异步电动机

（1）外形　图 1-14 所示为三相交流异步电动机外形图。

图 1-14　三相交流异步电动机外形图

（2）型号及含义

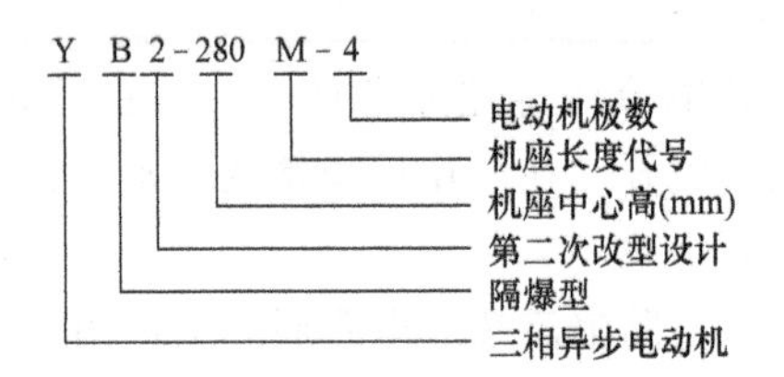

（3）结构及符号　图 1-15 为三相交流异步电动机的结构及符号。

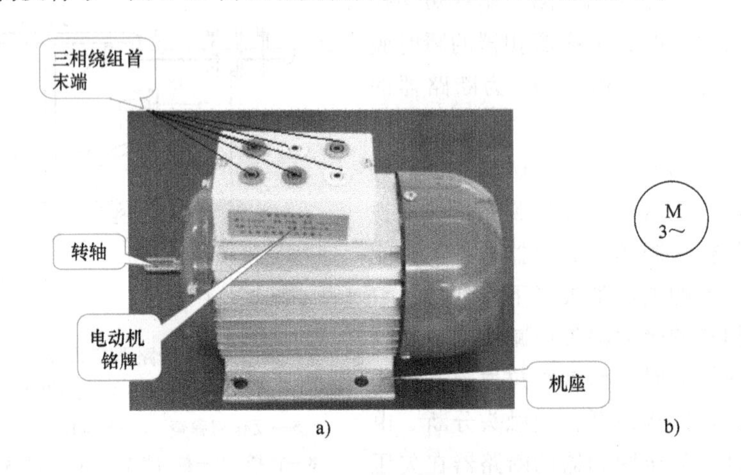

图 1-15　三相交流异步电动机结构及符号

a）结构　b）符号

（4）选用

1）电动机的功率大小是根据生产机械的需要所确定的。连续运行的电动机所选用的电动机的额定功率等于或大于生产机械的功率即可。

2）选择电动机的种类时，需从交流或直流供电、机械特性要求、调速与起动要求、维护及价格等方面考虑。

3）电动机电压等级的选择，要根据电动机的类型，功率以及使用地点的电压来决定。电动机的额定转速根据生产机械的要求而决定，一般选用尽量高转速的电动机。

（5）安装与使用

人抬或吊车吊电动机到安装位置，使机座安装孔套入底脚螺栓中，用水平仪在横向、纵向反复校平，用0.5～5mm厚钢板垫在机座和基础之间，垫平即可。将底脚螺栓上的螺母扳紧，将电动机固定好，再用水平仪测试，直到安装合乎水平。

三、三相异步电动机点动运行控制电路工作原理

图1-16为三相异步电动机点动运行控制电路原理图。

三相异步电动机点动运行控制电路可分成主电路和控制电路两大部分。主电路是从电源L1、L2、L3经电源开关QF，熔断器FU1和接触器KM的主触头到电动机M的电路，它流过的电流较大。控制电路由熔断器FU2、按钮SB到接触器KM的线圈，流过的电流较小。

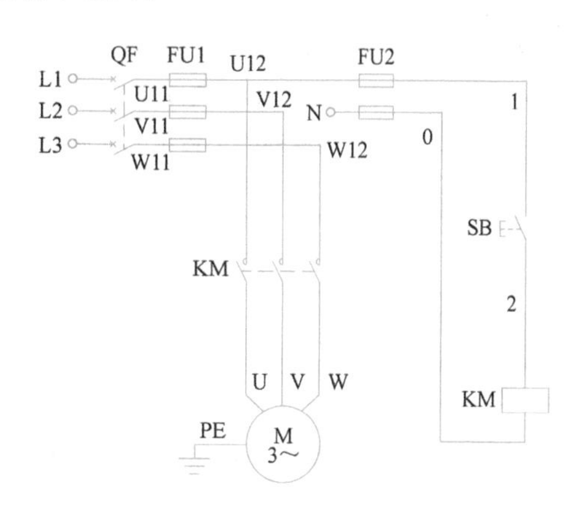

图1-16　三相异步电动机点动运行控制电路原理图

工作原理如下：

合上电源开关QF后，

起动：按下按钮SB→接触器KM因线圈通电而吸合→接触器KM主触头闭合→电动机M运转。

停止：松开按钮SB→接触器KM因线圈断电而释放→接触器KM主触头断开→电动机M停转。

※任务实施※

一、工作准备

1. 绘制电器元件布置图

布置图是把电器元件安装在组装板上的实际位置，采用简化的外形符号（如正方形、矩形、网形）绘制的一种简图，主要用于电器元件的布置和安装。图中各电器元件的文字符号，必须与原理图、接线图相一致。与图1-16相对应的电器元件布置图，如图1-17所示。

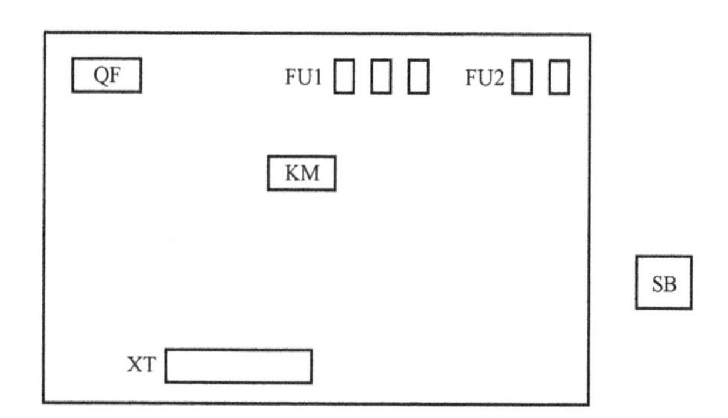

图1-17　三相异步电动机点动运行控制电路电器元件布置图

资料卡片　电器元件布置的一般要求

1）电器元件及其组装板的安装结构应尽量考虑正面拆装。

2）低压断路器的安装应符合产品技术文件的规定，无明确规定时，一般布置在配电板的左上方，即配电板的进线侧，且垂直安装，其倾斜度不应大于5°。断路器与熔断器配合使用时，熔断器应安装在断路器的同一侧。

3）熔断器安装位置及相互间距离应便于熔体的更换。

4）电器元件应有足够的电气间隙及爬电距离以保证设备安全可靠地工作。箱、柜内两导体间，导电体与裸露的不带电的导体间，应符合表1-2中的要求。

表1-2　电气间隙及爬电距离要求

额定电压/V	电气间隙/mm 额定工作电流		爬电距离/mm 额定工作电流	
	≤63A	>63A	≤63A	>63A
60<U≤300	5	6	6	8
300<U≤500	8	10	10	12

5）端子排一般布置在配线板的下方，即配线板的出线侧。所有配电板以外的电器，均需通过端子排连接。

2. 绘制电路接线图

如图1-18所示。

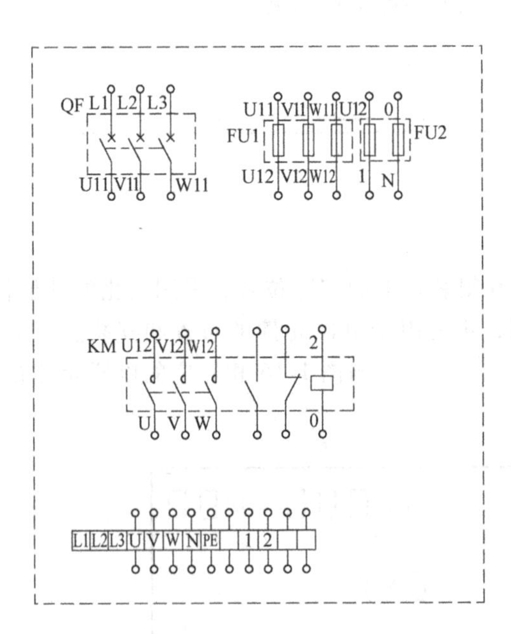

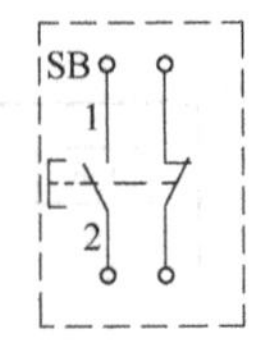

图1-18　三相异步电动机点动运行控制电路接线图

3. 准备工具和材料

根据表1-3控制板安装工具、仪表清单领取工具、仪表，根据表1-4三相异步电动机点动运行控制电路材料明细表领取材料。

表 1-3 控制板安装工具、仪表清单

序号	名称	外形图	序号	名称	外形图
1	压线钳		4	剥线钳	
2	斜口钳		5	一字、十字螺钉旋具	
3	尖嘴钳		6	万用表	

表 1-4 三相异步电动机点动运行控制电路材料明细表

序号	代号	名　　称	型号	规　　格	数量
1	M	三相异步电动机	YS6324	380V、180W、0.65A、1400r/min	1
2	QF	断路器	DZ47—63	380V、25A、整定 20A	1
3	FU1	熔断器	RT18—32	500V，配 10A 熔体	3
4	FU2	熔断器	RT18—32	500V，配 2A 熔体	2
5	KM	接触器	CJX—22	线圈电压 220V、20A	1
6	SB	按钮	LA—18	5A	1
7	XT	端子排	TB1510	600V、15A	1
8		导轨、导线、螺钉等安装套件（控制板安装套件）			1

二、实施步骤

1. 检测电器元件

按表 1-3 配齐所有电器元件，其各项技术指标均应符合规定要求。目测其外观无损坏，手动触头动作灵活，并用万用表进行质量检验，如不符合要求，则予以更换。

2. 安装电路

（1）安装电器元件　在控制板上按图1-17安装电器元件，并贴上醒目的文字符号。其排列位置、相互距离，应符合要求。紧固力适当，无松动现象，元件布置完成如图1-19所示。

（2）布线　在控制板上按照图1-17、图1-18进行布线，如图1-20所示，布线工艺应符合布线要求。

图1-19　三相异步电动机点动运行控制电路电器元件实物布置图

图1-20　三相异步电动机点动运行控制电路控制线路电路板

资料卡片　**板前明线布线工艺要求**

1）布线应横平竖直，垂直拐弯。

2）并行导线，主电路、控制电路的导线分别集成线束结扎。

3）同一平面的导线，应高低一致，避免交叉。

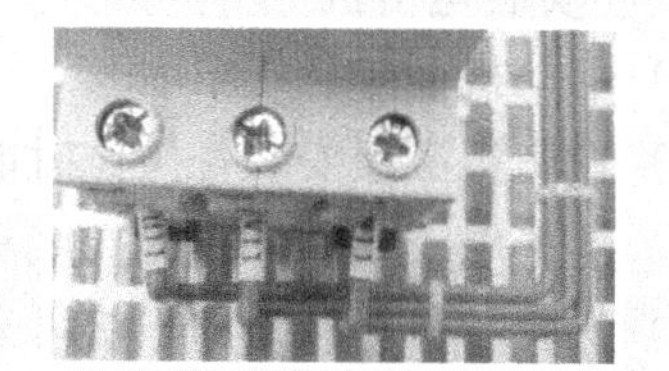

4）导线两端按图套管标号。

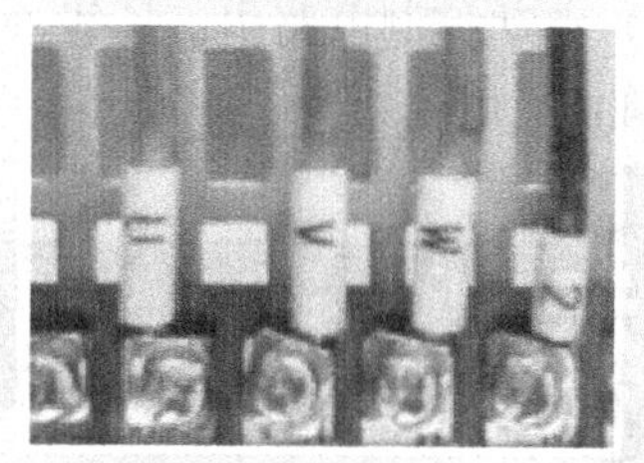

5）连接两接线端子的导线必须是一根线，不得有接头。

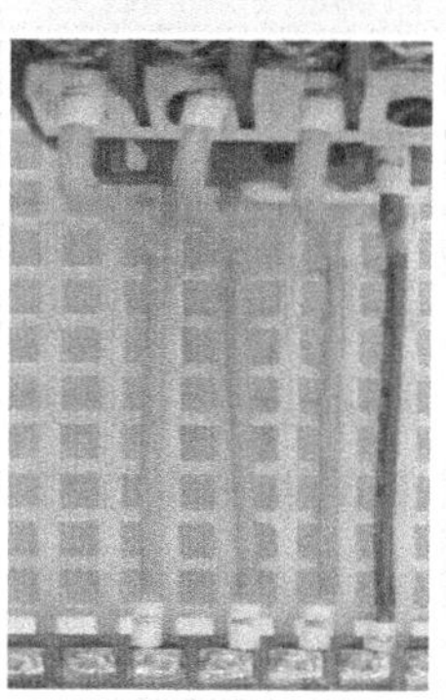

6）导线与端子连接处，不得压绝缘层，也不得露铜过长。

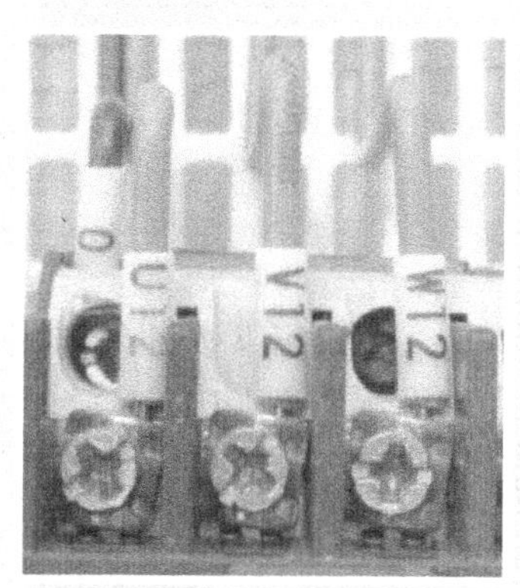

7）电器元件端子接线一般不超过2根，端子排端子接线只允许1根。

（3）安装电动机

1）电动机固定必须牢固。

2）控制板必须安装在操作时能看到电动机的地方，以保证操作安全。

3）连接电源到端子排的导线和主电路到电动机的导线。

4）机壳与保护接地的连接可靠。

5）点动控制电路中，接线法为星形接法，即绕组尾端 U2、V2、W2 两两短接。

（4）通电前检测

提示 三相异步电动机点动控制电路通电前检测提示

1）对照原理图、接线图检查，连接无遗漏。

2）万用表检测：确保电源切断情况下，将万用表打到欧姆挡分别测量主电路、控制电路，通断是否正常。

①未压下 KM 时测 L1-U、L2-V、L3-W；压下 KM 后再次测量 L1-U、L2-V、L3-W。

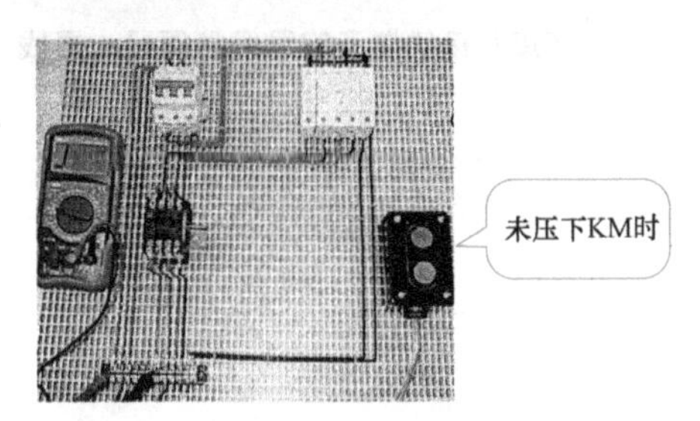

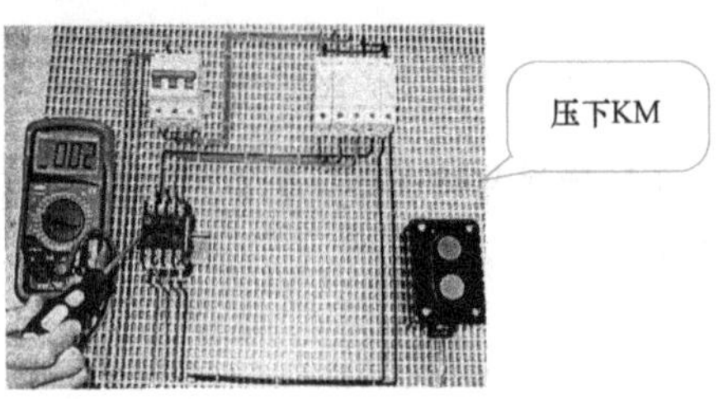

②未压下按钮 SB 时，测量控制电路电源两端（U11-N）。

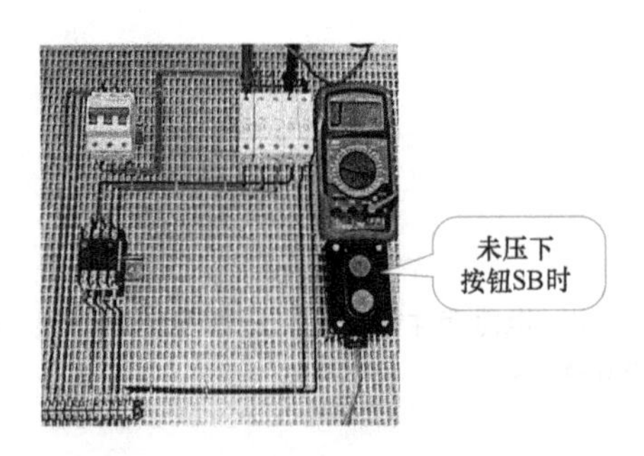

③按下按钮 SB 后，测量控制电路电源两端（U11-N）。

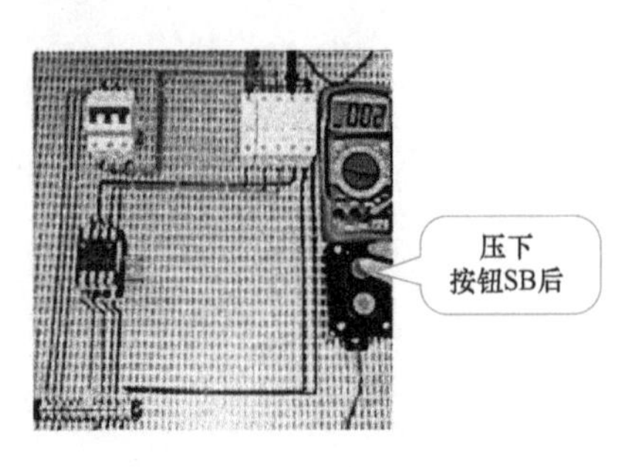

3. 通电试车

为保证人身安全，在通电试车前，要认真执行安全操作规程的有关规定，一人监护，一人操作。试车前应检查与通电试车有关的电气设备是否有不安全的因素存在，若查出应立即整改，然后方能试车。

提示 三相异步电动机点动运行控制电路通电试车提示

1）有振动：查找松动处，紧固。

2）有异常噪声：接触器吸合不实，更换。

3）不转：查找接线遗漏或接错处，更改。

通电试车后，断开电源，先拆除三相电源线，再拆除电动机负载线。

4. 故障排查

▼故障现象　按下起动按钮，接触器线圈不吸合，电动机不转动，此时电路出现了什么故障？

▲故障检修　可按下述检修步骤及要求进行故障排除，如图1-21所示。

1）用通电试验法来观察故障现象。按下起动按钮，接触器线圈不吸合，表明控制电路有故障。

2）用逻辑分析法缩小故障范围，并在电路上用虚线标出故障部位的最小范围。

3）用电压法测量电路。

4）根据故障点的不同情况，采取正确的修复方法，迅速排除故障。

5）排除故障后再次通电试车。

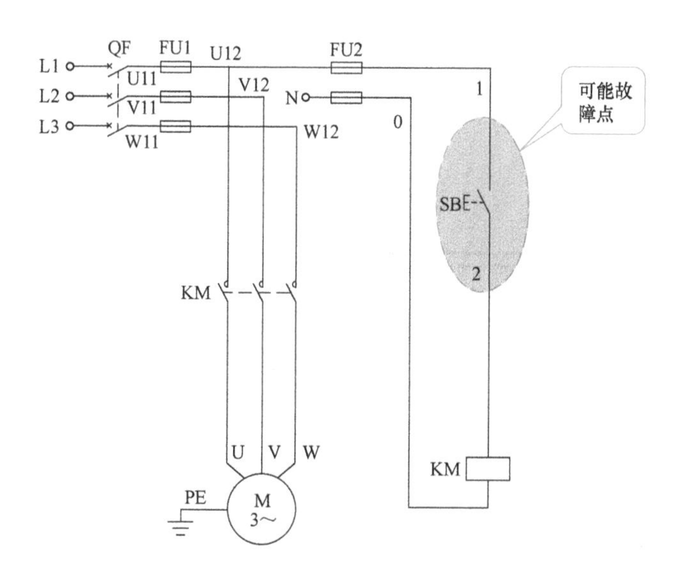

图1-21　点动运行控制电路故障排查

提示 电压法排除故障

分阶测量法

说明：若按下起动按钮 SB，接触器 KM 不吸合，说明电路有故障。

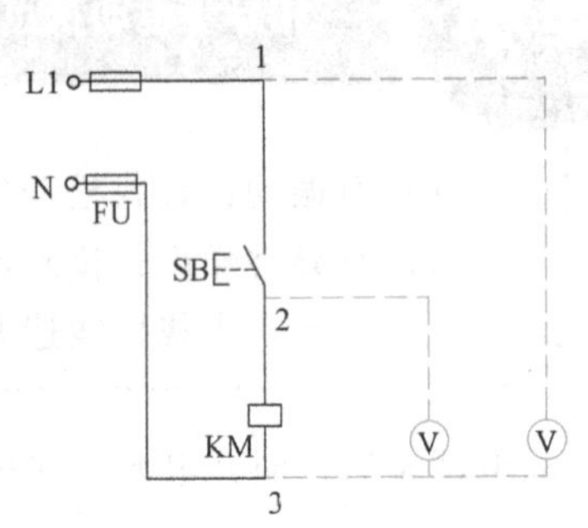

检修时，首先用万用表测量 1－3 两点电压，若电路正常，应为 220V。然后按下起动按钮 SB 不放，同时将黑色表棒接到 3 点上，红色表棒先后接 2、1 点，分别测量 3-2、3-1 两点之间的电压。电路正常情况下，各阶电压均为 220V。如测到 3-2 之间有电压，说明是断路故障。这种测量方法像上台阶一样，所以叫分阶测量法。

分段测量法

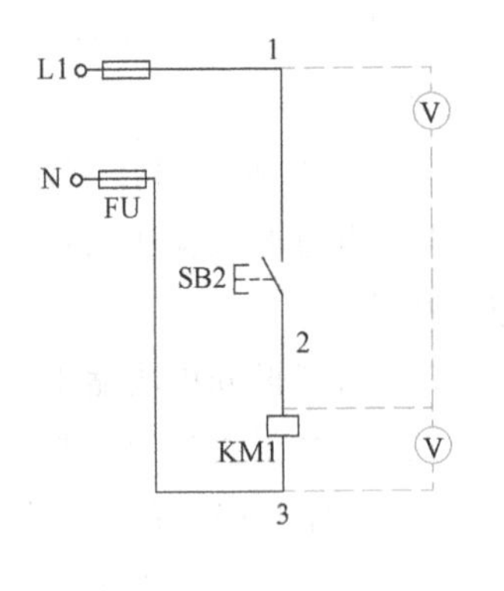

先用万用表测试 1-3 两点，电压为 220V，说明电源电压正常。

电压的分段测试法是用红、黑两根表棒逐段测量相邻两标号点 1-2、2-3 的电压。

如电路正常，则 2-3 两点间的电压等于 220V，1-2两点间的电压应为零。

如按下起动按钮 SB，接触器 KM 不吸合，说明电路断路。可用电压表逐段测量各相邻两点的电压。如测量某相邻两点电压为 220V，说明两点所包含的触头，其连接导线接触不良或断路。

5. 整理现场

整理现场工具及电器元件，清理现场，并根据工作过程填写任务单一，整理工作资料。

※任务评价※

见任务单一。

※任务拓展※

瓷底开启式开关熔断器组控制的电动机起动和停止控制线路如图 1-22 所示。

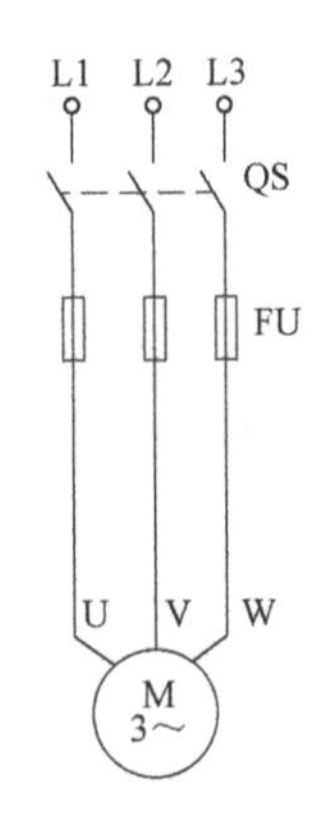

图 1-22　开启式开关熔断器组控制电路

用瓷底开启式开关熔断器组控制电动机的起动和停止，是最简单的手动单方向旋转的控制线路。图 1-22 中开关 QS 起接通或断开电源的作用，熔断器 FU 用作短路保护。

这种线路比较简单，对容量较小、起动不频繁的电动机来说，是经济、方便的起动控制方法。但在容量较大、起动频繁的场合，使用这种方法既不方便，也不安全，还不能进行自动控制。因此，目前广泛采用按钮与接触器来控制电动机的运转。

请完成上述电路的安装与调试。

※巩固与提高※

一、操作练习题

1. 安装刀开关手动控制电动机的控制电路。

2. 比较刀开关手动控制电动机的控制电路与接触器控制三相异步电动机点动运行控制电路的不同。

二、理论练习题

（一）判断题

1. 刀开关只能垂直安装，且合闸状态时手柄应朝上。不允许倒装或平装。（　　）

2. 用于家用电器的熔断器，配置原则是略大于家用电器全部使用时总电流。（　　）

3. “停止”按钮必须是红色；“急停”按钮必须是红色蘑菇头式。（　　）

4. 点动控制电路中，低压断路器有短路保护功能，所以在电路中可以不设置熔断器。（　　）

（二）选择题

1. 按下按钮时，按钮的（　　）触头先动作。

A. 常开　　B. 常闭　　C. 常开常闭

2. 按钮的触头允许通过的电流较小，一般不超过（　　）。

A. 1A　　B. 2A　　C. 5A

3. 当接触器线圈得电时，接触器的（　　）闭合、（　　）断开。

A. 常开辅助触头　　B. 常闭辅助触头　　C. 主触头

4. 断路器具有（　　）、（　　）、（　　）等功能。

A. 过载　　B. 短路　　C. 欠电压　　D. 零压

5. 熔断器额定电压和额定电流的选择。熔断器的额定电压必须（　　）线路的额定电压；熔断器的额定电流必须（　　）所装熔体的额定电流。

A. 大于　　B. 小于　　C. 大于等于　　D. 小于等于

※任务小结※

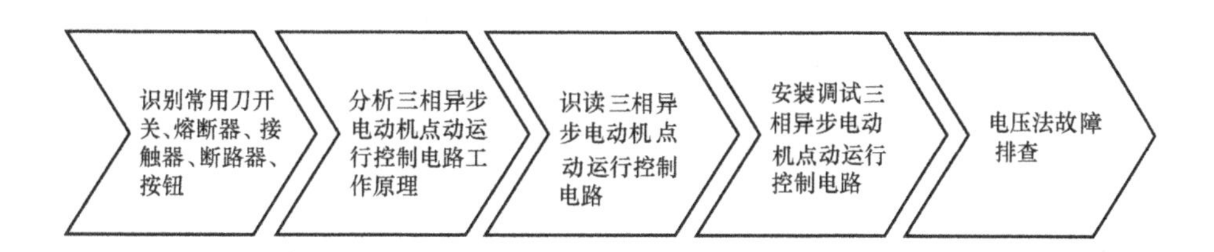

任务二　台式钻床单向连续运行控制电路安装与调试

※任务目标※

1. 识别热继电器，掌握其结构、符号、原理、作用及选用方法，并能正确使用。
2. 正确识读台式钻床单向连续运行控制电路原理图，会分析其工作原理。
3. 能根据台式钻床单向连续运行控制电路图安装、调试电路。
4. 能根据故障现象对台式钻床单向连续运行控制电路的简单故障进行排查。

※任务描述※

某车间要安装一台台式钻床，如图 1-1 所示。现在为此钻床安装单向连续运行控制电路，要求三相异步电动机采用继电—接触器控制，单方向连续运行，要求设置过载、短路、欠电压、失电压保护。电动机的型号是 YS6324，额定电压为 380V，额定功率为 180W，额定转速为 1400r/min，额定电流为 0.65A。

※相关知识※

一、认识热继电器

热继电器是利用流过继电器的电流所产生的热效应而反时限动作的继电器。所谓反时限动作，是指电器的延时动作时间随通过电路电流的增加而缩短。热继电器主要用于电动机的过载保护、断相保护、电流不平衡运行的保护及其他电气设备发热状态的控制。

热继电器的形式有多种，其中双金属片式应用最多。按极数划分热继电器可分为单极、两极和三极三种，其中三极的又包括带断相保护装置的和不带断相保护装置的；按复位方式分，有自动复位式（触头动作后能自动返回原来位置）和手动复位式。

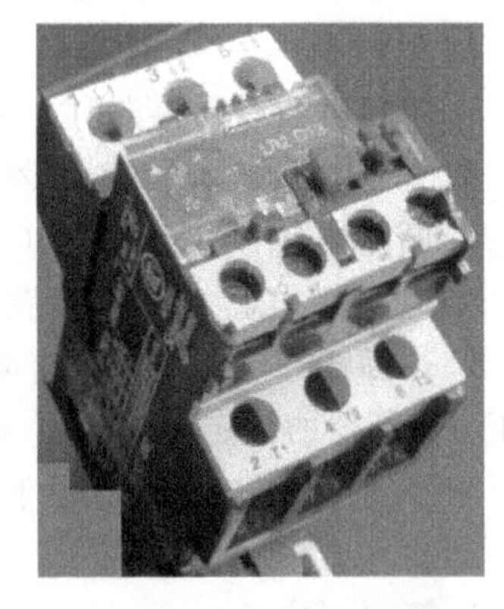

图 1-23　热继电器外形图

（1）外形　图 1-23 为热继电器外形图。

（2）型号及含义

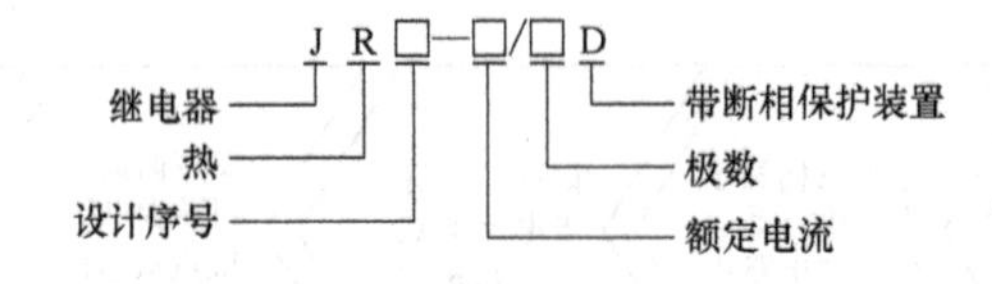

（3）结构及符号　图 1-24 为热继电器结构及符号。

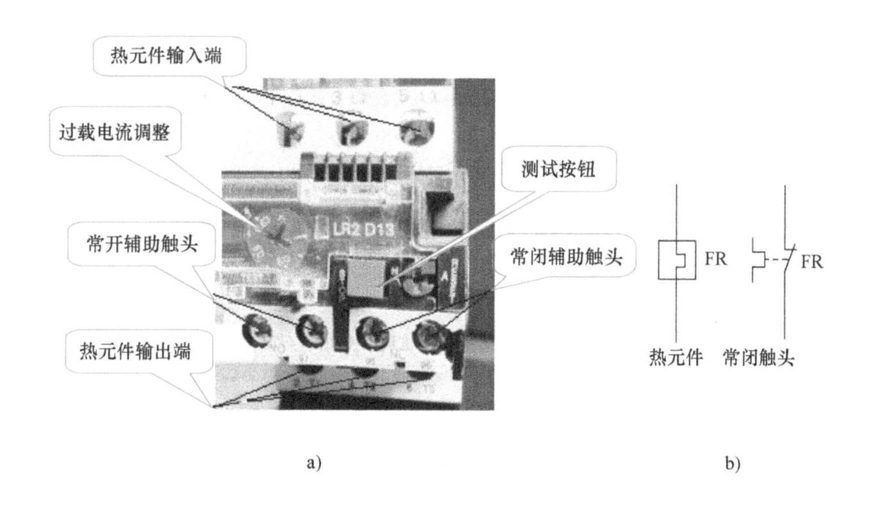

图 1-24 热继电器结构及符号

a）结构 b）符号

（4）工作原理 使用时，将热继电器的三相热元件分别串接在电动机的三相主电路中，常闭触头串接在控制电路的接触器线圈回路中。当电动机过载时，流过电阻丝的电流超过热继电器的整定电流，电阻丝发热，主双金属片向右弯曲，推动导板移动，通过温度补偿双金属片推动推杆绕轴转动，从而推动触头系统动作，动触头与常闭静触头分开，使接触器线圈断电，接触器触头断开，将电源切除起保护作用。电源切除后，主双金属片逐渐冷却恢复原位，于是动触头在失去作用力的情况下，靠弹簧的弹性自动复位。

（5）选用 选择热继电器主要根据所保护电动机的额定电流来确定热继电器的规格和热元件的电流等级。

1）根据电动机的额定电流选择热继电器的规格。一般应使热继电器的额定电流略大于电动机的额定电流。

2）根据需要的整定电流值选择热元件的编号和电流等级。一般情况下，热元件的整定电流为电动机额定电流的 0.95～1.05 倍。

3）根据电动机定子绕组的联结方式选择热继电器的结构形式，即定子绕组作Y联结的电动机选用普通三相结构的热继电器，而作△联结的电动机应选用三相结构带断相保护装置的热继电器。

二、三相异步电动机单向连续运行控制电路工作原理

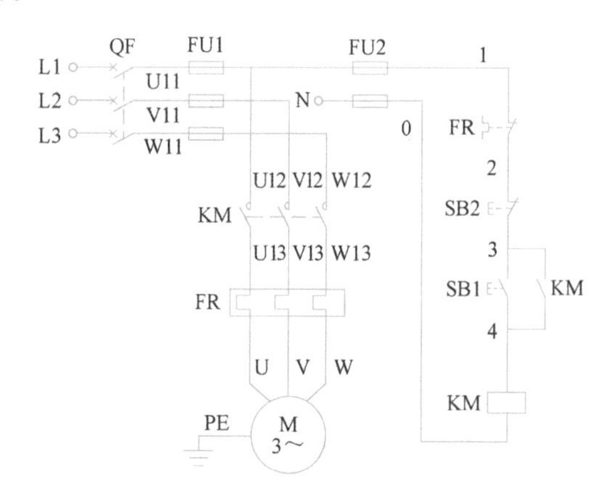

图 1-25 三相异步电动机单向连续运行控制电路原理图

如图 1-25 为三相异步电动机单向连续运行控制电路原理图。

工作原理如下：

起动：按下起动按钮SB1→KM因线圈通电吸合
→ KM常开辅助触头闭合(进行自锁)
→ KM主触头闭合→电动机M运转

这时松开 SB1，接触器 KM 线圈因能通过和 SB1 并联的自锁触头（已处于闭合状态）而继续通电，电动机 M 保持运转。

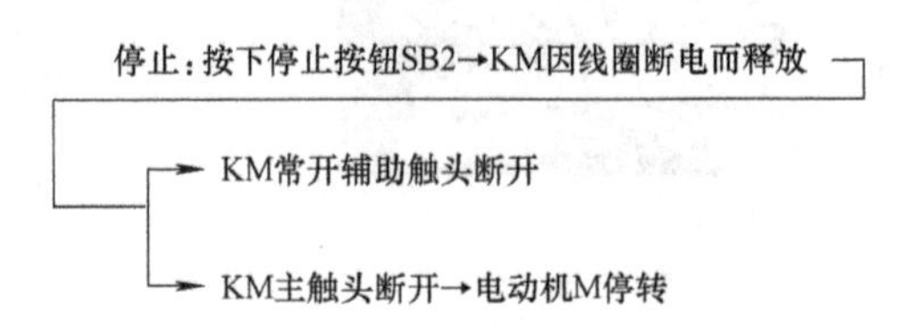

这种当起动按钮松开后，控制电路仍能自动保持接通的线路，叫做具有自锁（或自保）的控制电路。与起动按钮 SB1 并联的 KM 的常开辅助触头叫做自锁（或自保）触头。

※任务实施※

一、工作准备

1. 绘制电器元件布置图

电器元件布置图如图 1-26 所示。

2. 绘制电路接线图

单向连续运行控制电路接线图如图 1-27 所示。

3. 准备工具及材料

根据表 1-2 领取相应工具，根据表 1-5 三相异步电动机单向连续运行控制电路材料明细表领取材料。

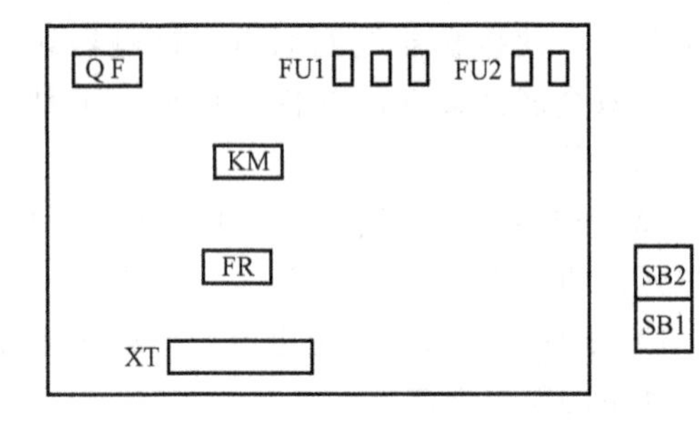

图 1-26 三相异步电动机单向连续运行控制电路电器元件布置图

表 1-5 三相异步电动机单向连续运行控制电路材料明细表

序号	代号	名称	型号	规格	数量
1	M	三相异步电动机	YS6324	380V、180W、0.65A、1400r/min	1
2	QF	断路器	DZ47-63	380V、25A、整定 20A	1
3	FU1	熔断器	RT18-32	500V、配 10A 熔体	3
4	FU2	熔断器	RT18-32	500V、配 2A 熔体	2
5	KM	接触器	CJX-22	线圈电压 220V、20A	1
6	SB1、SB2	按钮	LA-18	5A	2
7	XT	端子排	TB1510	600V、15A	1
8		控制板安装套件			1

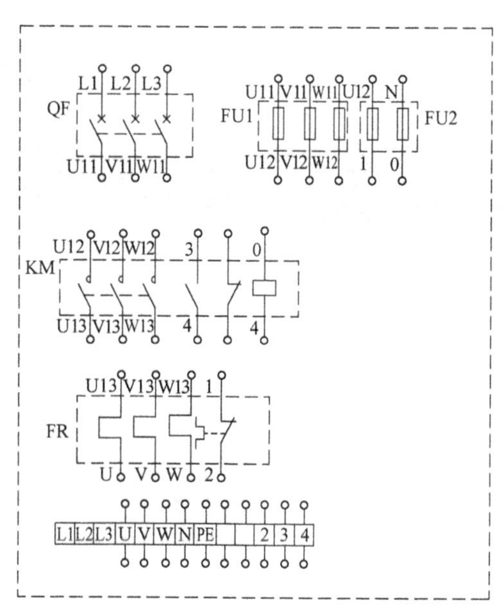

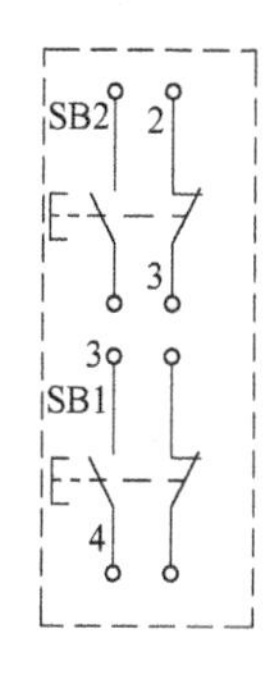

图 1-27　三相异步电动机单向连续运行控制电路接线图

二、任务实施

1. 检测电器元件

按表 1-5 配齐所用电器元件，其各项技术指标均需符合规定要求。目测其外观无损坏，手动触头动作灵活，并用万用表进行质量检验，如不符合要求，则予以更换。

2. 安装电路

（1）安装电器元件　在控制板上按图 1-26 安装电器元件，并贴上醒目的文字符号。其排列位置、相互距离，应符合要求。紧固力适当，无松动现象。实物布置图如图 1-28 所示。

（2）布线　在控制板上按照图 1-26 和图 1-27 进行板前布线，并在导线两端套编码套管。如图 1-29 所示。板前明线布线工艺要求请参照项目一任务一。

图 1-28　三相异步电动机单向连续运行控制电路电器元件实物布置图

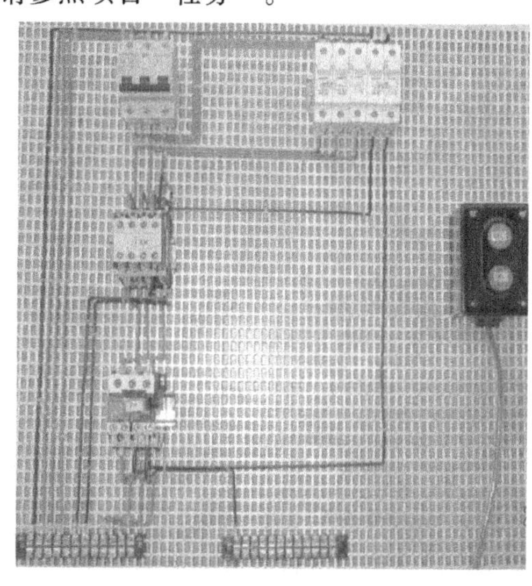

图 1-29　单向连续运行控制电路板

（3）安装电动机　请参考项目一任务一。

（4）通电前检测

提示　三相异步电动机单向连续运行控制电路检测提示

1）对照原理图、接线图检查，连接无遗漏。

2）万用表检测：确保电源切断情况下，分别测量主电路、控制电路，通断是否正常。

①未压下 KM 时，测 L1-U、L2-V、L3-W；压下 KM 后再次测量 L1-U、L2-V、L3-W。

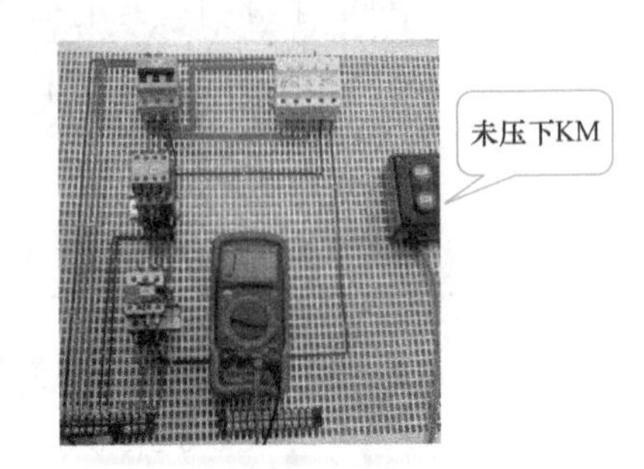

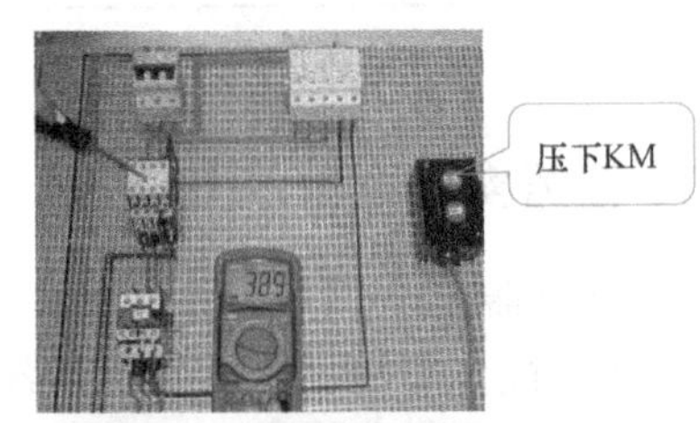

②未压下按钮 SB1 时，测量控制电路电源两端（U11-N）。

③持续压下按钮 SB1，测量控制电路电源两端（U11-N）所示。

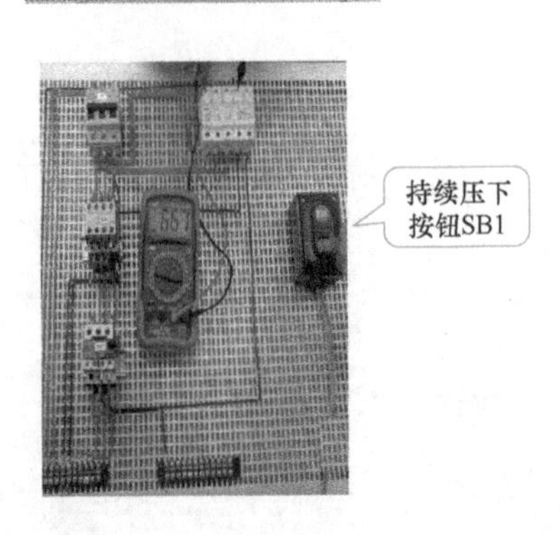

3. 通电试车

为保证人身安全，在通电试车时，要认真执行安全操作规程的有关规定，一人监护，一人操作。试车前应检查与通电试车有关的电气设备是否有不安全的因素存在，若查出应立即整改，然后方能试车。

热继电器的整定值，应在不通电时预先整定好，并在试车时校正，检查熔体规格是否符合要求。在指导教师监护下进行，根据电路图的控制要求独立测试。观察电动机有无振动及异常噪声，若出现故障及时断电查找排除。

提示 调试提示

1）有振动：查找松动处，紧固。

2）有异常噪声：接触器吸合不实，更换。

3）不转：查找接线遗漏或接错处，更改。

通电试车后，断开电源，先拆除三相电源线，再拆除电动机负载线。

4. 故障排查

▼故障现象　按下起动按钮 SB1，台式钻床无反应；此时电路出现什么故障？

▲故障检修　如图 1-30 所示。

1）用通电实验法来观察故障现象。按下起动按钮，接触器线圈不吸合，表明控制电路有故障。

2）用逻辑分析法缩小故障范围，并在电路上用虚线标出故障部位的最小范围。

3）用电阻法测量电路。

4）根据故障点的不同情况，采取正确的修复方法，迅速排除故障。

5）排除故障后通电试车。

提示 电阻法排除故障

分阶测量法

说明：按起动按钮 SB1，若接触器 KM1 不吸合，说明该电气回路有故障。

检查时，先断开电源，把万用表拨到电阻挡，按下 SB1 不放，测量 1-5 两点之间的电阻。如果电阻为无穷大，说明电路断路；然后逐段分阶测量 1-2、1-3、1-4、1-5 两点间的电阻值。当测量到某标号时，若电阻突然增大，说明表笔刚跨过的触头或连接线接触不良或断路。

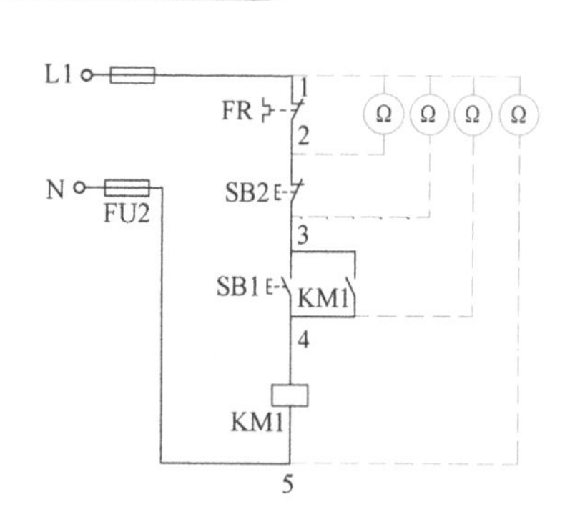

分段测量法

检查时先切断电源，按下起动按钮 SB1，然后逐段测量相邻两标号点 1-2、2-3、3-4 之间的电阻。如测得某两点间电阻很大，说明该触头接触不良或导线断路。例如测得 2-3 两点间电阻很大时，说明起动按钮 SB1 接触不良。

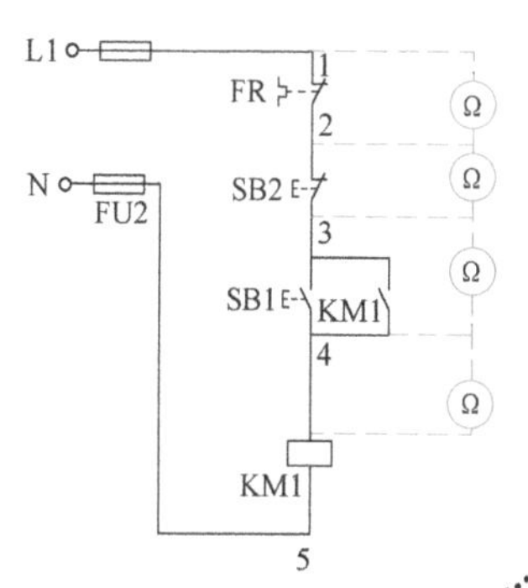

注意事项：电阻测量法的优点是安全；缺点是测量电阻值不准确时易造成判断错误；为此应注意下述几点：

1）用电阻测量法检查故障时一定要断开电源。

2）所测量电路如与其他电路关联，必须将该电路与其他电路断开，否则所测电阻值不准确。

3）测量高电阻电器元件时，要将万用表的电阻挡拨到适当的位置。

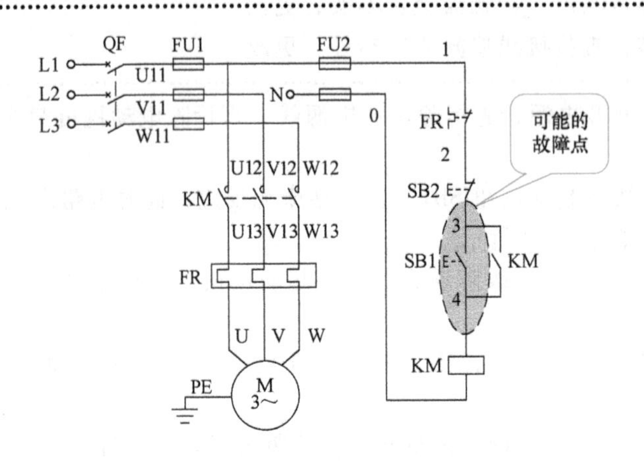

图 1-30　单向连续运行控制电路故障排查

5. 整理现场

整理现场工具及电器元件，清理现场，根据工作过程填写任务单二，整理工作资料。

※任务评价※

见任务单二。

※任务拓展※

三相异步电动机点动与单向连续运行控制的电路，如图 1-31 所示。

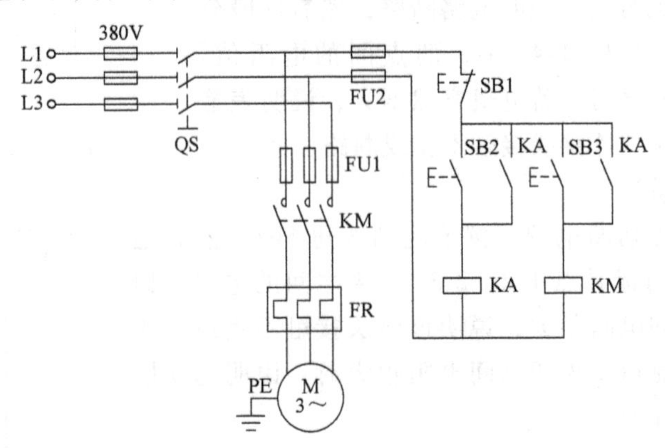

图 1-31　三相异步电动机点动与单向连续运行控制电路原理图

工作原理如下：

先合上电源开关 QS。

（1）电动机的点动运行

按下按钮 SB3，线圈 KM 得电，KM 主触头闭合，电动机转动；

松开按钮 SB3，线圈 KM 失电，KM 主触头断开，电动机停止转动。

（2）电动机的单向连续运行

按下起动按钮SB2 ⟶ 继电器KA线圈得电吸合 ⟶

⟶ 继电器KA常开辅助触头闭合(自锁) ⟶ 接触器线圈得电 ⟶ 接触器主触头闭合 ⟶ 电动机转动

⟶ 继电器KA常开辅助触头闭合(接触器线圈支路)

松开按钮 SB2→继电器 KA 常开辅助触头闭合→接触器 KM 得电，接触器主触头闭合，电动机转动。

按下停止按钮 SB1→继电器 KA 线圈失电→继电器 KA 常开辅助触点闭合→接触器 KM 失电，接触器主触头断开，电动机停止转动。

请完成上述电路安装与调试。

※巩固与提高※

一、操作练习题

安装调试由按钮控制单个接触器，使三相异步电动机既能点动又能连续运行的电路。

二、理论练习题

（一）判断题

1. 热继电器的三相热元件分别串接在电动机的三相主电路中，常闭辅助触头串接在控制电路的接触器线圈回路中。（　　）

2. 热继电器的热元件应串接在主电路中，可以实现过载或短路保护。（　　）

3. 根据电动机的额定电流选择热继电器的规格。一般应使热继电器的额定电流略大于电动机的额定电流。（　　）

4. 装有热继电器就可以不装熔断器。（　　）

（二）选择题

1. 交流接触器操作频率过高会导致（　　）过热。

A. 线圈　　B. 铁心　　C. 触头　　D. 断路环

2. 接触器自锁触头是一对（　　）。

A. 常开辅助触头　　B. 常闭辅助触头　　C. 主触头　　D. 常闭触头

※任务小结※

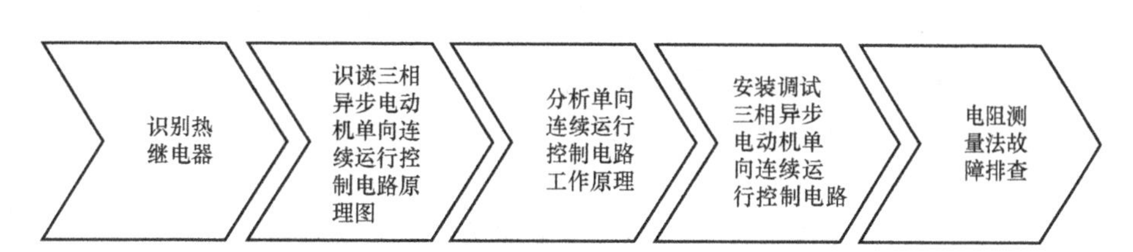

任务三　台式钻床接触器互锁正反转控制电路安装与调试

※任务目标※

1. 正确识读接触器互锁正反转控制电路原理图，会分析其工作原理，理解接触器互锁（联锁）的作用。

2. 能根据三相异步电动机接触器互锁正反转控制电路原理图安装、调试电路。

3. 能根据故障现象对三相异步电动机接触器互锁正反转控制电路的简单故障进行排查。

※任务描述※

现在要为某车间台钻安装电气控制盒，要求用继电—接触器控制实现正反两个方向连续转动，设置过载、短路，欠电压、失电压保护。台钻电动机型号：YS7124T、极数为4极、额定功率为0.75kW、额定电压为380V、额定转速为1400r/min、额定电流为1.55A。

※相关知识※

三相交流异步电动机接触器互锁正反转控制电路工作原理

图1-32为三相交流异步电动机接触器互锁（联锁）正反转控制电路原理图。

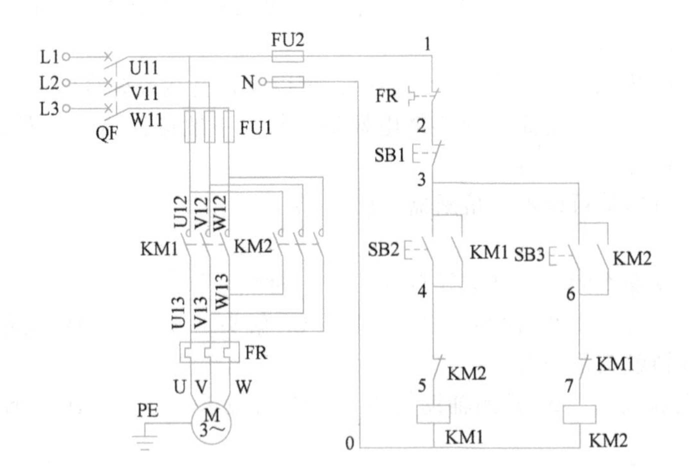

图1-32　三相异步电动机接触器互锁正反转控制电路原理图

图1-32中采用了两个接触器，即正转接触器KM1，反转接触器KM2。当按下SB2时KM1主触头接通，三相电源L1、L2、L3按U—V—W相序接入电动机；当按下SB3时，KM2主触头接通，三相电源L1、L2、L3按W—V—U相序接入电动机，即W和U两相相序反了一下，所以当两只接触器分别工作时，电动机的旋转方向相反。

提示

正反转接触器不能同时通电，否则将造成电源相间短路！

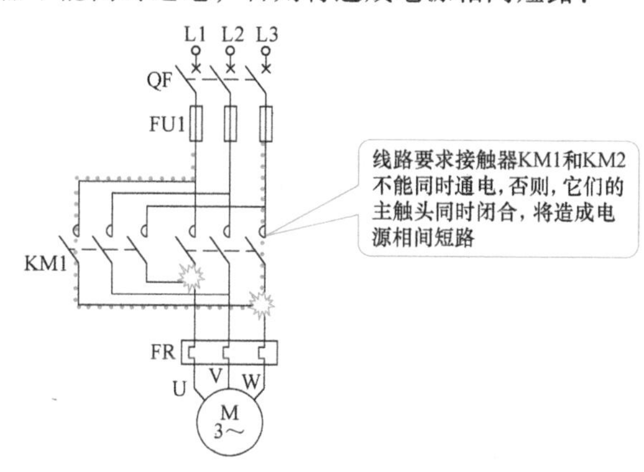

为此，在接触器 KM1 和 KM2 线圈各自的支路中相互串联了对方的一对常闭辅助触头，以保证接触器 KM1 和 KM2 不会同时通电。KM1 与 KM2 的这两对常闭辅助触头在线路中所起的作用称为互锁（或联锁），这两对触头叫做互锁触头（或联锁触头）。

工作原理如下：

合上 QF，

正转控制：

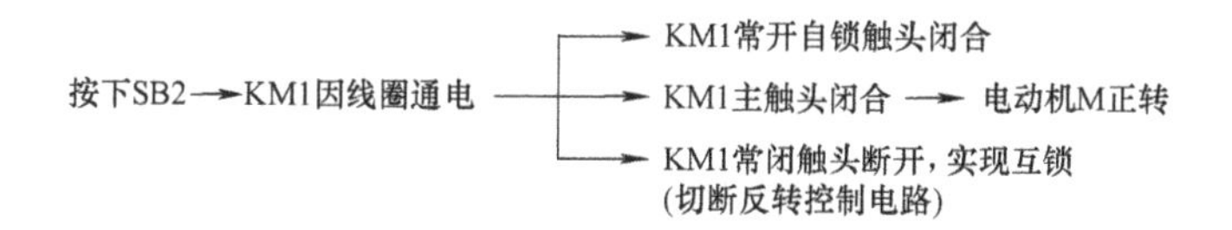

停转控制：

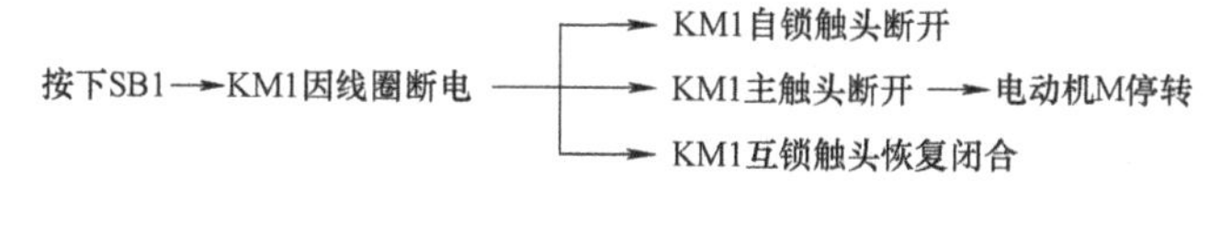

反转控制：

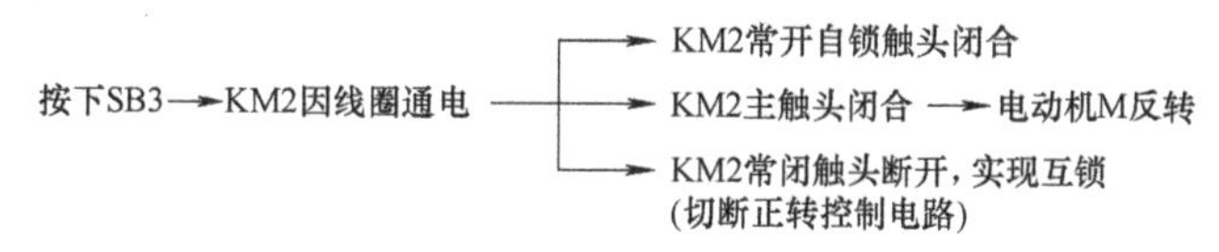

※任务实施※

一、工作准备

1. 绘制电器元件布置图

如图 1-33 所示。

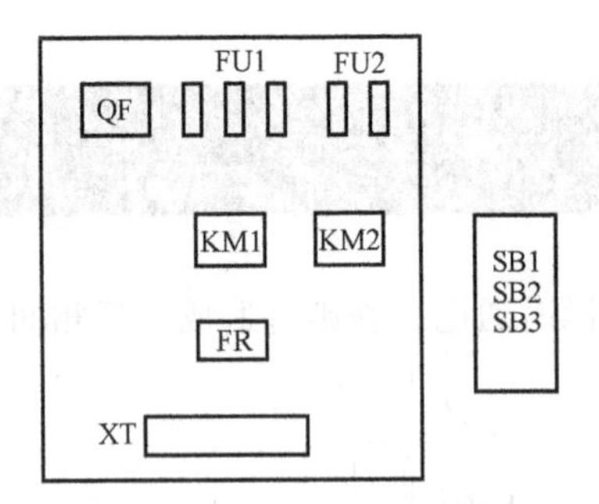

图 1-33　三相异步电动机接触器互锁正反转控制电路电器元件布置图

2. 绘制电路接线图

如图 1-34 所示。

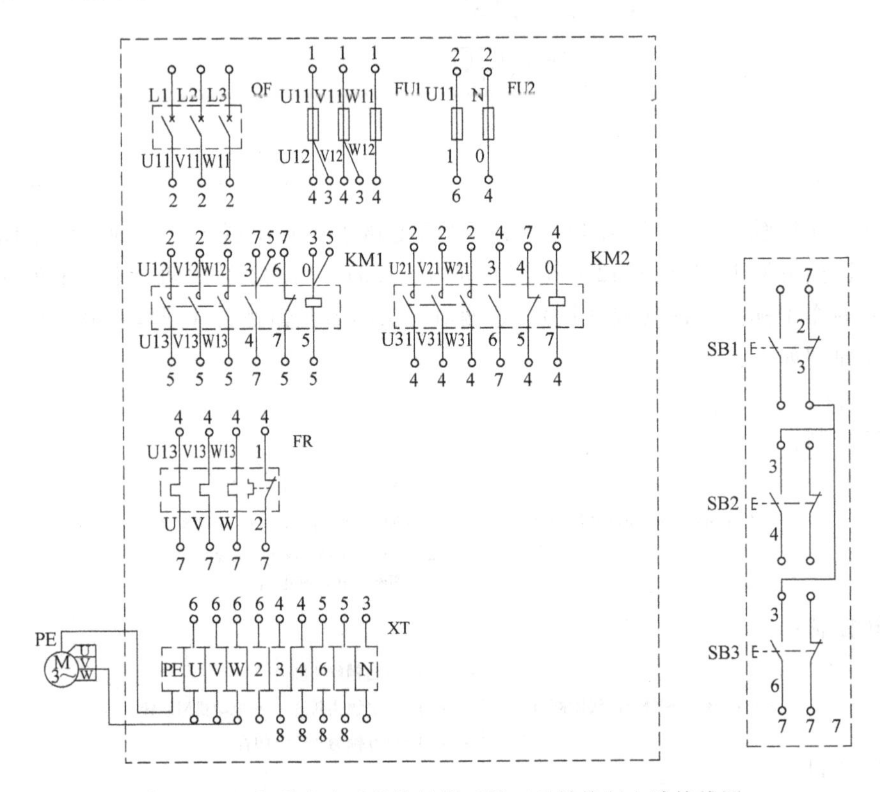

图 1-34　三相异步电动机接触器互锁正反转控制电路接线图

3. 准备工具和材料

根据表 1-2 领取相应工具，根据表 1-6 三相异步电动机接触器互锁正反转控制电路材料明细表领取材料。

表 1-6　三相异步电动机接触器互锁正反转控制电路材料明细表

序号	代号	名称	型号	规格	数量
1	M	三相异步电动机	YS7124T	0.75kW、380V、1.55A、1400r/min、星形联结	1
2	QF	断路器	DZ47—63	380V、20A、整定 10A	1
3	FU1	熔断器	RT18—32	500V、配 10A 熔体	3

（续）

序号	代号	名称	型号	规格	数量
4	FU2	熔断器	RT18—32	500V、配2A熔体	2
5	KM1、KM2	接触器	CJX—22	线圈电压220V、20A	2
6	FR	热继电器	JR16—20/3	三相、20A、整定电流1.55A	1
7	SB1～SB3	按钮	LA—18	5A	3
8	XT	端子排	TB1510	600V、15A	1
9		控制板安装套件			1

二、实施步骤

1. 检测电器元件

按表1-5配齐所用电器元件，其各项技术指标均需符合规定要求，目测其外观无损坏，手动触头动作灵活，并用万用表进行质量检验，如不符合要求，则予以更换。

2. 安装电路

（1）安装电器元件　在控制板上按图1-33安装电器元件，并贴上醒目的文字符号。其排列位置、相互距离，应符合要求。紧固力适当，无松动现象，如图1-35所示。

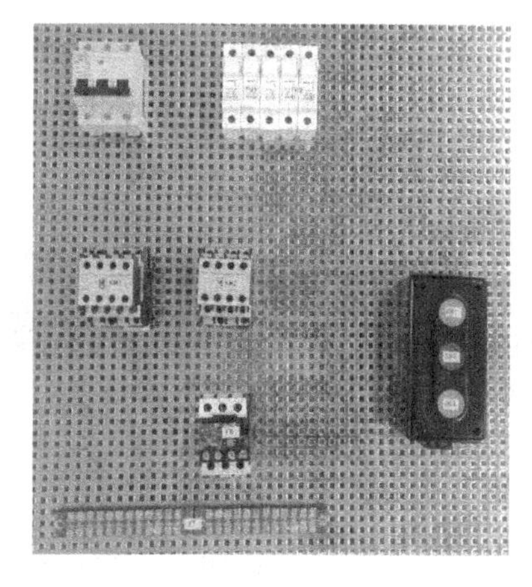

图1-35　三相异步电动机接触器互锁正反转控制电路电器元件实物布置图

（2）布线　在控制板上按照图1-33和图1-34进行板前明线布线。板前明线布线的工艺要求请参照任务一。电路应连接规范，不规范连接见图1-36，连接完成的电路板如图1-37所示。

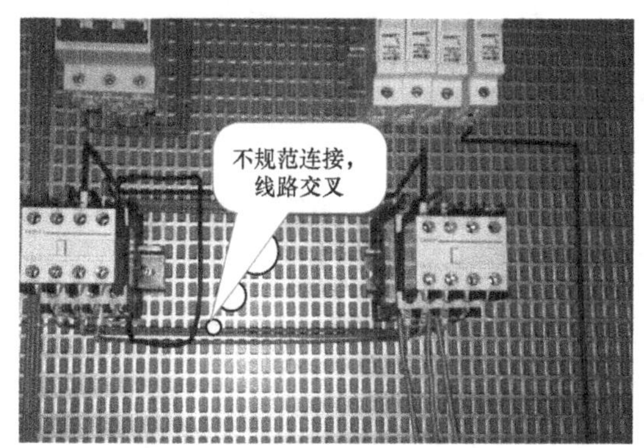

图1-36　不规范连接示例

a）线路交叉　b）线路架空

图 1-37　三相异步电动机接触器互锁正反转控制电路板

（3）安装电动机　请参考项目一任务一。

（4）通电前检测

提示　三相异步电动机接触器互锁正反转电路通电前检测提示

1）对照原理图、接线图检查，连接无遗漏。

2）万用表检测：确保电源切断情况下，分别测量主电路、控制电路，判断通断是否正常。

①未压下 KM1、KM2，测 L1-U，L2-V，L3-W。

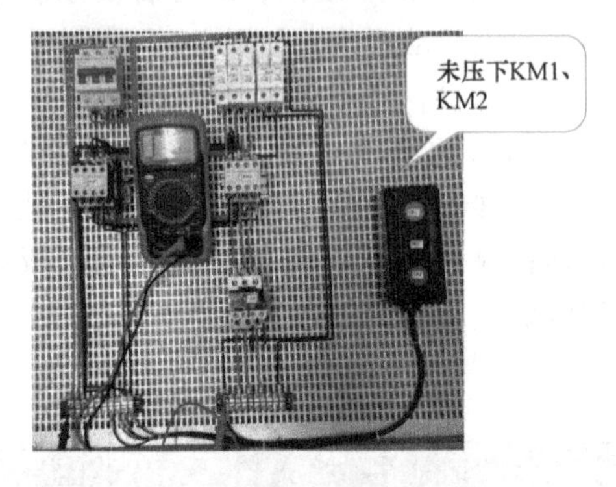

②压下 KM1 后测量 L1-U，L2-V，L3-W。

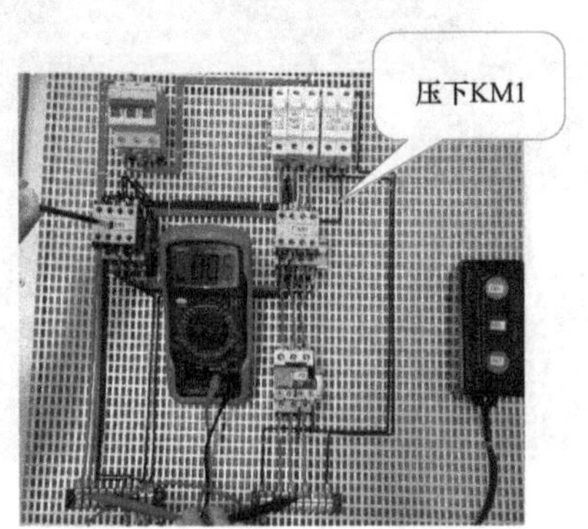

③压下 KM2 后测量 L1-W，L2-V，L3-U。

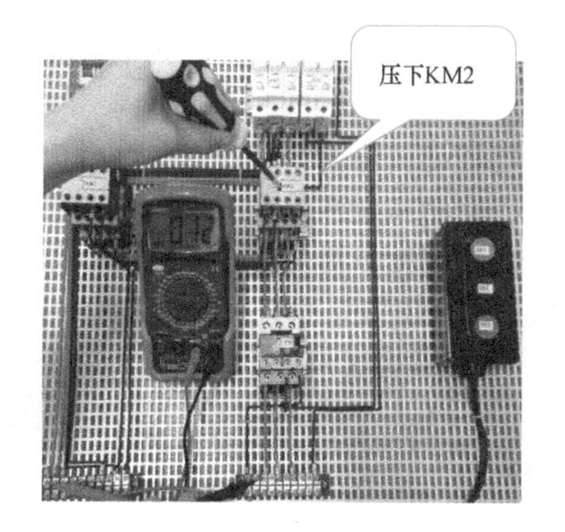

④未压下正转起动按钮 SB2 测量控制电路电源两端（U11-N）。

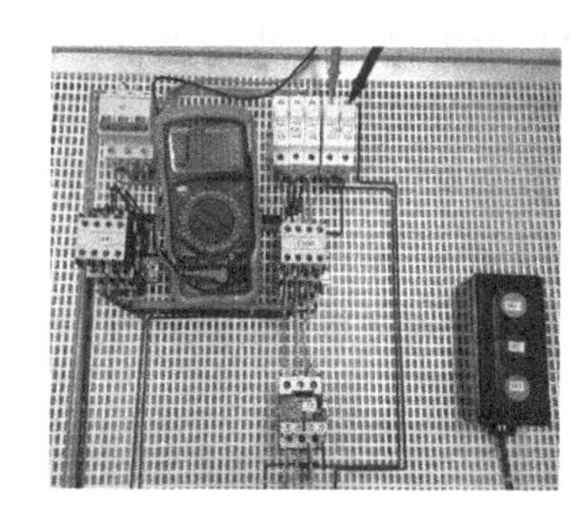

⑤按下正转起动按钮 SB2，测量控制电路电源两端（U11-N）。

⑥按下反转起动按钮 SB3，测量控制电路电源两端（U11-N）。

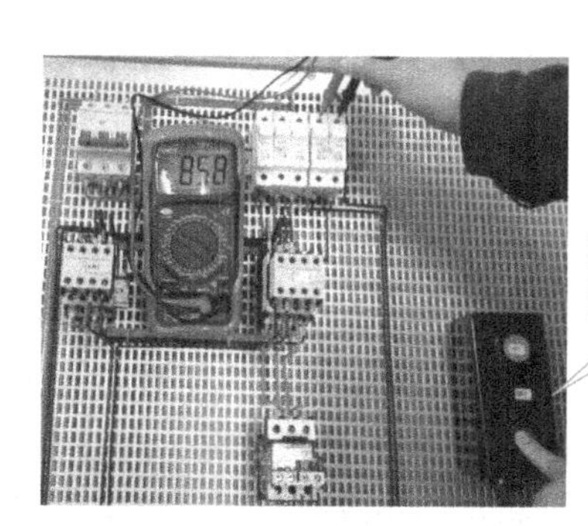

3. 通电试车

为保证人身安全，在通电试车时，要认真执行安全操作规程的有关规定，一人监护，一人操作。试车前应检查与通电试车有关的电气设备是否有不安全的因素存在，若查出应立即整改，然后方能试车。

热继电器的整定值，应在不通电时预先整定好，并在试车时校正，检查熔体规格是否符合要求。在指导教师监护下进行，根据电路图的控制要求独立测试。观察电动机有无振动及异常噪声，若出现故障及时断电查找排除。

提示 调试提示

1）旋向不对：更改接触器导线相序。

2）有振动：查找松动处，紧固。

3）有异常噪声：接触器吸合不实，更换。

4）不转：查找接线遗漏或接错处，更改。

排放时确保电源切断

排故时确保电源切断

4. 故障排查

▼故障现象　按下正转起动按钮，电动机可以正转运行，按下反转起动按钮，电动机无反应，此时电路出现了什么故障？

▲故障检修　可按下述检修步骤及要求进行故障排除，如图 1-38 所示。

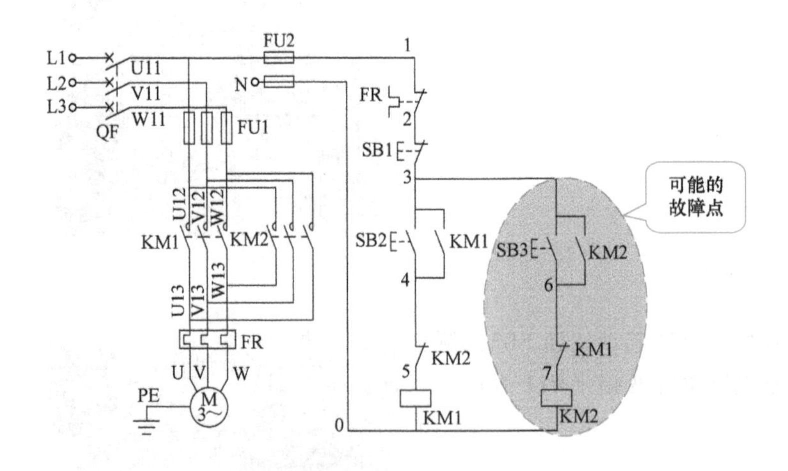

图 1-38　逻辑分析法缩小故障范围

1）用试验法来观察故障现象。主要注意观察电动机的运行情况、接触器的动作和电路的工作情况等，如发现有异常情况，应马上断电检查。

2）用逻辑分析法缩小故障范围。电动机可以正转运行，电动机反转无反应，说明电路故障在反转控制电路，在电路上用虚线标出故障部位的最小范围。

资料卡片 电气控制电路故障查找方法——逻辑分析法

分析电路时，通常首先从主电路入手，了解设备各运动部件和机构采用了几台电动机拖动，从每台电动机主电路中使用接触器的主触头的连接方式，大致可看出电动机是否有正反转控制，是否采用了减压起动，是否有制动控制，是否有调速控制等；再从接触器主触头的文字符号在控制电路中找到相应的控制电路，联系到设备对控制线路的要求和前面所学的各种基本线路的知识，逐步深入了解各个具体的电路由哪些电器组成，它们互相间怎样联系等，结合故障现象和线路工作原理进行分析，便可迅速判断出故障发生的可能范围，以便进一步分析找出故障发生的确切部位。

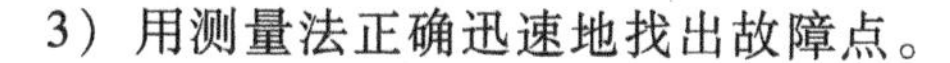

3）用测量法正确迅速地找出故障点。

资料卡片 分阶电阻测量法

按起动按钮 SB2，若接触器 KM1 不吸合，说明该电气回路有故障。

检查时，先断开电源，把万用表扳到电阻挡，按下 SB2 不放，测量 1-7 两点间的电阻。如果电阻为无穷大，说明电路断路；然后逐段分阶测量 1-2、1-3、1-4、1-5、1-6 两点间的电阻值。当测量到某标号时，若电阻突然增大，说明表棒刚跨过的触头或连接线接触不良或断路。

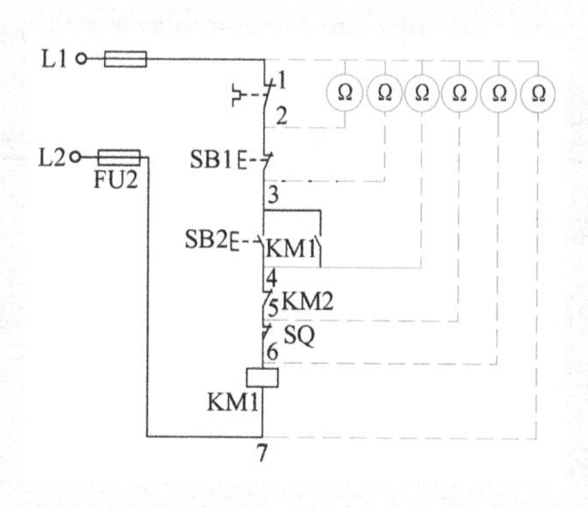

4）根据故障点的不同情况，采取正确的修复方法，迅速排除故障。

5）排除故障后通电试车。通电试车后，断开电源，先拆除三相电源线，再拆除电动机负载线。

5. 整理现场

整理现场工具及电器元件，清理现场，根据工作过程填写任务单三，整理工作资料。

※任务评价※

见任务单三。

※任务拓展※

图 1-39 是电动机正反转控制的一种典型线路，但这种线路要改变电动机的转向时，必须先按停止按钮 SB1，再按反转按钮 SB3，才能使电动机反转，操作不方便。

图 1-39 所示的具有双重互锁的正反转控制线路，换向时只需直接按对应的起动按钮，无需按停止按钮，因此这类线路操作方便省时、安全可靠，应用非常广泛，其工作原理读

者可自行分析。

请完成上述电路的安装与调试。

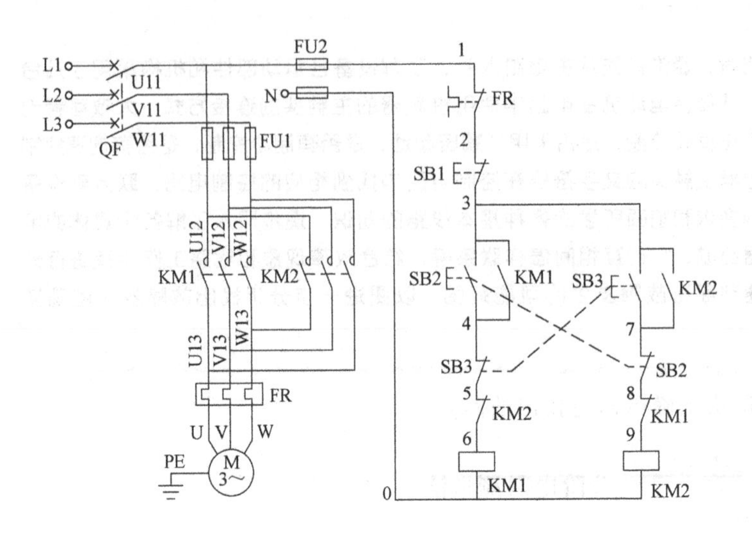

图 1-39　按钮和接触器双重互锁正反转控制电路

※巩固与提高※

一、操作练习题

1. 安装按钮、接触器双重互锁正反转控制电路。
2. 总结接触器互锁控制电路的优缺点。

二、理论练习题

（一）判断题

1. 在接触器互锁的正反转控制电路中，正反转接触器触头有时可以同时闭合。（　　）

2. 绘制电气原理图时，所有电器均按没有外力或没有通电时的原始状态画出。（　　）

3. 按钮、接触器双重互锁正反转控制电路的优点是工作安全可靠，操作方便。（　　）

4. 为了保证三相异步电动机实现反转，正、反转接触器的主触头必须按相同的顺序并接后串联到主电路中。（　　）

5. 三相异步电动机正反转控制电路，采用接触器互锁最可靠。（　　）

6. 在接触器互锁的正反转控制电路中，接触器线圈电路中互锁触头应是串接对方接触器的常开触头。（　　）

7. 在接触器互锁的正反转控制电路中，接触器线圈电路中互锁触头应是串接自己接触器的常闭触头。（　　）

（二）选择填空

1. 在接触器联锁的正反转控制电路中，接触器线圈电路中互锁触头应是串接对方接触器的（　　）。

A. 主触头　　B. 常开辅助触头　　C. 常闭辅助触头　　D. 常开触头

2. 改变通入三相异步电动机电源的相序就可以使电动机（　　）。

A. 停转　　B. 减速　　C. 反转　　D. 减压起动

（三）试分析图 1-39 所示电路原理图，回答问题

1. 电气控制电路中使用了哪些电器元件？其作用是什么？

2. 分析电路工作原理。

※任务小结※

三相异步电动机实现正反转的方法 → 识读三相异步电动机接触器互锁的正反转控制电路 → 互锁的概念与作用 → 安装、调试三相异步电动机接触器互锁正反转控制电路 → 分阶电阻测量法故障排查

项目二 工作台自动往返控制电路安装与调试

※任务目标※

1. 识别常用位置开关，掌握其结构、符号、原理及作用，并能正确使用。
2. 正确识读工作台自动往返控制电路原理图，会分析其工作原理。
3. 能根据工作台自动往返控制电路图安装、调试电路。
4. 能根据故障现象对工作台自动往返控制电路的简单故障进行排查。

※任务描述※

某机床工作台由三相异步电动机拖动自动往返运行，如图 2-1 所示。现要安装该工作台自动往返电控柜，要求三相异步电动机采用接触器控制，能实现自动往返运行，要求设置过载、短路、欠电压、失电压保护。电动机型号是 Y100L2-4，其额定电压为 380V，额定功率为 3kW，额定转速为 1420r/min，额定电流为 6.8A，Y联结。

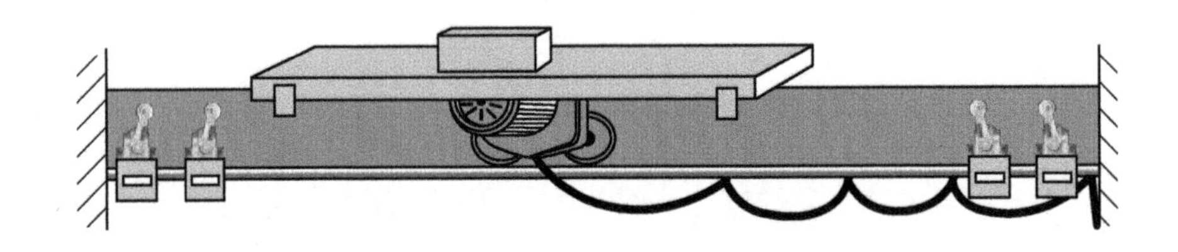

图 2-1 工作台自动往返运行示意图

※相关知识※

一、认识位置开关

位置开关是操动机构在机器的运动部件到达一个预定位置时操作的一种指示开关。它包括行程开关（限位开关）、接近开关等。

行程开关是用以反映工作机械的行程，发出命令以控制其运动方向和行程大小的开关。其作用原理与按钮相同，区别在于它不是靠手指的按压而是利用生产机械运动部件的碰压使其触头动作，从而将机械信号转变为电信号，用以控制机械动作或用作程序控制。

（1）外形　常见的有直动式和滚轮式。常见的行程开关外形如图 2-2 所示。

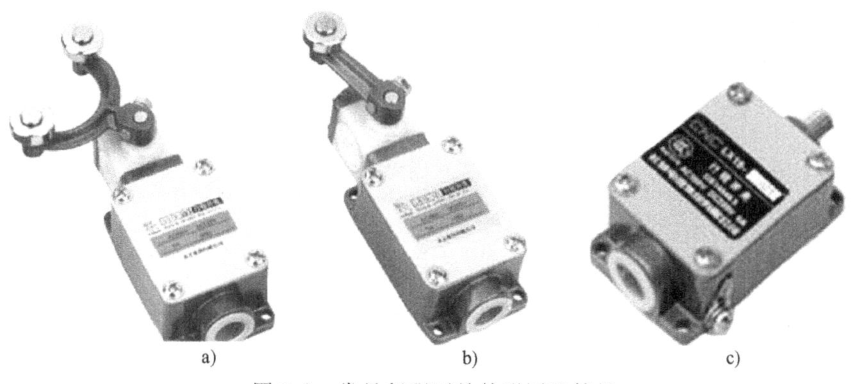

图 2-2　常见行程开关外形图及符号

a）双滚轮旋转式　b）单滚轮旋转式　c）直动式

（2）型号及含义　常用的行程开关有 LX19 和 JLXL1 等系列，其型号及含义如下：

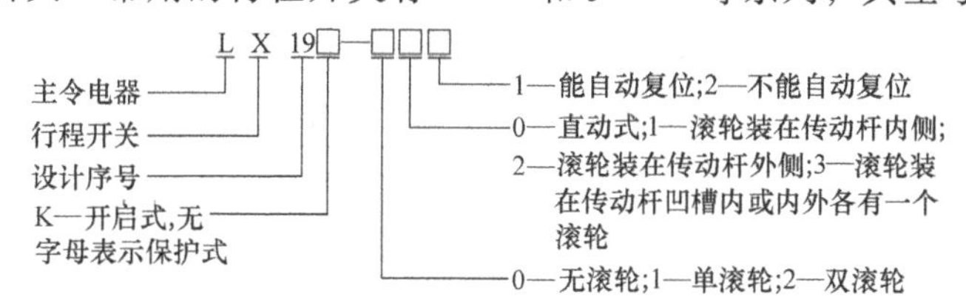

（3）结构及符号　各系列行程开关的基本结构大体相同，都是由触头系统、操作机构和外壳组成。如图 2-3 所示。

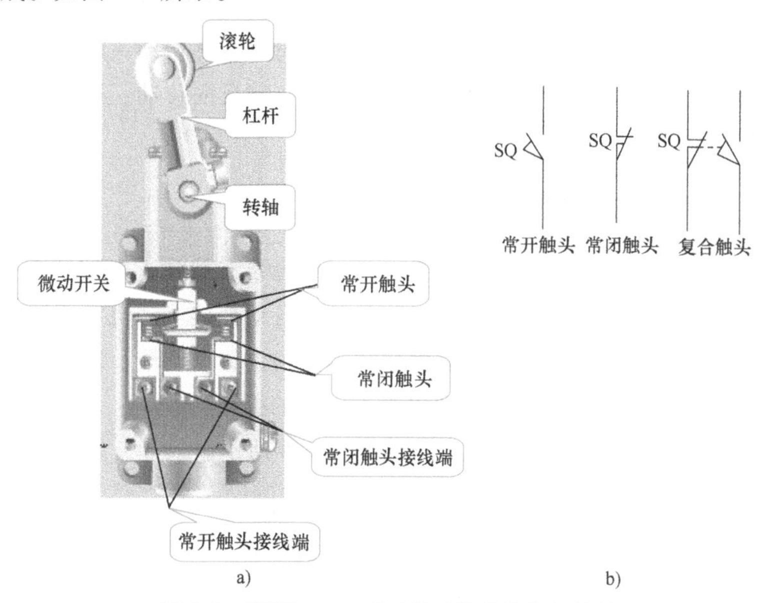

图 2-3　JLXK1-111 型行程开关的结构和符号

a）结构　b）符号

（4）工作原理　JLXK1 系列行程开关的结构如图 2-3a 所示。当运动部件的挡铁碰压行程开关的滚轮时，杠杆连同转轴一起转动，使凸轮推动撞块，当撞块被压到一定位置时，推动微动开关快速动作，使其常闭触头断开，常开触头闭合。

LX19K 型行程开关结构是瞬动型，其结构如图 2-4 所示，当运动部件的挡铁碰压推杆时，推杆向下移动，压缩弹簧使之储存一定的能量。当推杆移动到一定位置时，弹簧的弹力方向发生改变，同时储存的能量得以释放，完成跳跃式快速换接动作。当挡铁离开推杆时，推杆在反力弹簧的作用下上移，上移到一定位置，桥式动触头瞬时进行快速换接，触头迅速恢复到原状态。

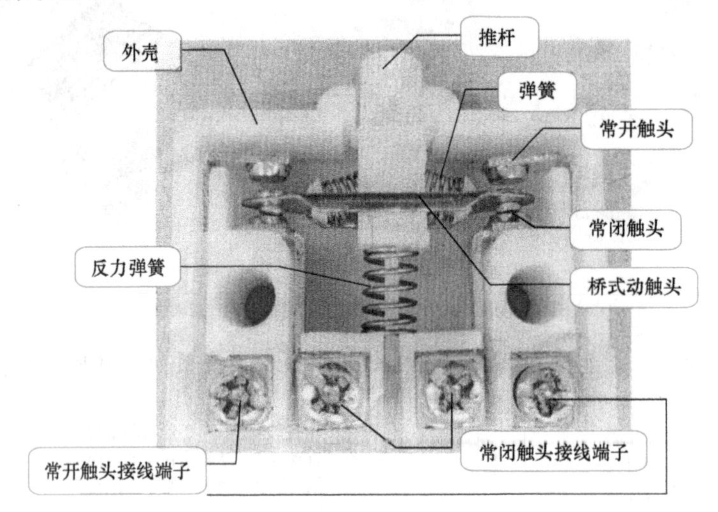

图 2-4　LX19K 型行程开关结构示意图

行程开关动作后，复位方式有自动复位和非自动复位两种，如图 2-2 所示的直动式和单滚轮旋转式均为自动复位式，即当挡铁移开后，在复位弹簧的作用下，行程开关的各部分能自动恢复原始状态。但有的行程开关动作后不能自动复位，如图 2-2 所示的双滚轮旋转式行程开关。当挡铁碰压这种行程开关的一个滚轮时，杠杆转动一定角度后触头瞬时动作；当挡铁离开滚轮后，开关不自动复位。只有运动机械反向移动，挡铁从相反方向碰压另一滚轮时，触头才能复位。

二、工作台自动往返控制电路工作原理

图 2-5 为工作台自动往返运行的示意图。在工作台装有挡铁 1 和挡铁 2，机床床身上装有行程开关 SQ1 和 SQ2，当挡铁碰撞行程开关后，自动换接电动机正反转控制电路，使工作台自动往返移动。工作台的行程可通过移动挡铁的位置来调节，以适应加工零件的不同要求。SQ3 和 SQ4 用来作限位保护，即限制工作台的极限位置。

工作台自动往返运行的主电路和控制电路如图 2-6 所示。

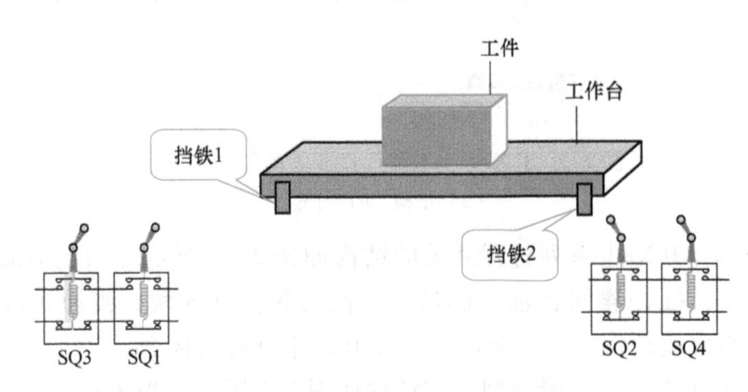

图 2-5　工作台自动往返运行示意图

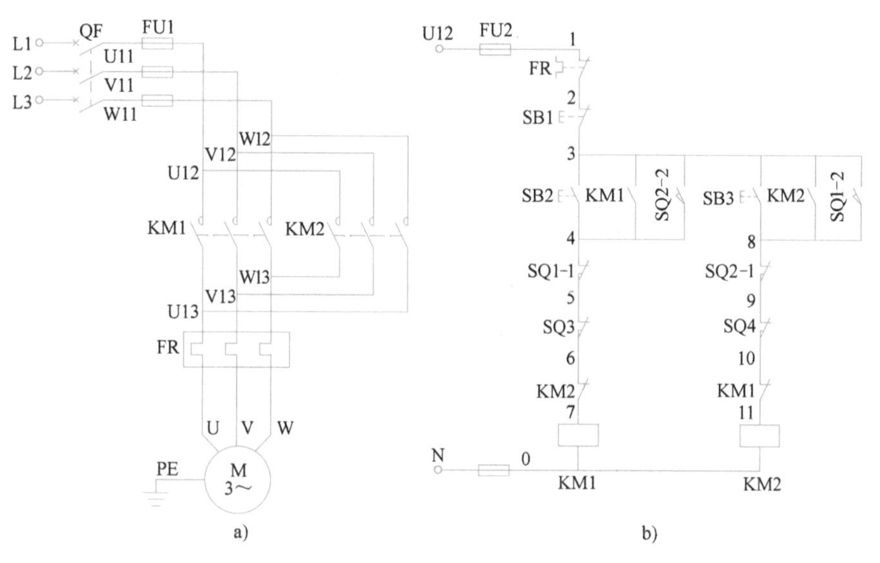

图 2-6　工作台自动往返控制电路原理图

a）主电路　b）控制电路

工作原理如下：

先合上电源开关 QF

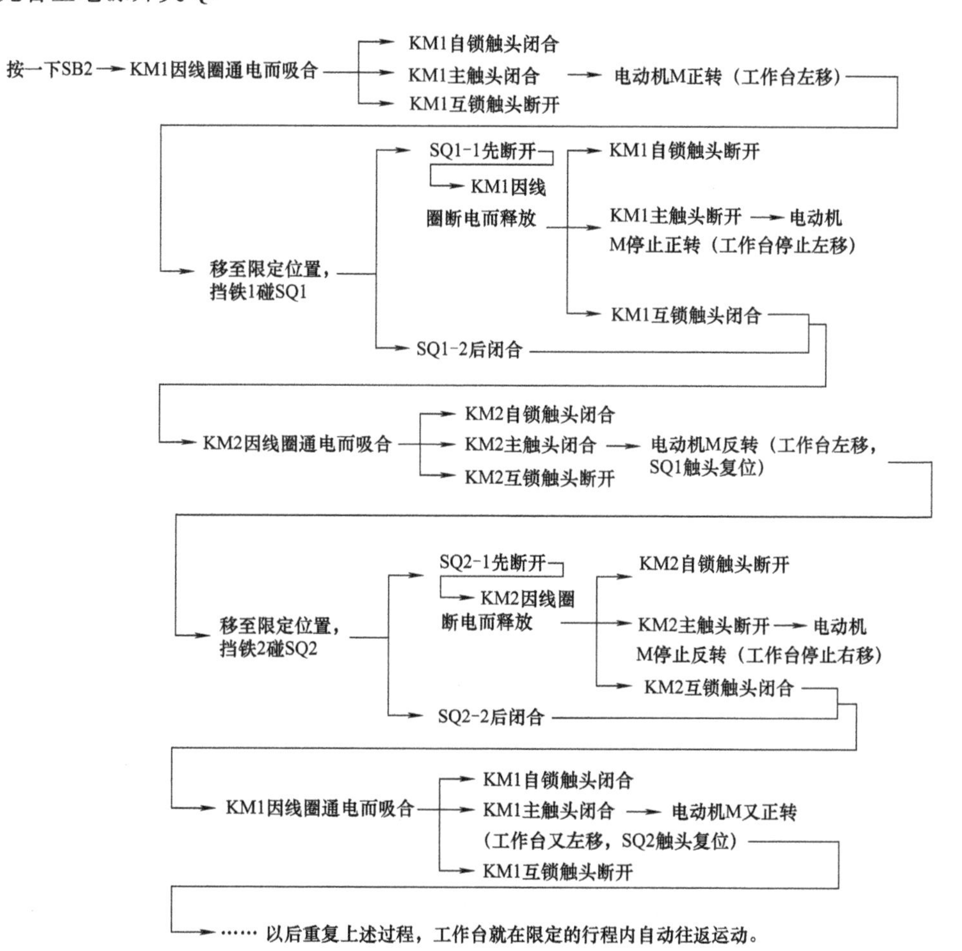

※任务实施※

一、工作准备

1. 绘制电器元件布置图

如图 2-7 所示。

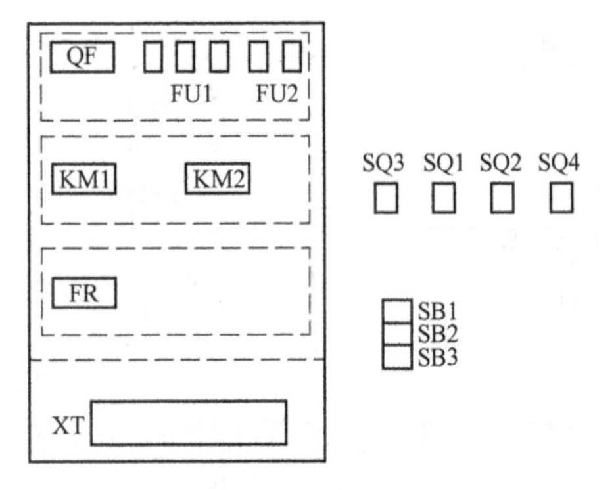

图 2-7　工作台自动往返控制电路电器元件布置图

2. 绘制电路接线图

如图 2-8 所示。

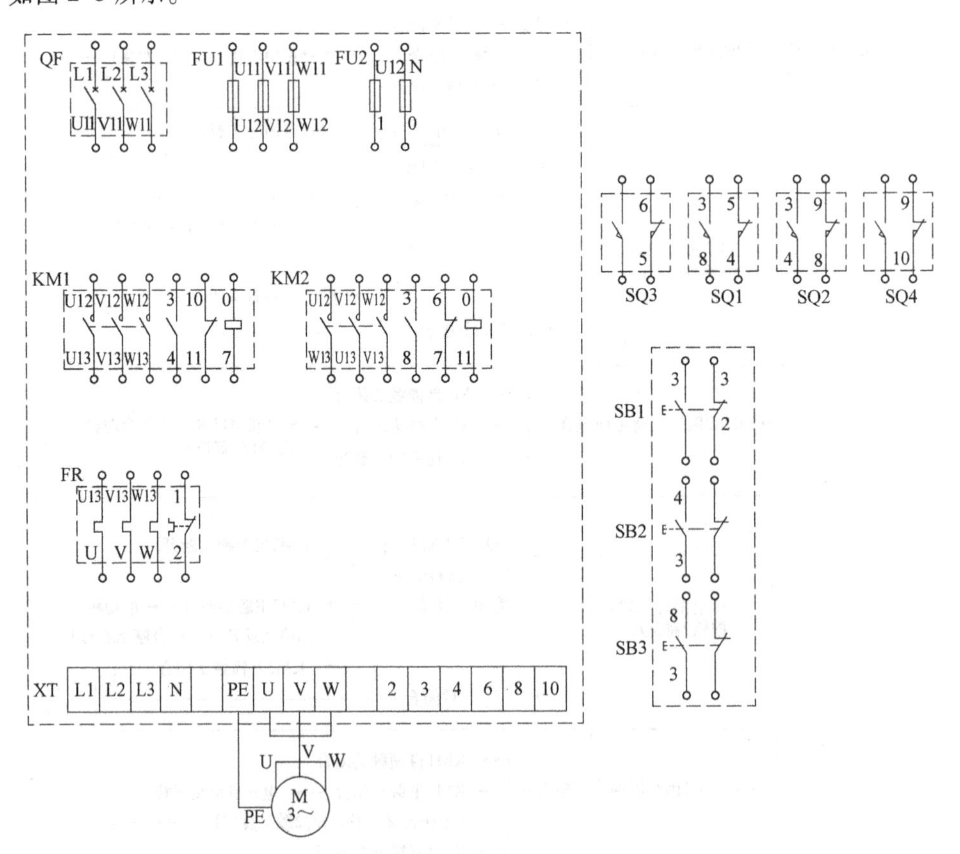

图 2-8　工作台自动往返控制电路接线图

3. 准备工具及材料

根据表1-3领取相应工具，根据表2-1工作台自动往返控制电路材料明细表领取材料。

表2-1 工作台自动往返控制电路材料明细表

序号	代号	名称	型号	规格	数量
1	M	三相异步电动机	Y100L2—4	3kW、380V、1420r/min、6.8A、Y形联结。	1
2	QF	断路器	DZ47—63	380V、20A、整定10A	1
3	FU1	熔断器	RT18—32	500V、配10A熔体	3
4	FU2	熔断器	RT18—32	500V、配2A熔体	2
5	KM1、KM2	接触器	CJX—22	线圈电压220V、20A	2
6	FR	热继电器	JR16—20/3	三相、20A、整定电流6.8A	1
7	SB1～SB3	按钮	LA—18	5A	3
8	XT	端子排	TB1510	600V、15A	1
9	SQ1～SQ4	行程开关	LX19—222	380V、5A	4
10		控制板安装套件			1

二、实施步骤

1. 检测电器元件

按表2-1配齐所用电器元件，其各项技术指标均应符合规定要求，目测其外观无损坏，手动触头动作灵活，并用万用表进行质量检验，如不符合要求，则予以更换。

资料卡片 **行程开关触头检测**

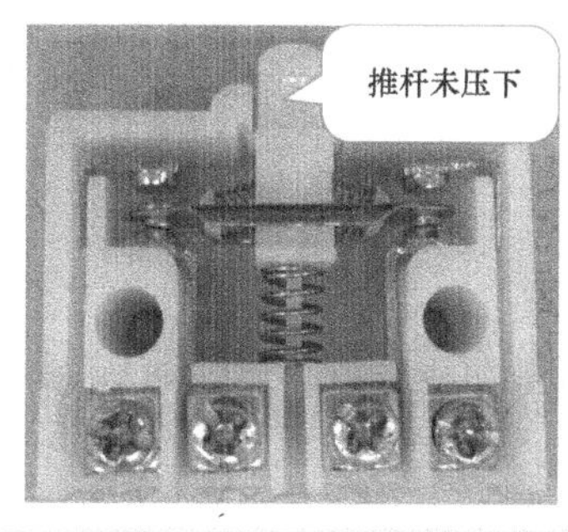

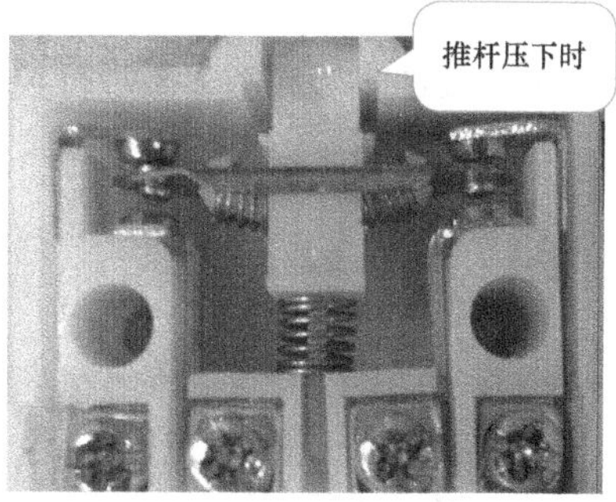

1）将万用表选择×100或者×1k挡，并进行欧姆调零；

2）用万用表测量，未压下推杆时阻值为∞，按下推杆时阻值为0的一对触头为常开触头；相反未压下推杆时阻值为0，按下推杆时阻值为∞的一对触头为常闭触头。

2. 安装电路

（1）安装电器元件　在控制板上按图2-7安装电器元件和走线槽，并贴上醒目的文字符号。其排列位置、相互距离，符合要求。紧固力适当，无松动现象。实物布置图如图2-9所示。

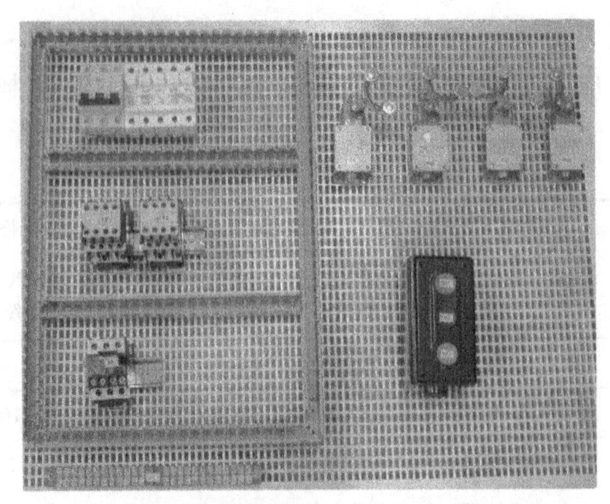

图 2-9　工作台自动往返控制电路电器元件实物布置图

资料卡片　**塑料线槽**

塑料线槽由槽底、槽盖及附件组成。

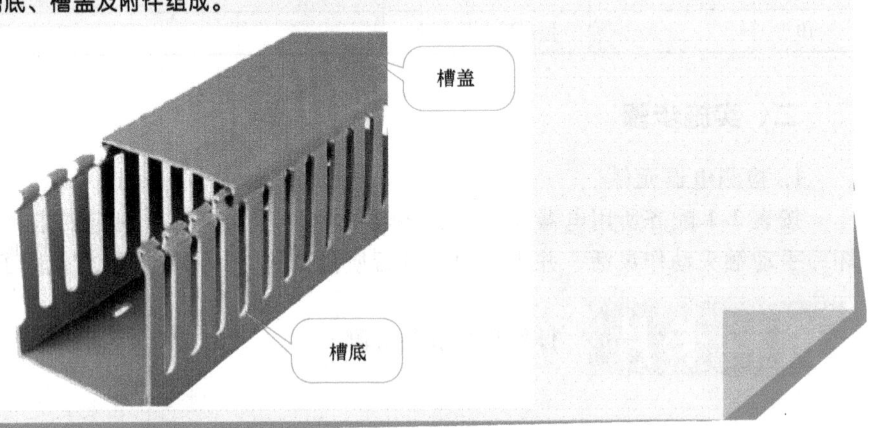

（2）布线　在控制板上按图 2-7 和图 2-8 进行板前线槽布线，并在导线两端套编码套管和冷压接线头。如图 2-10 所示。

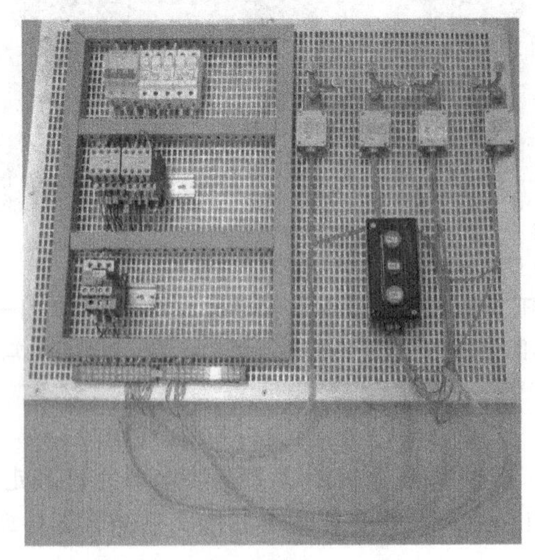

图 2-10　工作台自动往返控制电路板

资料卡片　板前线槽配线的工艺要求

1）布线时严禁损伤线芯和导线绝缘层。

2）以电器元件的水平中心线为界线，在水平中心线以上接线端子引出的导线，必须进入电器元件上面的走线槽；在水平中心线以下接线端子引出的导线，必须进入电器元件下面的走线槽。任何导线都不允许从水平方向进入走线槽内。

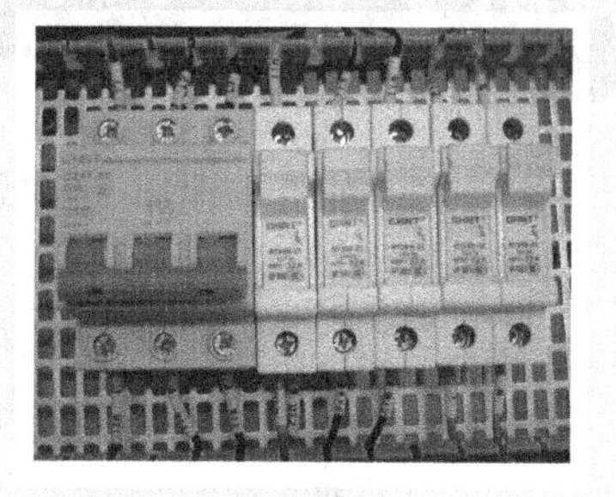

3）各电器元件接线端子上引出或引入的导线，除间距很小和电器元件机械强度很差时允许直接架空敷设外，其他导线必须进入走线槽进行连接。

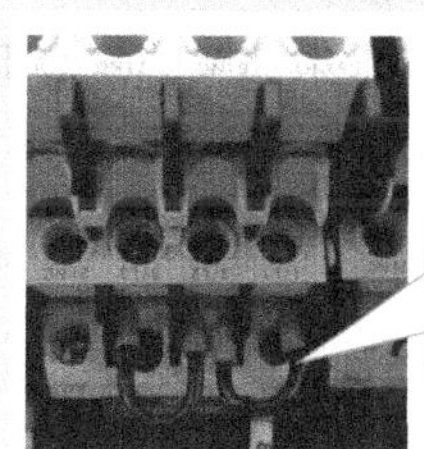

4）进入走线槽内的导线，要完全置于走线槽内，并尽可能避免交叉，装线不要超过走线槽容积的 70%，以保证能盖上线槽，便于以后的装配和维修。

5）各电器元件和走线槽之间的外露导线，应尽可能做到横平竖直，变换走向时要垂直走线。同一个电器元件上位置一致的端子和同型号电器元件中位置一致的端子上引出或引入的导线，要敷设在同一平面上，并做到高低一致或前后一致，不得交叉。

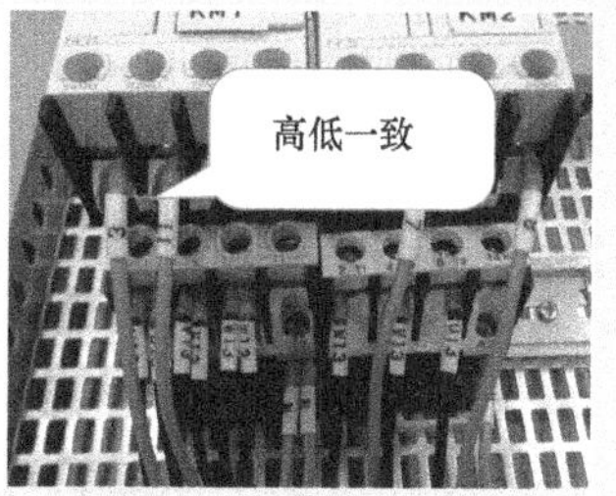

6）所有接线端子、导线线头都应套上与电路图上线号一致的编码套管，并按线号进行连接，且连接必须牢靠，不得松动。

7）在任何情况下，接线端子必须与导线截面积和材料性质相适应。当接线端子不适合连接软线或较小截面积的软线时，可以在导线端头串上针形或叉形轧头并压紧。

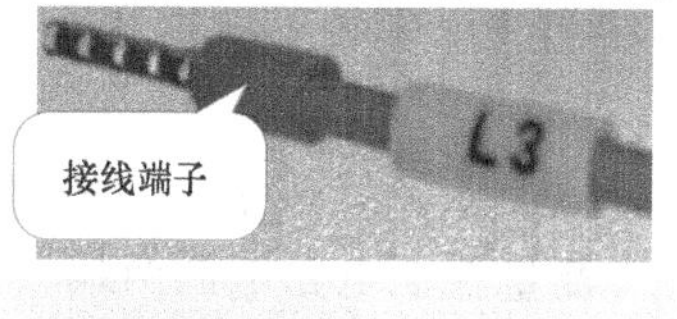

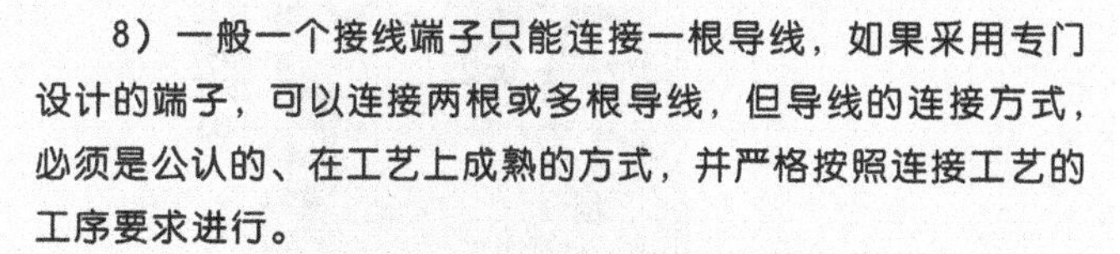

8）一般一个接线端子只能连接一根导线，如果采用专门设计的端子，可以连接两根或多根导线，但导线的连接方式，必须是公认的、在工艺上成熟的方式，并严格按照连接工艺的工序要求进行。

元件端子接线一般不超过两根，端子排端子只允许一根。

（3）安装电动机　请参考项目一任务一。

（4）通电前检测

提示　三相异步电动机自动往返控制电路通电前检测

1）对照原理图、接线图检查，连接无遗漏。

2）万用表检测：确保电源切断情况下，分别测量主电路、控制电路，通断是否正常。

①未压下 KM1 时测 L1-U、L2-V、L3-W；压下 KM1 后再次测量 L1-U、L2-V、L3-W。

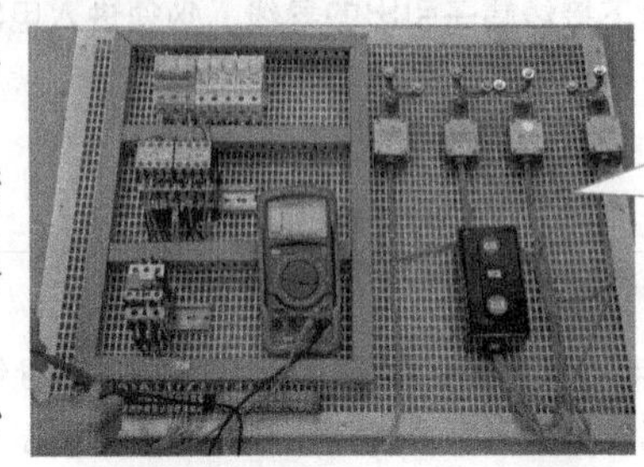

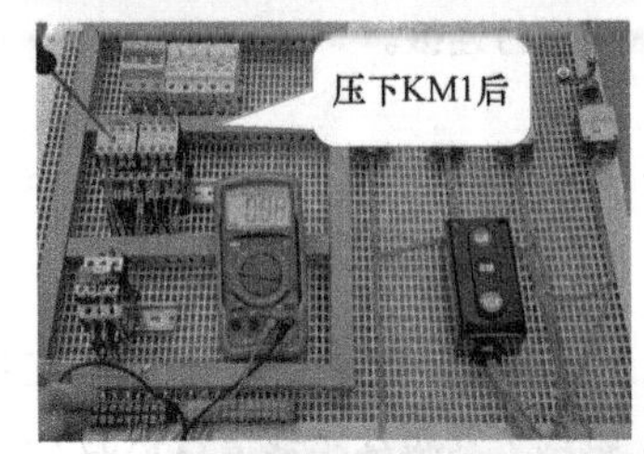

②未按下正转起动按钮 SB2，测量控制电路电源两端（U11-N）。

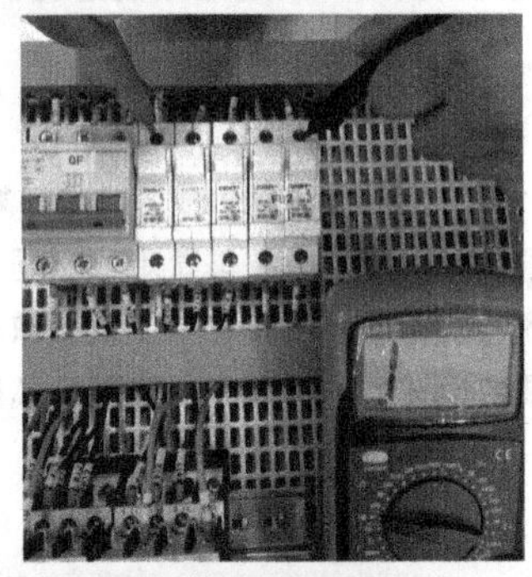

③持续按下正转起动按钮 SB2 后，测量控制电路电源两端（U11-N）。

④持续按下反转起动按钮 SB3 后，测量控制电路电源两端（U11-N）。

3. 通电试车

提示 位置开关安装提示

1）位置开关必须安装在合适的位置。

2）手动试验时，检查各行程开关和终端保护动作是否正常可靠。

提示 调试提示

1）移动方向不对：更改接触器导线相序。

2）有振动：查找松动处，紧固。

3）有异常噪声：接触器吸合不实，更换。

4）不转：查找接线遗漏或接错处，更改。

5）自动往返：若电动机正转时，扳动 SQ1，电动机不反转，且继续正转，则可能 KM2 主触头接线不正确，需纠正后再试。

4. 故障排查

▼故障现象　按下起动按钮 SB2，工作台无反应；按下起动按钮 SB3，电动机可以带动工作台向右运行，运行到 SQ2 工作台停止运行，此时电路出现了什么故障？

▲故障检修　可按下述检修步骤及要求进行故障排除。

1）用实验法来观察故障现象。实验时，若电动机能完成反转运转，则初步判断电动机反转主电路无故障。

2）用逻辑分析法缩小故障范围，根据故障现象“按下起动按钮 SB3，电动机可以带动工作台向右运行，运行到 SQ2 位置工作台停止”，初步判断反转运行控制电路无故障，故障电路可能出现在正转运行控制电路及主电路处，在电路上标出故障部位的最小范围，如图 2-11 所示。

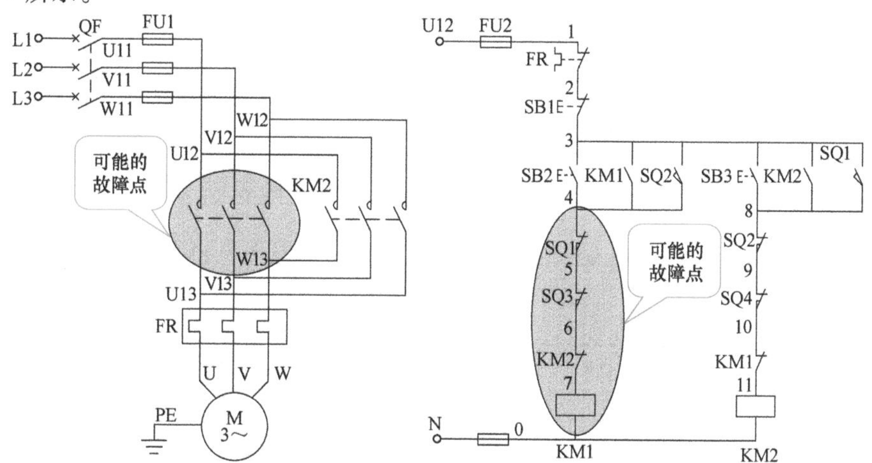

图 2-11　工作台自动往返控制电路故障排查图

3）用测量法正确迅速地找出故障点。

4）根据故障点的不同情况，采取正确的修复方法，迅速排除故障。

5）排除故障后通电试车。通电试车后，断开电源，先拆除三相电源线，再拆除电动机负载线。

资料卡片 **电压的分阶测量法**

若按下起动按钮 SB2，接触器 KM1 不吸合，说明电路有故障。

检修时，首先用万用表测量 1-7 两点之间电压，若电路正常，应为 380V。然后按下起动按钮 SB2 不放，同时将黑色表棒接到 7 点上，红色表棒依次接 6、5、4、3、2 点，分别测量 7-6、7-5、7-4、7-3、7-2 两点之间的电压。电路正常情况下，各段电压均为 380V。如测到 7-6 之间电压为 0V，说明是断路故障，可将红色表棒移向下一个点。当移至某点（如 2 点）时电压正常，说明该点（2 点）以前触头或接线是完好的，此点（如 2 点）以后的触头可能接线断路，一般是此点后第一个触头（即刚跨过的停止接钮 SB1 的触头）或连线断路。

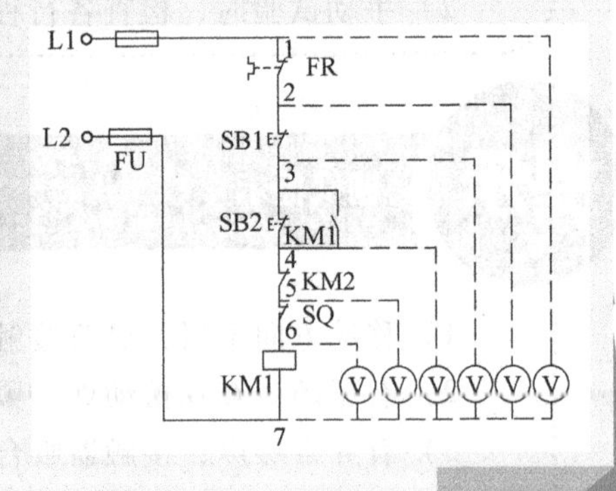

5. 整理现场

整理现场工具及电器元件，清理现场，根据工作过程填写任务单四，整理工作资料。

※任务评价※

见任务单四。

※任务拓展※

工厂车间里的行车，在行程的两个终端处各安装一个限位开关，并将这两个限位开关的常闭触头串接在控制电路中，就可以达到限位保护的目的。行车限位控制电路原理图及示意图如图 2-12 所示。

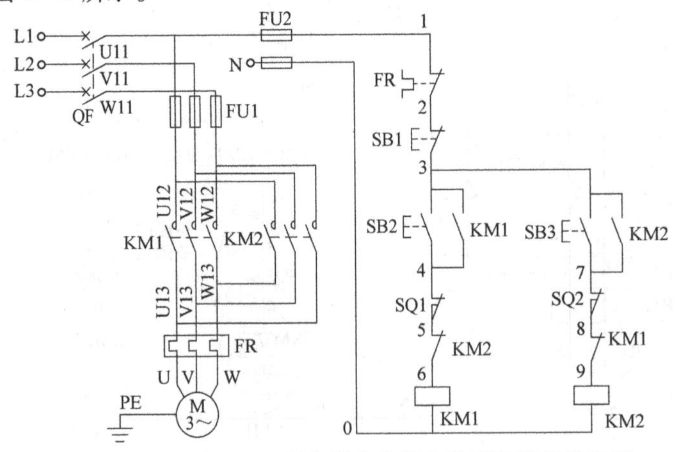

图 2-12　行车限位控制电路原理图及示意图

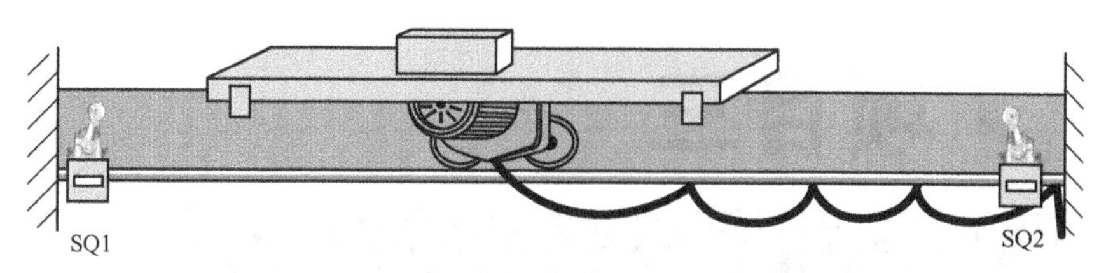

图 2-12　行车限位控制电路原理图及示意图（续）

请分析此电路的工作原理并根据工作台自动往返控制电路安装及调试过程完成行车限位控制电路的装调。

※巩固与提高※

一、操作练习题

1. 安装行车限位控制电路。
2. 比较行车限位控制电路与工作台自动往返控制电路的不同点。

二、理论练习题

1. 完成工作台自动往返行程控制要求的主要电器元件是（　　）。

A. 行程开关　　B. 接触器　　C. 按钮　　D. 组合开关

2. 自动往返电路属于（　　）电路。

A. 正反转控制　　B. 点动控制　　C. 自锁控制　　D. 顺序控制

3. 行程开关是一种将（　　）转换为电信号以控制运动部件的位置和行程的低压电器。

A. 机械信号　　B. 弱电信号　　C. 光信号　　D. 热能信号

4. 自动往返控制电路中，行程开关有 SQ1、SQ2、SQ3 和 SQ4，（　　）被用来作终端保护，防止工作台越过限定位置而造成事故；（　　）被用来自动换接正反转控制电路，实现工作台自动往返行程控制。

A. SQ1、SQ2　　B. SQ1、SQ3　　C. SQ2、SQ3　　D. SQ3、SQ4

※任务小结※

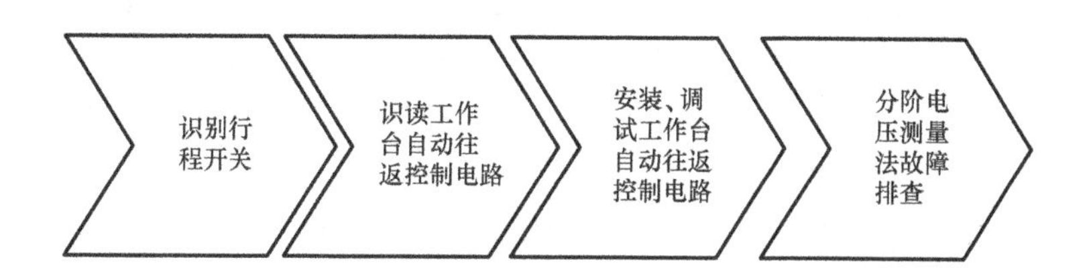

项目三 两台风机顺序起动控制电路安装与调试

※任务目标※

1. 正确识读两台风机顺序起动的控制电路原理图，会分析其工作原理。
2. 能根据两台风机顺序起动的控制电路原理图安装、调试电路。
3. 能根据故障现象对两台风机顺序起动控制电路的简单故障进行排查。

※任务描述※

现在要安装两台风机电气控制柜，要求两台风机电动机采用接触器控制，其中一台风机起动后，另一台风机才能起动，停止时两台风机同时停止，要求设置过载、短路、欠电压、失电压保护。风机电动机（如图 3-1 所示）型号为 Y112M-4-4，为三相异步电动机，其额定电压为 380V，额定功率为 3.21kW，额定转速为 1450r/min，流量为 6352m^3/h，全压为 1142Pa。

图 3-1　风机电动机

※相关知识※

一、三相异步电动机顺序起动控制电路工作原理

在装有多台电动机的生产机械上，各电动机所起的作用不同，有时需要按一定的顺序起动才能保证操作过程的合理和工作的安全可靠。例如，在铣床上就要求先起动主轴电动机，然后才能起动进给电动机。又如，带有液压系统的机床，一般都要先起动液压泵电动机，然后才能起动其他电动机。这些顺序关系反映在控制电路上，称为顺序控制。

图 3-2 是两台风机电动机 M1 和 M2 的顺序起动控制电路。该电路的特点是，电动机 M2 的控制电路是接在接触器 KM1 的常开辅助触头之后。这就保证了只有当 KM1 接通，M1 起动后，M2 才能起动。而且，如果由于某种原因（如过载或失电压等）使 KM1 失电，M1 停转，那么 M2 也立即停止，即 M1 和 M2 同时停止。控制电路的工作原理如下：

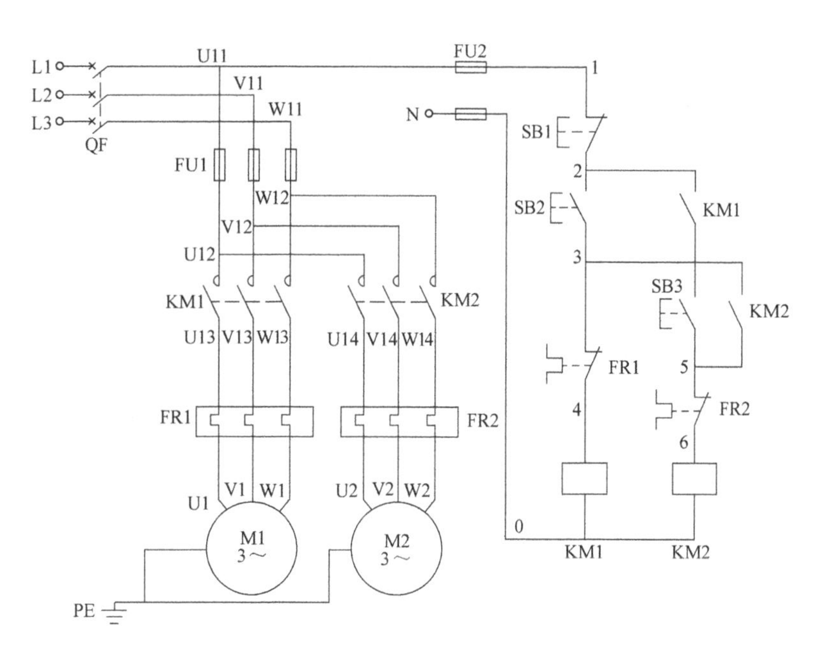

图 3-2　两台风机顺序起动控制电路原理图

先合上电源开关 QF。

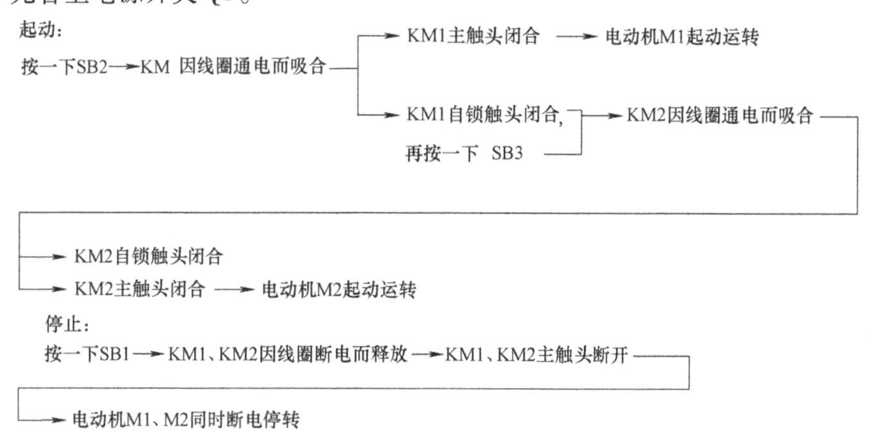

※任务实施※

一、工作准备

1. 绘制电器元件布置图

如图 3-3 所示。

2. 绘制电路接线图

如图 3-4 所示。

3. 准备工具及材料

根据表 1-3 领取相应工具，根据表 3-1 两台风机顺序起动控制电路材料明细表领取材料。

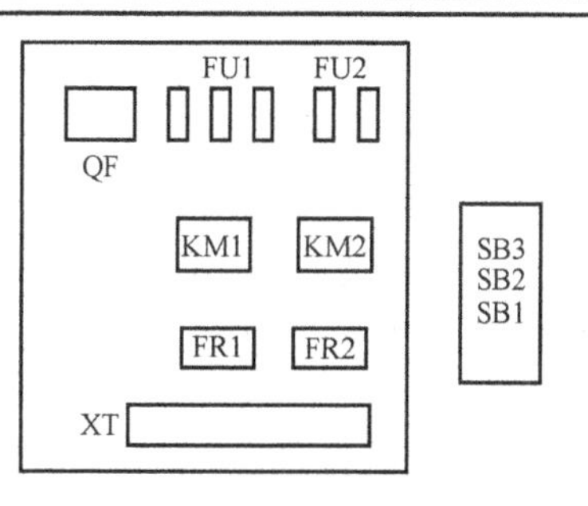

图 3-3　两台风机顺序起动控制电路电器元件布置图

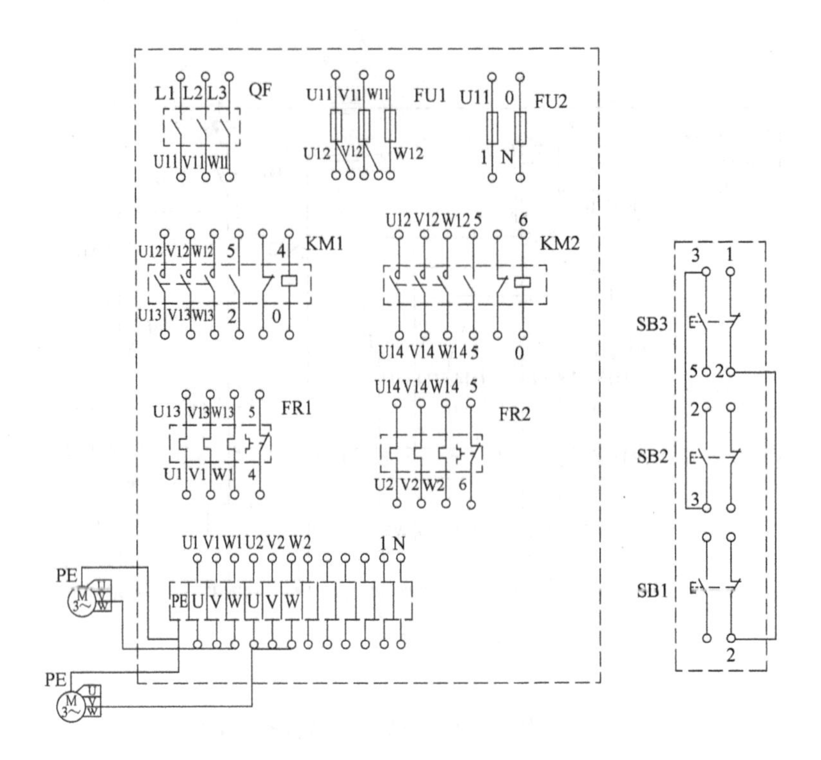

图 3-4　两台风机顺序起动控制电路接线图

表 3-1　两台风机顺序起动控制电路材料明细表

序号	代号	名称	型号	规格	数量
1	M1、M2	三相异步电动机	Y112M-4-4	3.21kW,380V、星形联结、1450r/min	2
2	QF	断路器	DZ47—63	380V、20A、整定 10A	1
3	FU1	熔断器	RT18—32	500V、配 10A 熔体	3
4	FU2	熔断器	RT18—32	500V、配 2A 熔体	2
5	KM1、KM2	接触器	CJ20	线圈电压 220V、16A	2
6	FR1、FR2	热继电器	JR16—20/3	三相、20A、整定电流 5A	2
7	SB1 ~ SB3	按钮	LA—18	5A	3
8	XT	端子排	TB1510	600V、15A	1

二、实施步骤

1. 检测电器元件

按表 3-1 配齐所用电器元件，并进行质量检验。电器元件应完好，各项技术指标符合规定要求，否则予以更换。

2. 安装电路板

（1）安装电器元件　在控制板上按图 3-3 布置图安装电器元件和走线槽，并贴上醒目的文字符号，如图 3-5 所示。其排列位置、相互距离，应符合要求。紧固力适当，无松动现象，如图 3-5 所示。

（2）布线　在控制板上按图 3-3 和图 3-4 进行板前线槽布线，并在导线两端套编码套管和冷压接线头。板前线槽配线工艺要求应参照项目二。

主电路使用的导线规格按电动机的工作电流选取，中小容量电动机的辅助电路一般可

用截面积为 $1\mathrm{mm}^2$ 左右导线。如图 3-6 所示。

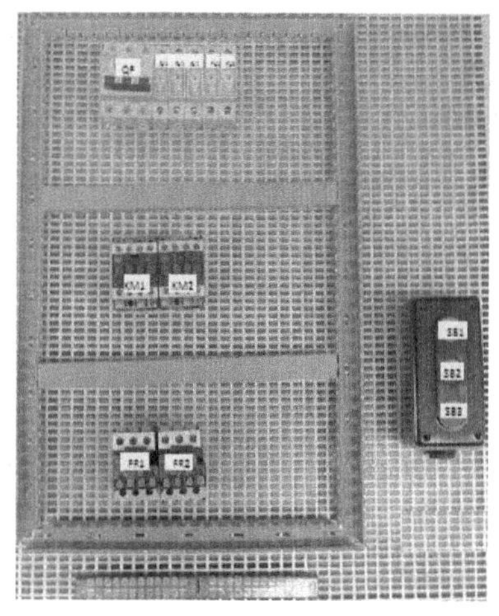

图 3-5　两台风机顺序起动控制电路电器元件实物布置图

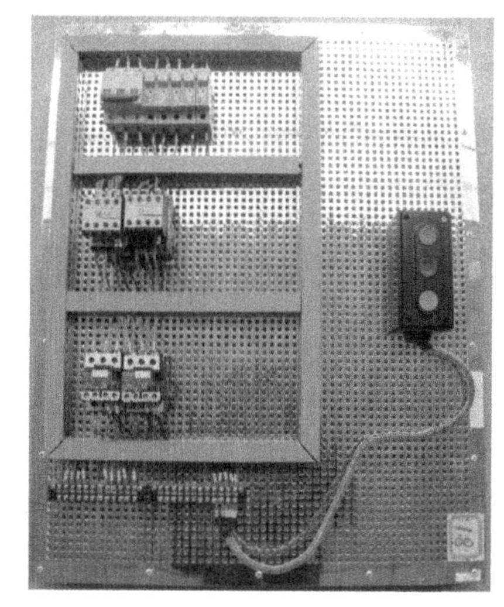

图 3-6　两台风机顺序起动控制电路板

（3）通电前检查

提示　两台风机顺序起动控制电路通电前检测

1）对照原理图、接线图检查，连接无遗漏。

2）万用表检测：确保电源切断情况下，分别测量主电路、控制电路，通断是否正常。

①未压下 KM1、KM2 时，测 L1-1U、L2-1V、L3-1W、L1-2U、L2-2V、L3-2W。

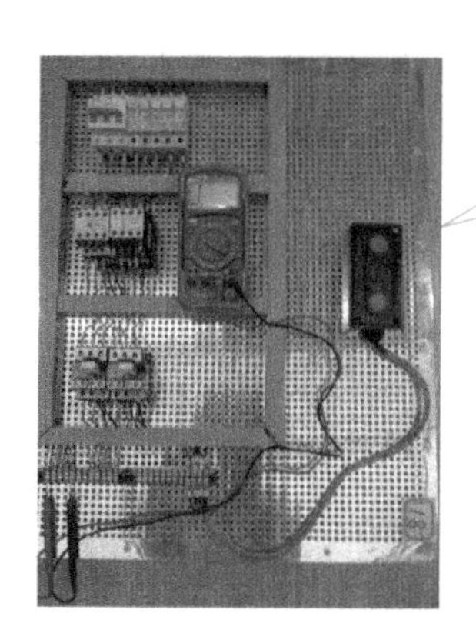

②压下 KM1 后，测量 L1-1U、L2-1V、L3-1W。

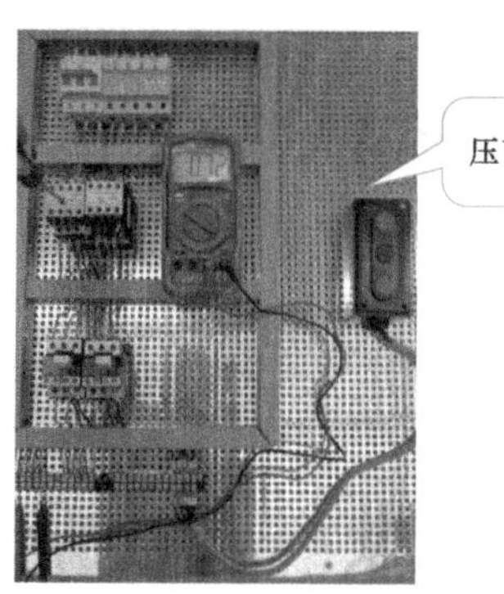

③压下 KM2 后，测量 L1-2U、L2-2V、L3-2W。

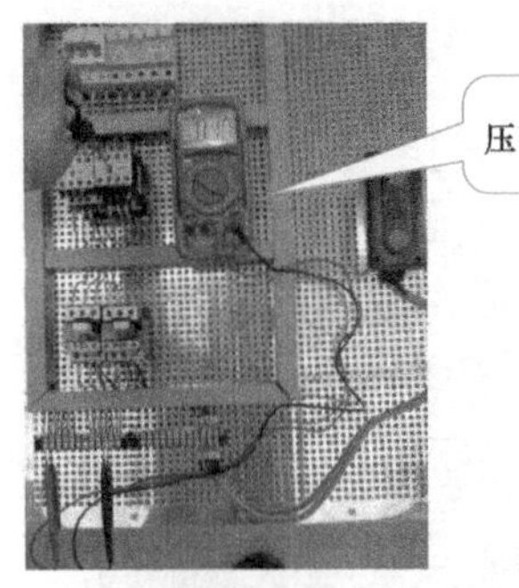

④未按下第 1 台电动机起动按钮 SB2 时，测量控制电路电源两端（U11-N）。

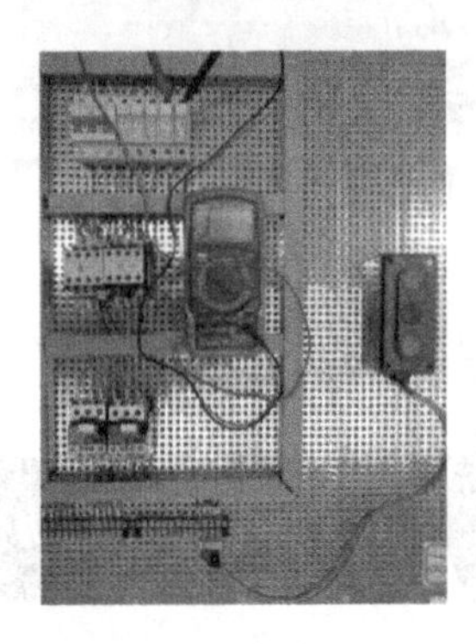

⑤按下第 1 台电动机起动按钮 SB2 后，测量控制电路电源两端（U11-N）。

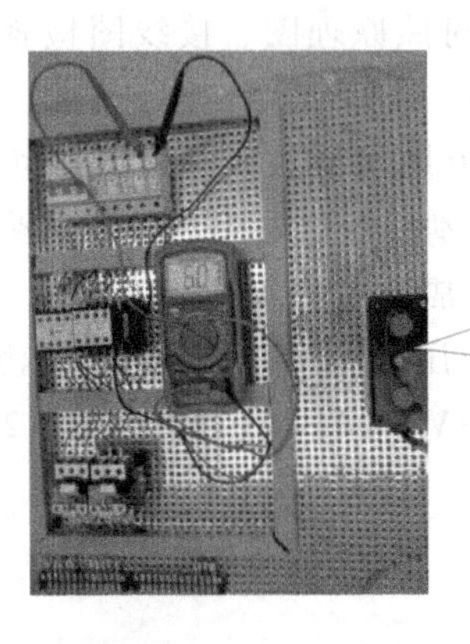

⑥按下第 2 台电动机起动按钮 SB3 后，测量控制电路电源两端（U11-N）。

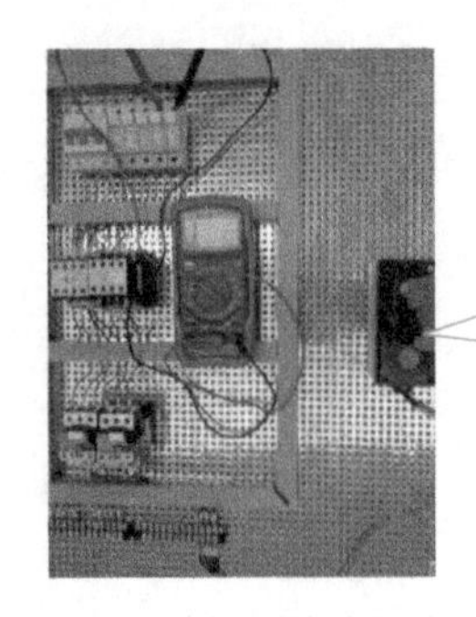

3. 通电试车

为保证人身安全，在通电试车时，要认真执行安全操作规程的有关规定，一人监护，一人操作。试车前应检查与通电试车有关的电气设备是否有不安全的因素存在，若查出应立即整改，然后方能试车。

热继电器的整定值，应在不通电时预先整定好，并在试车时校正，检查熔体规格是否符合要求。在指导教师监护下进行，根据电路图的控制要求独立测试。观察电动机有无振动及异常噪声，若出现故障及时断电查找排除。

提示 调试提示

1）运行顺序不对：更改接触器导线相序。

2）有振动：查找松动处，紧固。

3）有异常噪声：接触器吸合不实，更换。

4）不转：查找接线遗漏或接错处，更改。

排故时确保电源切断

4. 故障排查

▼故障现象　按下 SB2，两台电动机同时运行，此时电路出现了什么故障？

▲故障检修　故障检修时，可按下述检修步骤进行，直至故障排除，如图 3-7 所示。

1）根据故障现象，可判断出故障点在 3-5 点之间，如图 3-7 所示。

2）断开总电源。

3）用万用表欧姆挡测量 3-5 点之间的电阻，若万用表显示为 0，则可以判断是 3-5 点之间短接。由此可知，可能是按钮 SB3 损坏或常开触头和常闭触头接反。

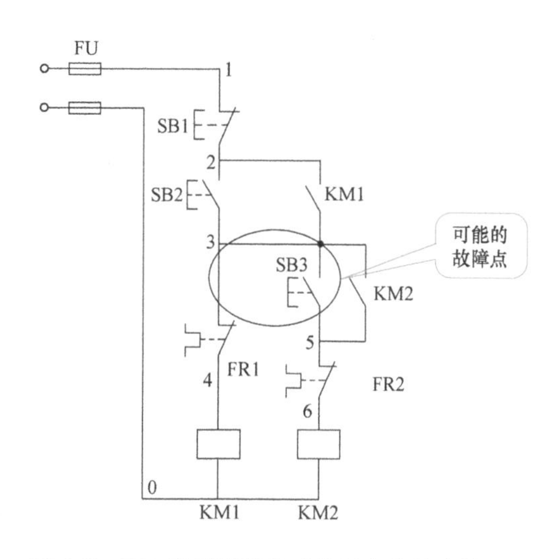

图 3-7　两台风机顺序起动控制电路故障排查图

4）检查 SB3 接线端子线，看是否是常开触头和常闭触头接反。

5）如按钮 SB3 没有接反，用万用表欧姆挡检查按钮 SB3 是否损坏。

6）排除故障后通电试车。

5. 整理现场

整理现场工具及电器元件，清理现场，根据工作过程填写任务单五，整理工作资料。

※任务评价※

见任务单五。

※任务拓展※

图 3-8 是顺序起停控制电路的三种形式，其主电路同图 3-2。

1）M1 起动后 M2 才能起动，M1 和 M2 同时停止。这种控制电路如图 3-8a 所示。它是将接触器 KM1 的常开触头串入接触器 KM2 的线圈电路中来实现控制的。分析该电路可知，KM1 因线圈通电而吸合后（M1 起动），KM2 线圈电路才有可能被接通（M2 才有可能起动）；按一下 SB1，M1 和 M2 同时断电停转。

2）M1 起动后 M2 才能起动，M1 和 M2 可以单独停止。这种控制电路如图 3-8b 所示。与图 3-3a 相比，主要区别在于 KM2 的自锁触头包括了 KM1 联锁触头，当 KM2 因线圈通电吸合，自锁触头闭合自锁后，KM1 对 KM2 失去了作用，SB1 和 SB3 可以单独使 KM1 和 KM2 线圈断电。

3）M1 起动后 M2 才能起动，M2 停止后 M1 才能停止。这种控制电路如图 3-8c 所示。与图 3-3b 相比，主要区别是在 SB1 两端并联了 KM2 的常开触头，所以只有先使接触器 KM2 线圈断电，即电动机 M2 停止，然后才能按动 SB1，断开接触器 KM1 线圈电路，使电动机 M1 停止。

请完成上述电路的安装与调试。

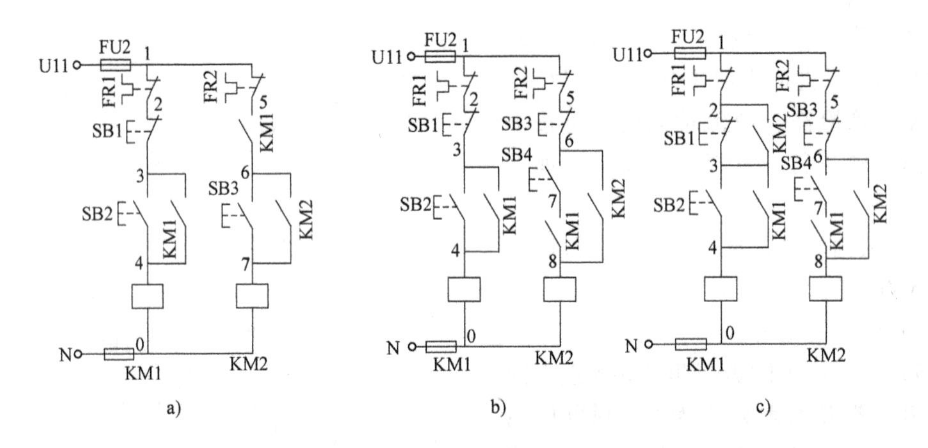

图 3-8 三种顺序控制电路

※巩固与提高※

一、操作练习题

1. 按图 3-2 所示电路接好线后，起动顺序反了，故障的原因是什么？如何将故障排除？

2. 分析图 3-8 所示电路中两台电动机的起停顺序并完成电路的装调。

二、理论练习题

1. 按下复合按钮时要求几台电动机的起停必须按一定的先后顺序来完成的控制方式，

称为电动机的（　　）。

A. 顺序控制　　B. 异地控制　　C. 多地控制　　D. 自锁控制

2. 顺序控制可以通过（　　）来实现。

A. 主电路　　B. 辅助电路　　C. 控制电路　　D. 主电路和控制电路

※任务小结※

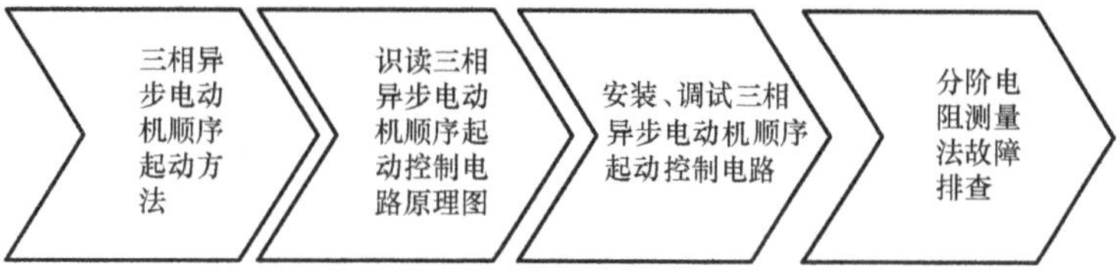

三相异步电动机顺序起动方法 → 识读三相异步电动机顺序起动控制电路原理图 → 安装、调试三相异步电动机顺序起动控制电路 → 分阶电阻测量法故障排查

项目四 大功率风机星—三角减压起动电路安装与调试

※任务目标※

1. 识别常用时间继电器，掌握其结构、符号、原理及作用，并能正确使用。
2. 正确识读大功率风机星—三角减压起动电路原理图，会分析其工作原理。
3. 能根据大功率风机星—三角减压起动电路图安装、调试电路。
4. 能根据故障现象对大功率风机星—三角减压起动电路的简单故障进行排查。

※任务描述※

某工厂机加工车间要安装一台大功率风机，如图 4-1 所示，现在要为此风机安装电气控制柜，要求三相异步电动机采用接触器控制，起动方式采用星—三角减压起动，要求设置过载、短路、欠电压、失电压保护。拖动风机的三相异步电动机型号为 Y132M-4、额定电压为 380V、额定功率为 7.5kW、额定转速为 1440r/min、额定电流为 15.4A。

图 4-1 大功率风机外形图

※相关知识※

一、认识时间继电器

时间继电器是一种利用电磁原理和机械动作实现触头延时接通或断开的自动控制电

器。它广泛用于需要按时间顺序进行控制的电气控制线路中。根据触头延时的特点，可分为通电延时动作型和断电延时复位型两种。常用的时间继电器主要有电子式、电磁式、电动式和空气阻尼式等。

1. 电子式时间继电器

（1）外形　图4-2为电子式时间继电器外形图。

图4-2　电子式时间继电器外形图

（2）型号及含义

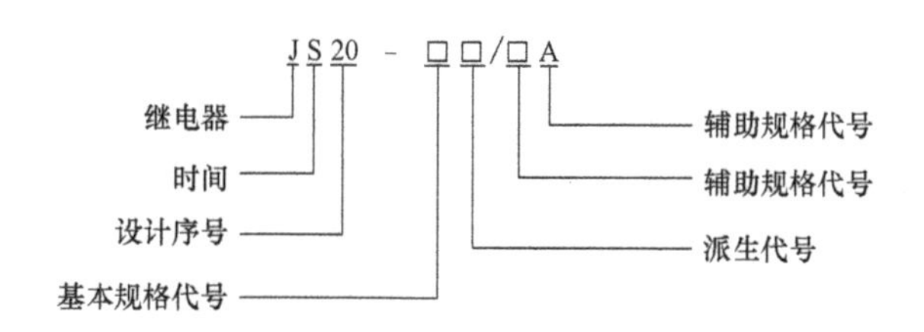

（3）电子式时间继电器的接线　图4-3为电子式时间继电器接线示意图。②和⑦为电压输入端，①和④、⑤和⑧为常闭触头，①和③、⑧和⑥为常开触头。接线完毕把时间继电器插入底座。

（4）电子式时间继电器的时间整定　图4-4为电子式时间继电器时间整定示意图。

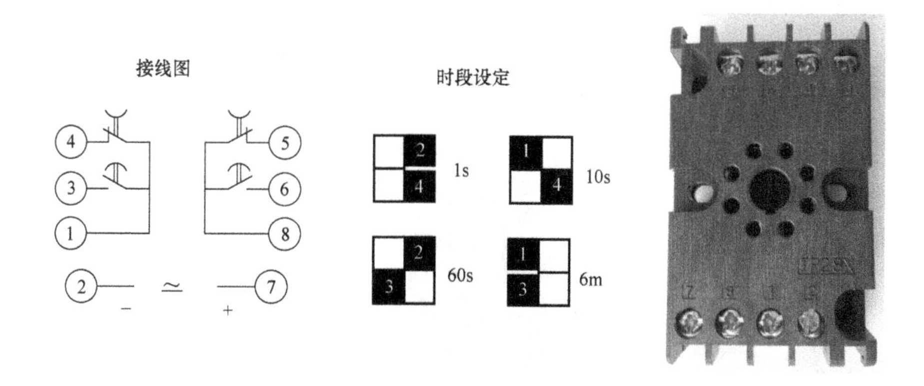

图4-3　电子式时间继电器接线示意图

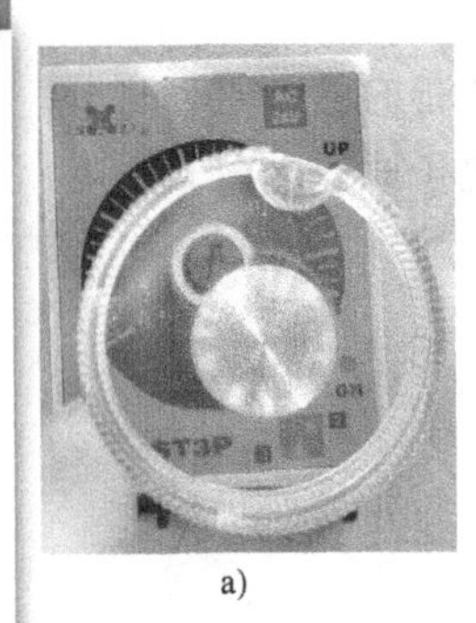

a)

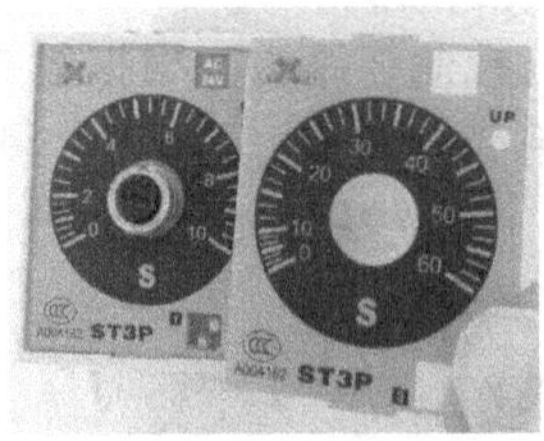

b)

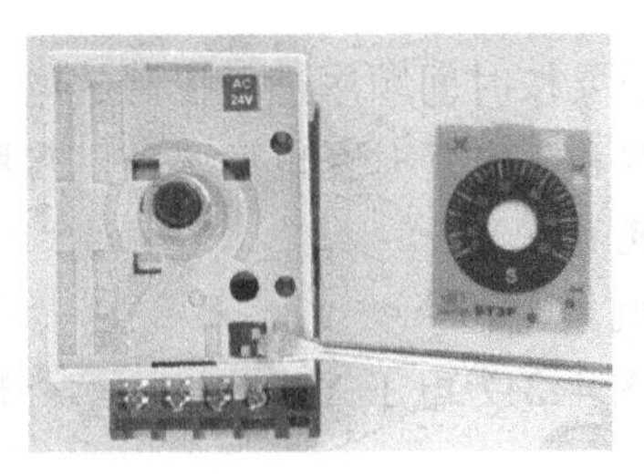

c)

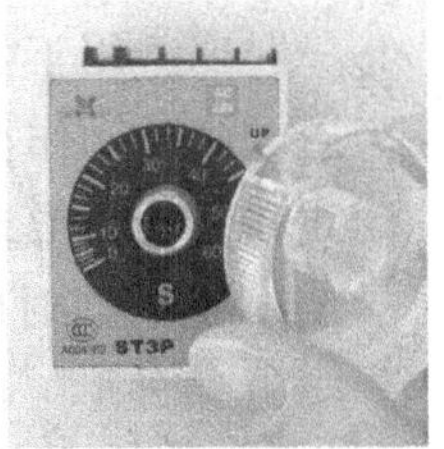

d)

图 4-4　电子式时间继电器时间整定示意图

提示　电子式时间继电器时间整定提示

1）拔出旋钮开关端盖（图 4-4a）；

2）取下正反两面印有时间刻度的时间刻度片（图 4-4b）；

3）对照图 4-5 对应时间范围调整两个白色拨码开关位置（图 4-4c）；

4）将满量程为 60s 的刻度片放在最上面，盖好旋钮开关的端盖（图 4-4d）；

5）调整整定时间，旋转端盖使红色刻度线对应整定时间。

图 4-5　电子式时间继电器时间范围整定示意图

2. 空气阻尼式时间继电器

空气阻尼式时间继电器又称气囊式时间继电器，是利用气囊中的空气通过小孔节流的原理来获得延时动作的。

（1）外形　图 4-6 为空气阻尼式时间继电器外形图。

图 4-6　空气阻尼式时间继电器外形图

（2）型号及含义

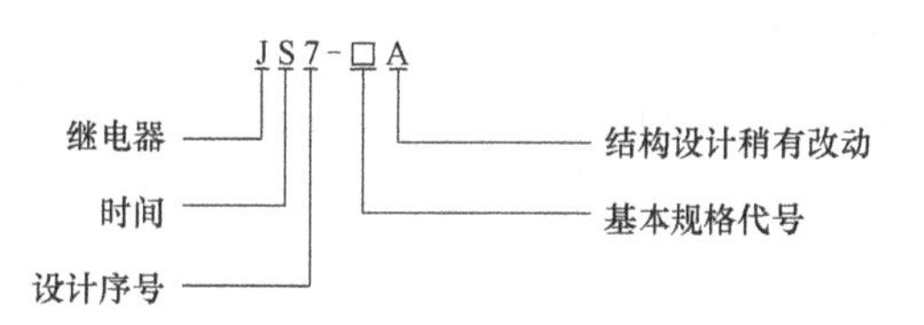

（3）结构　空气阻尼式时间继电器的结构如图 4-7 所示。其中图 4-7a 所示为通电延时型，图 4-7b 所示为断电延时型。

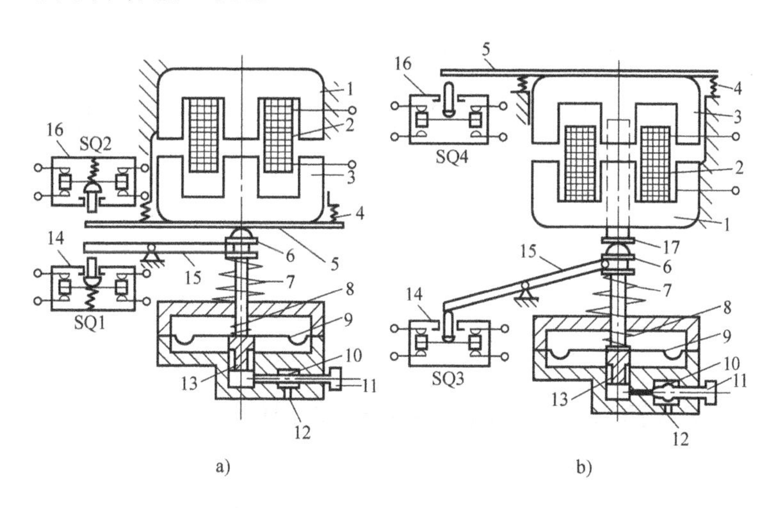

图 4-7　空气阻尼式时间继电器的结构

a）通电延时型　b）断电延时型

1—铁心　2—线圈　3—衔铁　4—反力弹簧　5—推板　6—活塞杆　7—宝塔形弹簧　8—弱弹簧　9—橡皮膜　10—螺旋　11—调节螺钉　12—进气口　13—活塞　14、16—微动开关　15—杠杆　17—推杆

（4）工作原理　通电延时型时间继电器的工作原理：当线圈 2 通电后，铁心 1 产生吸力，衔铁 3 克服反力弹簧 4 的阻力与铁心吸合，带动推板 5 立即动作，压合微动开关 SQ2，使其常闭触头瞬时断开，常开触头瞬时闭合。同时活塞杆 6 在宝塔形弹簧 7 的作用下向上移动，带动与活塞 13 相连的橡皮膜 9 向上运动，运动的速度受进气口 12 进气速度的限制。这时橡皮膜下面形成空气较稀薄的空间，与橡皮膜上面的空气形成压力差，对活塞的移动产生阻尼作用。活塞杆带动杠杆 15 只能缓慢地移动。经过一段时间，活塞才完成全部行程而压动微动开关 SQ1，使其常闭触头断开，常开触头闭合。由于从线圈通电到触头动作需延时一段时间，因此 SQ1 的两对触头分别被称为延时闭合瞬时断开的常开触头和延时断开瞬时闭合的常闭触头。这种时间继电器延时时间的长短取决于进气的快慢，旋动调节螺钉 11 可调节进气孔的大小，即可达到调节延时时间长短的目的。

当线圈 2 断电时，衔铁 3 在反力弹簧 4 的作用下，通过活塞杆 6 将活塞推向下端，这时橡皮膜 9 下方腔内的空气通过橡皮膜 9、弱弹簧 8 和活塞 13 局部所形成的单向阀迅速从橡皮膜上方的气室缝隙中排掉，使微动开关 SQ1、SQ2 的各对触头均瞬时复位。

断电延时型时间继电器和通电延时型时间继电器的组成元件是通用的。如果将通电延时型时间继电器的电磁机构翻转 180°安装即成为断电延时型时间继电器。其工作原理读者可自行分析。

（5）优点和缺点

空气阻尼式时间继电器的优点是：延时范围较大（0.4～180s），且不受电压和频率波动的影响；可以做成通电和断电两种延时形式；结构简单、寿命长、价格低。其缺点是：延时误差大，难以精确地整定延时值，且延时值易受周围环境温度、尘埃等的影响。因此，对延时精度要求较高的场合不宜采用。

3. 时间继电器的符号

时间继电器在电路图中的符号如图4-8所示。

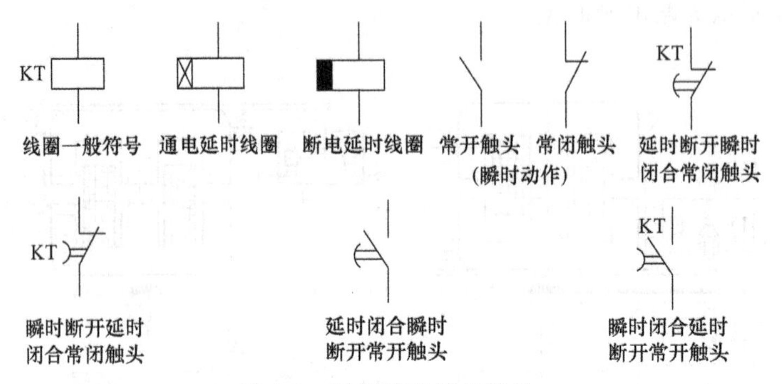

图4-8　时间继电器的符号

二、三相异步电动机星—三角减压起动控制电路

减压起动是将电源电压适当降低后，再加到电动机定子绕组上进行起动。当电动机起动后，再使电压恢复到额定值。

1. 星—三角减压起动工作原理

图4-9为定子绕组Y-△接线图。

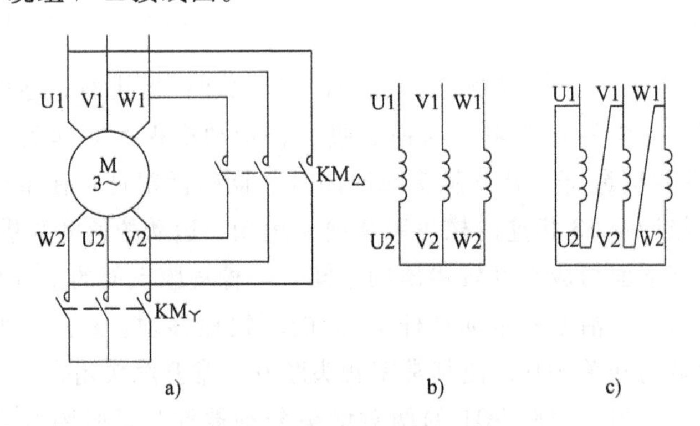

图4-9　定子绕组Y-△接线图

a）定子绕组Y-△联结　b）Y联结　c）△联结

Y联结的起动线电流为△联结的1/3，Y联结的起动转矩为△联结的1/3，所以，Y-△起动只适用于空载或轻载起动，且正常工作是△联结的电动机。

额定运行为△联结且容量较大（一般容量大于10kW）的电动机，可采用星—三角起动法。起动时绕组做Y联结，待转速升高到一定值时，改为△联结，直到稳定运行。

2. 时间继电器控制星—三角减压起动控制电路

图4-10为时间继电器控制三相异步电动机星—三角减压起动控制电路。

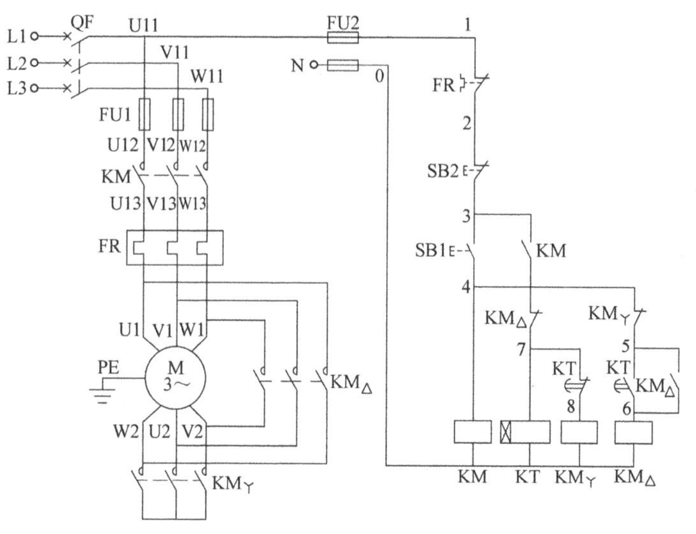

图 4-10　时间继电器控制三相异步电动机星—三角减压起动控制电路

工作原理如下：

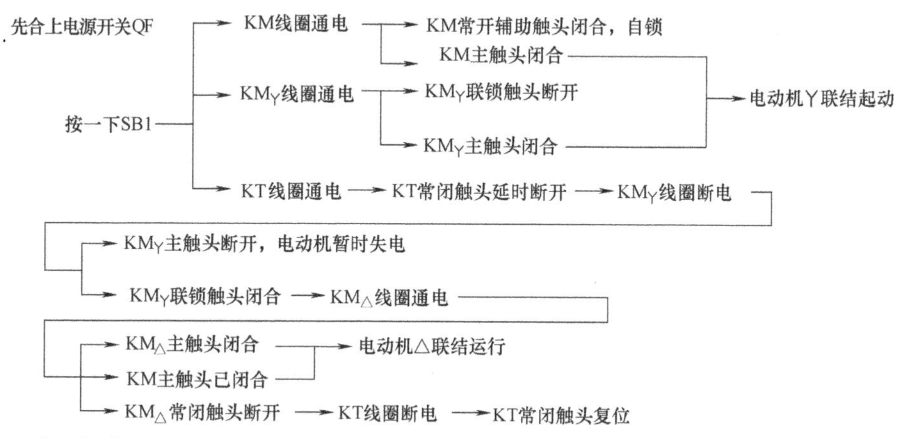

※任务实施※

一、工作准备

1. 绘制电器元件布置图

如图 4-11 所示。

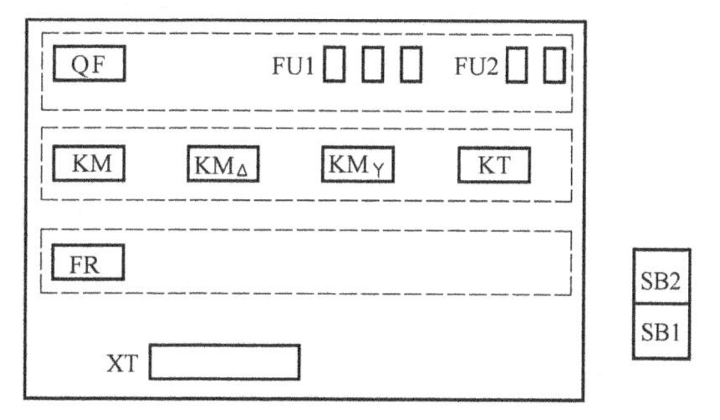

图 4-11　时间继电器控制三相异步电动机星—三角减压起动控制电路电器元件布置图

2. 绘制电路接线图

如图 4-12 所示。

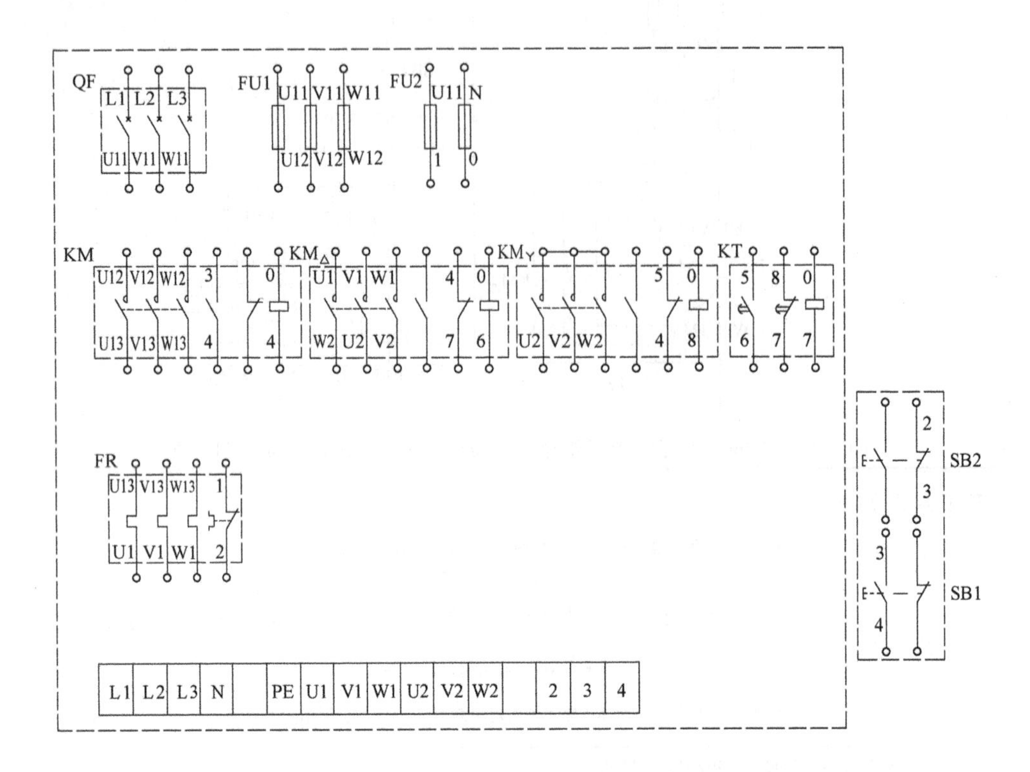

图 4-12 时间继电器控制三相异步电动机星—三角减压起动控制电路接线图

3. 准备工具及材料

根据表 1-3 领取相应工具，根据表 4-1 三相异步电动机星—三角减压起动电路材料明细表领取材料。

二、实施步骤

1. 检测电器元件

按表 4-1 配齐所用电器元件，其各项技术指标均应符合规定要求，目测其外观无损坏，手动触头动作灵活，并用万用表进行质量检验，如不符合要求，则予以更换。

表 4-1 三相异步电动机星—三角减压起动电路材料明细表

序号	代号	名称	型号	规格	数量
1	M	三相异步电动机	Y132M—4	7.5kW、380V、三角形联结、15.4A、1440r/min	1
2	QF	断路器	DZ47—63	380V、25A、整定 20A	1
3	FU1	熔断器	RT18—32	500V、配 35A 熔体	3
4	FU2	熔断器	RT18—32	500V、配 2A 熔体	2
5	KM、KM△、KMY	接触器	CJX—22	线圈电压 220V、20A	3
6	FR	热继电器	JR16—20/3	三相、20A、整定电流 15.4A	1

（续）

序号	代号	名称	型号	规格	数量
7	SB1、SB2	按钮	LA—18	5A	2
8	XT	端子排	TB1510	600V、15A	1
9	KT	时间继电器	ST3P	线圈电压 220V	1
10		控制板安装套件			1

2. 安装电路板

（1）安装电器元件　在控制板上按图 4-11 布置图安装电器元件和走线槽，并贴上醒目的文字符号。其排列位置、相互距离，应符合要求。紧固力适当，无松动现象。实物布置图如图 4-13 所示。

（2）布线　在控制板上按照图 4-11 和图 4-12 进行板前线槽布线，并在导线两端套编码套管和冷压接线头，如图 4-14 所示。板前线槽配线的工艺要求请参照项目二。

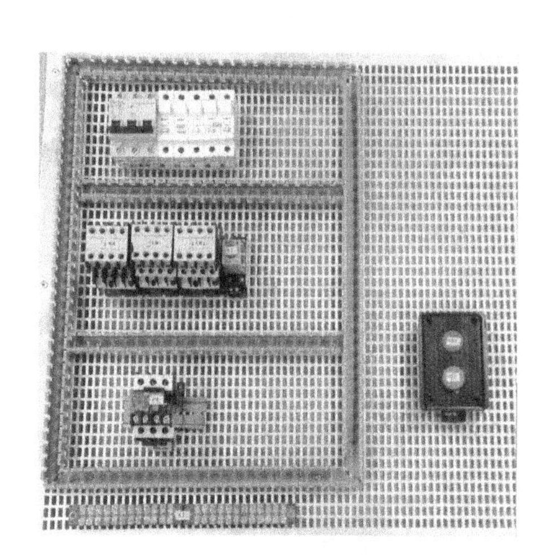

图 4-13　时间继电器控制三相异步电动机星—三角减压起动控制电路电器元件实物布置图

图 4-14　时间继电器控制三相异步电动机星—三角减压起动控制电路板

（3）安装电动机　请参考项目一任务一。

提示　星—三角减压起动电路电动机安装方法提示

1）用星—三角减压起动控制的电动机，必须有 6 个出线端子且定子绕组在三角形联结时的额定电压等于三相电源线电压。

2）接线时要保证电动机三角形联结的正确性，即接触器 $KM_{\triangle}$ 主触头闭合时，应保证定子绕组的 U1 与 W2、V1 与 U2、W1 与 V2 相连接。

3）接触器 KM_{Y} 的进线必须从三相定子绕组的末端引入，若误将其首端引入，则在 KM_{Y} 吸合时，会产生三相电源短路事故。

（4）通电前检测

提示 星—三角减压起动电路通电前检测提示

1）对照原理图、接线图检查，连接无遗漏。

2）万用表检测：确保电源切断情况下，分别测量主电路、控制电路，通断是否正常。

① 未压下 KM 时，测 L1-U1、L2-V1、L3-W1；压下 KM 后再次测量 L1-U1、L2-V1、L3-W1。

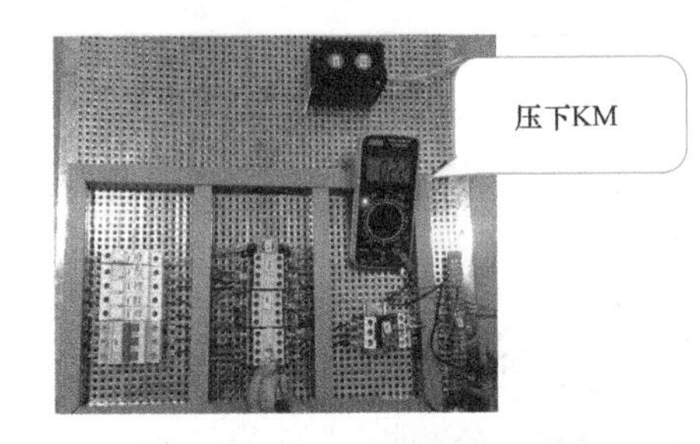

②万用表一支表笔放 U1，另一支表笔放 W2，手动压下 $KM_{\triangle}$；同样方法分别检测 V1-U2，W1-V2。

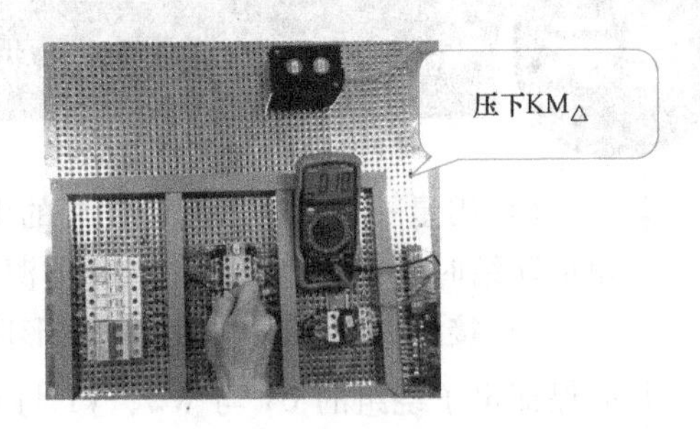

③ 未压下 KM_Y与压下 KM_Y时，分别测 U2、V2、W2 与 KM_Y短接点。

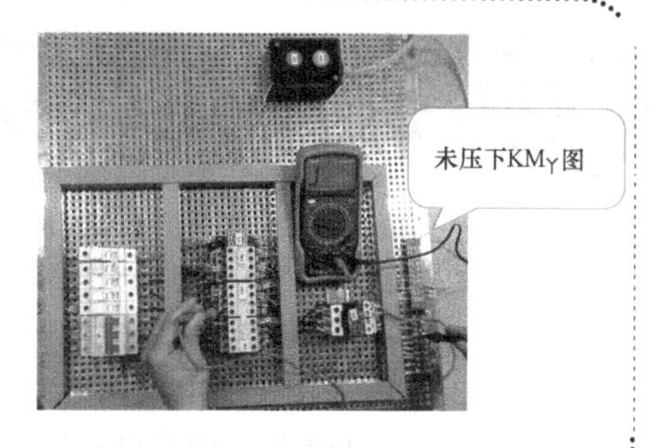

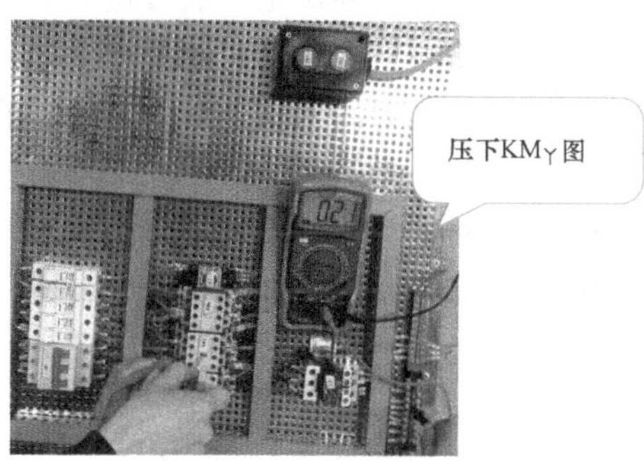

④ 测量控制电路电源两端（U11-N）。

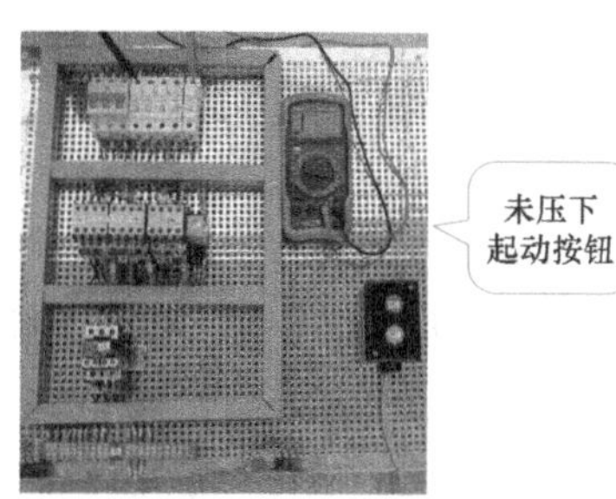

⑤ 压下起动按钮，测量控制电路电源两端（U11-N）。

3. 通电试车

为保证人身安全，在通电试车时，要认真执行安全操作规程的有关规定，一人监护，一人操作。试车前应检查与通电试车有关的电气设备是否有不安全的因素存在，若查出应立即整改，然后方能试车。

时间继电器和热继电器的整定值，应在不通电时预先整定好，并在试车时校正，检查熔体规格是否符合要求。在指导教师监护下进行，根据电路图的控制要求独立测试。观察电动机有无振动及异常噪声，若出现故障及时断电查找排除。

通电试车后，断开电源，先拆除三相电源线，再拆除电动机负载线。

提示 星—三角减压起动电路通电调试提示

1）有振动：查找松动处，紧固。

2）有异常噪声：接触器吸合不实，更换。

3）不转：查找接线遗漏或接错处，更改。

4）切换时间不合理：起动时间整定。为了防止起动时间过长或过短，时间继电器的初步时间确定一般按电动机功率每 1kW 的 0.6～0.8s 整定。在现场用钳形电流表来观察电动机起动过程中的电流变化，当电流从刚起动时的最大值下降到不再下降时的时间，就是时间继电器的时间整定值。

4. 故障排查

▼故障现象　线路空载试验工作正常，接上电动机试车时，一起动电动机，电动机就发出异常声音，转子左右颤动，立即按 SB2 停止。

▲故障检修

1）用通电试验法观察故障现象。空载试验时接触器切换动作正常，表明控制电路接线无误。

2）用逻辑分析法缩小故障范围，并在电路图中标出故障部位的最小范围。问题出在接上电动机后，从故障现象分析可知这是由于电动机断相，即星形起动时有一相绕组未接入电路，造成电动机单相起动，致使电动机左右颤动。

3）用测量法正确迅速地找出故障点。可以采用电阻测量法或电压测量法。本处建议采用电阻测量法，注意断开电源电路。检查接触器接点闭合是否良好，接触器及电动机端子的接线是否紧固。故障可能点如图 4-15 所示。

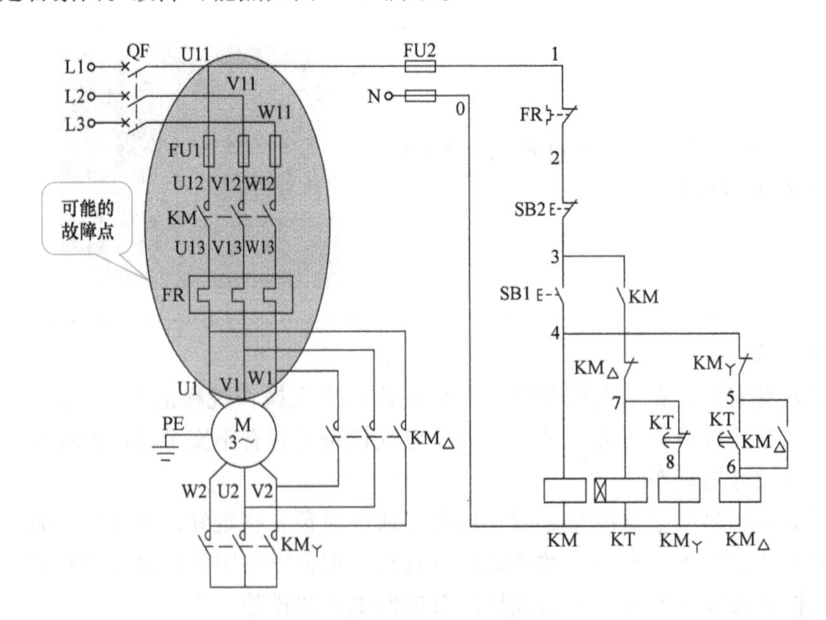

图 4-15　时间继电器控制三相异步电动机星—三角减压起动控制电路故障排查

4）排除故障后通电试车。通电试车后，断开电源，先拆除三相电源线，再拆除电动机负载线。

5. 整理现场

整理现场工具及电器元件，清理现场，根据工作过程填写任务单六，整理工作资料。

※任务评价※

见工作单六。

※任务拓展※

按钮切换星—三角减压起动控制电路如图 4-16 所示。

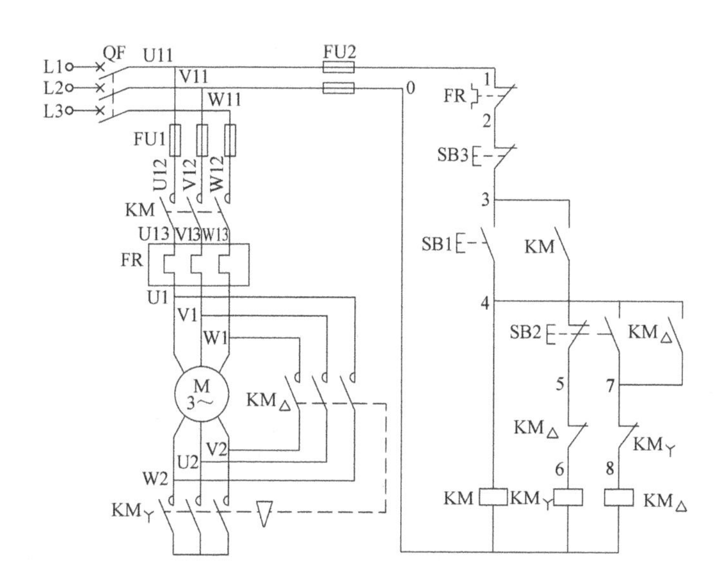

图 4-16　按钮切换星—三角减压起动控制电路

这种运动线路由起动到全压运行，需要两次按动按钮，不太方便，并且切换时间也不易准确掌握。为了克服上述缺点，通常采用时间继电器自动切换控制星—三角起动线路。

请完成按钮控制星—三角减压起动电路装调。

※巩固与提高※

一、操作练习题

1. 安装按钮控制星—三角减压起动控制电路。

2. 比较按钮控制星—三角减压起动控制电路与时间继电器控制星—三角减压起动控制电路的不同点。

二、理论练习题

（一）判断题

1. 电网容量在 180kV · A 以上，电动机功率在 7.5kW 以下时，三相异步电动机可直接起动。 （ ）

2. 要想使三相异步电动机能采用星—三角减压起动，电动机在正常运行时定子绕组必须是三角形联结。 （ ）

（二）选择填空

1. 三相异步电动机直接起动电流较大，一般可达额定电流的（ ）倍。

A. 2　　B. 3　　C. 4 ~7 倍　　D. 10

2. 当三相异步电动机采用星—三角减压起动时，每相定子绕组承受的电压是三角形联结全压起动时的（ ）倍。

A. 2　　B. 3　　C. $1/\sqrt{3}$　　D. 1/3

3. 适用于电动机容量较大且不允许频繁起动的减压起动方法是（ ）减压起动。

A. 星—三角　　B. 自耦变压器　　C. 定子串电阻　　D. 延边三角形

4. 当三相异步电动机采用星—三角减压起动时，起动转矩是三角形联结全压起动时的（ ）倍。

A. $\sqrt{3}$　　B. $1/\sqrt{3}$　　C. 1/3　　D. $\sqrt{3}/2$

※任务小结※

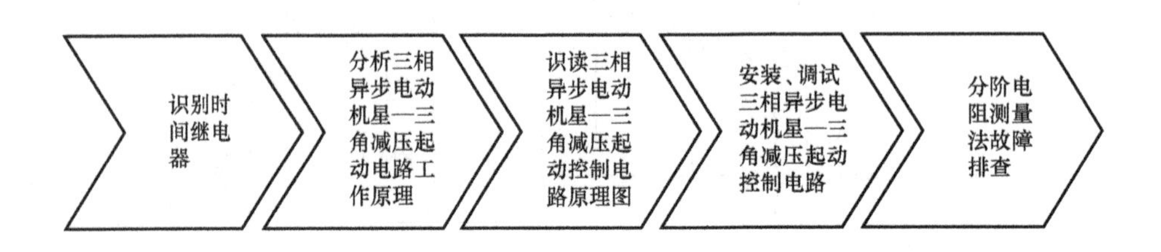

项目五 卷扬机电磁制动控制电路安装与调试

※任务目标※

1. 识别电磁制动器、速度继电器，掌握其结构、符号、原理及作用，并能正确使用。
2. 正确识读卷扬机电磁制动控制电路原理图，会分析其工作原理。
3. 能根据卷扬机电磁制动控制电路图安装、调试电路。
4. 能根据故障现象对卷扬机电磁制动控制电路的简单故障进行排查。

※任务描述※

某工地要安装一台卷扬机，如图 5-1 所示，现在为此卷扬机安装电磁制动控制电路，要求三相异步电动机停止后，电磁抱闸动作，制动。要求设置短路、欠电压、失电压保护。电动机的型号是 YS6324，额定电压为 380V、额定功率为 180W、额定转速为 1400r/min，额定电流为 0.65A。

图 5-1　架桥机用卷扬机

※相关知识※

一、认识电磁制动系统

电磁制动系统是使机械中的运动件停止或减速的机械零件。应用较普遍的机械制动装置是电磁抱闸和电磁离合器两种，它们的制动原理基本相同。两者都是利用电磁线圈通电后产生磁场，使静铁心产生足够大的吸力吸合衔铁或动铁心（电磁离合器的动铁心被吸合，动、静摩擦片分开），克服弹簧的拉力而满足工作现场的要求。电磁抱闸是靠闸瓦的摩擦片制动闸轮，电磁离合器是利用动、静摩擦片之间足够大的摩擦力使电动机断电后立即制动。

电磁抱闸主要由两部分组成：制动电磁铁和闸瓦制动器。制动电磁铁由铁心、衔铁和线圈三部分组成。闸瓦制动器包括闸轮、闸瓦和弹簧等，闸轮与电动机装在同一根转轴上。

（1）外形及结构　图 5-2 为电磁抱闸装置的外形及结构。

图 5-2　电磁抱闸装置的外形及结构

（2）工作原理　电动机接通电源，同时电磁抱闸线圈也得电，衔铁吸合，克服弹簧的拉力使制动器的闸瓦与闸轮分开，电动机正常运转。断开开关或接触器，电动机失电，同时电磁抱闸线圈也失电，衔铁在弹簧拉力作用下与铁心分开，并使制动器的闸瓦紧紧抱住闸轮，电动机被制动而停转。

二、三相异步电动机电磁制动控制电路工作原理

图 5-3 为三相异步电动机电磁制动控制电路原理图。

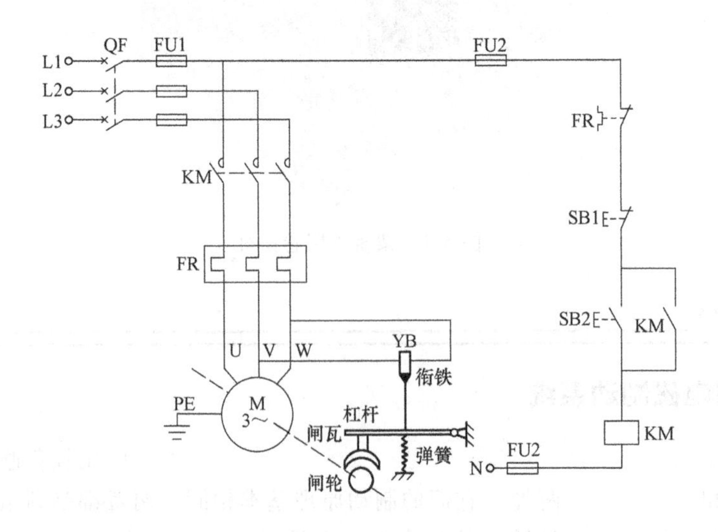

图 5-3　三相异步电动机电磁制动控制电路原理图

工作原理如下：

合上电源开关 QF，按起动按钮 SB2，KM 通电吸合，其主触头闭合使电磁抱闸线圈 YB 通电，衔铁吸合，使抱闸的闸瓦与闸轮分开，电动机起动。当需要制动时，按停止按钮 SB1，KM 断电释放，其主触头断开，使电动机断电，与此同时，电磁抱闸线圈 YB 也断电，在弹簧的作用下，使闸瓦与闸轮紧紧抱住，电动机被迅速制动而停转。

※任务实施※

一、工作准备

1. 绘制电器元件布置图

如图 5-4 所示。

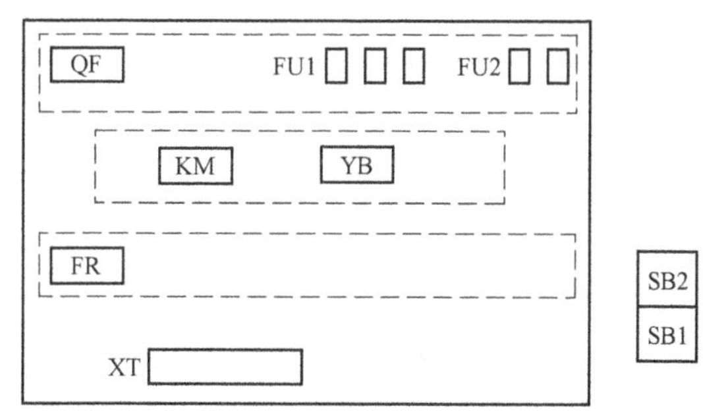

图 5-4　三相异步电动机电磁制动控制电路电器元件布置图

2. 绘制电路接线图

如图 5-5 所示。

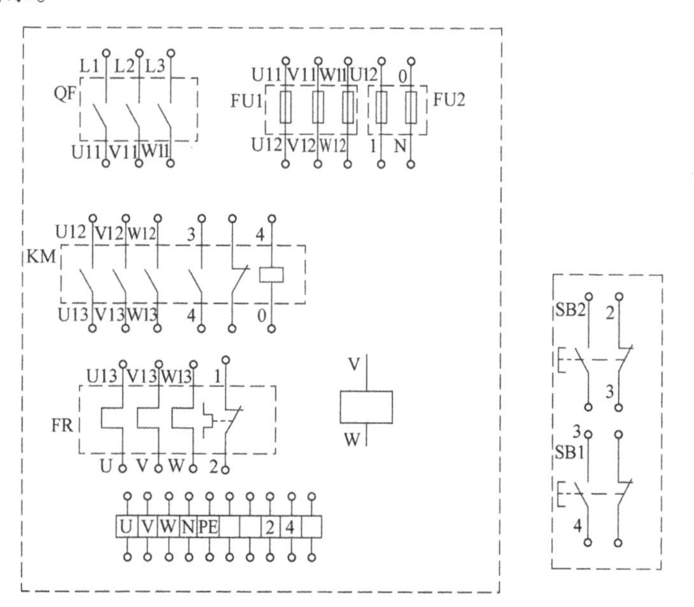

图 5-5　三相异步电动机电磁制动控制电路接线图

3. 准备工具及材料

根据表 1-2 领取相应工具，根据表 5-1 三相异步电动机电磁制动控制电路材料明细表领取材料。

表 5-1 三相异步电动机电磁制动控制电路材料明细表控制电路材料明细表

序号	代号	名称	型号	规格	数量
1	M	三相异步电动机	YS6324	380V、180W、0.65A 1400r/min	1
2	QF	断路器	DZ47—63	380V、25A、整定 20A	1
3	FU1	熔断器	RT18—32	500V、配 10A 熔体	3
4	FU2	熔断器	RT18—32	500V、配 2A 熔体	2
5	KM	接触器	CJX—22	线圈电压 220V、20A	1
6	SB1、SB2	按钮	LA—18	5A	2
7	XT	端子排	TB1510	600V、15A	1
8		控制板安装套件			1
9		电磁抱闸装置			1

二、任务实施

1. 检测电器元件

按表 5-1 配齐所用电器元件，其各项技术指标均应符合规定要求，目测其外观无损坏，手动触头动作灵活，并用万用表进行质量检验，如不符合要求，则予以更换。

2. 安装电路板

（1）安装电器元件　在控制板上按图 5-4 布置图安装电器元件，并贴上醒目的文字符号。其排列位置、相互距离，应符合要求。紧固力适当，无松动现象。如图 5-6 所示。

（2）布线　在控制板上按照图 5-4 和图 5-5 进行板前布线，并在导线两端套编码套管，如图 5-7 所示。板前明线布线工艺要求请参照项目一任务一。

图 5-6　三相异步电动机电磁制动控制电路电器元件实物布置图

图 5-7　三相异步电动机电磁制动控制电路板

（3）安装电动机　请参照项目一任务一。

（4）通电前检测

提示 三相异步电动机电磁制动控制电路检测提示

1）对照原理图、接线图检查，连接无遗漏。

2）万用表检测：确保电源切断情况下，分别测量主电路、控制电路，通断是否正常。

①未压下 KM 时，测 L1-U、L2-V、L3-W；压下 KM 后，再次测量 L1-U、L2-V、L3-W。

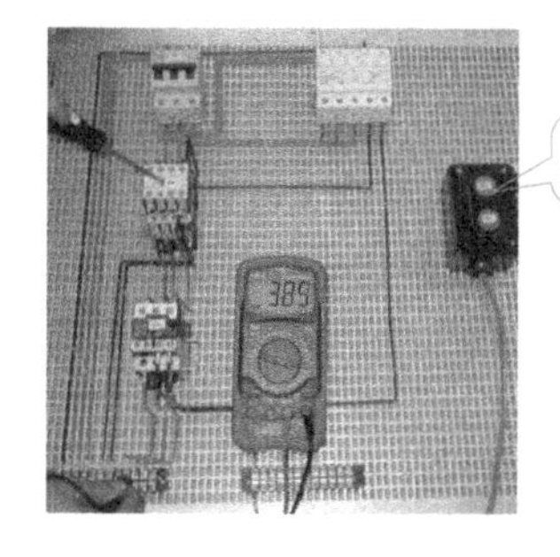

②未压下起动按钮 SB1 时，测量控制电路电源两端（U11-N）。

③持续压下起动按钮 SB1 后，测量控制电路电源两端（U11-N）。

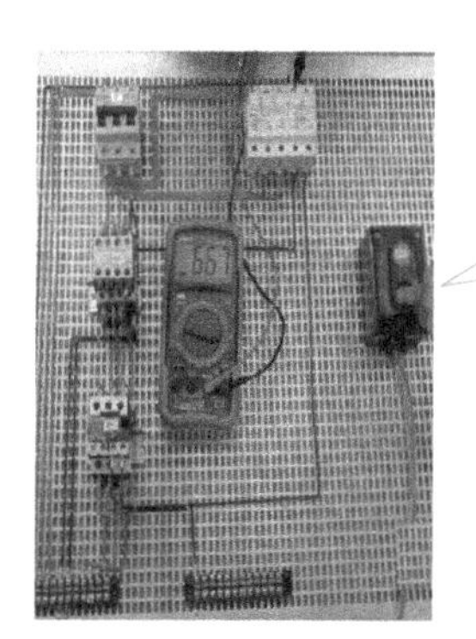

3. 通电试车

为保证人身安全，在通电试车前，要认真执行安全操作规程的有关规定，一人监护，一人操作。试车前应检查与通电试车有关的电气设备是否有不安全的因素存在，若查出应立即整改，然后方能试车。

通电试车后，断开电源，先拆除三相电源线，在拆除电动机负载线。

提示 三相异步电动机电磁制动控制电路通电调试提示

1）有振动：查找松动处，紧固。

2）有异常噪声：接触器吸合不实，更换。

3）不转：查找接线遗漏或接错处，更改。

4. 故障排查

▼故障现象　按下停止按钮，三相异步电动机不能制动，电动机缓慢停止，此时电路出现了什么故障?

▲故障检修　可按下述检修步骤及要求进行故障排除。如图 5-8 所示。

1）用通电实验法来观察故障现象。按下起动按钮，接触器线圈吸合，表明控制电路无故障。电动机转动，说明电动机的运行控制电路没问题。

2）按下停止按钮，电动机能够缓慢停止，说明电动机的电磁制动有问题。

3）用电压法测量电路。测量衔铁两侧电压，如果测量电压为 0V，说明衔铁两侧有断点。

4）根据故障点的不同情况，采取正确的修复方法，迅速排除故障。

5）排除故障后通电试车。

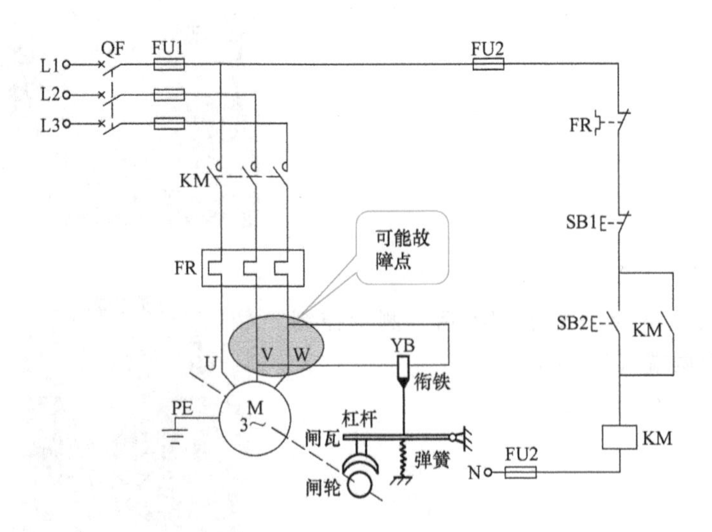

图 5-8　三相异步电动机电磁制动控制电路故障排查

5. 整理现场

整理现场工具及电器元件，清理现场，根据工作过程填写任务单七，整理工作资料。

※任务评价※

见任务单七。

※任务拓展※

一、认识速度继电器

速度继电器是反映转速和转向的继电器，其主要作用是以旋转速度的快慢为指令信号，与接触器配合实现对电动机的反接制动控制，故又称为反接制动继电器。机床控制电路中常用的速度继电器有 JY1 型（如图 5-9 所示）和 JFZ0 型。

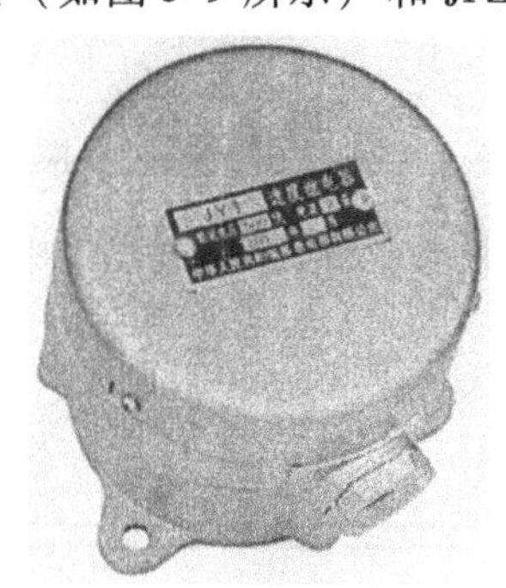

图 5-9　JY1 型速度继电器外形

（1）型号及含义

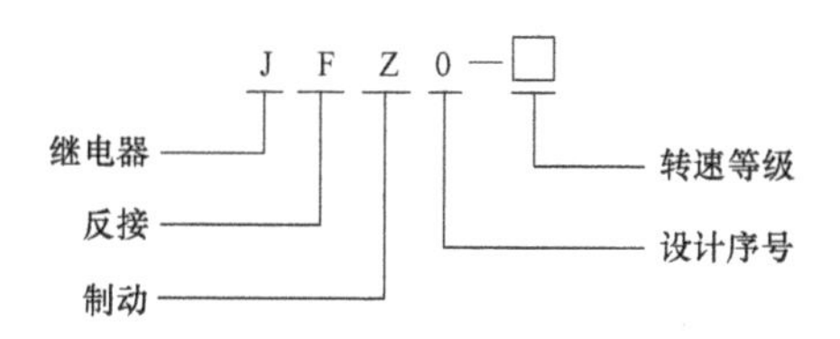

（2）选用　速度继电器主要根据所需控制的转速大小、触头的数量和电压、电流来选用。

二、三相异步电动机单向运行反接制动控制电路工作原理

图 5-10 为三相异步电动机单向运行的反接制动控制电路图。

工作原理如下：

合上电源开关 QF

起动：

按一下 SB1，KM1 线圈通电，KM1 自锁触头闭合。互锁触头断开，主触头闭合，电动机 M 起动运转，转速升至一定值，KS 触头闭合，为反接制动作准备。

反接制动：

按一下 SB2，SB2 常闭触头先断开，KM1 线圈断电，KM1 自锁触头断开，KM1 主触头断开，电动机断电做惯性运转；SB2 常开触头后闭合，同时 KM1 互锁触头闭合，使 KM2 线圈通电，KM2 自锁触头闭合，互锁触头断开，主触头闭合，电动机 M 串电阻 R 反接制动，当转速降至一定值时，KS 触头断开，使 KM2 断电，KM2 自锁触头断开，互锁触

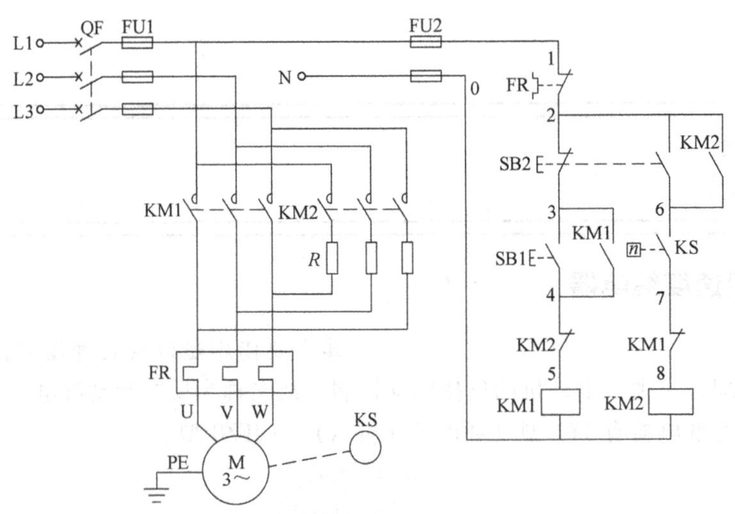

图 5-10　三相异步电动机单向运行反接制动控制电路

头闭合，主触头断开，电动机 M 脱离电源，制动结束。

请完成上述电路安装与调试。

※巩固与提高※

一、操作练习题

安装三相异步电动机单向运行反接制动控制电路。

二、理论练习题

1. 电磁制动系统中应用较普遍的机械制动装置是（　　　　）和（　　　　）两种，它们的制动原理基本相同。

2. 电磁抱闸主要由两部分组成：（　　　　）和（　　　　）。

3. 制动电磁铁由（　　　　）、（　　　　）和（　　　　）三部分组成。

4. 闸瓦制动器包括（　　　　）、（　　　　）和弹簧等。

5. 速度继电器主要由（　　　　）、（　　　　）、可动支架、触头系统及端盖等部分组成。

6. 电磁抱闸线圈得电，（　　　　）吸合，克服弹簧的拉力使制动器的（　　　　）与（　　　　）分开，电动机正常运转。

※任务小结※

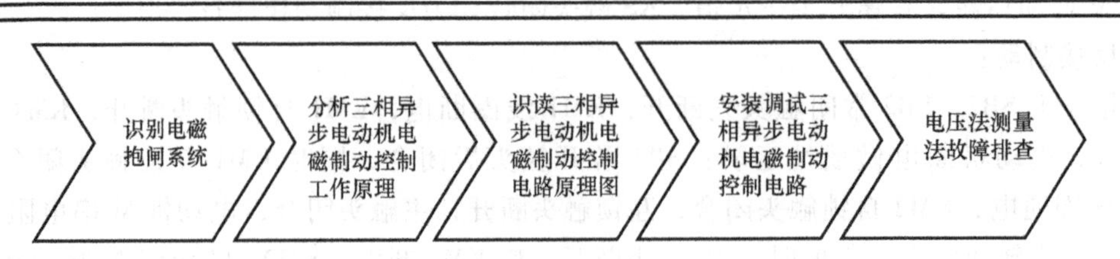

项目六 双速风机运行控制电路安装与调试

※任务目标※

1. 识别不同类型的双速电动机，掌握其工作原理。
2. 正确识读双速风机运行控制电路原理图，会分析其工作原理。
3. 能根据双速风机运行控制电路图安装、调试电路。
4. 能根据故障现象对双速风机运行控制电路的简单故障进行排查。

※任务描述※

某车间要安装一台双速风机，如图6-1所示，现在为此双速风机安装控制电路，要求双速风机能够实现自动换速，要求设置短路、欠电压、失电压保护。电动机的型号是YD80M1-4，额定电压为380V、额定功率为0.45～82kW、输出转速范围为920～2970r/min。

※相关知识※

一、认识双速异步电动机

（1）外形　图6-1为几种常见双速电动机外形图。

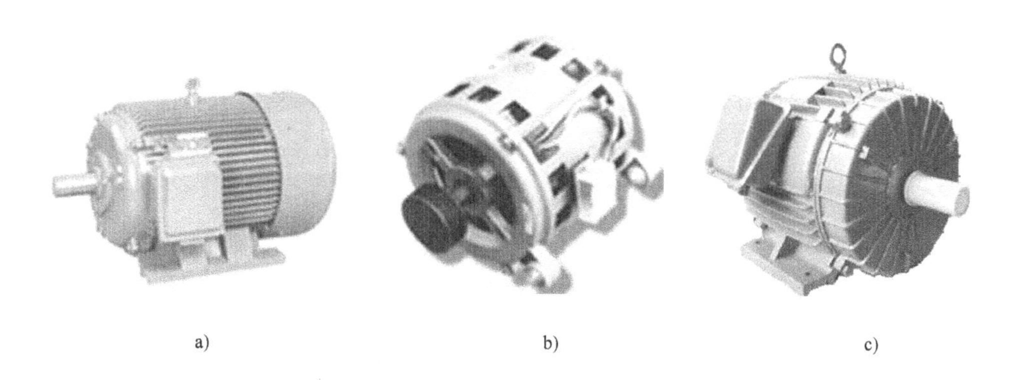

a)　　b)　　c)

图6-1　几种常见的双速电动机的外形

a）YD系列双速电动机　b）干洗机专用双速电动机　c）洗衣机专用双速电动机

（2）三相异步电动机的调速　三相异步电动机的转速公式如下。

$$n = n_1(1-s) = \frac{60f_1}{p}(1-s)$$

根据三相异步电动机的转速公式可知，三相异步电动机有三种调速方法：改变定子极对数 p 调速、改变电源频率 f_1 调速、改变转差率 s 调速。

改变电动机的磁极对数，通常由改变电动机定子绕组接线方式来实现，且只适用于笼型三相异步电动机。凡磁极对数可改变的电动机称为多速电动机，常见的多速电动机有双速、三速、四速等几种类型，其调速方法属于有级调速。

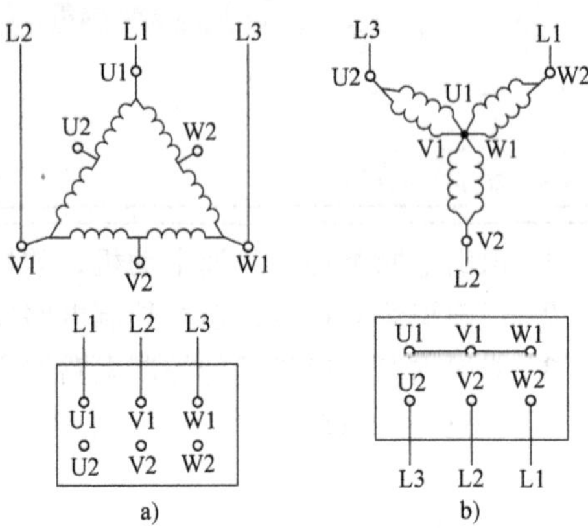

图 6-2　4/2 极双速电动机定子绕组接线图

a）△联结（4 极）　b）Y—Y联结（2 极）

（3）双速电动机定子绕组的连接　定子绕组的连接方法如图 6-2 所示。其中图 6-2a 为电动机的三相绕组接成三角形联结，3 个电源线连接在接线端 U1、V1、W1；每个绕组的中点接出的接线端 U2、V2、W2 空着不接。此时电动机磁极为 4 极，同步转速为 1500r/min，为低速工作方式。

要使电动机以高速工作，只需把电动机绕组接线端 U1、V1、W1 连在一起，三相电源分别接到 U2、V2、W2 的 3 根接线端上，如图 6-2b 所示。此时电动机绕组为Y—Y联结，磁极为 2 级，同步转速为 3000r/min，为高速工作方式。

二、双速电动机运行控制电路的工作原理

图 6-3 为双速电动机运行控制电路原理图。

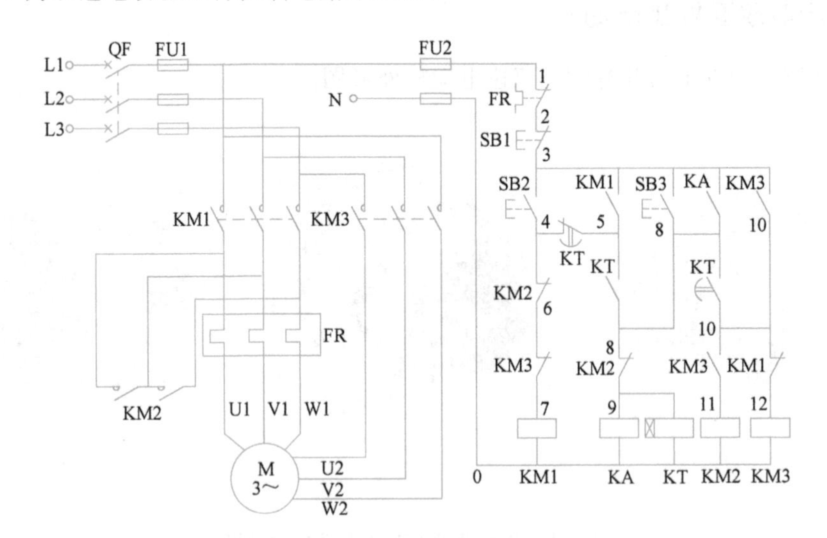

图 6-3　双速电动机运行控制电路原理图

工作原理分析如下：

合上断路器 QF，

低速控制：按下 SB2，KM1 线圈得电，KM1 主触头闭合，定子绕组接成△，电动机低速运转；KM1 常开触头闭合，自锁；KM1 常闭触头断开，使得 KM2、KM3 不得电，互锁。

高速控制：按下 SB3，中间继电器线圈 KA 得电，KA 常开触头闭合，自锁；时间继电器线圈 KT 得电，KT 瞬时触头闭合，KM1 线圈得电，定子绕组为△联结，电动机低速起动；KT 延时时间到，KT 常开触点断开，常开触点闭合，KM1 断电（KM1 常闭辅助触头闭合，为 KM2、KM3 线圈得电提供通路；KM1 主触头断开，△联结断开；KM1 常开辅助触头断开，解除自锁），KM2、KM3 得电（KM2、KM3 常开辅助触头断开，实现互锁；KM2、KM3 主触头闭合），定子绕组为Y—Y联结，电动机高速运行。

停车过程：按下 SB1，接触器线圈断电，常开触头断开，电动机停止运转。

※任务实施※

一、工作准备

1. 绘制电器元件布置图

如图 6-4 所示。

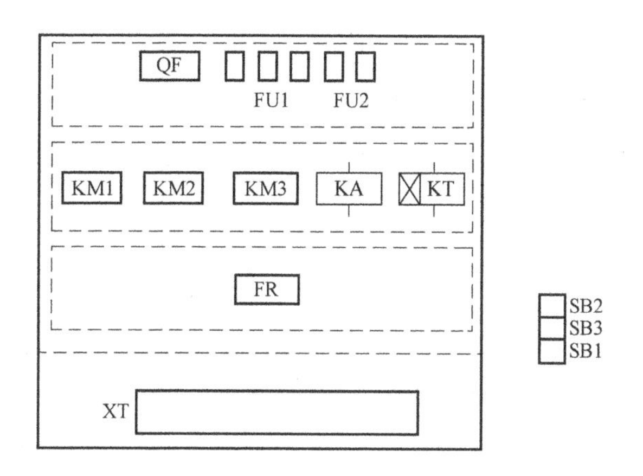

图 6-4　双速电动机运行控制电路电器元件布置图

2. 绘制电路接线图

如图 6-5 所示。

3. 准备工具及材料

根据表 1-2 领取工具，根据表 6-1 双速电动机运行控制电路材料明细表领取材料。

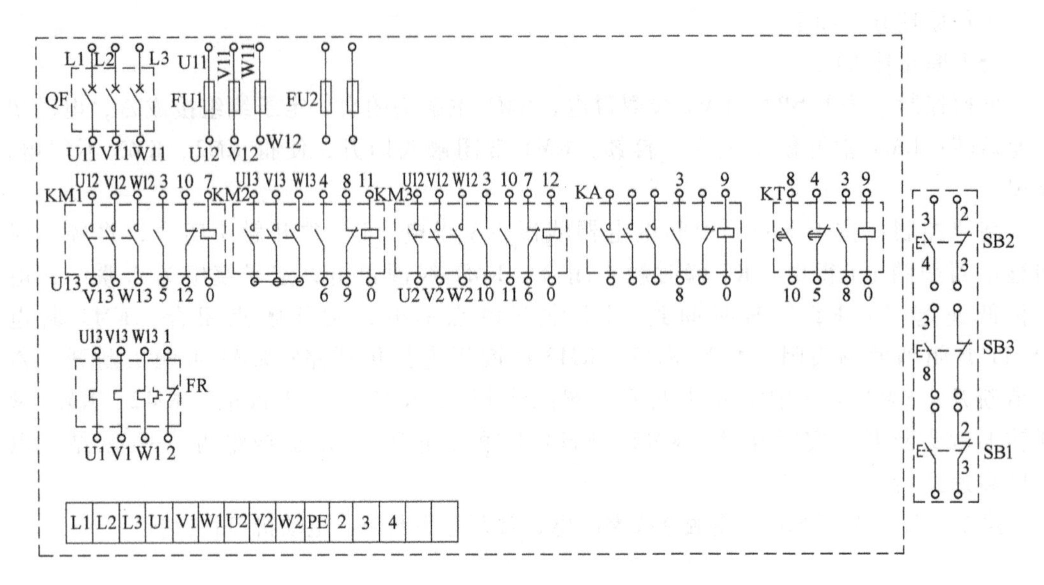

图 6-5　双速电动机运行控制电路接线图

表 6-1　双速电动机运行控制电路材料明细

序号	代号	名称	型号	规格	数量
1	M	双速电动机	YD80M1-4	380V、0.45～82kW,920～2970r/min	1
2	QF	断路器	DZ47—63	380V、20A、整定 10A	1
3	FU1	熔断器	RT18—32	500V、配 10A 熔体	3
4	FU2	熔断器	RT18—32	500V、配 2A 熔体	2
5	KM1～KM3	接触器	CJX—22	线圈电压 220V、20A	3
6	FR	热继电器	JR16—20/3	三相、20A、整定电流 6.8A	1
7	SB1～SB3	按钮	LA—18	5A	3
8	XT	端子排	TB1510	600V、15A	1
9	KT	时间继电器	ST3P	线圈电压 220V	1
10	KA	中间继电器		线圈电压 220V	1
11		控制板安装套件			1

二、任务实施

1. 检测电器元件

按表 6-1 配齐所用电器元件，其各项技术指标均需符合规定要求，目测其外观无损坏，手动触头动作灵活，并用万用表进行质量检验，如不符合要求，要予以更换。

2. 安装电路

（1）安装电器元件　在控制板上按图 6-4 安装电器元件和走线槽，并贴上醒目的文字符号。其排列位置、相互距离应符合要求。紧固力适当，无松动现象。实物布置图如图 6-6 所示。

（2）布线　在控制板上按照图 6-4 和图 6-5 进行板前布线，并在导线两端套编码套管，如图 6-7 所示。板前硬线布线工艺要求请参照项目一任务一。

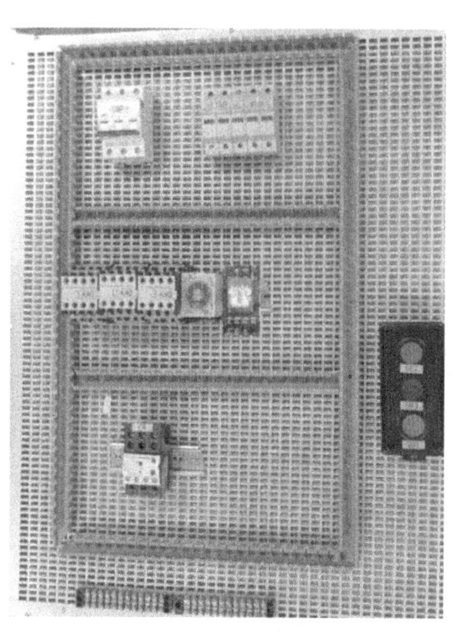

图 6-6　双速电动机运行控制电路电器元件实物布置图

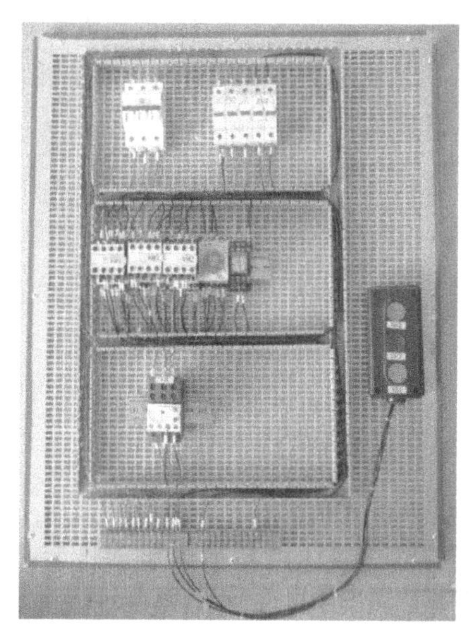

图 6-7　双速电动机运行控制电路板

（3）安装电动机　请参照项目一任务一。

（4）通电前检测

提示　双速电动机运行控制电路检测提示

1）对照原理图、接线图检查，连接无遗漏。

2）万用表检测：确保电源切断情况下，分别测量主电路、控制电路，通断是否正常。

①未压下 KM1 时，测 L1-U1、L2-V1、L3-W1；压下 KM1 后再次测量 L1-U1、L2-V1、L3-W1。

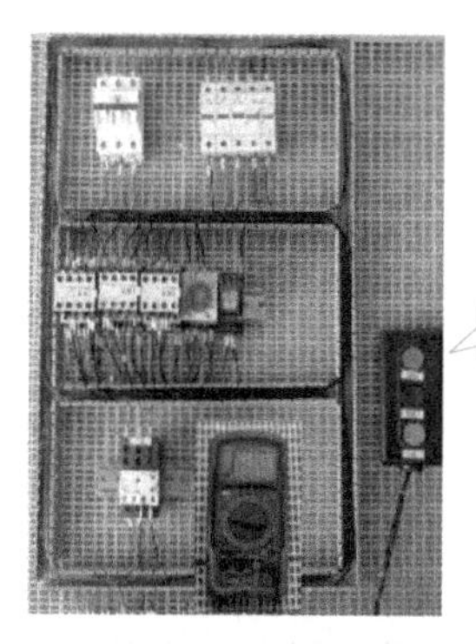

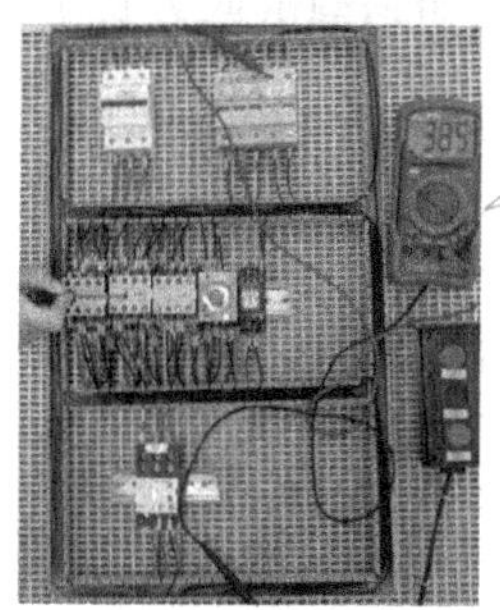

②未压下起动按钮 SB2 时，测量控制电路电源两端（U11-N）。

③持续压下起动按钮 SB2 后，测量控制电路电源两端（U11-N）。

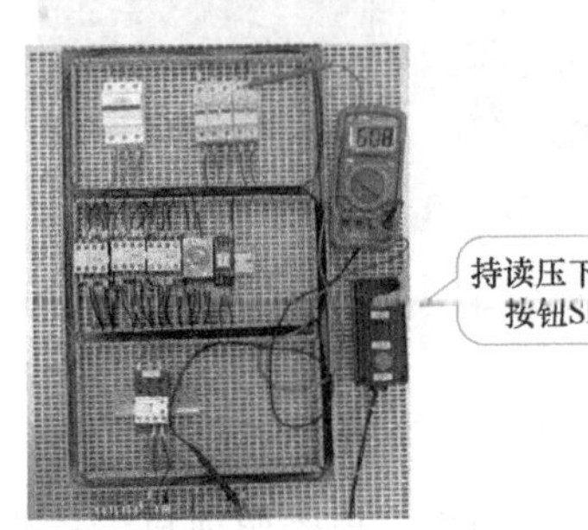

3. 通电试车

为保证人身安全，在通电试车时，要认真执行安全操作规程的有关规定，一人监护，一人操作。试车前应检查与通电试车有关的电气设备是否有不安全的因素存在，若查出应立即整改，然后方能试车。

热继电器的整定值，应在不通电时预先整定好，并在试车时校正，检查熔体规格是否符合要求。在指导教师监护下进行，根据电路图的控制要求独立测试。观察电动机有无振动及异常噪声，若出现故障及时断电查找排除。

通电试车后，断开电源，先拆除三相电源线，再拆除电动机负载线。

4. 故障排查

▼故障现象　按下起动按钮 SB2，双速电动机低速运行，按下起动 SB3，双速电动机不能转为高速运行；此时电路出现什么故障？

▲故障检修　如图 6-8 所示。

1）用通电实验法来观察故障现象。按下起动按钮 SB3，经过延时，接触器 KM2、KM3 线圈吸合，表明控制电路有故障。

2）用逻辑分析法缩小故障范围，并在电路上用虚线标出故障部位的最小范围。

3）用电阻法测量电路。

4）根据故障点的不同情况，采取正确的修复方法，迅速排除故障。

5）排除故障后通电试车。

5. 整理现场

整理现场工具及电器元件，清理现场，根据工作过程填写任务单八，整理工作资料。

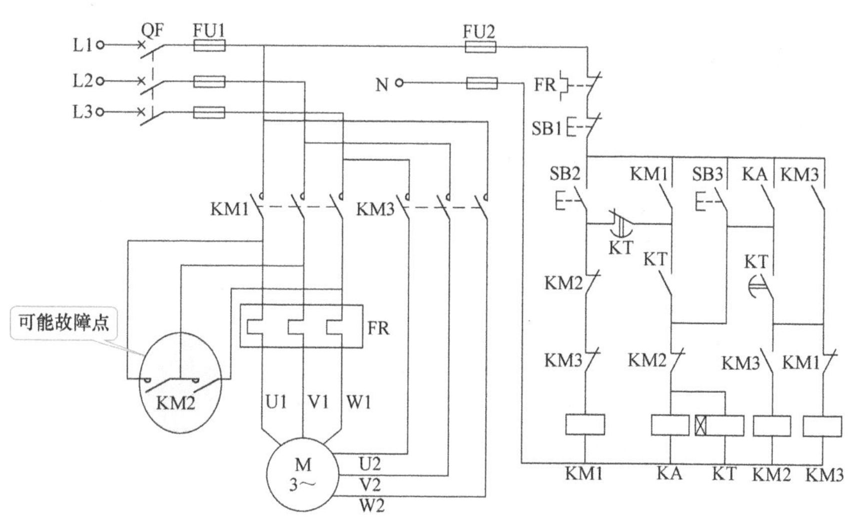

图 6-8　双速电动机运行控制电路故障排查

※任务评价※

见任务单八。

※任务拓展※

转换开关控制双速电动机的控制电路，如图 6-9 所示。

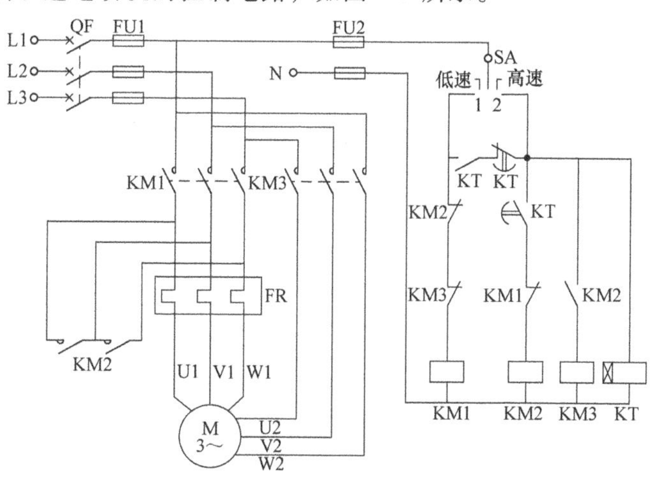

图 6-9　转换开关控制双速电动机控制电路

请完成上述电路安装与调试。

※巩固与提高※

一、操作练习题

安装调试转换开关控制双速电动机自动控制电路。

二、理论练习题

(一) 填空题

1. 三相异步电动机的调速方法有（　　　　）种。
2. 三相异步电动机变级调速的方法一般只适用于（　　　　）电动机。
3. 双速电动机的调速属于（　　　　）调速方法。
4. 定子绕组做△联结的 4 极电动机，结成Y—Y后，磁极对数为（　　　　）。

(二) 判断题

1. 三相异步电动机的变极调速属于无级调速（　　　　）。
2. 改变三相异步电动机磁极对数的调速，称为变极调速（　　　　）。
3. 低压断路器是一种控制电器（　　　　）。

※任务小结※

识别双速电动机 → 分析双速电动机运行控制工作原理 → 识读双速电动机自动控制电路原理图 → 安装调试双速电动机自动控制电路 → 电阻法测量法故障排查

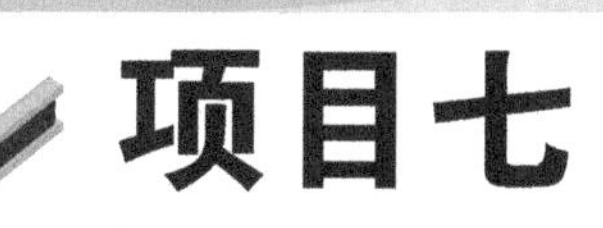

项目七

起重机绕线转子异步电动机控制电路安装与调试

※任务目标※

1. 识别电流继电器、中间继电器、电压继电器，掌握其结构、符号、原理及作用，并能正确使用；了解绕线转子异步电动机结构，会正确连接绕线转子异步电动机。

2. 正确识读时间继电器控制绕线转子异步电动机转子回路串电阻起动控制电路原理图，会分析其工作原理。

3. 能根据时间继电器控制绕线转子异步电动机转子回路串电阻起动控制电路图安装、调电路。

4. 能根据故障现象对时间继电器控制绕线转子异步电动机转子回路串电阻起动控制电路的简单故障进行排查。

※任务描述※

某工厂机加工车间安装桥式起重机（如图 7-1 所示）电气控制柜，桥式起重机主钩用来提升重物，其升降由绕线转子异步电动机拖动，要求时间继电器控制绕线转子异步电动机转子回路串电阻起动，设置过载、短路、欠电压、失电压保护。起重机用绕线转子异步电动机型号为 YZR-132M1-6、额定电压为 380V、额定功率为 2.2kW、额定转速为 908r/min、额定电流为 15.4A。请完成该控制电路的装调。

图 7-1　桥式起重机外形图

※相关知识※

一、认识中间继电器

中间继电器是用来增加控制电路中的信号数量或将信号放大的继电器。其输入信号是线圈的通电和断电，输出信号是触头的动作。当触头的数量较多时，可以用中间继电器来控制多个元件或回路。

（1）外形　常见中间继电器外形如图7-2所示。

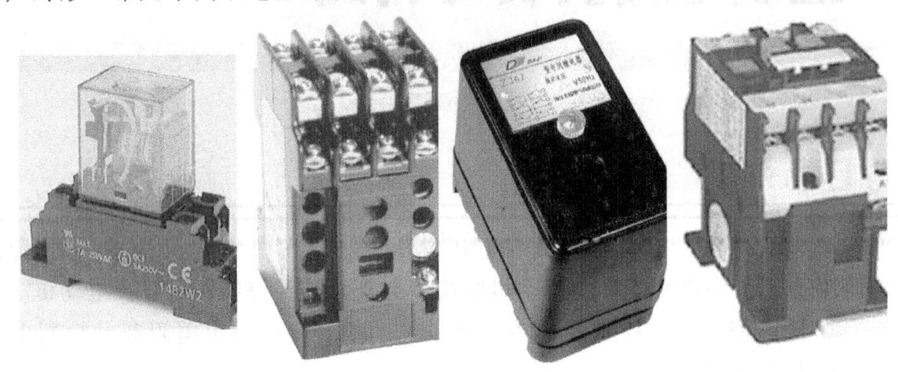

图7-2　中间继电器外形图

（2）型号及含义

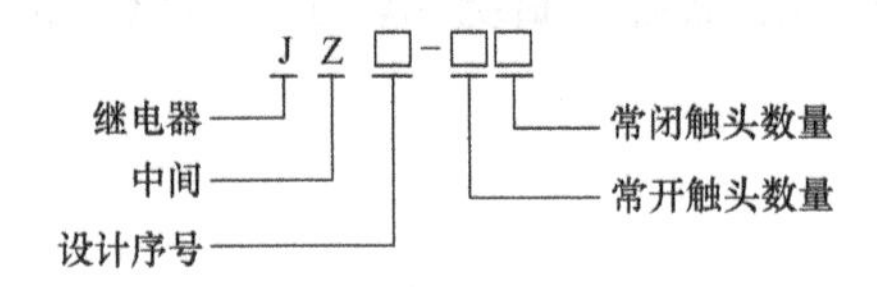

（3）结构及符号　中间继电器的结构及工作原理与接触器基本相同，因而中间继电器又称为接触器式继电器。但中间继电器的触头对数多，且没有主辅之分，各对触头允许通过的电流大小相同，多数为5A。因此，对于工作电流小于5A的电气控制线路，可用中间继电器代替接触器实施控制。

JZ7系列为交流中间继电器，其结构如图7-3a所示，由铁心、衔铁、线圈、触头系

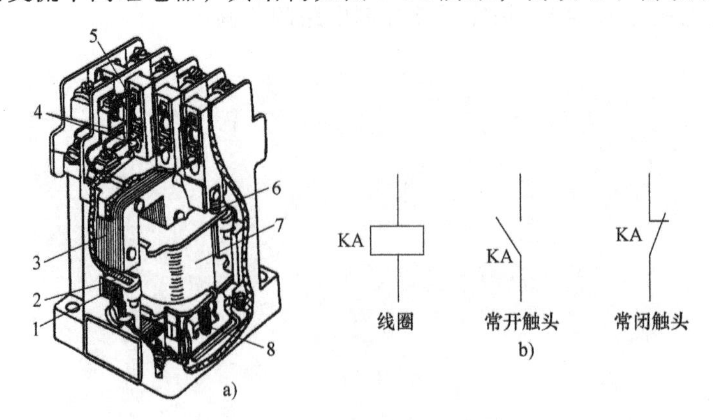

图7-3　JZ7系列中间继电器

a）结构　b）符号

1—铁心　2—短路环　3—衔铁　4—常开触头　5—常闭触头　6—反作用弹簧　7—线圈　8—缓冲弹簧

统、反作用弹簧和缓冲弹簧等组成。触头采用双断点桥式结构，上下两层各有4对触头，下层触头只能是常开触头，故触头系统可按8常开，6常开、2常闭及4常开、4常闭组合。继电器吸引线圈额定电压有12V、36V、110V、220V、380V等。

中间继电器在电路图中的符号如图7-3b所示。

（4）选用　中间继电器主要依据被控制电路的电压等级、所需触头的数量、种类、容量等要求来选择。常用中间继电器的技术数据见表7-1。

表7-1　JZ7系列中间继电器的技术数据

<table>
<tr><th rowspan="2">型号</th><th colspan="2">触头额定电压/V</th><th rowspan="2">触头额定电流/A</th><th colspan="2">触头数量</th><th rowspan="2">操作频率/(次/h)</th><th colspan="2">吸引线圈电压/V</th><th colspan="2">吸引线圈消耗功率/V·A</th></tr>
<tr><th>直流</th><th>交流</th><th>常开</th><th>常闭</th><th>50Hz</th><th>60 Hz</th><th></th><th></th></tr>
<tr><td>JZ7-44</td><td>440</td><td>500</td><td>5</td><td>4</td><td>4</td><td>1200</td><td rowspan="3">12、24、36、48、110、127、220、380、420、440、500</td><td rowspan="3">12、36、110、127、220、380、440</td><td>75</td><td>12</td></tr>
<tr><td>JZ7-62</td><td>440</td><td>500</td><td>5</td><td>6</td><td>2</td><td>1200</td><td>75</td><td>12</td></tr>
<tr><td>JZ7-80</td><td>440</td><td>500</td><td>5</td><td>8</td><td>0</td><td>1200</td><td>75</td><td>12</td></tr>
</table>

二、认识电流继电器

反映输入量为电流的继电器叫做电流继电器。使用时，电流继电器的线圈串联在被测电路中，根据通过线圈电流值的大小而动作。为了使串入电流继电器线圈后不影响电路正常工作，电流继电器线圈的匝数要少，导线要粗，阻抗要小。

电流继电器分为过电流继电器和欠电流继电器两种。

1. 过电流继电器

当继电器中的电流超过预定值时，引起开关电器有延时或无延时动作的继电器叫做过电流继电器。它主要用于频繁起动和重载起动的场合，作为电动机和主电路的过载和短路保护。常用的过电流继电器有JT4系列交流通用继电器和JL14系列交直流通用继电器。

（1）外形

JT4系列过电流继电器的外形如图7-4所示。

图7-4　电流继电器外形图

（2）型号及含义　JT4系列交流通用继电器的型号及含义如下所示。

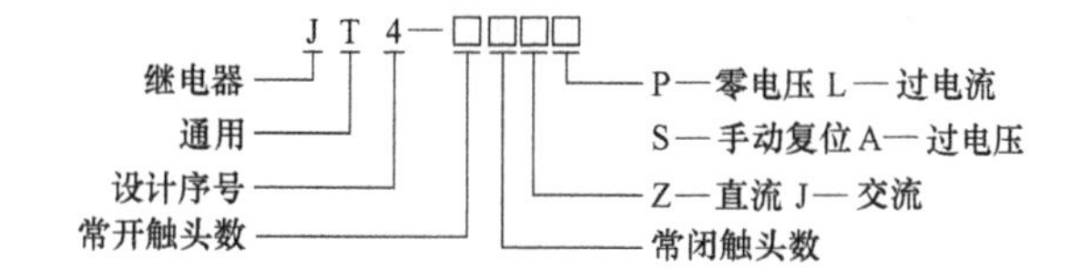

JL14系列交直流通用继电器的型号及含义如下所示。

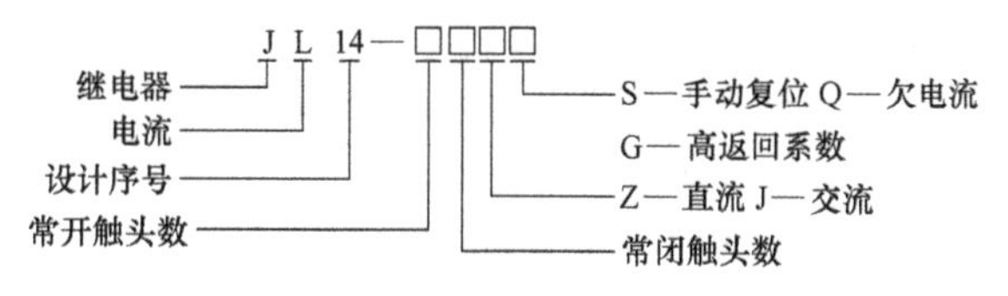

（3）结构及符号　JT4 系列过电流继电器的内部结构及符号如图 7-5 所示。它主要由线圈、圆柱型静铁心、衔铁、触头系统和反作用弹簧等组成。

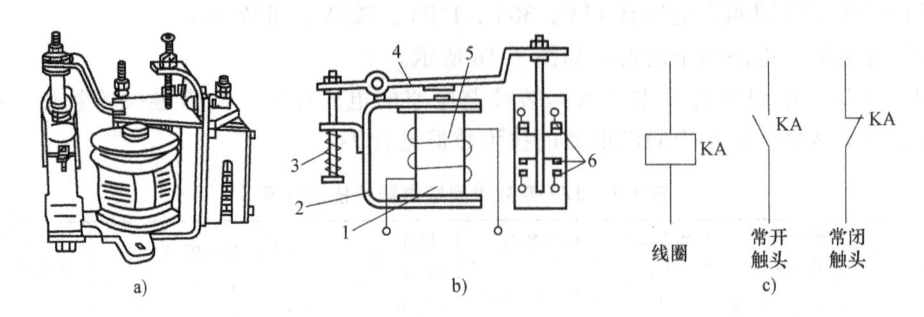

图 7-5　JT4 系列过电流继电器

a）外形　b）结构　c）符号

1—铁心　2—磁轭　3—反作用弹簧　4—衔铁　5—线圈　6—触头

（4）工作原理　当线圈通过的电流为额定值时，它所产生的电磁吸力不足以克服反作用弹簧的反作用力，此时衔铁不动作。当线圈通过的电流超过整定值时，电磁吸力大于弹簧的反作用力，铁心吸引衔铁动作，带动常闭触头断开，常开触头闭合。调整反作用弹簧的作用力，可整定继电器的动作电流值。

（5）选用

1）过电流继电器的额定电流一般可按电动机长期工作的额定电流来选择。对于频繁起动的电动机，考虑到起动电流在继电器中的热效应，额定电流可选大一个等级。

2）过电流继电器的触头种类、数量、额定电流及复位方式应满足控制线路的要求。

3）过电流继电器的整定值一般为电动机额定电流的 1.7 ~ 2 倍，频繁起动场合可取 2.25 ~ 2.5 倍。

2. 欠电流继电器

当通过继电器的电流减小到低于其整定值时动作的继电器称为欠电流继电器。在线圈电流正常时这种继电器的衔铁与铁心是吸合的。它常用于直流电动机励磁电路和电磁吸盘的弱磁保护。

常用的欠电流继电器有 JL14-Q 等系列产品，其结构与工作原理和 JT4 系列继电器相似。这种继电器的动作电流为线圈额定电流的 30% ~ 65%，释放电流为线圈额定电流的 10% ~ 20%。因此，当通过欠电流继电器线圈的电流降低到额定电流的 10% ~ 20% 时，继电器即释放复位，其常开触头断开，常闭触头闭合，给出控制信号，使控制电路做出相应的反应。

欠电流继电器在电路图中的符号如图 7-5c 所示。

三、认识电压继电器

反映输入量为电压的继电器叫做电压继电器。使用时电压继电器的线圈并联在被测量的电路中，根据线圈两端电压的大小而接通或断开电路。因此这种继电器线圈的导线细、匝数多、阻抗大。电压继电器外形如图 7-6 所示。

根据实际应用的要求，电压继电器分为过电压继电器、欠电压继电器和零电压继电器。过电压继电器是当电压大于其整定值时动作的电压继电器，主要用于对电路或设备做过电压保护。常用的过电压继电器为 JT4—A 系列，其动作电压可在 105% ~120% 额定电压范围内调整。欠电压继电器是当电压降至某一规定范围时动作的电压继电器。零电压继电器是欠电压继电器的一种特殊形式，是当继电器线圈两端电压降至或接近消失时才动作的电压继电器。可见欠电压继电器和零电压继电器在线路正常工作时，铁心与衔铁是吸合的，当电压降至低于整定值时，衔铁释放，带动触头动作，对电路实现欠电压或零电压保护。常用的欠电压继电器和零电压继电器有 JT4-P 系列，欠电压继电器的释放电压可在 40% ~70% 额定电压范围内整定，零电压继电器的释放电压可在 10% ~35% 额定电压范围内调节。

图 7-6 电压继电器外形图

电压继电器的选择，主要依据继电器的线圈额定电压、触头的数目和种类进行。电压继电器在电路图中的符号如图 7-5c 所示。

四、认识绕线转子异步电动机

绕线转子异步电动机外形如图 7-7 所示。绕线转子异步电动机可以通过集电环在转子绕组中串接外加电阻，来减小起动电流，提高转子电路的功率因数，增加起动转矩。并且还可通过改变所串的电阻大小进行调速，所以在一般要求起动转矩较高和需要调速的场合，绕线转子异步电动机得到了广泛的应用。

绕线转子异步电动机的起动方式有：在转子绕组中串接起动电阻和接入频敏变阻器等。绕线转子异步电动机转子回路接线示意图如图 7-8 所示。

图 7-7 绕线转子异步电动机结构及外形图

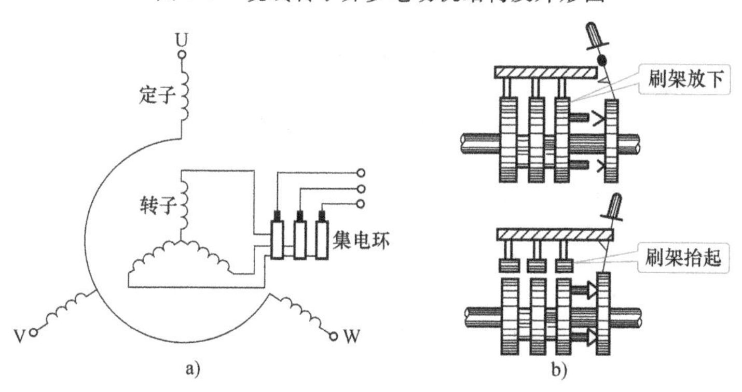

图 7-8 绕线转子异步电动机转子回路接线示意图

五、识读时间继电器控制绕线转子异步电动机转子绕组串接电阻起动控制电路

图 7-9 所示为时间继电器控制绕线转子异步电动机转子绕组串接电阻起动控制电路原理图。串接在三相转子绕组中的起动电阻，一般都接成Y形。在开始起动时，起动电阻全部接入，以减小起动电流，保持较高的起动转矩。随着起动过程的进行，起动电阻应逐段切除。起动完毕时，起动电阻全部被切除，电动机在额定转速下运行。为了实现这种切换方式，可以采用时间继电器控制，也可以采用电流继电器控制。

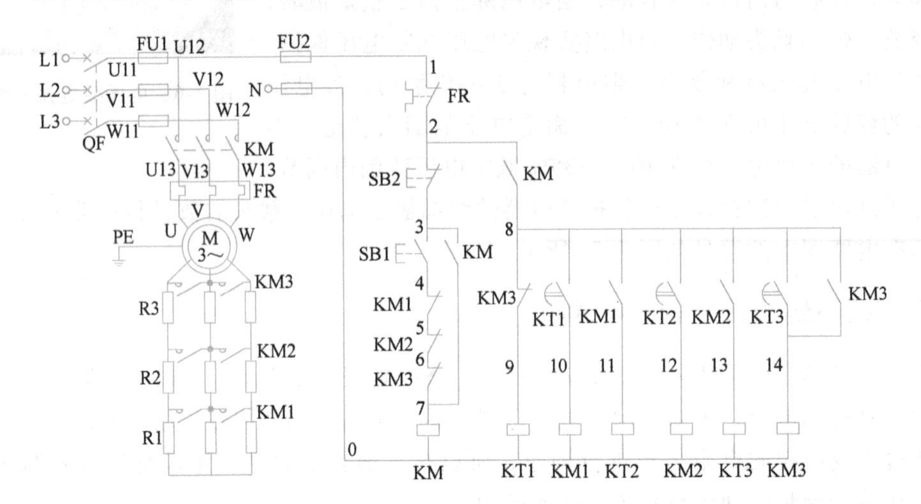

图 7-9　时间继电器控制绕线转子异步电动机转子绕组串接电阻起动控制电路原理图

工作原理如下：

先合上电源开关 QF，

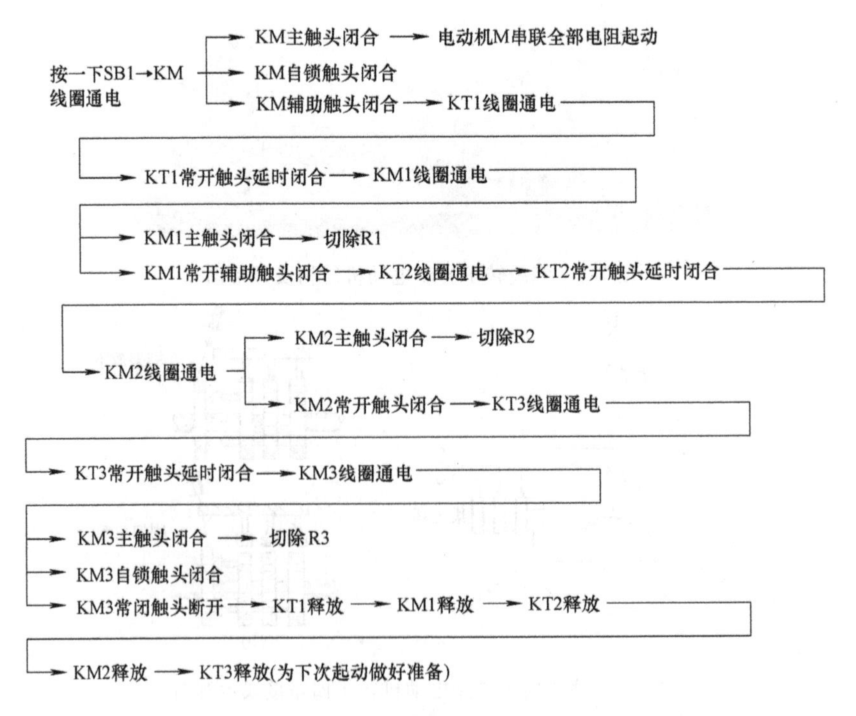

只有接触器 KM3 有自锁触头仍保持吸合。

按下停止按钮 SB2，接触器 KM、KM3 释放，电动机停转。

显然，以上线路只有当 KM1、KM2、KM3 的常闭触头均闭合，即保证 3 个接触器都处于释放状态时，按下起动按钮 SB1 才能起动，以防电动机不串电阻直接起动。

※任务实施※

一、工作准备

1. 绘制电器元件布置图

如图 7-10 所示。

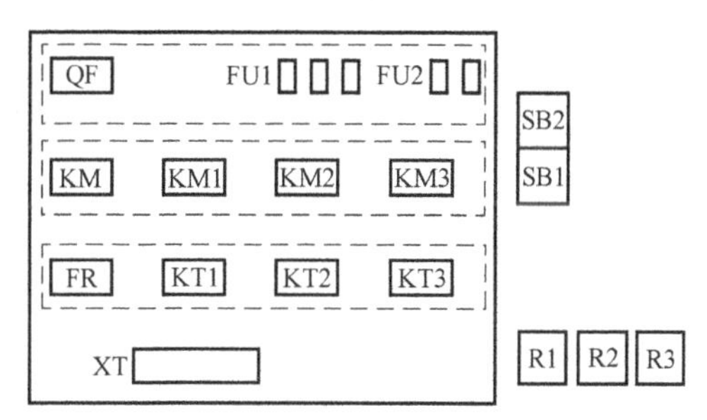

图 7-10　时间继电器控制绕线转子异步电动机转子绕组串接电阻起动控制电路电器元件布置图

2．绘制电路接线图

如图 7-11 所示。

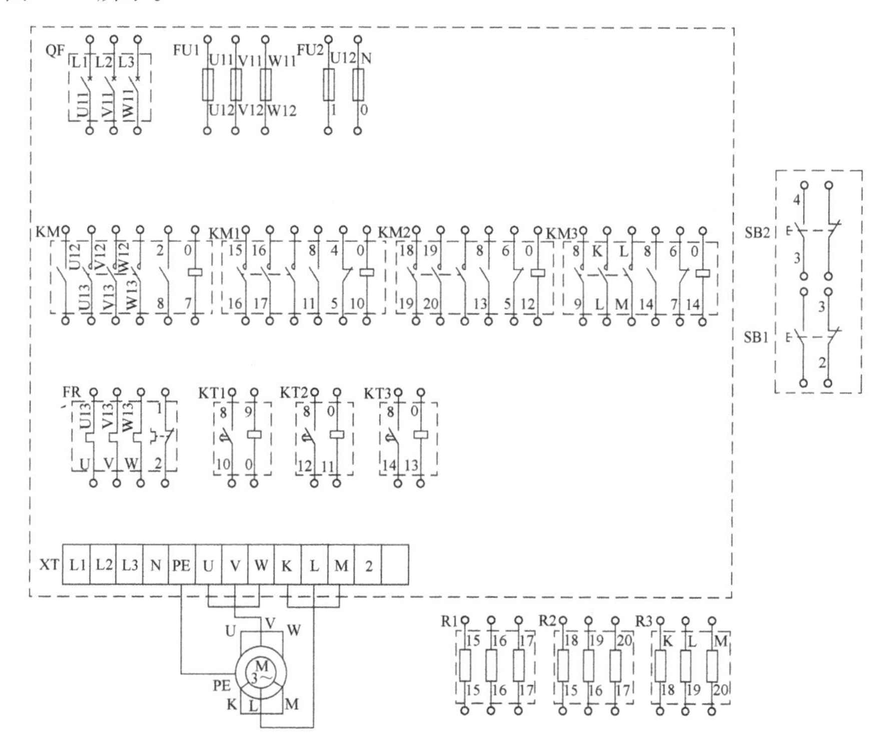

图 7-11　时间继电器控制绕线转子异步电动机转子绕组串接电阻起动控制电路接线图

3. 准备工具及材料

根据表1-2领取相应工具，根据表7-2时间继电器控制绕线转子异步电动机转子绕组串接电阻起动控制电路材料明细表领取材料。

表7-2　时间继电器控制绕线转子异步电动机转子绕组串接电阻起动控制电路材料明细表

序号	代号	名称	型号	规格	数量
1	M	绕线转子异步电动机	YZR-132M1-6	2.2kW、380V、6A/15.4A、908r/min	1
2	QF	断路器	DZ47—63	380V、20A、整定10A	1
3	FU1	熔断器	RT18—32	500V、配25A熔体	3
4	FU2	熔断器	RT18—32	500V、配2A熔体	2
5	KM1～KM3	接触器	CJX—22	线圈电压220V、20A	3
6	FR	热继电器	JR16—20/3	三相、20A、整定电流6A	1
7	SB1、SB2	按钮	LA—18	5A	2
8	XT	端子排	TB1510	600V、15A	1
9	KT	时间继电器	ST3P	线圈电压220V	1
10		起动电阻器	2K1—12—6/1		1
11		控制板安装套件			1

二、实施步骤

1. 检测电器元件

按表7-2配齐所用电器元件，其各项技术指标均应符合规定要求，目测其外观无损坏，手动触头动作灵活，并用万用表进行质量检验，如不符合要求，则予以更换。

2. 安装电路板

（1）安装电器元件　在控制板上按图7-10安装电器元件和走线槽，并贴上醒目的文字符号。其排列位置、相互距离，应符合要求。紧固力适当，无松动现象。实物布置图如图7-12所示。

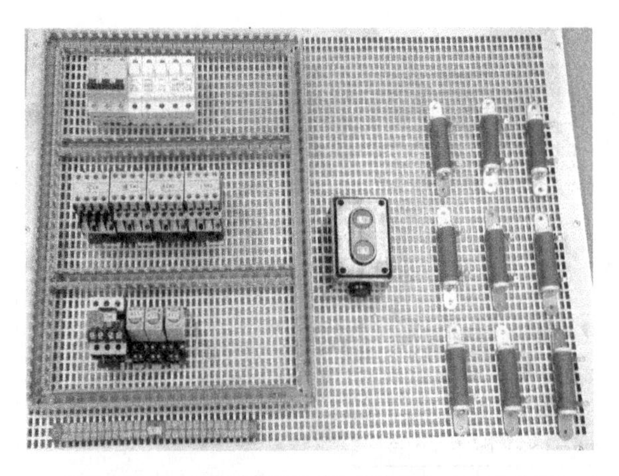

图7-12　时间继电器控制绕线转子异步电动机转子绕组串接电阻起动控制电器元件实物布置图

（2）布线　在控制板上按照图7-10和图7-11进行板前线槽布线，并在导线两端套编码套管和冷压接线头，如图7-13所示。板前线槽配线的工艺要求请参照项目二。

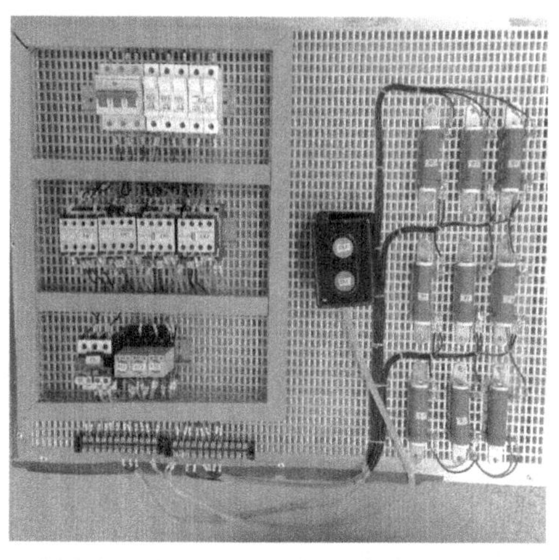

图 7-13　时间继电器控制绕线转子异步电动机转子绕组串电阻起动控制电路板

（3）安装电动机　电阻器要尽可能放在箱体内，若置于箱体外，必须采取遮护或隔离措施，以防止发生触电事故。

（4）通电前检测

提示　**绕线转子异步电动机控制电路通电前检测**

1）对照原理图、接线图检查，连接无遗漏。

2）万用表检测：确保电源切断情况下，分别测量主电路、控制电路，通断是否正常。

①未压下 KM 时测 L1-U、L2-V、L3-W；压下 KM 后再次测量 L1-U、L2-V、L3-W。

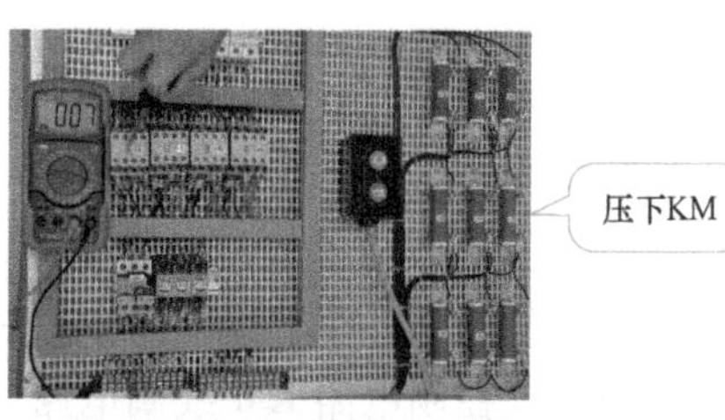

②未压下起动按钮 SB1 时，测量控制电路电源两端（U11-N）。

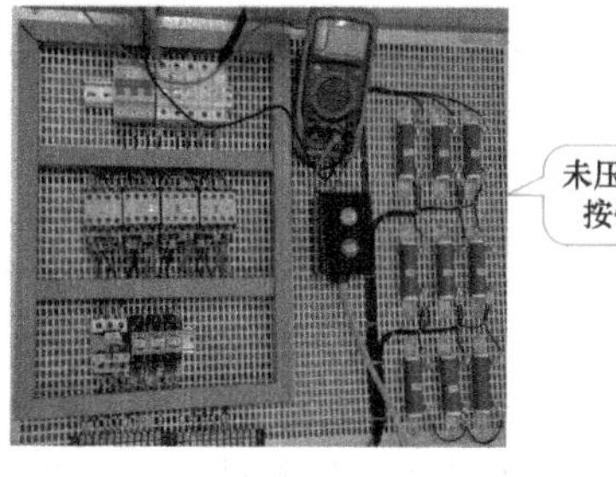

③压下起动按钮 SB1 后，测量控制电路电源两端（U11-N）。

3. 通电试车

按 0.95～1.05 倍电动机额定电流调整热继电器整定电流；时间继电器延时时间要在通电前进行整定，并在试车时校正，检查熔体规格是否符合要求。在指导教师监护下进行，根据电路图的控制要求独立测试。观察电动机有无振动及异常噪声，若出现故障及时断电查找排除。通电试车后，断开电源，先拆除三相电源线，再拆除电动机负载线。

提示 通电试车

1）有振动：查找松动处，紧固。

2）有异常噪声：接触器吸合不实，更换。

3）不转：查找接线遗漏或接错处，更改。

4）切换时间不合理：起动时间整定。为了防止起动时间过长或过短，时间继电器的初步时间确定一般按电动机功率每 1kW 约 0.6～0.8s 整定。在现场用钳形电流表来观察电动机起动过程中的电流变化，当电流从刚起动时的最大值下降到不再下降时的时间，就是 KT 的整定值。

4. 故障排查

▼故障现象　接通电源，合上断路器，按下起动按钮，电动机无反应。

▲故障检修

1）用通电实验法观察故障现象。故障原因可能是电动机主电路电源不通或控制电路不通。

2）用逻辑分析法缩小故障范围，并在电路图中标出故障部位的最小范围。问题出在主电路电源端或控制电路 KM 线圈电路，如图 7-14 所示。

3）用测量法正确迅速地找出故障点。可以采用电阻测量法或电压测量法。本处建议采用电阻测量法，注意断开电源电路。检查断路器接点闭合是否良好，接触器 KM 线圈电路的接线是否紧固。可能故障点如图 7-14 所示。

4）排除故障后通电试车。通电试车后，断开电源，先拆除三相电源线，再拆除电动机负载线。

5. 整理现场

整理现场工具及电器元件，清理现场，根据工作过程填写任务单九，整理工作资料。

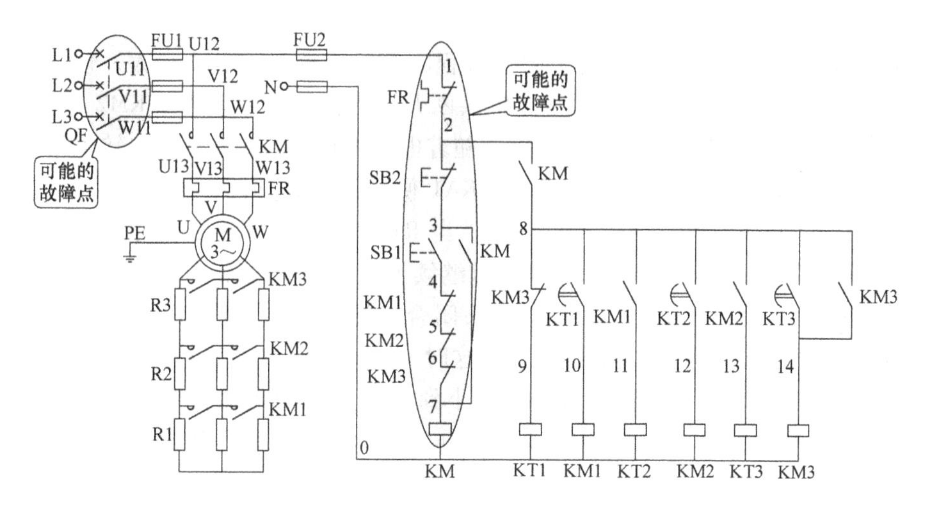

图 7-14　时间继电器控制绕线转子异步电动机转子绕组串接电阻起动控制电路故障排查

※任务评价※

见任务单九。

※任务拓展※

图 7-15 为过电流继电器控制绕线转子异步电动机转子回路串接电阻起动控制电路，它是根据电动机在起动过程中转子回路里电流的大小来逐级切除电阻的。图 7-14 中，KA1、KA2 和 KA3 是电流继电器，它们的线圈串接在电动机转子回路中，KA1、KA2 和 KA3 的选择原则是：它们的吸合电流可以相等，但释放电流不等，且使 KA1 的释放电流大于 KA2 的释放电流，KA2 的释放电流大于 KA3 的释放电流。

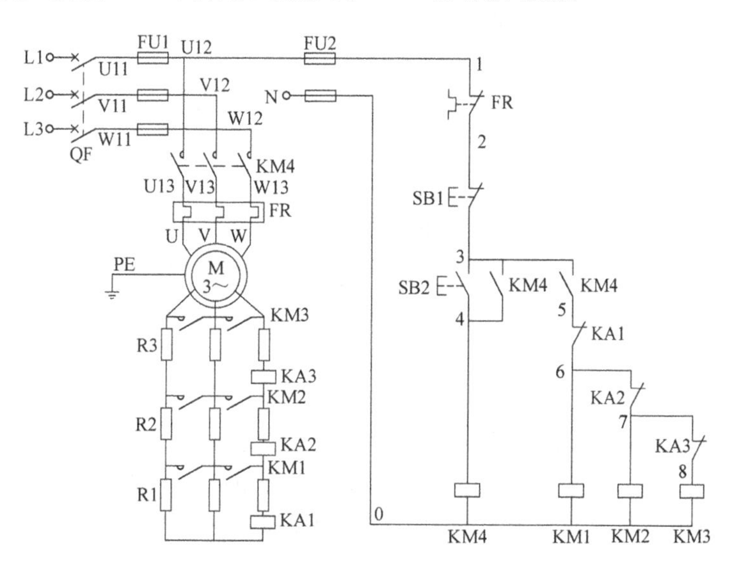

图 7-15　过电流继电器控制绕线转子异步电动机转子回路串接电阻起动控制电路

工作原理为：按下起动按钮 SB2，接触器 KM1 通电吸合并自锁，其常开触头闭合，电动机 M 开始串电阻起动。这时由于起动过程刚开始，故起动电流很大，使 KA1、KA2 和 KA3 吸合，KA1、KA2 和 KA3 的常闭触头断开，保证接触器 KM1、KM2 与 KM3 处于释放状态，全部起动电阻均串入转子回路。随着电动机转速的逐渐升高，转子回路中电流逐渐减小。当小到 KA1 的释放电流值时，KA1 便释放，其常闭触头闭合，接通接触器 KM1，KM1 的主触头闭合，短接了电阻 R1。当 R1 被切除后，转子电流重新增大，这时 KA1 线圈已被短接，不会再通电，但随转速继续上升，转子电流又会减小，当小到 KA2 的释放电流值时，KA2 便释放，其常闭触头闭合，使接触器 KM2 通电吸合，短接电阻 R2，当 R2 被切除后，转子电流重新增大，这时 KA1、KA2 线圈已被短接，不会再通电，但随转速继续上升，转子电流又会减小，当小到 KA3 的释放电流值时，KA3 便释放，其常闭触头闭合，使接触器 KM3 通电吸合，使电动机转速继续上升到额定值，完成整个起动过程。

请完成上述电路的安装与调试。

※巩固与提高※

一、操作练习题

1. 安装、调试过电流继电器控制绕线转子异步电动机转子回路串接电阻起动控制电路。

2. 比较过电流继电器与时间继电器在控制绕线转子异步电动机转子回路串接电阻起动控制电路的不同。

二、理论练习题

（一）判断题

1. 绕线转子异步电动机不能直接起动。（　　）

2. 要使绕线转子异步电动机的起动转矩为最大转矩，可以用在转子回路中串入合适电阻的方法来实现。（　　）

3. 电流继电器的动作值与释放值只能通过调整反力弹簧的方法来整定。（　　）

（二）选择填空

1. 绕线转子异步电动机转子串电阻起动适用于（　　）。

A. 笼型异步电动机　　B. 绕线转子异步电动机

C. 串励直流电动机　　D. 并励直流电动机

2. 绕线转子异步电动机转子串电阻调速属于（　　）调速。

A. 变级　　B. 变频

C. 变转差率　　D. 变容

3. 绕线转子异步电动机调速控制可采用（　　）方法。

A. 改变电源频率　　B. 改变定子绕组磁极对数

C. 转子回路串联频敏变阻器　　D. 转子回路串联可调电阻

4. 过电流继电器在电路中主要起（　　）作用。

A. 欠电流保护　　B. 过载保护

C. 过电流保护　　　　　　　　D. 短路保护

※任务小结※

识别中间继电器、电流继电器、电压继电器 → 认识绕线转子异步电动机，正确连接绕线转子异步电机 → 识读时间继电器控制绕线转子异步电动机转子绕组串电阻起动控制电路原理图 → 安装、调试时间继电器控制绕线转子异步电动机转子绕组串电阻起动控制电路 → 电阻法故障排除

项目八 电梯直流门机电路安装与调试

※任务目标※

1. 识别直流接触器，掌握其结构、符号、原理及作用，并能正确使用。
2. 正确识读电梯直流门机电路控制电路原理图，会分析其工作原理。
3. 能根据电梯直流门机电路图安装、调试电路。
4. 能根据故障现象对电梯直流门机电路的简单故障进行排查。

※任务描述※

电梯门对电动机的要求：可以正反两个方向转动，开门过程中，电动机速度应为慢——快——慢，关门时，速度应为快——慢——快。直流电动机的参数如下：型号 ZD 19718 额定电压为 110V、额定功率为 70W、额定速度为 1245r/min。

请完成电梯直流门电机正反转控制电路的安装与调试。

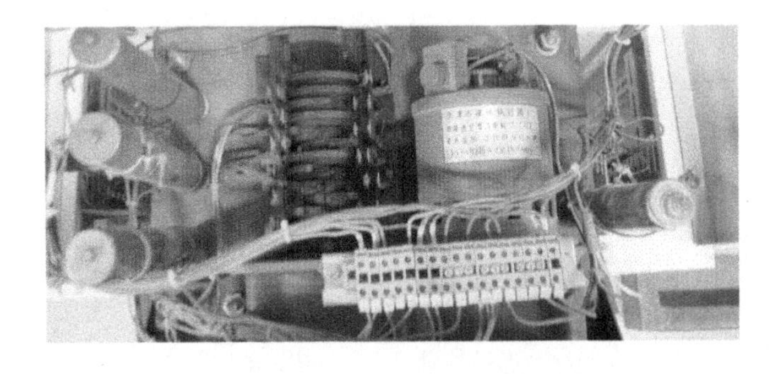

图 8-1 直流电动机控制电梯门系统

※相关知识※

一、认识直流接触器

直流接触器主要供远距离接通和分断额定电压 440V、额定电流 1600A 以下的直流电力线路之用，并适用于直流电动机的频繁起动、停止、换向及反接制动。

（1）外形 直流接触器外形如图 8-2 所示。

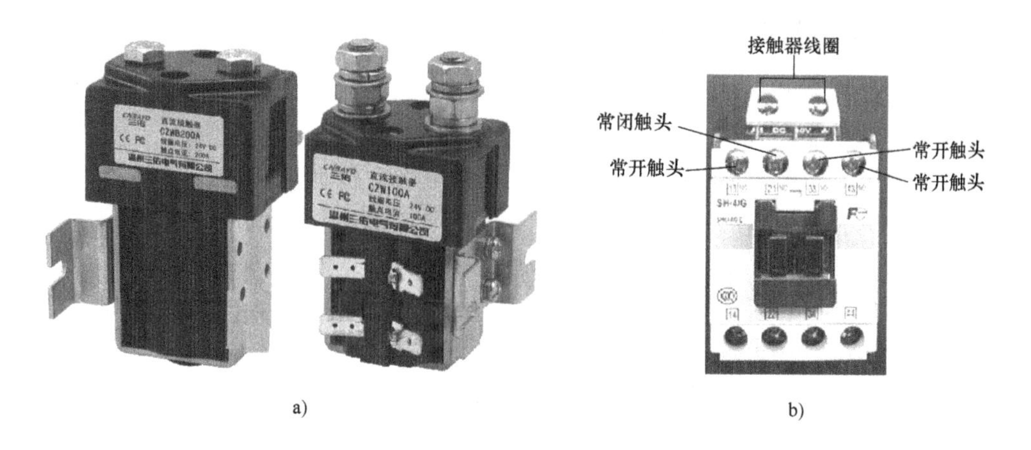

a)　　　b)

图 8-2　直流接触器外形

a）CZW 系列直流接触器　b）接线端子

（2）型号及含义

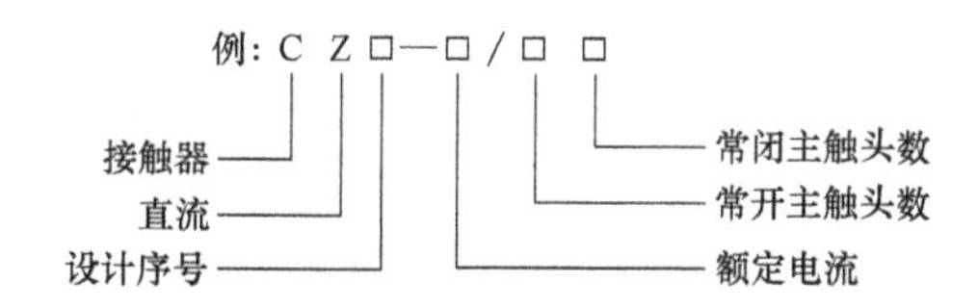

（3）结构和工作原理　直流接触器的结构和工作原理与交流接触器的基本相同，主要由电磁机构、触头系统和灭弧装置三大部分组成。

1）电磁机构 。直流接触器电磁机构由铁心、线圈和衔铁等组成，多采用绕棱角转动的拍合式结构。由于线圈中通的是直流电，正常工作时，铁心中不会产生涡流，铁心不发热，没有铁损耗，因此铁心可用整块铸铁或铸钢制成。直流接触器线圈匝数较多，为了使线圈散热良好，通常将线圈绕制成长而薄的圆筒状。由于铁心中磁通恒定，因此铁心极面上也不需要短路环。为了保证衔铁可靠地释放，常需在铁心与衔铁之间垫有非磁性垫片，以减小剩磁的影响。250A 以上的直流接触器往往采用串联双绕组线圈，如图 8-3 所示。图中，线圈 1 为起动线圈，线圈 2 为保持线圈，接触器的一个常闭触头与保持线圈并联。在电路刚接通瞬间，线圈 2 被常闭触头短路，可使线圈 1 获得较大的电流和吸力。当接触器动作后，常闭触头断开，线圈 1 和线圈 2 串联通电，由于电压不变，因此电流变小，但仍可保持衔铁被吸合，达到省电和延长电磁线圈使用寿命的目的。

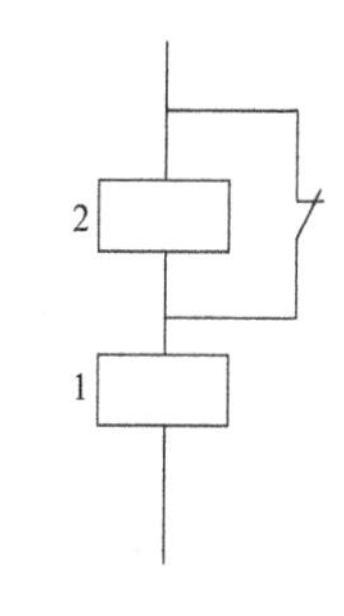

图 8-3　双绕组线圈

2）触头系统。直流接触器有主触头和辅助触头。主触头一般做成单极或双极，由于触头接通或断开时电流较大，所以采用滚动接触的指形触头。辅助触头的通断电流较小，常采用点接触的双断点桥式触头。

3）灭弧装置。由于直流电弧不像交流电弧有自然过零点，直流接触器的主触头在分断较大电流（直流电路）时，灭弧更困难，往往会产生强烈的电弧，容易烧伤触头且会延时断电。为了迅速灭弧，直流接触器一般采用磁吹式灭弧装置，并装有隔板及陶土灭弧罩。

二、直流电动机起动控制电路工作原理

常见的起动控制电路有以下几种。

1. 直接起动控制电路

直接起动就是将电动机直接投入到额定电压的电网上起动。不需要起动设备，操作简便，起动转矩大，但缺点是起动电流很大，其原理图如图 8-4 所示。

起动过程为：合上电源开关 QF，直流电动机的励磁回路首先得电，产生主磁场。按下起动按钮 SB1，接触器 KM1 线圈得电，主触头吸合，电动机电枢绕组得电，电动机旋转，同时，接触器 KM1 辅助动合触头吸合，起自锁作用。当需要停车时，先按下停止按钮 SB2，接触器 KM1 线圈断电，主触头与辅助动合触头均断开，电动机电枢回路断电，电动机停止运行。然后断开主电源开关 QF，电动机励磁回路断电。

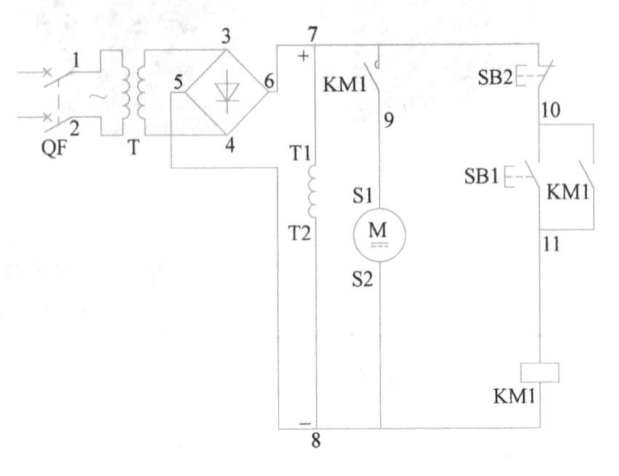

图 8-4　直流电动机直接起动控制电路原理图

2. 电枢回路串电阻起动控制电路

电枢回路串电阻起动是指在起动时将起动电阻 R_{st}（起动变阻器）串入电枢回路以限制起动电流，随着转速上升，再逐步将起动电阻 R_{st} 切除，电动机达到稳定运行。电枢回路串电阻起动能有效地限制起动电流，所需起动设备简单、操作简便。但此种方法在起动电阻上有能量消耗，因此当电动机容量较大或需要频繁起动的场合就显得不经济。对于经常起动的大中型直流电动机，可采用减压起动。

3. 减压起动

减压起动就是通过降低电动机端电压的方法来限制起动电流。减压起动的优点是在起动过程中无电阻损耗，并可达到平稳升速，但需要专用的调压设备。

三、直流电动机正反转控制电路工作原理

当改变直流电动机电枢绕组上的电源极性或改变电动机励磁绕组上的电源极性，电动机就可以反转。下面我们以改变直流电动机电枢绕组上的电源极性为例，来完成直流电动机正反转控制电路的安装、调试及故障排查。

图 8-5 所示为直流电动机继电—接触器联锁正反转控制电路原理图。图中采用了两个接触器，即正转用接触器 KM1，反转用接触器 KM2。当 KM1 主触头接通时，电流由上至下接

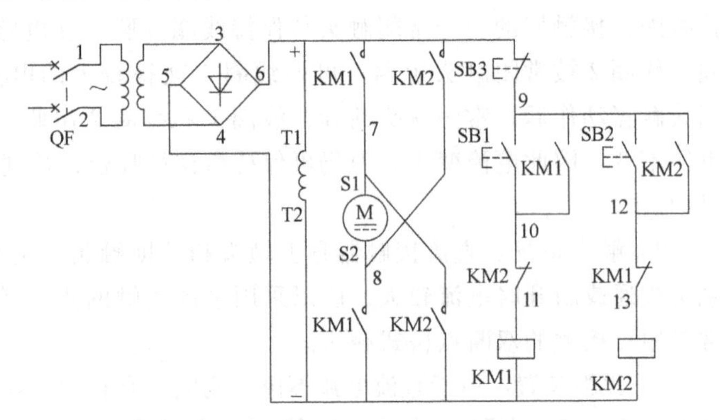

图 8-5　直流电动机接触器联锁正反转控制电路原理图

入电动机；当 KM2 主触头接通时，电流由下至上接入电动机，即电枢绕组反向，所以当两只接触器分别工作时，电动机的旋转方向相反。

控制要求接触器 KM1 和 KM2 不能同时通电，否则，它们的主触头同时闭合，将造成电源短路。为此，在接触器 KM1 和 KM2 线圈各自的支路中相互串联了对方的一副常闭辅助触头，以保证接触器 KM1 和 KM2 不会同时通电。

直流电动机接触器联锁正反转控制电路工作原理如下：

合上 QF，

正转控制：

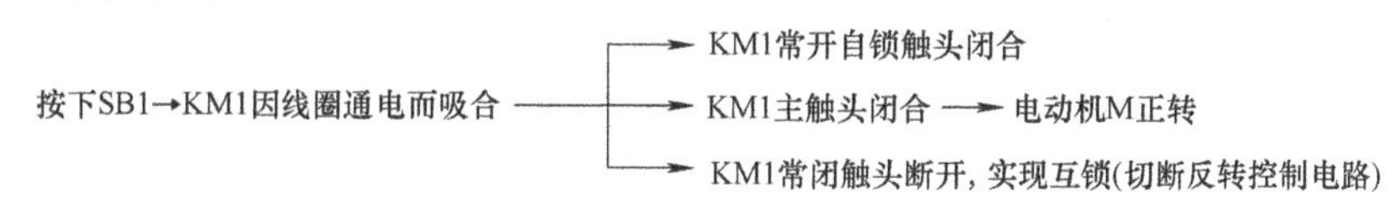

反转控制：

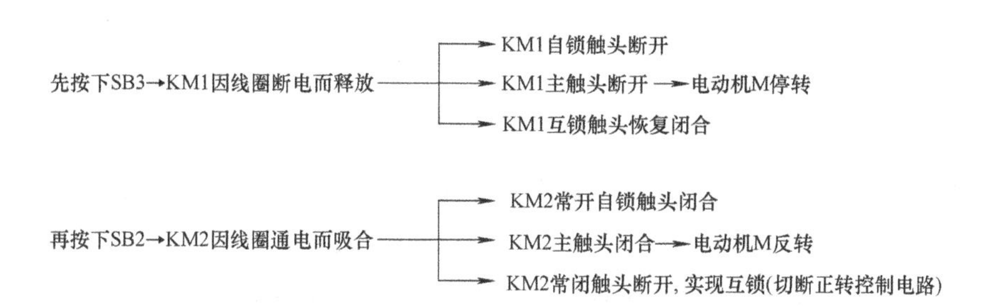

※任务实施※

一、工作准备

1. 绘制电器元件布置图

绘制电器元件布置图如图 8-6 所示。

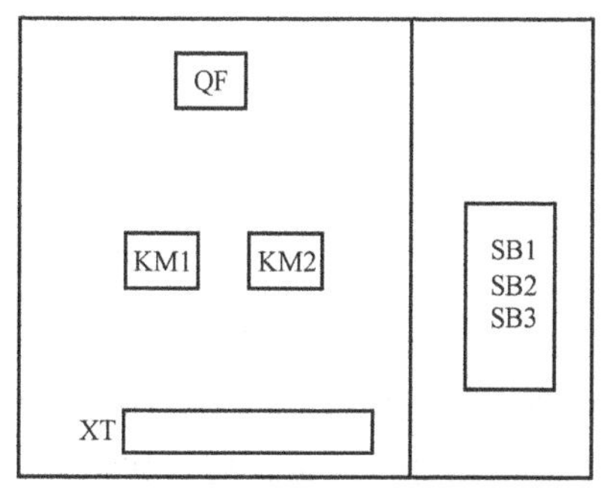

图 8-6　直流电动机接触器联锁正反转控制电路电器元件布置图

2. 绘制电路接线图

绘制电路接线图如图 8-7 所示。

3. 准备工具及材料

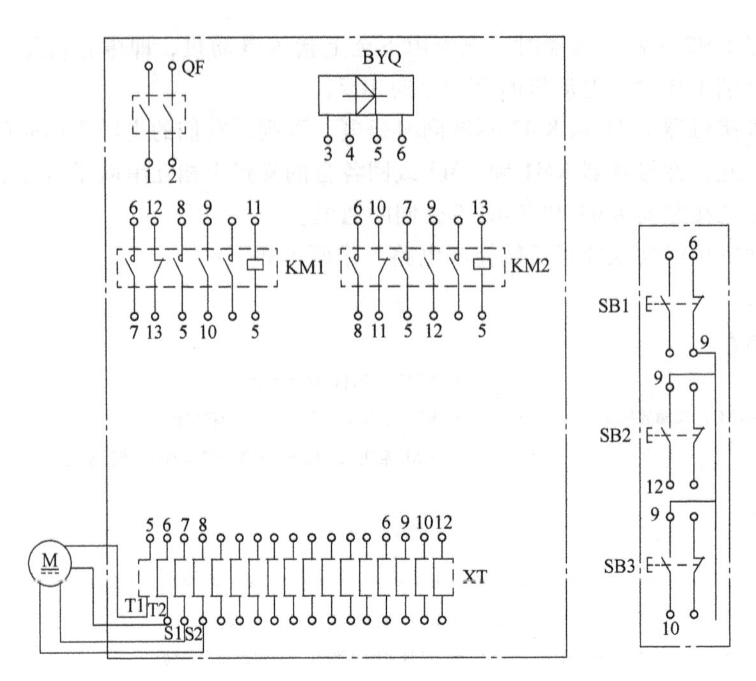

图 8-7　直流电动机接触器联锁正反转控制电路接线图

根据表 1-2 领取相应工具，根据表 8-1 直流电动机接触器联锁正反转控制电路材料明细表领取材料。

表 8-1　直流电动机接触器联锁正反转控制电路材料明细表

序号	代号	名称	型号	规格	数量
1	M	直流电动机	ZD19718	额定电压 110V、额定功率 70W	1
2	QF	断路器	DZ47—63	220V、20A、整定 10A	1
3	KM	接触器	SH04AG—C	线圈电压 110V、10A	2
4	SB1 ~ SB3	按钮	LA—18	5A	4
5	XT	端子排	TB1510	600V、15A	1
6	TR	直流电源	JSM150—A2S110	输入电压 AC 220V、输出电压 DC 110V	1
7		控制板安装套件			1

二、实施步骤

1. 检测电器元件

按表 8-1 配齐所用电器元件，其各项技术指标均应符合规定要求，目测其外观无损坏，手动触头动作灵活，并用万用表进行质量检验，如不符合要求，则予以更换。

2. 安装电路

（1）安装电器元件　在控制板上按图 8-6 安装电器元件，并贴上醒目的文字符号。其排列位置、相互距离，应符合要求。紧固力适当，无松动现象，如图 8-8 所示。

（2）布线　板前明线布线的工艺要求同项目一任务一。

主电路使用的导线规格按电动机的工作电流选取，中小容量电动机的辅助电路一般可用截面积为 1mm^2 左右的导线。

注意事项

直流电动机在安装时，一定要注意励磁回路必须可靠连接。

（3）安装电动机　安装步骤及工艺要求请参考项目一任务一。安装完成的控制电路如图 8-9 所示。

图 8-8　直流电动机正反转控制电路电器元件实物布置图

图 8-9　直流电动机正反转控制电路板

（4）通电前检测

提示　直流电动机正反转控制电路通电前检测

1）对照原理图、接线图检查，连接无遗漏。

2）万用表检测：确保电源切断情况下，分别测量主电路、控制电路，通断是否正常。

① 测 5—6 两端，当阻值为几百欧时，为正常。

万用表上显示的是电动机励磁绕组的电阻值

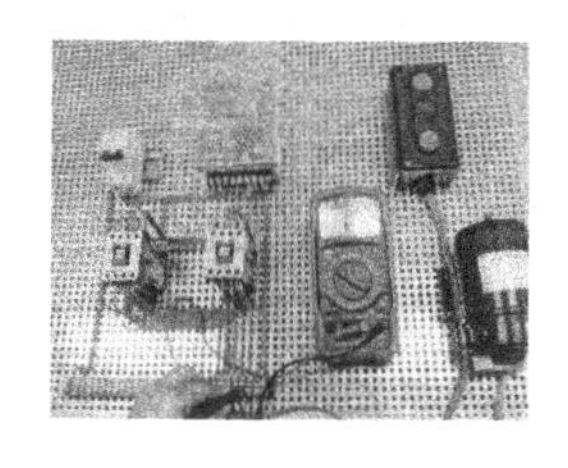

② 断开励磁绕组，压下按钮 SB1，测量 5—6 两端，当阻值为几百欧时，为正常。

万用表上显示的是直流接触器线圈的电阻值

③ 断开励磁绕组，压下按钮SB2，测量5—6两端，当阻值为几百欧时，为正常。

万用表上显示的是直流接触器线圈的电阻值

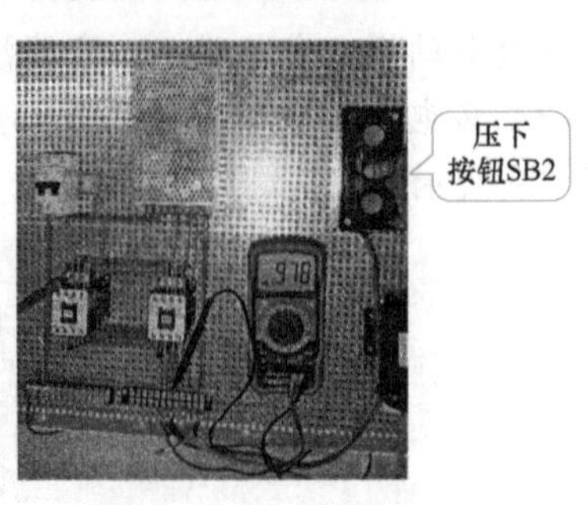

3. 通电试车

为保证人身安全，在通电试车时，要认真执行安全操作规程的有关规定，一人监护，一人操作。试车前应检查与通电试车有关的电气设备是否有不安全的因素存在，若查出应立即整改，然后方能试车。

在指导教师监护下进行，根据电路图的控制要求独立测试。观察电动机有无振动及异常噪声，若出现故障及时断电查找排除。

提示 直流电动机正反转电路通电调试提示

1）有振动：查找松动处，紧固。

2）有异常噪声：接触器吸合不实，更换。

3）不转：查找接线遗漏或接错处，更改。

4）电动机飞转：励磁回路没有通电或连接错误。

4. 故障排查

▼故障现象　按下SB1，电动机正转运行，按下停止按钮，电动机停止运行，按下SB2，电动机没有反向运行，此时电路出现了什么故障?

▲故障检修　故障检修时，可按下述检修步骤进行，直至故障排除。

1）根据故障现象，可判断出故障点在6—8、5—7或5—9点之间，如图8-10所示。

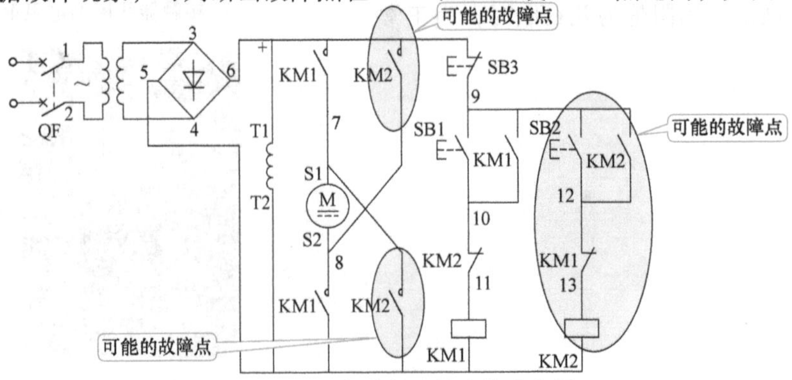

图8-10　逻辑分析法缩小故障范围

2）断开总电源。

3）用万用表欧姆挡测量5—9点之间的电阻，万用表显示为无穷大，按下SB2，再次测量5—9点之间的电阻，万用表依然显示为无穷大，说明5—9点之间有断路现象。按下SB2，用万用表欧姆挡测量9—12点之间的电阻，万用表显示为无穷大，因此可以判定是按钮SB2损坏。（此处，我们假设SB1是没有故障的。）

4）更换SB2 。

5）排除故障后通电试车。

5. 整理现场

整理现场工具及电器元件，清理现场，根据工作过程填写任务单十，整理工作资料。

※任务评价※

见任务单十。

※任务拓展※

直流电动机与交流电动机比较，虽然结构复杂，价格高，维修麻烦，但是其调速性能好，因此，对调速性能要求高的场合，还是采用直流电动机。

在电枢回路中串入电阻R_{pa}，直流电动机的转速公式变为

$$n=\frac{U-I_a(R_a+R_{pa})}{C_e\Phi}$$

上式中，端电压U、磁通Φ（励磁电流）和电枢回路串接电阻R_{pa}都可以调节。因此，直流电动机有三种调速方法。所谓直流电动机的调速就是指在同样的负载下通过调节端电压U或调节磁通Φ或调节电枢回路串接电阻R_{pa}而得到不同的转速。

图8-11是直流电动机调速控制的一种典型线路。整个电路由三部分组成：电源、主电路、控制电路。电源部分通过桥式整流电路将交流220V电压变换成直流110V电压。主电路中，在电枢回路里串联了电阻R_1、R_2，该电阻可通过中间继电器KA1、KA2的辅

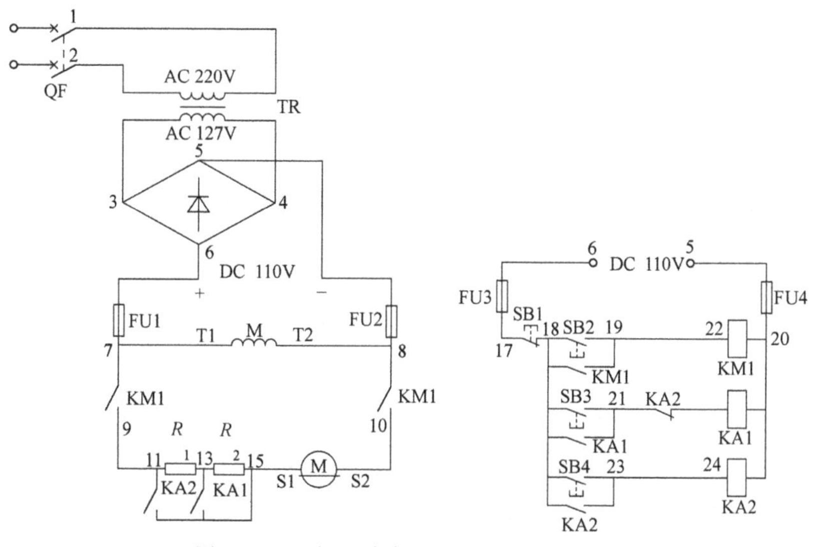

图8-11　电枢回路串电阻调速电路原理图

助动合触头短接，以实现调速的目的，此种调速方式称为电枢回路串电阻调速。除此之外，还有调压调速、调磁调速等调速方法。控制电路中，通过手动按下按钮 SB3、SB4，依次将调速电阻 R_1、R_2 从电枢回路中切除，实现调速。

其工作原理读者可自行分析。

请完成上述电路的安装与调试。

※巩固与提高※

一、判断题

1. 在直流电动机起动控制电路中，必须保证励磁回路可靠接通。（ ）
2. 直流电源的作用是把交流电转变为直流电。（ ）
3. 直流电动机直接起动适用于任何容量的电动机。（ ）
4. 在直接起动电路中，接触器 KM1 线圈可以输入交流电源。（ ）
5. 在接触器联锁的正反转控制电路中，正反转接触器不可以同时闭合。（ ）
6. 绘制电气原理图时，所有电器均按没有外力或没有通电时的原始状态画出。（ ）
7. 图 8-5 所示电路中，改变直流电动机旋转方向的方法是改变电枢绕组的方向。（ ）
8. 中间继电器是一种利用电磁感应原理进行能量传递的低压电器。（ ）
9. 中间继电器的触头比较大，承载能力强，通过它来实现弱电对强电的控制，控制对象是用电器。（ ）

二、选择填空

1. 在直接起动控制电路中，起动按钮应并联接触器的（ ）以保证自锁。

A. 主触头　　B. 常开辅助触头　　C. 常闭辅助触头　　D. 常开触头

2. 直流电动机的励磁绕组的作用是（ ）。

A. 产生直流电压　　B. 产生直流电流　　C. 产生主磁场

3. 在直流电动机的正反转控制电路中，除改变电枢绕组电源方向以实现反转外，还可以改变（ ）方向以实现反转。

A. 主电源　　B. 励磁绕组电源　　C. 接触器 KM1　　D. 接触器 KM2

4. 改变通入直流电动机电枢绕组电源的方向就可以使电动机（ ）。

A. 停转　　B. 减速　　C. 反转　　D. 减压起动

三、试分析图 8-11 所示电路原理图，回答如下问题：

1. 电气控制电路中使用了哪些电器元件？其作用是什么？
2. 分析电路工作原理。

※任务小结※

认识直流接触器 → 分析直流电动机正反转控制电路工作原理 → 识读直流电动机正反转控制电路原理图 → 安装、调试直流电动机控制电路 → 电阻法故障排查

※单元知识小结※

单元知识总结与提炼

- **常用低压电器**
- **单方向旋转控制电路**
  - 点动控制电路：合上电源开关，按下起动按钮，接触器线圈通电吸合，接触器主触头闭合，电动机M运转；松开起动按钮，接触器线圈断电释放，接触器主触头断开，电动机停转。
  - 具有过载保护的自锁控制电路
    - 自锁(或自保)触头：与起动按钮并联的KM的常开辅助触头。
    - 合上电源开关，按下起动按钮，接触器KM线圈通电吸合常开辅助触头闭合(进行自锁)；主触头闭合，电动机运转松开起动按钮，接触器KM线圈通过和起动按钮并联的自锁触头继续通电，电动机保持运转。按下停止按钮，接触器线圈断电释放，接触器常开辅助触头断开，主触头断开，电动机停转。
- **正反转控制电路**
  - 接触器联锁正反转控制电路
    - 互锁(或联锁)：接触器KM1和KM2线圈各自的支路中相互串联了对方的一对常闭辅助触头，以保证接触器KM1和KM2不会同时通电。这两对触头叫做互锁触头(或联锁触头)。
    - 合上电源开关，按下正转起动按钮，KM1线圈通电，KM1主触头闭合，KM1常闭触头断开，实现互锁电动机正转。按下停止按钮，KM1线圈断电，KM1主触头断开，KM1互锁触头恢复闭合，电动机停转。反转过程同上。
- **位置控制电路**
  - 自动往复循环控制电路：按一下正转起动按钮，KM1线圈通电而吸合，主触头闭合，自锁触头闭合，互锁触头断开，电动机正转(工作台左移)；移至限定位置，挡铁1碰SQ1，SQ1-1先断开，KM1因线圈断电而释放。KM1主触头断开，KM1自锁触头断开，KM1互锁触头闭合，电动机M停止正转，工作台停止左移。SQ1-2后闭合KM2线圈通电而吸合，KM2主触头闭合，KM2自锁触头闭合，KM2互锁触头断开，电动机M反转，工作台右移，SQ1触头复位移至限定位置，挡铁2碰SQ2，动作过程同前。
- **顺序控制电路**
  - 顺序控制：在装有多台电动机的生产机械上，各电动机所起的作用不同，有时需要按一定的顺序起动才能保证操作过程的合理和工作的安全可靠。这些顺序关系反映在控制电路上，称为顺序控制。
- **三相异步电动机星—三角减压起动控制电路**
- **绕线转子异步电动机串电阻起动控制电路**
- **三相异步电动机电磁制动控制电路**
- **直流电动机起动控制电路**
- **双速电动机控制电路**

常用低压电器

断路器

- 不频繁地接通和断开电路，并能实现短路、过载、欠电压及失电压保护。
- 主要由动触头、静触头、灭弧装置、操作机构、热脱扣器、电磁脱扣器及外壳组成。

刀开关

- 也称为闸刀开关或隔离开关。
- 隔离电源，以确保电路和设备维修的安全。
- 主要由进线座、静触头、熔体、出线座和刀式动触头、胶盖组成。

熔断器

- 短路或过载保护。
- 主要由熔体、熔管、熔座组成。
- 常用类型有螺旋式、填料封闭管式、瓷插式。

接触器

- 适用于远距离频繁地接通或断开交直流主电路及大容量控制电路，实现远距离自动操作和欠电压释放保护。
- 主要由电磁系统、触头系统、灭弧装置及辅助部件等组成。
- 工作原理：当接触器的线圈通电后，线圈中流过的电流产生磁场，使铁心产生足够大的吸力，克服反作用弹簧的反作用力，将衔铁吸合，通过传动机构带动三对主触头和辅助常开触头闭合、辅助常闭触头断开。当接触器线圈断电或电压显著下降时，由于电磁吸力消失或过小，衔铁在反作用弹簧力的作用下复位，带动各触头恢复到原始状态。

热继电器

- 利用流过继电器的电流所产生的热效应而反时限动作的继电器。
- 主要用于电动机的过载保护、断相保护、电流不平衡运行的保护。
- 工作原理：当电动机过载时，流过电阻丝的电流超过热继电器的整定电流，电阻丝发热，主双金属片向右弯曲，推动导板移动，从而推动触头系统动作。

按钮

- 利用人体某一部分(一般为手指或手掌)所施加力而操作的操动器，并具有储能(弹簧)复位的一种控制开关。
- 在控制电路中发出指令或信号
- 由按钮帽、复位弹簧、桥式动触头、静触头、支柱连杆及外壳等部分组成。

限位开关

- 用以反应工作机械的行程，发出命令以控制其运动方向和行程大小的开关。
- 由触头系统、操作机构和外壳组成。
- 常见的有直动式和滚轮式。

三相异步电动机星—三角减压起动控制电路

时间继电器

- 利用电磁原理和机械动作实现触头延时接通或断开的自动控制电器。
- 广泛用于需要按时间顺序进行控制的电气控制电路中。
- 分类
  - 电子式
  - 空气阻尼式
  - 电动式
  - 电磁式

减压起动

- 电源电压适当降低后，再加到电动机定子绕组上进行起动。当电动机起动后，再使电压恢复到额定值。

起动时绕组做星形联结，待转速升高到一定值时，改为三角形联结，直到稳定运行。

时间继电器控制星—三角减压起动控制电路

- 起动时绕组做星形联结，待转速升高到一定值时，由时间继电器控制自动切换为三角形联结，直到稳定运行。
- 额定运行为三角形联结且容量较大(一般容量大于10kW)的电动机，可采用Y-△减压起动法。

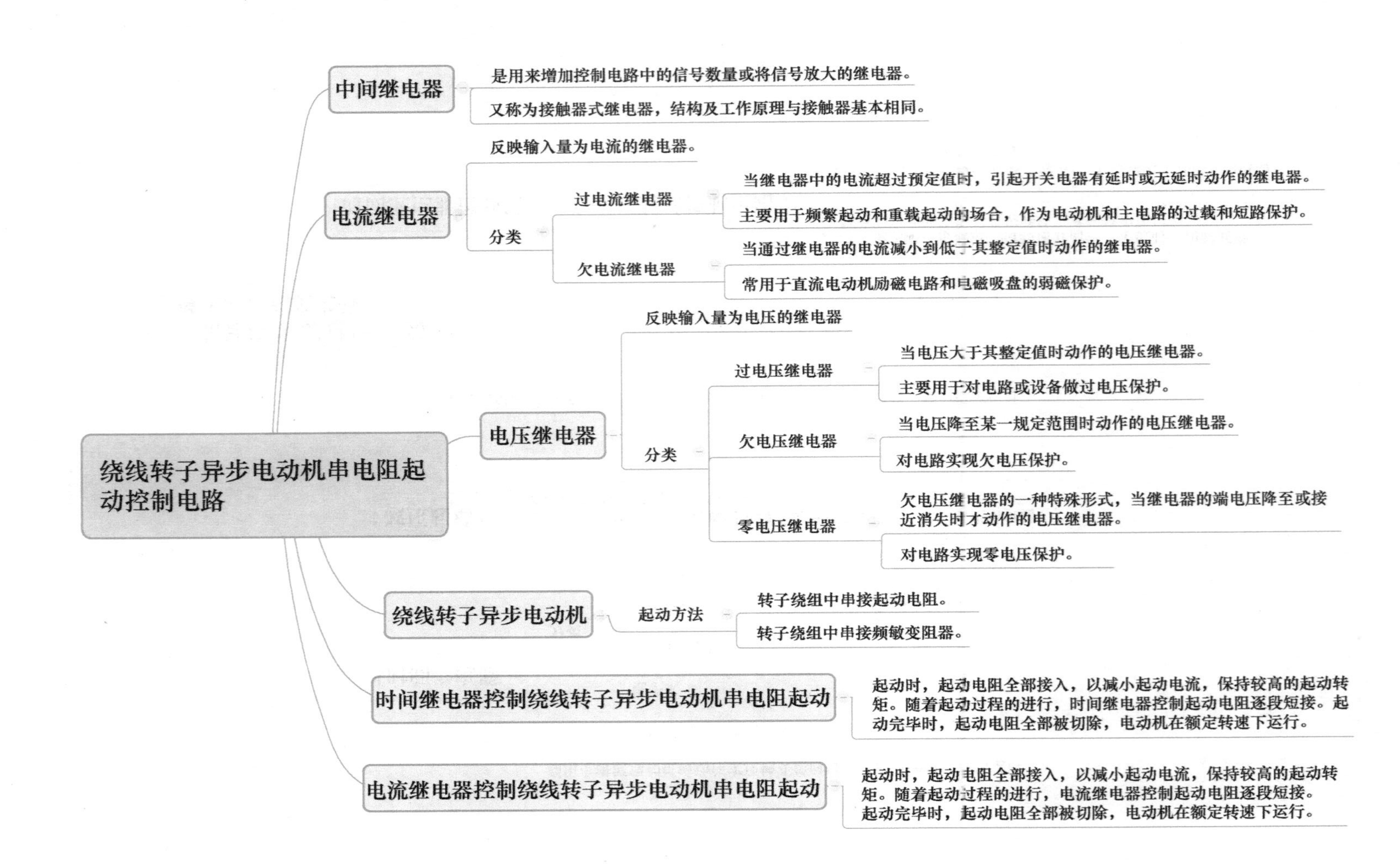

绕线转子异步电动机串电阻起动控制电路
中间继电器
是用来增加控制电路中的信号数量或将信号放大的继电器。
又称为接触器式继电器，结构及工作原理与接触器基本相同。
电流继电器
反映输入量为电流的继电器。
分类
过电流继电器
当继电器中的电流超过预定值时，引起开关电器有延时或无延时动作的继电器。
主要用于频繁起动和重载起动的场合，作为电动机和主电路的过载和短路保护。
欠电流继电器
当通过继电器的电流减小到低于其整定值时动作的继电器。
常用于直流电动机励磁电路和电磁吸盘的弱磁保护。
电压继电器
反映输入量为电压的继电器
分类
过电压继电器
当电压大于其整定值时动作的电压继电器。
主要用于对电路或设备做过电压保护。
欠电压继电器
当电压降至某一规定范围时动作的电压继电器。
对电路实现欠电压保护。
零电压继电器
欠电压继电器的一种特殊形式，当继电器的端电压降至或接近消失时才动作的电压继电器。
对电路实现零电压保护。
绕线转子异步电动机
起动方法
转子绕组中串接起动电阻。
转子绕组中串接频敏变阻器。
时间继电器控制绕线转子异步电动机串电阻起动
起动时，起动电阻全部接入，以减小起动电流，保持较高的起动转矩。随着起动过程的进行，时间继电器控制起动电阻逐段短接。起动完毕时，起动电阻全部被切除，电动机在额定转速下运行。
电流继电器控制绕线转子异步电动机串电阻起动
起动时，起动电阻全部接入，以减小起动电流，保持较高的起动转矩。随着起动过程的进行，电流继电器控制起动电阻逐段短接。起动完毕时，起动电阻全部被切除，电动机在额定转速下运行。

三相异步电动机电磁制动控制线路

电磁抱闸

主要由制动线圈、制动闸瓦、复位弹簧组成。

接通电源，电磁抱闸线圈得电，衔铁吸合，克服弹簧的拉力使制动器的闸瓦与闸轮分开，电动机正常运转。断开开关或接触器，电动机失电，同时电磁抱闸线圈也失电，衔铁在弹簧拉力作用下与铁心分开，并使制动器的闸瓦紧紧抱住闸轮，电动机被制动而停转。

三相异步电动机电磁制动控制电路

合上电源开关QF，按起动按钮SB2，KM通电吸合，其主触头闭合使电磁抱闸线圈YB通电，衔铁吸合，使抱闸的闸瓦与闸轮分开，电动机起动。当需要制动时，按停止按钮SB1，KM断电释放，其主触头断开，使电动机断电，与此同时，电磁抱闸线圈YB也断电，在弹簧的作用下，使闸瓦与闸轮紧紧抱住，电动机被迅速制动而停转。

双速电动机控制电路

双速电动机

凡磁极对数可改变的电动机称为多速电动机，通常由改变电动机定子绕组接线方式来实现。常见的多速电动机有双速、三速、四速等几种类型，其调速方法属于有级调速。

双速电动机控制电路

合上断路器QF：

低速控制：按下SB2，KM1线圈得电，KM1主触头闭合，定子绕组接成△，电动机低速运转；KM1常开触头闭合，自锁；KM1常闭触头断开，使得KM2、KM3不得电，互锁。

高速控制：按下SB3，中间继电器线圈KA得电，KA常开触头闭合，自锁；时间继电器线圈KT得电，KT瞬时触头闭合，KM1线圈得电，定子绕组为△联结，电动机低速起动；KT延时时间到，KT常开触头断开，常开触头闭合，KM1断电(KM1常闭辅助触头闭合，为KM2、KM3线圈得电提供通路；KM1主触头断开，△接断开；KM1常开辅助触头断开，解除自锁)，KM2、KM3得电(KM2、KM3常开辅助触头断开，实现互锁；KM2、KM3主触头闭合)，定子绕组为Y-Y联结，电动机高速运行。

停车过程：按下SB1，接触器线圈断电，常开触头断开，电动机停止运转。

直流电动机起动控制电路

直流接触器

直流接触器主要供远距离接通和分断额定电压440V、额定电流1600A以下的直流电力线路之用。并适用于直流电动机的频繁起动、停止、换向及反接制动。

主要由电磁机构、触头系统和灭弧装置三大部分组成。

直流电动机直接起动

直接起动就是将电动机直接投入到额定电压的电网上起动。不需要起动设备，操作简便，起动转矩大，但缺点是起动电流很大。

直流电动机正反转控制

改变通入电动机电枢绕组直流电源的极性或改变通入电动机励磁绕组直流电源的相序极性，电动机就可以反转。

学习单元二

UNIT 2

PLC控制电路

单元概要描述

本单元以台式钻床、大功率风机、霓虹灯、七段数码管为载体，以 PLC 控制这些设备或器件的控制电路的安装、调试任务为主线，引导学生认识 PLC 结构，学习 PLC 的常用指令，学会正确安装、调试 PLC 控制三相异步电动机单向连续运行控制电路、正反转控制电路、星一三角减压起动电路、PLC 控制霓虹灯电路、PLC 控制数码管电路。

项目九 PLC控制三相异步电动机电路安装与调试

任务一 认识PLC

※任务目标※

1. 了解PLC的产生、分类、主要特点及应用场合。
2. 熟悉PLC的基本组成，各部分功能及主要性能指标。
3. 熟悉PLC外部结构，能进行简单的PLC外部接线。
4. 了解PLC铭牌含义。

※任务描述※

企业车间升级改造要引进一批可编程序控制器，其型号为MICREX-SX SPB系列的NWOE16R-3和NWOP30T-31，如图9-1所示，要使用它们进行电气控制线路的改造及其一些典型PLC控制线路的制作。本次任务是认识PLC，熟悉MICREX-SX SPB系列PLC的基本组成、性能指标及外部接线。

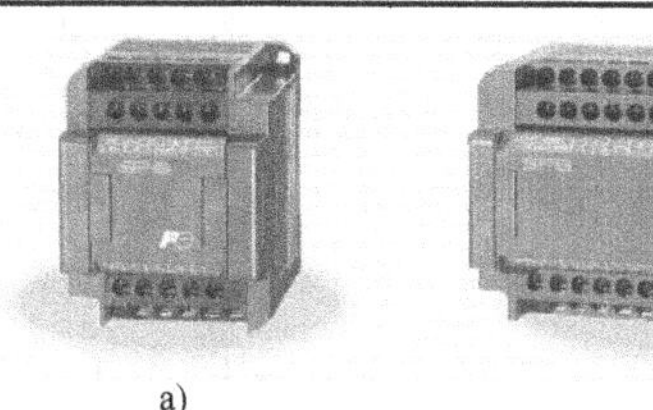

a) b)

图9-1 富士SPB系列可编程序控制器

a）NWOE16R-3 b）NWOP30T-31

※相关知识※

一、PLC基本知识

1. PLC的产生与定义

在可编程序控制器出现之前，继电-接触器控制系统在工业控制领域中占据着主导地位。但其具有明显的缺点：设备体积大，在复杂控制系统中可靠性低，维护不方便；特别是由于接线复杂，当生产工艺或对象改变时必须改变接线，通用性和灵活性较差。

20世纪60年代末期，美国汽车制造行业竞争激烈，为了适应生产工艺不断更新的需要，美国通用汽车公司（GM）于1968年首先公开招标，对控制系统提出了新的要求，其实只是希望把继电—接触器控制的优点与计算机的功能齐全、灵活性、通用性好的特点结合起来，用计算机的编程软件逻辑代替继电—接触器控制的硬连线逻辑。1969年美国数字设备公司（DEC）根据这一要求，研究出世界上第一台可编程序控制器，并在GM公司汽车生产线上首次应用成功，实现了生产的自动控制。由于它的灵活性和可扩展性，可编程序控制器也被其他行业所采用。随着微电子技术和计算机技术的发展，20 世纪 70 年代中期出现了微处理器。20 世纪 70 年代后期，微处理器被应用到可编程序控制器中，使可编程序控制器更多地具有计算机的功能，不仅用逻辑编程取代硬接线逻辑，还增加了运算、数据传送和处理等功能，真正成为一种电子计算机工业控制装置。而且做到了小型化和超小型化。这种采用微电脑技术的工业控制装置，在国外工业界于 1980 年正式命名为可编程序控制器（Programmable Controller，简称 PC）。为了不与个人计算机（Personal Computer）的简称 PC 相混淆，技术人员常常将可编程序控制器简称为 PLC，本书使用 PLC。

1987 年 2 月，国际电工委员会（IEC）在可编程序控制器的标准草案中做了如下定义："可编程序控制器是一种数字运算操作的电子系统，专为在工业环境下应用而设计。它采用可编程序的存储器，用来在其内部存储执行逻辑运算、顺序控制、定时、计数和算术运算等操作的指令，并通过数字式、模拟式的输入和输出，控制各种类型的机械或生产过程。可编程序控制器及其有关设备都应按易于与工业控制器系统连成一个整体、易于扩充其功能的原则设计。"

2. PLC 的主要特点

可编程序控制器的控制功能是通过存放在存储器中的程序来实现的。与传统的继电—接触器控制系统相比较，它的优点表现在以下几方面：

（1）控制逻辑　PLC 是程序存储式控制器，控制逻辑以程序的方式存储在 PLC 的内存当中。控制逻辑只与程序有关，当需要改变控制对象或改变生产流程时，只需要修改程序就行了，不必进行大量的硬件改造。因此，灵活性和扩展性强，有利产品的迅速更新换代。

（2）控制速度　继电器控制逻辑是依靠触头的机械动作（闭合或断开）来实现的，触头的开闭动作一般在几十毫秒数量级，而且容易出现触头的抖动问题。

PLC 是由程序指令控制半导体电路来实现控制的，速度相当快。一般，一条用户指令的执行时间在微秒数量级。同时由于 PLC 内部有严格同步，因此不会出现抖动问题。

（3）限时控制　继电器控制逻辑利用时间继电器的滞后动作进行限时控制。一般会出现定时精度不够、定时时间易受环境的湿度和温度变化的影响、时间调整困难等问题。

而 PLC 使用半导体集成电路作为定时器，时基脉冲由晶体振荡器产生，精度相当高。定时器的定时范围一般在 0.1s 至若干秒、若干分钟甚至更长。定时精度小于 10ms。定时时间不受环境的影响，一旦调好，不会改变。

PLC 还能完成计数功能，而继电器控制逻辑一般没有计数功能。

（4）可靠性和可维护性　继电器的触头在开闭时会受到电弧的损坏，寿命短。而 PLC 是以集成电路为基本元件的电子设备，内部处理不依赖于机械接点，元件的寿命几乎不用考虑。目前 PLC 的整机平均无故障工作时间一般可达 2 万 ~5 万小时甚至更高。此外 PLC 还配备有自检和监控功能，能检查出自身的故障，并随时显示给操作人员，还能动态地监视控制程序的执行情况，为现场调试和维护提供了方便。

（5）设计与施工　采用继电器控制逻辑完成一项控制工程，设计、施工、调试必须顺利进行，周期较长，且修改困难。而使用 PLC 完成一项控制工程，在系统设计以后，现场施工和 PLC 程序设计可以同时进行，周期短，而且程序的调试和修改都很方便。

3. PLC 的分类

PLC 的产品很多，通常按以下两种情况进行分类。

（1）根据 I/O 点数、容量和功能分类　PLC 大体可以分为大、中、小三个等级。

小型 PLC 的 I/O 点数在 128 点以下，用户程序存储器容量在 2K 字（1K = 1024，存储一个“0”或“1”的二进制码称为一“位”，一个字为 16 位）以下，具有逻辑运算、计时、计数等功能，它适合开关量的场合，可用它实现条件控制、定时、计数控制、顺序控制等。也有些小型 PLC 增加了模拟量处理、算术运算功能，其应用面更广。

中型 PLC 的 I/O 点数在 128 ~ 512 点之间，用户程序存储器容量达 2 ~ 8K 字，具有逻辑运算、算术运算、数据通信、模拟量输入/输出等功能，可完成既有开关量又有模拟量较为复杂的控制。

大型 PLC 的 I/O 点数在 512 ~ 8192 点之间，用户程序存储器容量达到 8K 字以上，具有数据运算、模拟调节、联网通信、监视、记录、打印等功能，能进行中断控制、智能控制、远程控制。在用于大规模的过程控制中，可构成分布式控制系统或整个工厂的自动化网络。

（2）根据结构形状分类　PLC 可分为整体式和机架模块式两种。

1）整体式。整体式结构的 PLC 是将中央处理器、电源部件、存储器、输入和输出部件集中配置在一起，结构紧凑、体积小、重量轻、价格低，小型 PLC 常采用这种结构，适用于工业生产中的单机控制。

2）机架模块式。机架模块式的 PLC，是将各部分以单独的模块分开，如中央处理器模块、电源模块、输入模块、输出模块等。使用时可将这些模块分别插入机架底板的插座上，配置灵活、方便，便于扩展，可根据生产实际的控制要求配置各种不同的模块，构成不同的控制系统，一般大、中型 PLC 采用这种结构。

4. PLC 的主要技术指标

（1）I/O 总点数　I/O 总点数是 PLC 的外部输入/输出端子数。PLC 的输入/输出有开关量和模拟量两种。对于开关量用最大的 I/O 点数表示。而对于模拟量则用最大的通道数表示。

电源及各 COM 等端子是不能作为 PLC 的输入/输出端子计入的。I/O 总点数是描述 PLC 性能的重要指标。

（2）存储容量　PLC 中用户存储器的容量一般远小于通用计算机中用户存储器中的容量。PLC 的存储容量用 K 字（KW）、K 字节（KB）作为单位之外，更多用步作为单位。1 步占 2 个字节，即 1 步 = 2B。PLC 中有的指令仅占 1 步，有的指令占 2 步或更多步。

（3）扫描速度　扫描速度是指 PLC 执行一次用户编辑程序所需的时间。一般情况下，以执行 1000 条指令所需时间来估算，通常为 10ms 左右，也有以执行一步指令所需的微秒数来计时的，即 μs/步。

（4）内部寄存器　PLC 内部寄存器用来存放输入/输出变量的状态、逻辑运算的中间结果、定时器、计数器的数据，其数据多少、容量大小，将影响到用户程序的效率。因此内部寄存器的配置及容量也是衡量 PLC 硬件功能的一个指标。

（5）编程语言及指令功能　不同生产厂家的 PLC 编程语言不同，相互不兼容。梯形图语言、指令表语言较为常用。一台机器能同时使用的编程方法越多，则越容易被更多的用户所接受。

编程语言中还有一个内容就是指令功能。衡量指令功能的强弱主要看两方面：一是指令条数的多少，包括基本指令条数多少，功能指令条数多少。二是指令中有多少条综合性指令。综合性指令是指完成一项专门操作的指令，如 PID 控制功能等。指令功能越强，使用这些指令完成一定的控制要求也就越容易。

二、PLC 的组成

PLC 由硬件系统和软件系统两部分组成。

（一）PLC 的硬件系统

PLC 一般由中央处理器、存储器、输入/输出组件、电源及其他外部设备组成，如图 9-2 所示。

1. 存储器

存储器是 PLC 的重要组成部分，根据程序的作用不同，PLC 的存储器分为系统程序存储器和用户程序存储器两种。

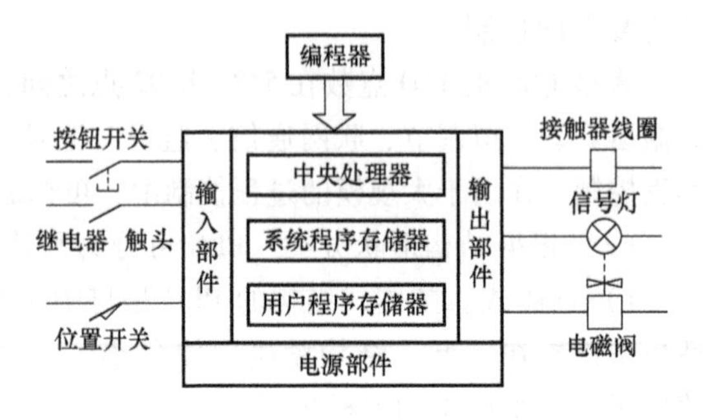

图 9-2 PLC 的硬件系统

2. 中央处理器

中央处理器简称 CPU，其主要用途是处理和运行用户程序，针对外部输入信号做出正确的逻辑判断，并将结果输出给有关部分，以控制生产机械按既定程序工作。另外，CPU 还对其内部工作进行自动检测，诊断电源和 PLC 内部电路的工作状态和编程过程中的语法错误等并协调 PLC 各部分工作，如有差错，它能立即停止运行。

3. 电源部件

电源部件用来将外部供电电源转换成供 PLC 的中央处理器、存储器等电子电路工作所需要的直流电源，使 PLC 能正常工作。同时，还为输入电路提供 24V 的工作电源。

电源及其输入类型有：交流电源，AC 220V 或 AC 110V；直流电源，常用的为 24V。目前大部分 PLC 采用开关式稳压电源供电，用锂电池作停电时的后备电源。

4. 输入/输出部件

是 PLC 与被控设备连接起来的部件。用户设备需要输入 PLC 的各种控制信号，如位置开关、操作按钮、传感信号等，通过输入部件将这些信号转换成中央处理器能够接收和处理的数字信号。输出部件将中央处理器送出的弱电信号转换成现场需要的电平强电信号输出，以驱动电磁阀、接触器等被控制设备的执行元件。

输入/输出接口电路的内部构成如下：

（1）输入接口电路　输入接口电路如图 9-3 所示。

（2）输出接口电路　富士 SPB 系列 PLC 输出方式有三种：继电器输出、晶体管漏型输出和晶体管源型输出。

1）继电器输出接口电路，如图 9-4 所示。

2）晶体管漏型输出接口电路，如图 9-5 所示。

3）晶体管源型输出接口电路，如图 9-6 所示。

5. PLC 的外部设备

外部设备是 PLC 系统不可分割的一部分，它有四大类。

（1）编程设备　有简易编程器和智能图形编程器。用于编程、对系统做一些设定、监控 PLC 及 PLC 所控制的系统的工作状况。编程器是 PLC 开发应用、监测运行、检查维护不可缺少的器件，但它不直接参与现场控制运行。手持编程器如图 9-7 所示。

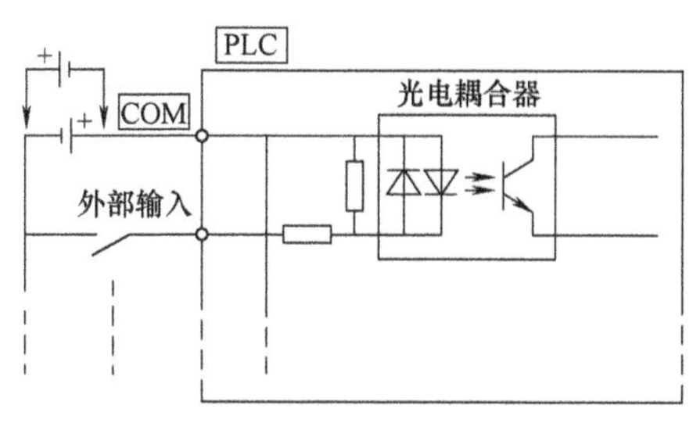

图 9-3　输入接口电路

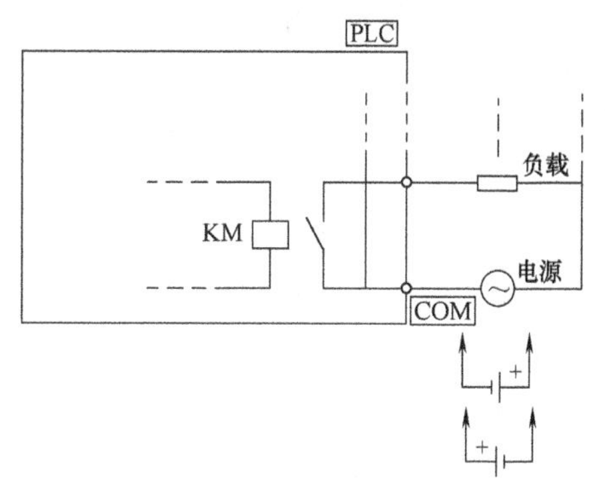

图 9-4　继电器输出接口电路

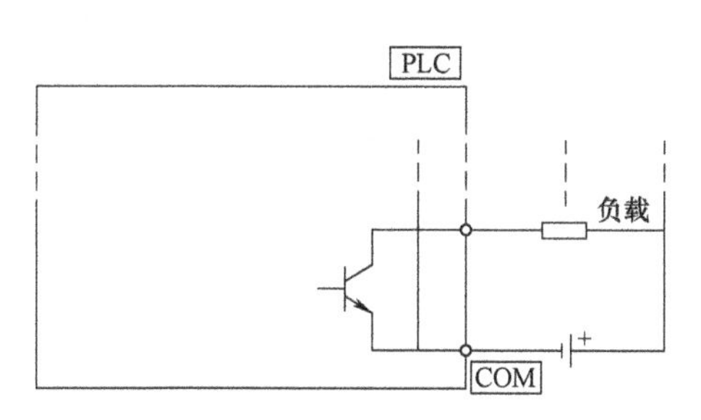

图 9-5　晶体管漏型输出接口电路

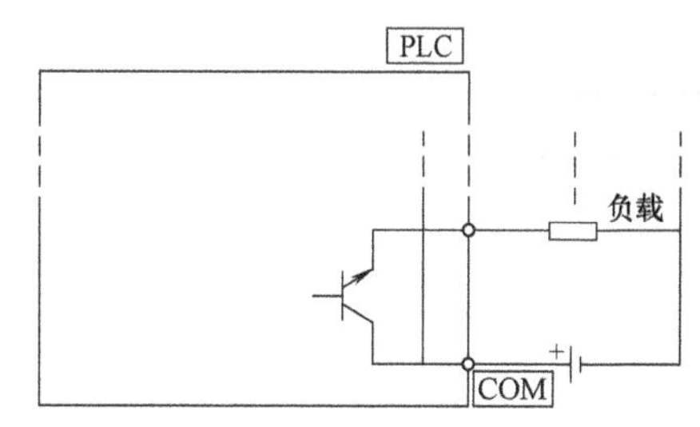

图 9-6　晶体管源型输出接口电路

（2）监控设备　有数据监视器和图形监视器。直接监视数据或通过画面监视数据。

（3）存储设备　有存储卡、存储磁带、软磁盘或只读存储器。用于永久性地存储用户数据，使用户程序不丢失，如 EPROM、EEPROM 写入器等。

（4）输入/输出设备　用于接收信号或输出信号，一般有条码读入器、输入模拟量的电位器、打印机等。

6. PLC 的通信联网

PLC 具有通信联网的功能，它使 PLC 与 PLC 之间、PLC 与上位计算机以及其他智能设备之间能够交换信息，形成一个统一的整体，实现分散集中控制。

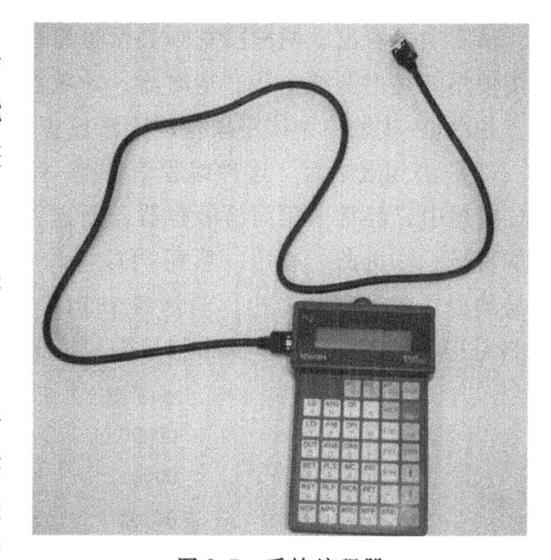

图 9-7　手持编程器

（二）PLC 的软件系统

PLC 的软件系统由系统程序和用户程序组成。

1. 系统程序

系统程序由 PLC 制造厂商设计编写，并存入 PLC 的系统存储器中，用户不能直接读写与更改。系统程序一般包括系统诊断程序、输入处理程序、编译程序、信息传送程序、监控程序等。

2. 用户程序

PLC 的用户程序是用户利用 PLC 的编程语言，根据控制要求编制的程序。在 PLC 的应用中，最重要的是用 PLC 的编程语言来编写用户程序，以实现控制目的。由于 PLC 是专门为工业控制而开发的装置，其主要使用者是广大电气技术人员，为了满足他们的传统习惯和掌握能力，PLC 的主要编程语言采用比计算机语言相对简单、易懂、形象的专用语言。

PLC 编程语言是多种多样的，对于不同生产厂家、不同系列的 PLC 产品采用的编程语言的表达方式也不相同，但基本上可归纳两种类型：一是采用字符表达方式的编程语言，如语句表等；二是采用图形符号表达方式编程语言，如梯形图等。

以下简要介绍几种常见的 PLC 编程语言。

（1）梯形图语言　梯形图语言是在传统继电-接触器控制系统中常用的接触器、继电器等图形表达符号的基础上演变而来的。它与继电-接触器控制线路图相似，继承了传统继电-接触器控制逻辑中使用的框架结构、逻辑运算方式和输入/输出形式，具有形象、直观、实用的特点。因此，这种编程语言为广大电气技术人员所熟知，是应用最广泛的 PLC 的编程语言，是 PLC 的第一编程语言。

图 9-8、图 9-9 是传统的继电-接触器控制电路图及其对应的 PLC 梯形图。

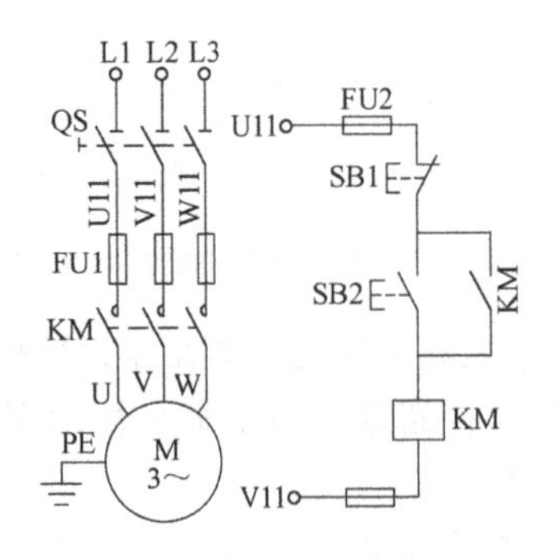

图 9-8　电气控制线路图

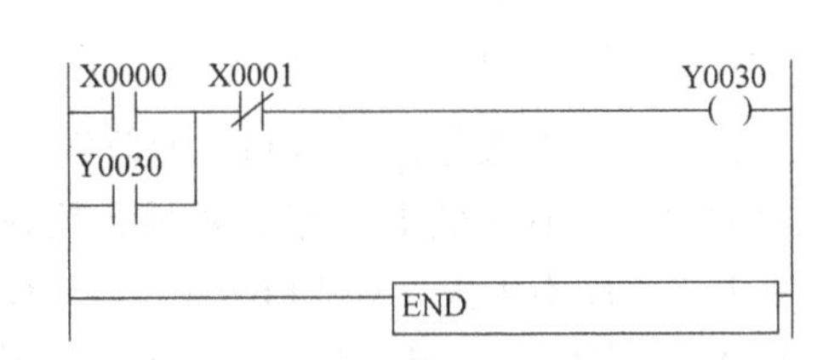

图 9-9　PLC 梯形图

从图中可看出，两种图基本表示思想是一致的，具体表达方式有一定区别。PLC 的梯形图使用的是内部继电器、定时器、计数器等，都是由软件来实现的，使用方便，修改灵活，是继电-接触控制线路硬接线无法比拟的。

（2）语句表语言　这种编程语言是一种与汇编语言类似的助记符编程表达方式。在 PLC 应用中，经常采用简易编程器，而这种编程器中没有 CRT 屏幕显示或没有较大的液晶屏幕显示。因此，就用一系列 PLC 操作命令组成的语句表将梯形图描述出来，再通过简易编程器输入到 PLC 中。虽然各个 PLC 生产厂家的语句表形式不尽相同，但基本功能相差无几。以下是与图 9-9 中梯形图对应的（SPB 系列 PLC）语句表程序。

步序号	指令	数据
00000	LD	X0000
00001	OR	Y0030
00002	ANI	X0001
00003	OUT	Y0030
00004	END	

可以看出，语句是语句表程序的基本单元，每个语句由步序号、指令和数据三部分组成。

(3) 逻辑图语言　逻辑图是一种类似于数字逻辑电路结构的编程语言，由与门、或门、非门、定时器、计数器、触发器等逻辑符号组成。

(4) 功能表图语言　功能表图语言（SFC 语言）是一种较新的编程方法，又称状态转移图语言。它将一个完整的控制过程分为若干阶段，各阶段具有不同的动作，阶段间有一定的转换条件，转换条件满足就实现阶段转移，上一阶段动作结束，下一阶段动作开始。对于顺序控制系统特别适用。

(5) 高级语言　随着 PLC 技术的发展，为了增强 PLC 的运算、数据处理及通信等功能，以上编程语言无法很好地满足要求。近年来推出的 PLC，尤其是大型 PLC，都可用高级语言，如 BASIC 语言、C 语言、PASCAL 语言等进行编程。采用高级语言后，用户可以像使用普通微型计算机一样操作 PLC，从而使 PLC 的各种功能得到更好的发挥。

三、PLC 铭牌及型号含义

1. 基本单元铭牌

如图 9-10 所示。

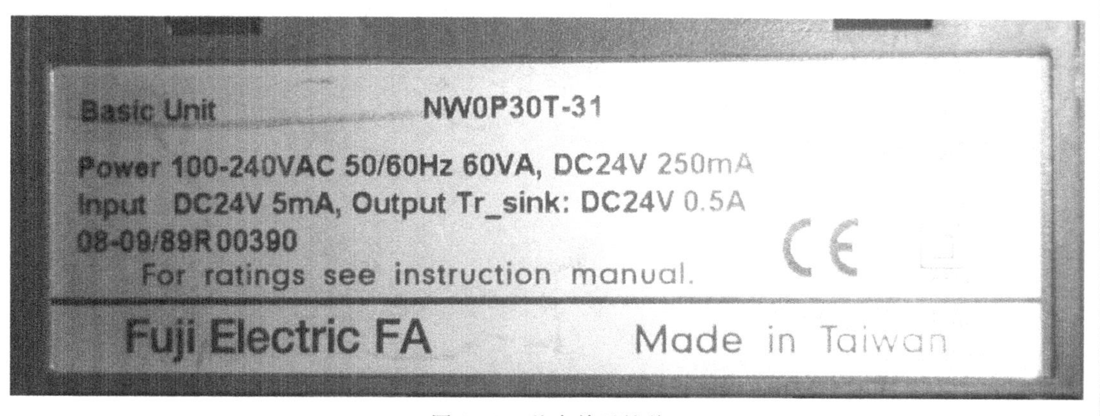

图 9-10　基本单元铭牌

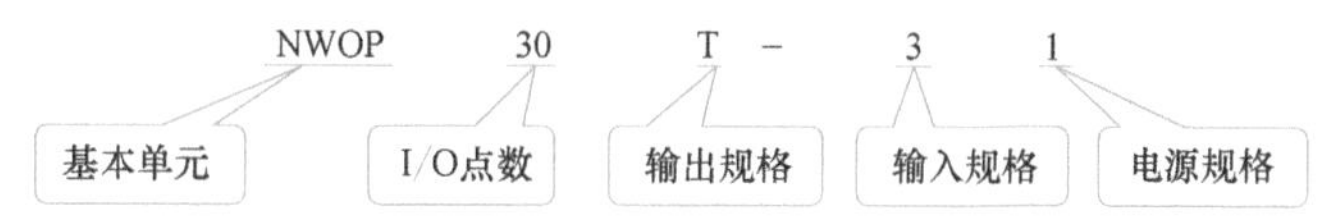

(1) I/O 点数

20：20 点（12 点输入/8 点输出）

30：30 点（16 点输入/14 点输出）

40：40 点（24 点输入/16 点输出）

60：60 点（36 点输入/24 点输出）

(2) 输出规格

R：继电器输出

T：晶体管灌电流输出

U：晶体管拉电流输出

(3) 输入规格

3：DC 24V（无极性）

(4) 电源规格

1：AC 电源（AC 100～240V）

4：DC 电源（DC 24V）

2. 扩展单元铭牌

如图 9-11 所示。

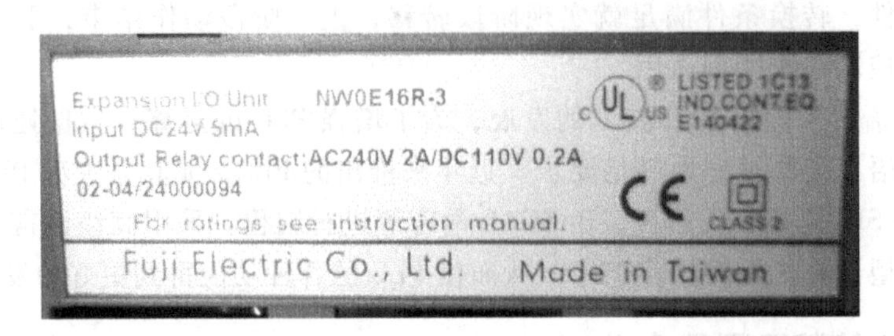

图 9-11 扩展单元铭牌

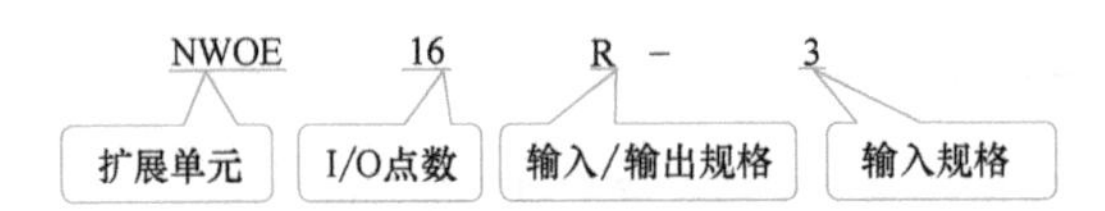

（1）I/O 点数

16：16 点（8 点输入/8 点输出）

（2）输入/输出规格

X：全点输入

R：继电器输出

T：晶体管灌电流输出

U：晶体管拉电流输出

（3）输入规格

0：无输入

3：有输入

3. 通信适配器铭牌

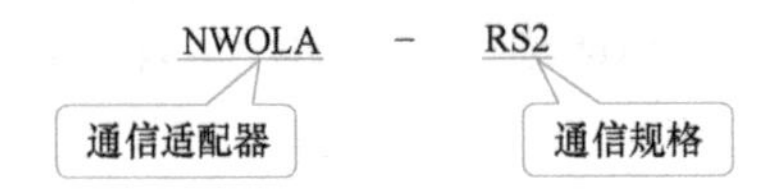

通信规格：

RS2：RS-232C

RS4：RS-485

四、富士 SPB 系列 PLC 外部结构

PLC 外部由通信接口、输入/输出接线端子、电源接线端子、PLC 状态指示灯、输入/输出状态指示灯及扩展单元接口等组成，如图 9-12 所示。

1. 通信端口

通过适配器连接手持编程器或计算机进行程序编辑、修改及监控操作。

2. 输入/输出接线端子

（1）输入接线端子　其中输入信号端子 16 个（X0～X9、XA～XF）。

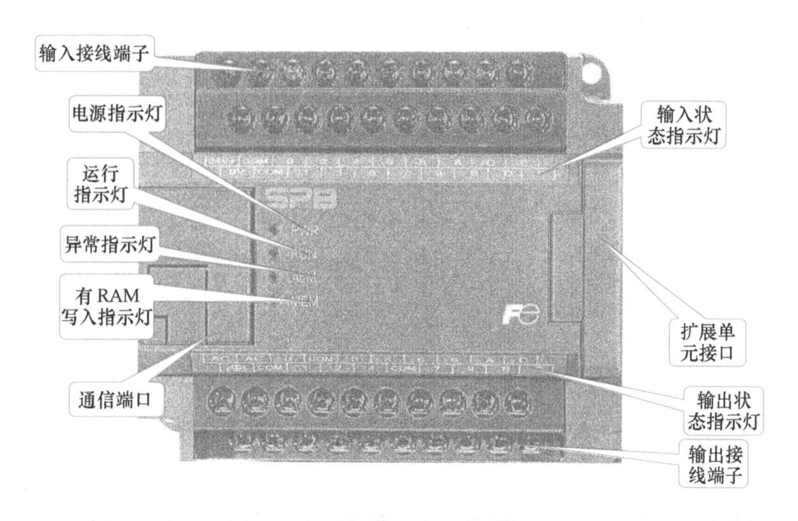

图 9-12　PLC 基本单元

公共端子（COM）2 个：用于连接 PLC 与输入设备。

电源接线端子 2 个：分别接 24V、0V，是 PLC 内部 24V 电源外接端子。

（2）输出接线端子　其中输出接线端子 14 个（Y10 ~ Y19、Y1A ~ Y1D）。

公共端子（COM）3 个：用于连接 PLC 与输出设备。

电源接线端子 2 个：分别为 AC、AC。

接地端子（⏚）1 个：用于 PLC 引入外部电源。

3. 可编程序控制器的状态指示灯

（1）PWR　电源指示灯，电源接通时灯亮。

（2）RUN　运行指示灯，可编程序控制器处于运行时灯亮，停止时（包括重故障停止）灯灭。

（3）ALM　CPU 有重故障或轻故障时闪烁（或灯亮）。

（4）MEM　有 RAM 写入时闪烁。

4. 输入/输出状态指示灯

（1）输入/输出状态指示灯亮　表示所对应的输入/输出接线端的开关信号回路为通。

（2）输入/输出状态指示灯灭　表示所对应的输入/输出接线端的开关信号回路为断。

5. 扩展单元接口

用于连接输入/输出扩展单元。

五、识读 PLC 外部接线图

1. 输入端接线

富士 SPB 系列的 PLC 的内部有电源，但不常用，为了安全，常常采用外接电源，输入电源规格为 DC 24V。构成电路必须由电源、开关和负载三部分组成，电源提供能源，开关完成控制，负载进行限流，如图 9-13 所示，当开关闭合后，电流由电 24V 电源流出，经过开关流进 PLC 0 号端口，再经过 0 号端子，公共端子 COM 端口流出回到电源。当电源反接时，电流的方向则相反。SPB 系列 PLC 的两个输入公共端子 COM 在 PLC 内部已经连接。

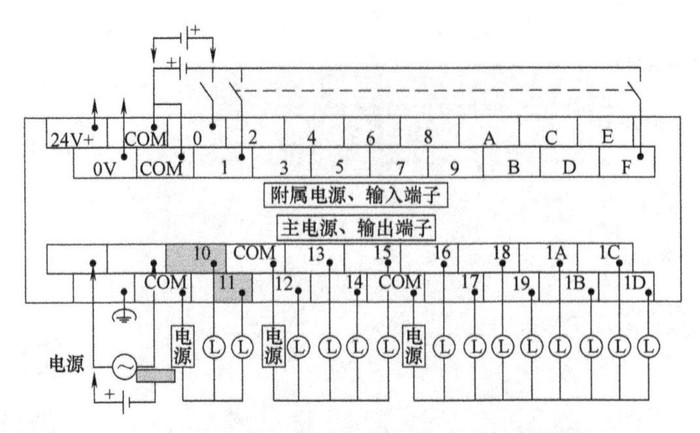

图 9-13　富士 SPB 系列 PLC 基本单元外部接线图

提示　接线小提示

NWOP30T-31 富士 PLC 的输入端电源接入时无极性要求。

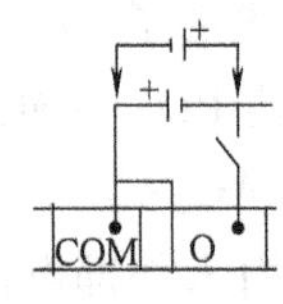

2. 输出端接线

PLC 的输出单元内部没有电源，相当电路中的开关作用。所以，在它的外部输出接线中，必须有电源和负载，如图 9-13 所示。当 10 号输出端子有输出时，其外部触头接通。从外界的电源的一端进入可编程序控制器的 COM 端，经过 10 号输出端、负载 L 回到电源的另一端。

PLC 输出端的外部电源可接 AC 220V，也可接 DC 24V 电压，（这取决于所带负载性质特点及其输出端口的类型）。另外，由于输出端的负载种类及电压不同，输出端的公共端也常分为许多组，而且组间是隔离的。一般为 1 个、2 个、4 个、8 个输出接线端子共用 1 个 COM 端。如图 9-13 所示，对于不同电源的负载，必须接在不同 COM 公共端上，以避免电源短路。

※任务实施※

一、工作准备

1. 识读 PLC 外部接线图

PLC 外部接线如图 9-14 所示。

2. 准备工具及材料

根据表 1-2 领取相应工具，根据表 9-1 彩灯控制电路材料明细表领取材料。

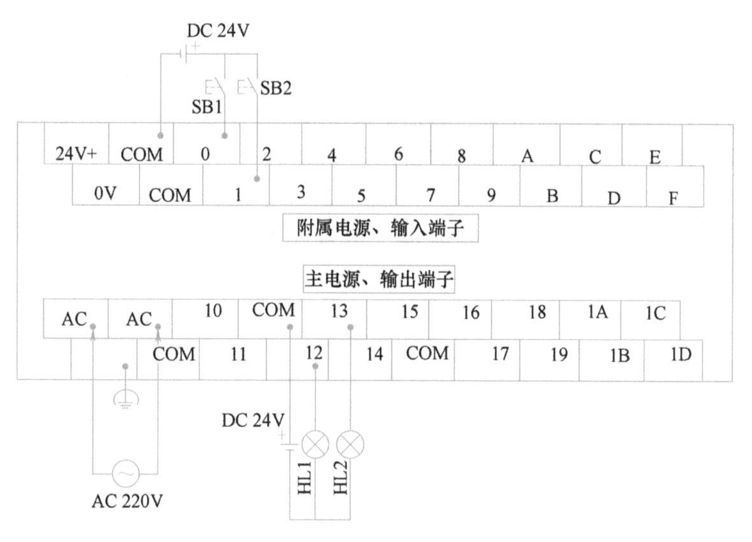

图 9-14　彩灯控制接线图

二、实施步骤

1. 认识 PLC

1）观察 PLC 主机面板的结构，熟悉 PLC 的指示部分及功能。

表 9-1　彩灯控制电路材料明细表

序号	名称	型　　号	规格	单位	数量
1	按钮	LA—18	5A	个	2
2	指示灯	HL	5A	个	2
3	万用表	MF—47		块	1
4	可编程序控制器	MICREX-SX SPB 系列的 NWOP30T-31 和 NWOE16R-3 系列		套	1
5	计算机				1
6	接口单元				1
7	通信单元				1
8	插线若干				

2）识别并记录 PLC 的输入/输出端子的编号。

3）观察 PLC 与 PLC，PLC 和 PC 机之间的连接。

2. 安装电路

按照图 9-15 安装简单 PLC 灯控电路。

3. 通电前检测

检测步骤如表 9-2 所示。

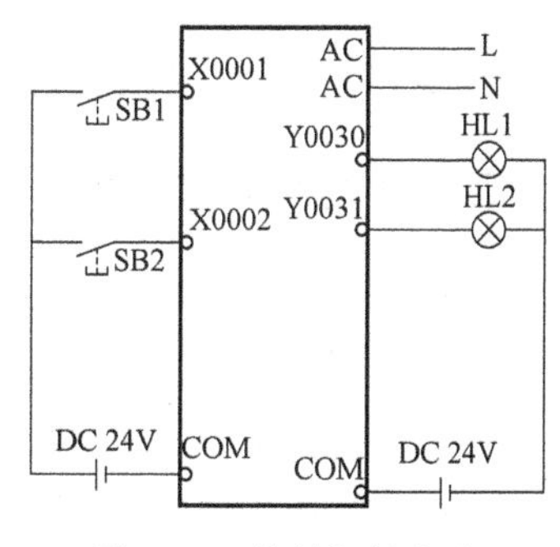

图 9-15　简单灯控电路

表 9-2　检测步骤

序号	检 测 内 容
1	PLC 电源输入端 L 与输出端 COM 之间的阻值
2	PLC 输入 COM 端与 X0001、X0002 端子间的阻值
3	PLC 输出 COM 端与 Y0030、Y0031 端子间的阻值

4. 通电调试

1）合上电源，观察 PLC 面板的指示灯。

2）按下按钮，观察对应输入端口的指示灯状态。

3）松开按钮，观察对应输入端口的指示灯状态。

5. 整理现场

整理现场工具及电器元件，清理现场，根据工作过程填写任务单十一，整理工作资料。

※任务评价※

见任务单十一。

※任务拓展※

图 9-16 为带有运行信号指示的三相异步电动机单方向运行电路控制电路，识读电路，并进行电路安装、调试。

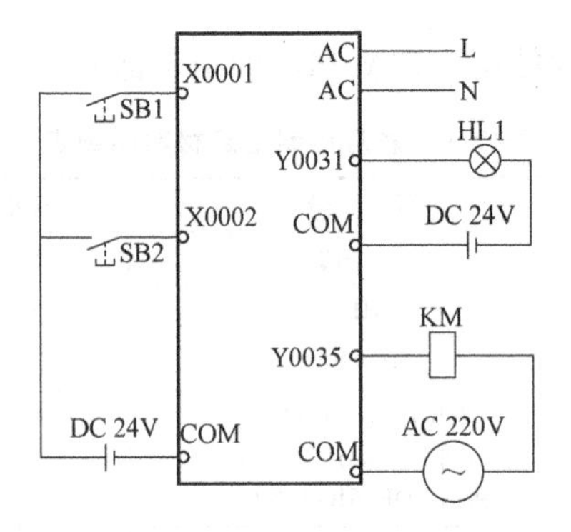

图 9-16　带有运行信号指示的三相异步电动机单方向运行电路

※巩固与提高※

一、操作练习题

识读带有运行信号指示的三相异步电动机单方向运行电路图，并安装、调试。

二、理论练习题

1. 什么是可编程序控制器？它有何特点？如何分类？
2. 写出实训室中富士 PLC 基本单元、扩展单元铭牌、型号及其含义。
3. 绘制实训室中富士 PLC 基本单元、扩展单元面板图。
4. 可编程序控制器硬件系统由哪几部分组成？作用是什么？
5. 富士 SPB 系列 PLC 输入/输出接口电路有几种方式？各适合什么样的负载？

※任务小结※

任务二 PLC 编程软件使用

※任务目标※

1. 熟悉富士 PLC 软继电器分类、编号及功能。
2. 了解 PLC 的工作原理。
3. 学会使用 PLC 编程软件。

※任务描述※

企业车间升级改造引进了一批可编程序控制器，其型号为 MICREX-SX SPB 系列的 NWOP30T-31 和 NWOE16R-3，与之配套应用的软件为 SX-Programmer Standard，要使用它们进行电气控制线路的改造及其一些典型 PLC 控制线路的制作。本次任务是识读梯形图，了解 PLC 的工作原理，学会使用 SX-Programmer Standard 软件编制基本的梯形图。

※相关知识※

一、识读梯形图

PLC 的梯形图语言是形象化语言，左右两端的母线是不接任何电源的。梯形图中没有真实的物理电流流动，仅仅是概念电流，即假想电流。把 PLC 梯形图中左边的母线假想为电源正极，把右边母线假想为电源负极。假想电流只能从左往右流，层次改变只能先上后下。

梯形图的格式要求：

1）梯形图按行从上至下编写，每一行从左往右顺序编写。PLC 程序执行顺序与梯形图的编写顺序一致。

2）梯形图左、右边垂直线分别称为起始母线和终止母线。每一逻辑行必须从起始母线开始画起，终止于继电器线圈或终止母线（有些 PLC 终止母线可以省略）。

3）梯形图的起始母线与线圈之间一定要有触头，而线圈与终止母线之间则不能有任何触头。

图 9-17 中，假想电流由左母线出发，经过 X0000 的常开触头或 Y0031 的常开触头，

与 X0001 常闭触头串联，到达线圈 Y0031 终止于右母线。当常开触头 X0000 接通时，电流即可顺利地到达线圈 Y0031，线圈得电，常开触头 Y0031 闭合，送出输出信号。

图 9-17 电动机单方向运行电路梯形图

二、PLC 的软继电器与工作原理

1. PLC 软继电器

PLC 是以微处理器为核心的电子设备，使用时可将它看成是由继电器、定时器、计数器等器件构成的组合体。而 PLC 与继电-接触器控制的根本区别在于 PLC 采用的是软件，用软件程序来实现各器材之间的连接。在上述的器材中，无论是固体器材还是“软继电器”（或称内部继电器），都必须用编号予以识别。同时，由于 PLC 采用软编程逻辑，许多诸如计数器、定时器、辅助继电器，在 PLC 中都可用“软继电器”取代。下面就以富士 SPB 系列 PLC 为例讲解软继电器及其编号。

（1）SPB 系列 PLC 软继电器分类、编号及功能

1）输入继电器 X。输入继电器是 PLC 接收来自外部开关信号的“窗口”。输入继电器与 PLC 的输入端子相连，并带有许多常开和常闭的触头供编程时使用。输入继电器只能由外部信号来驱动，不能由程序指令来驱动，如图 9-18 所示。

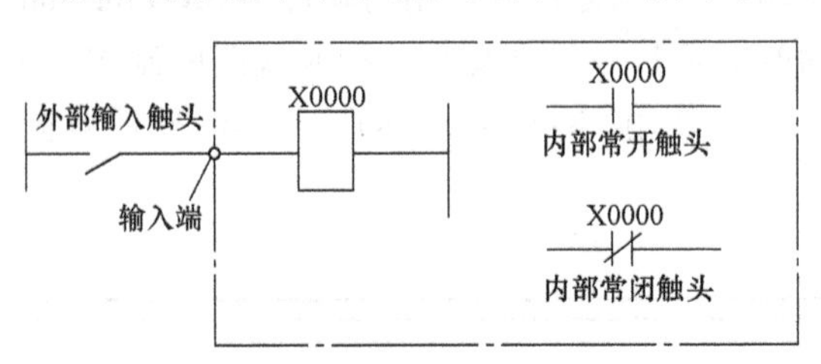

图 9-18 输入继电器电路

2）输出继电器 Y。输出继电器是 PLC 用来传递信号到外部负载的器件。输出继电器有一个外部输出的常开触头，它是由程序的执行结果驱动的，如图 9-19 所示。

3）内部继电器 M。这些继电器不能直接驱动外部设备，它可由 PLC 中各种继电器的触头驱动，其作用与中间继电器相似。内部继电器带有若干常开和常闭触头，供编程使用，如图 9-20 所示。

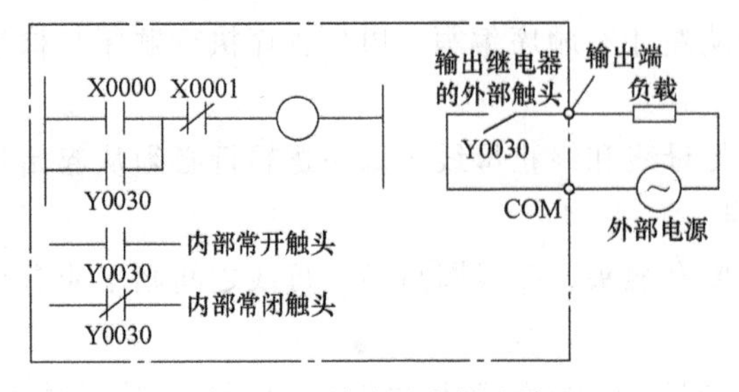

图 9-19 输出继电器电路

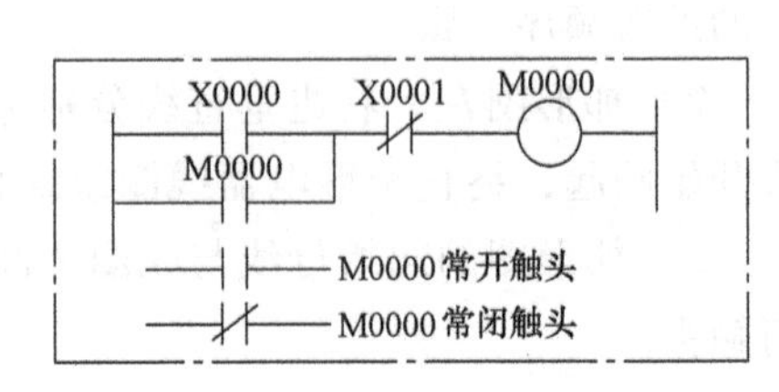

图 9-20 内部继电器电路

4）数据寄存器 D。数据存储区不能以单独的点来使用，要以字节为单位来使用。数据寄存器用于存储数据和参数，有掉电保护功能。

5）特殊继电器 M。用于特殊用途的继电器，为用户提供一些特殊的控制功能及系统信息，包括 PLC 的工作状态和出错状态的显示。常用特殊继电器功能表见表 9-3。

表 9-3　常用特殊继电器功能表

继电器号	名　称	说　明
M8000	运行	PLC 运行时，M0000 为通，PLC 停止运行时，M8000 断开
M8001	出错	PLC 出错，该继电器接通
M8010	电源	PLC 接通电源时，该继电器接通
M8011	初始扫描接通	仅在用户程序执行第一个扫描周期时，该继电器接通
M8012	扫描时钟	在每一个扫描周期内，该继电器设定通和断
M8015	10ms 时钟	该继电器交替通断是以 10ms 为周期
M8016	0.1s 时钟	该继电器交替通断是以 0.1s 为周期
M8017	1s 时钟	该继电器交替通断是以 1s 为周期
M8020	用户监控定时器出错	如果程序执行时间超过监控定时器设定时间，则该继电器接通
M8028	电池出错	当电池电压太低或电池连接松动，该继电器接通

6）闩锁继电器 L。闩锁存继电器是 PLC 的内部辅助继电器，PLC 内部电源断电后，将由备用电池保留闩锁继电器内容。

7）定时器 T。PLC 所提供的定时器作用相当于时间继电器，每个定时器可提供无数对动合和动断触头供编程使用，其设定时间由程序赋予。每个定时器设定值从 0 ~ 32767，定时器的定时精度分别为 1ms、10ms 两种。

8）计数器 C。用于累计其计数输入端接收到的由断开到接通的脉冲个数。每个计数器可提供无数对动合和动断触头供编程使用，其设定值由程序赋予。每个计数器设定值从 0 ~ 32767。

SPB 系列软继电器类别及其存储地址如表 9-4 所示。

表 9-4　SPB 系列软继电器类别及其存储地址表

继电器类别	名　称	存储器地址范围	容量
X	输入继电器	X0000 ~ X03FF	512 点
Y	输出继电器	Y0000 ~ Y03FF	512 点
M	内部继电器	M0000 ~ M03FF	1024 点
M	扩展内部继电器	M0400 ~ M0FFF	3072 点
L	闩锁继电器	L0000 ~ L03FF	1024 点
L	扩展闩锁继电器	L0400 ~ L0FFF	3072 点
M	特殊继电器	M8000 ~ M81FF	512 点
T	定时器	T0000 ~ T017F（10ms 时基） T0180 ~ T01FF（1ms 时基）	384 点 128 点
C	计数器	C0000 ~ C00FF	256 点
D	数据寄存器	D0000 ~ D1FFF	8192 字节
M	特殊寄存器	D8000 ~ D80FF	256 字节
P	指针（分支用）	P00 ~ PFF	256 点
I	指针（中断用）	I0000 ~ I1FXX	10 点

2. 工作原理

PLC 的工作原理与计算机的工作原理基本上是相似的，都可以表述为系统程序的管理下，通过运行应用程序来完成用户任务，但也有不一样的地方，那就是计算机采用扫描方式，而可编程序控制器采用循环扫描工作方式。

这种工作方式是在系统软件控制下，顺次扫描各输入点的状态，按用户程序进行运算处理，然后顺序向各输出点发出相应的控制信号。

为了提高 PLC 运行的稳定性和可靠性，并及时接收外来的控制命令，PLC 在每次扫描期间，还进行故障自诊断和处理与编程器等的通信。其扫描过程如图 9-21 所示。

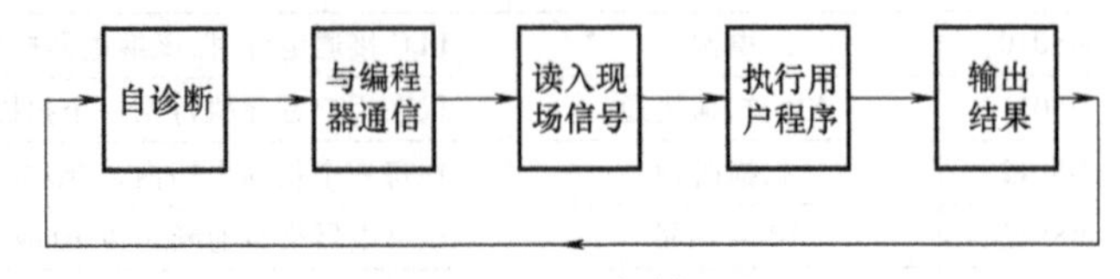

图 9-21　PLC 扫描过程

（1）自诊断　PLC 在每次扫描用户程序以前，都先执行故障自诊断程序。自诊断内容包括输入/输出部分、存储器、CPU 等部分的故障诊断。一旦发现异常，PLC 一般立即启动关机程序，保留现行工作状态，把所有输出点置成“OFF”状态后停机，并发出报警信号和显示出错信号。若自诊断正常，则继续向下扫描。

（2）与编程器等通信　自诊断结束后，如果没有发现故障，PLC 即检查是否有编程器等的通信请求，若有则进行相应处理，例如接收由编程器送来的程序、命令和各种数据，并把要显示的状态、数据、出错信息等发送给编程器进行显示。

（3）读入现场信号　完成与外界通信后，PLC 即开始扫描各输入点，读入各点的状态和数据。例如各开关点的通、断状态，A/D 转换值等，并把这些数据按预先排好的顺序写入到存储器的输入状态表（输入映像寄存器）中，供执行用户程序时使用。这一阶段也称为输入采样阶段。但在非采样阶段，无论输入状态如何变化，输入映像寄存器里的内容保持不变，直到进入下一扫描周期的输入采样阶段。

（4）执行用户程序　一般是从用户程序存储器的最低地址所存放的第一条程序指令开始执行。在无中断或跳转控制的前提下，按存储器地址递增的方向依次执行（扫描）用户程序。根据输入状态表中的数据和程序要求解算出相应的结果，并按该结果更新输出缓冲区中的内容，直到用户程序结束或用户程序的末地址为止。在这种方式下工作，每扫描一次，所有的用户程序都被执行一次。

（5）输出控制信号　PLC 在执行用户程序的同时更新输出缓冲区的内容，程序执行完毕，CPU 即发出信号把输出缓冲区的内容按规定的次序，通过输出模块把内部逻辑信号变换成与执行机构相适应的电信号输出，驱动生产现场的执行机构，完成控制任务。

在依次完成上述 5 步操作之后，PLC 又从自诊断开始进行下一次扫描。PLC 就这样不断反复循环，完成生产的连续控制，直到接收到停止操作指令、停电、出现故障等才停止工作。

PLC 经过这 5 个阶段的工作过程，称为一个扫描周期。PLC 工作方式的主要特点是采用周期循环扫描、集中输入、集中输出的方式。

三、编程软件使用

1. 软件的启动

双击桌面上 SX-Programmer Standard 图标，或从开始菜单中找到 SX-Programmer Standard 就可以起动运行，进入以下界面，如图 9-22 所示。选择 New Program 可以新建文件，选择 Reopen 可以打开所保存的文件。

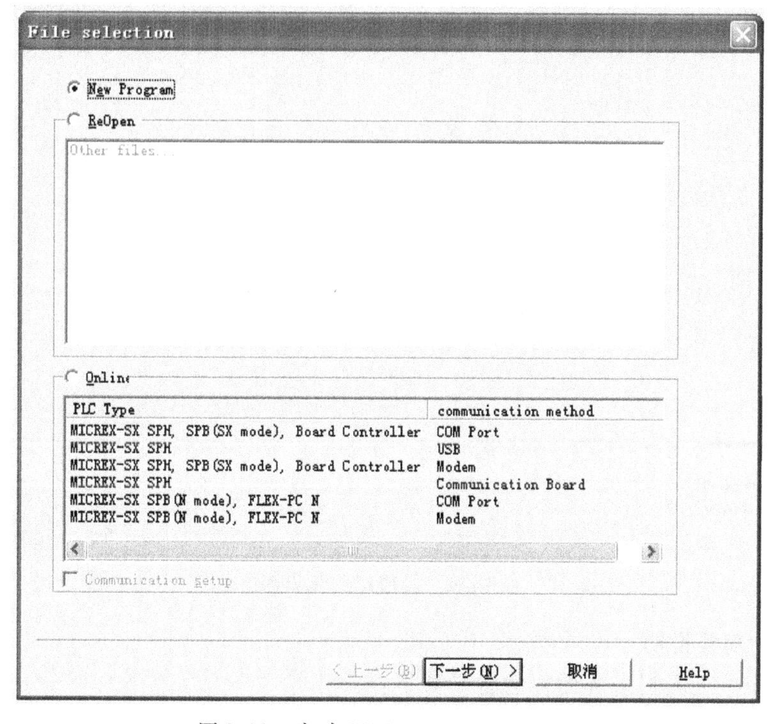

图 9-22　启动 SX-Programmer Standard

单击“下一步”，进入如图 9-23 所示界面。

选择 SPB-8K（N），单击“完成”，就进入 SX-Programmer Standard 编辑界面，如图 9-24 所示。

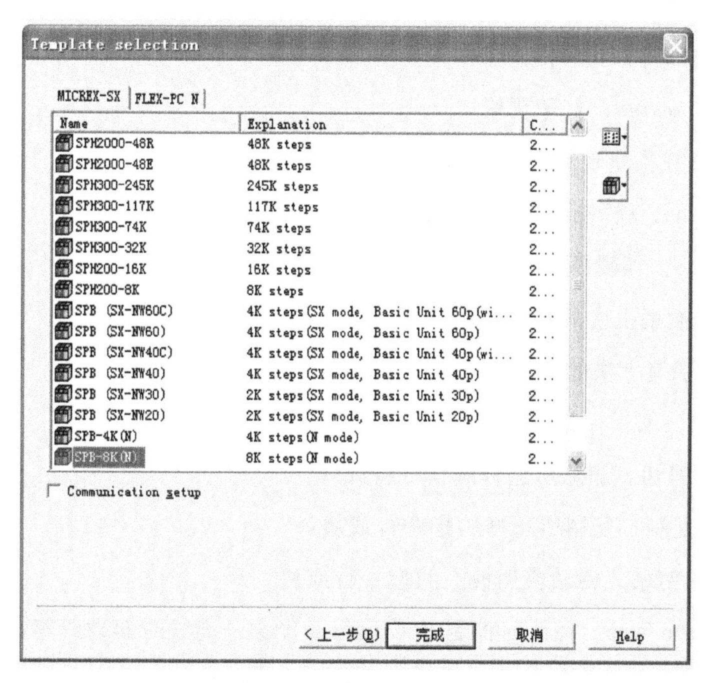

图 9-23　选择 PLC 类型

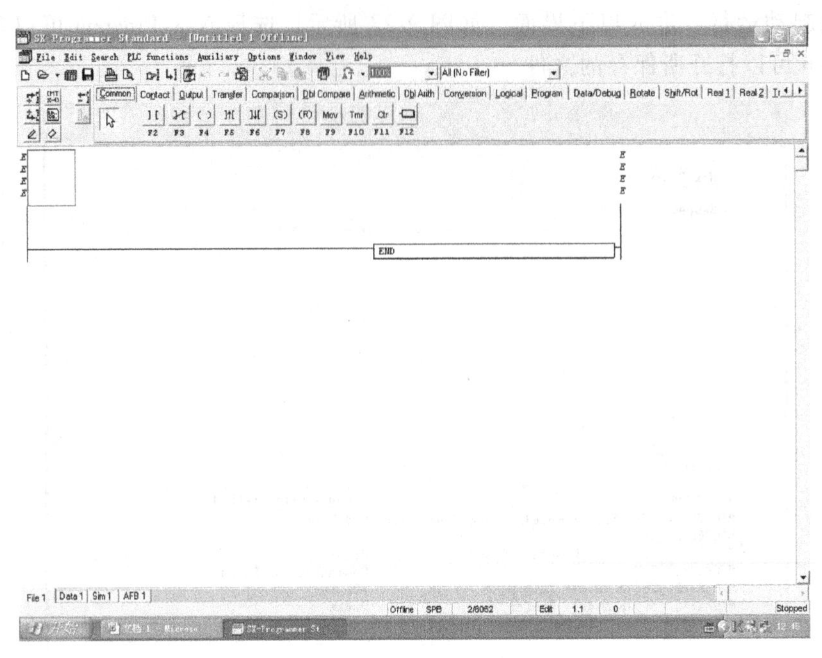

图 9-24　梯形图编辑界面

2. 菜单的简要说明

图 9-24 中，工具栏上各图标的含义如下：

：new，新建文件。

：open，打开已有文件。

：online，在线连接 PLC 程序。

：save，保存文件。

：print，打印当前文件。

：print　preview，打印预览。

：find，查找指定地址或标签。

：go to line，跳转到指定指令行。

：edit mode，编辑模式。

：undo，撤销上次的操作。

：redo，恢复上次的操作。

：tag edit，编辑标签。

：cut，剪切，删除所选择的指令行或块。

：copy，复制，复制所选择的指令行或块。

：paste，粘贴，粘贴剪切板上的指令行或块。

：PLC run/stop，在线时控制 PLC 运行及停止，离线时起动或停止仿真功能。

：display option，显示选项，显示单元地址、标签。

：insert line，插入指令行。

：insert line below cursor，在光标后插入指令行。

：插入新指令行的注释或修改已有指令线的注释。

：insert list，显示指令列表。

：delete line，删除指令行。

：draw line，画指令线。

：erase line，擦除指令行。

：download to PLC，当前程序将下载到 PLC。

3. 程序输入

在程序编辑窗口中输入图 9-25 所示的梯形图程序。

X0000 X0001 Y0031

Y0031

END

图 9-25 PLC 梯形图

1）单击 Common 标签页中的][指令按钮，移动光标到编辑指令的位置并单击此位置，在 Address1 文本框中输入指令单元地址 x0000，单击 OK 按钮，出现 Tag Entry 对话框，在 Tag 文本框中输入标签的名称，在 Description 文本框中输入此指令单元的描述，如图 9-26 所示。

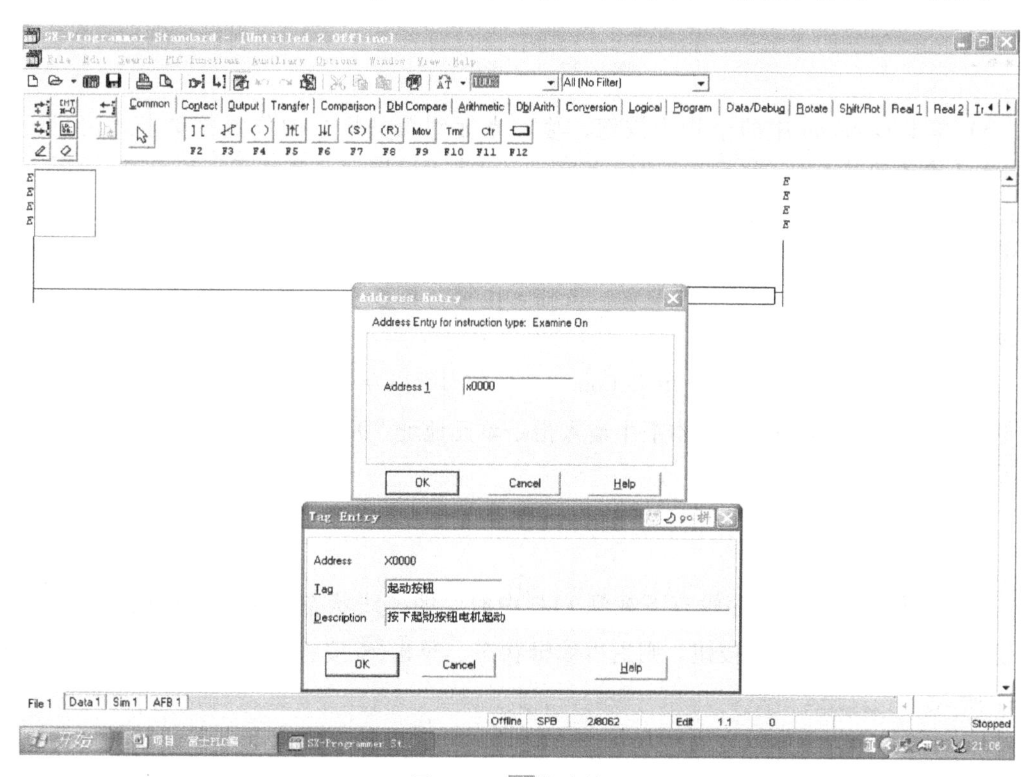

图 9-26][指令输入

2）单击 Common 中的]/[指令按钮，移动光标到编辑指令的位置并单击此位置，在 Address1 文本框中输入指令单元地址 x0001，单击 OK 按钮，出现 Tag Entry 对话框，在 Tag 文本框中输入标签的名称，在 Description 文本框中输入此指令单元的描述。如图 9-27 所示。

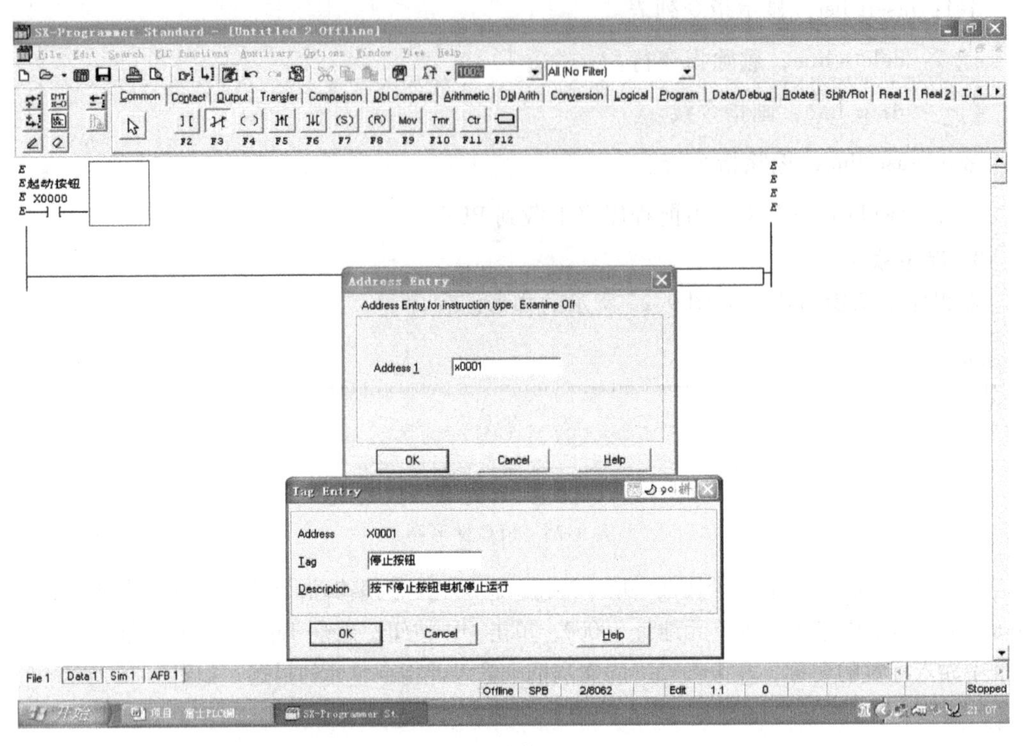

图 9-27]/[指令输入

3）单击 Common 中的( )指令按钮，移动光标到编辑指令的位置并单击此位置，在 Address1 文本框中输入指令单元地址 Y0031，单击 OK 按钮，出现 Tag Entry 对话框，在 Tag 文本框中输入标签的名称，在 Description 文本框中输入此指令单元的描述，如图 9-28 所示。

4）把光标移动在 X0001 的位置，按住 ctrl 键，再按↓键画出一条垂直的线，如图 9-29所示。

5）移动光标到竖线左侧，单击 Common 中的] [指令按钮，移动光标到新的指令行并单击此位置，在 Address1 文本框中输入指令单元地址 Y0031，单击 OK 按钮，如图 9-30 所示。

6）文件保存。单击 File 菜单下的 Save 保存文件或单击保存按钮保存文件。

4. 仿真运行程序

仿真运行程序是指程序没有下载到 PLC 中时，即离线状态时仿真运行程序。此时应先退出编辑状态，单击按钮，则退出编辑状态。单击按钮，出现仿真对话框，如图 9-31 所示。

1）单击 Yes，程序就进入仿真状态，此时，显示出程序中软继电器的状态。仿真界面如图 9-32 所示。

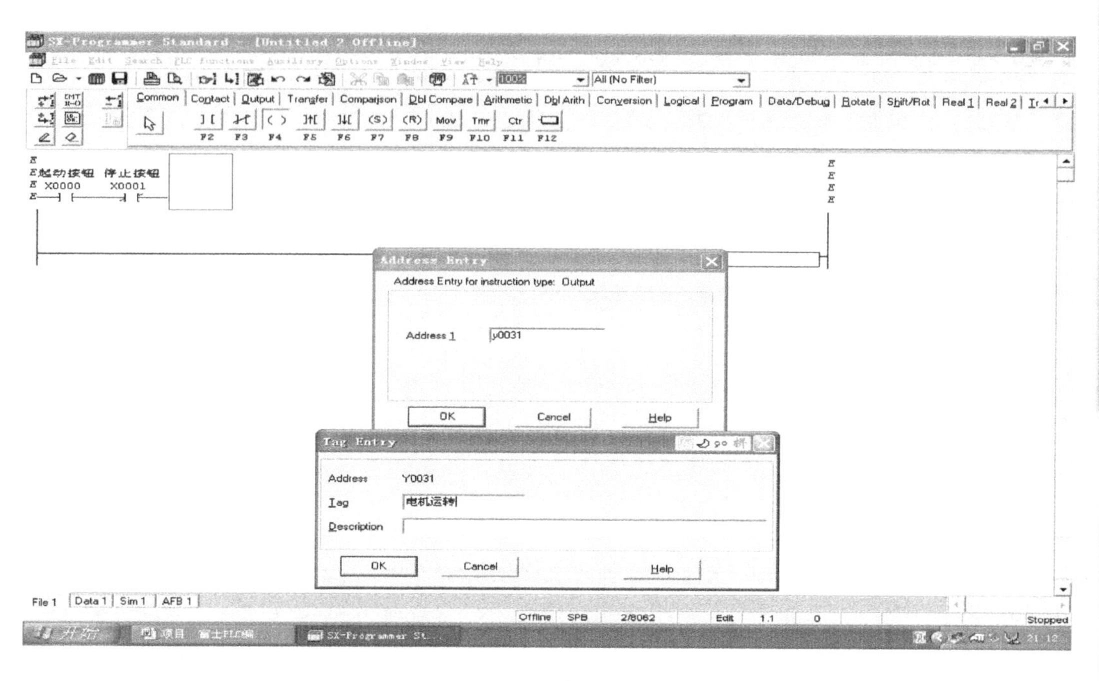

图 9-28 ( )指令输入

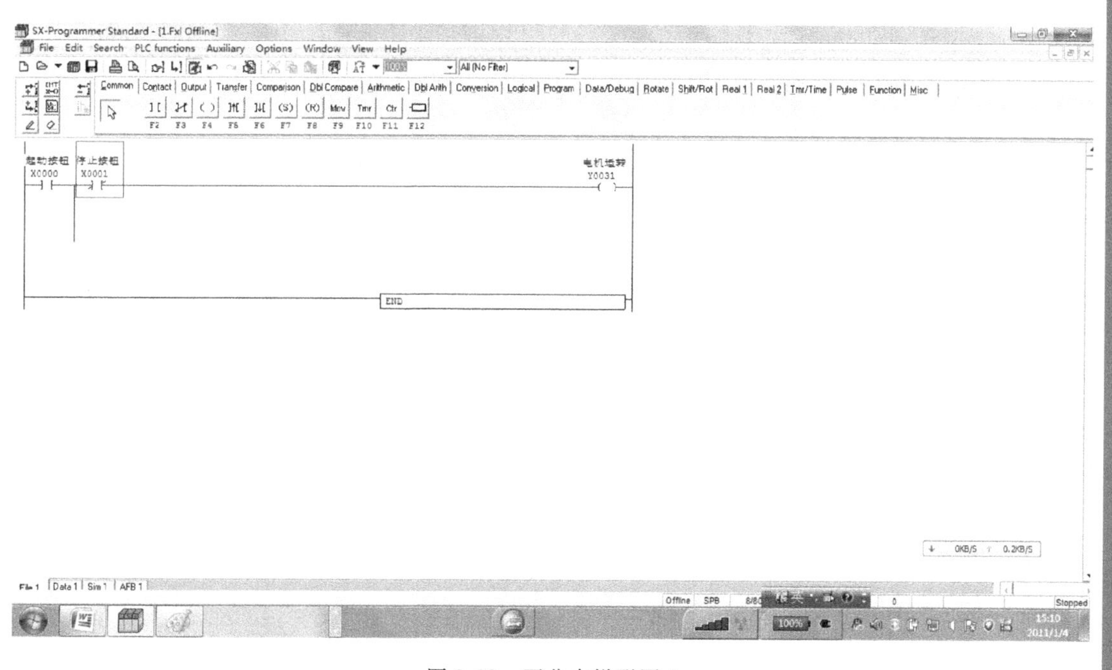

图 9-29 画分支梯形图 1

2）单击窗口下部的 Data1 标签，出现 Data1 窗口，如图 9-33 所示。

3）单击 Address 下方，出现一方框，此时输入 X0000，在状态栏中将 off 改为 on，如图 9-34 所示。

4）单击 File1 标签回到程序界面，观察仿真结果如图 9-35 所示。这时，Y0030 有输出，且自锁，则程序运行。

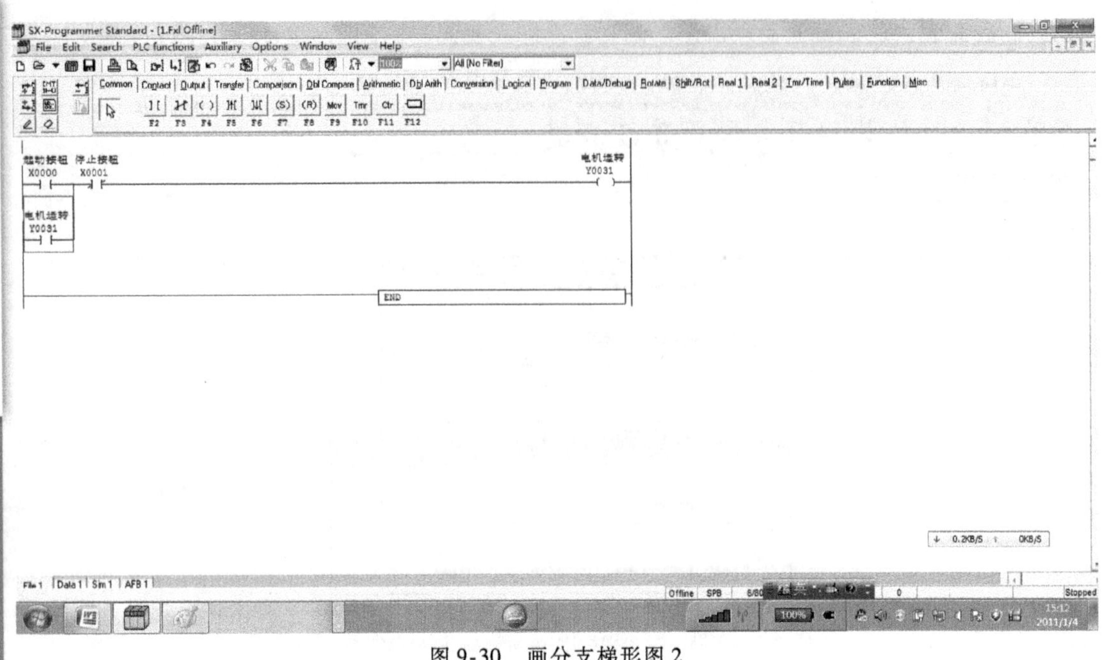

图 9-30　画分支梯形图 2

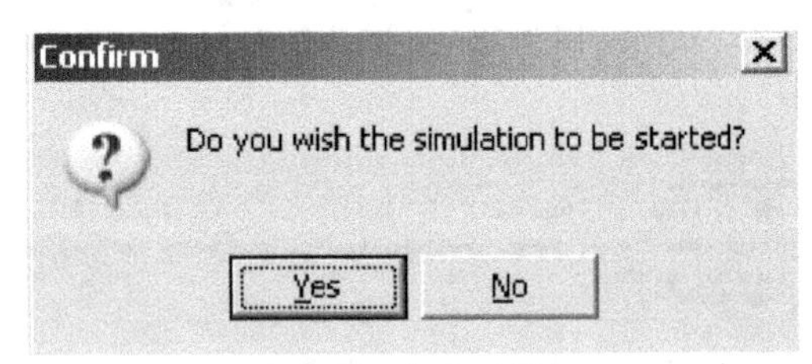

图 9-31　仿真对话框

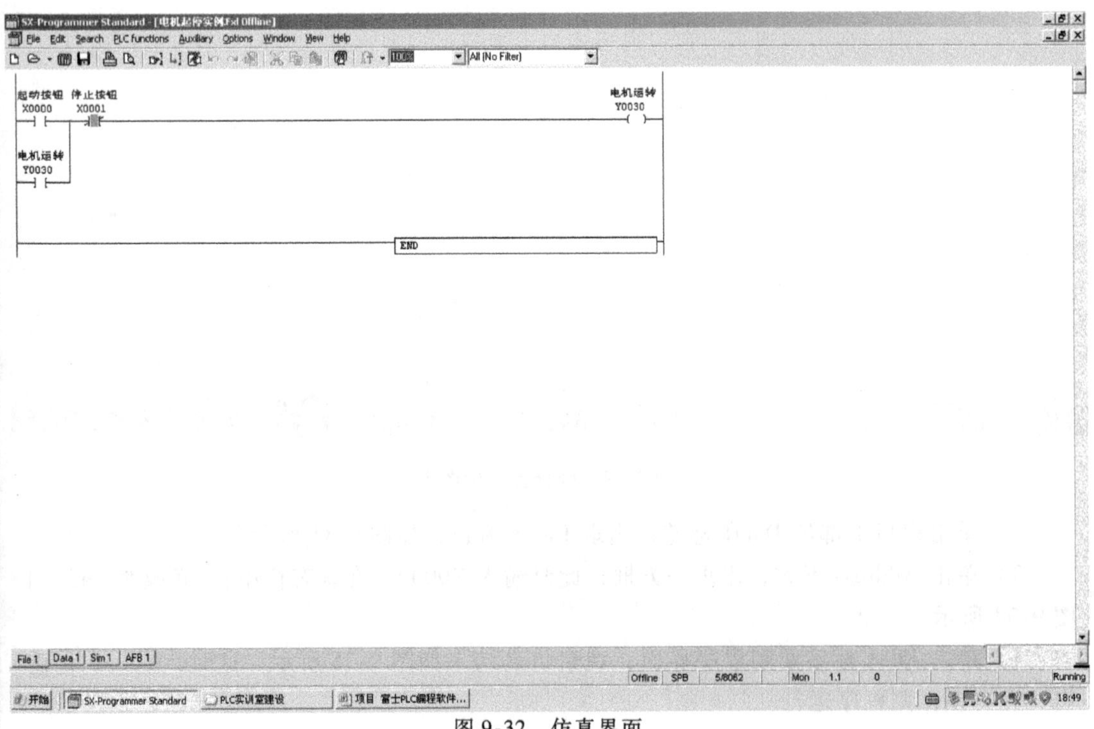

图 9-32　仿真界面

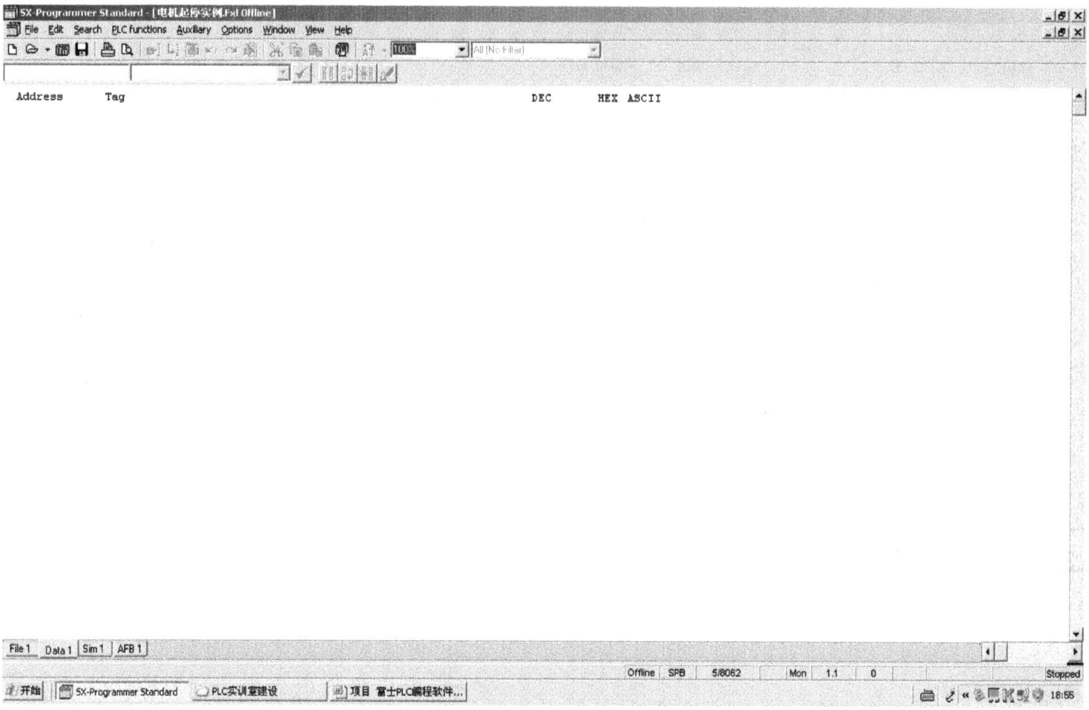

SX-Programmer Standard - [电机起停实例.Fxd Offline]
File Edit Search PLC functions Auxiliary Options Window View Help
Address Tag DEC HEX ASCII
File 1 Data 1 Sim 1 AFB 1
Offline SPB 5/8062 Mon 1.1 0 Stopped
开始 SX-Programmer Standard PLC实训室建设 项目 富士PLC编程软件... 18:55

图 9-33　Data1 窗口

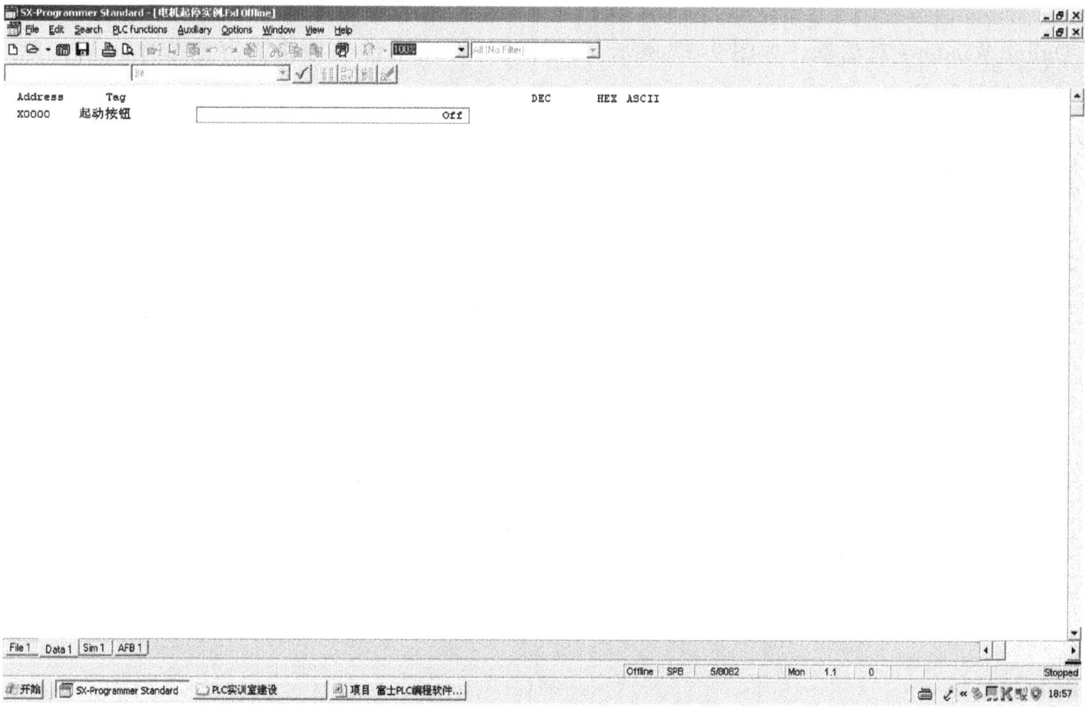

SX-Programmer Standard - [电机起停实例.Fxd Offline]
File Edit Search PLC functions Auxiliary Options Window View Help
Address Tag DEC HEX ASCII
X0000 起动按钮 Off
File 1 Data 1 Sim 1 AFB 1
Offline SPB 5/8062 Mon 1.1 0 Stopped
开始 SX-Programmer Standard PLC实训室建设 项目 富士PLC编程软件... 18:57

图 9-34　强制 on/off 界面

5. 程序下载

（1）在线连接　单击 File 菜单下的 Online 或 PC function 菜单下 change remote/link，出现 Select CPU Type 对话框，如图 9-36 所示。单击 OK，出现 Select Documentation file for

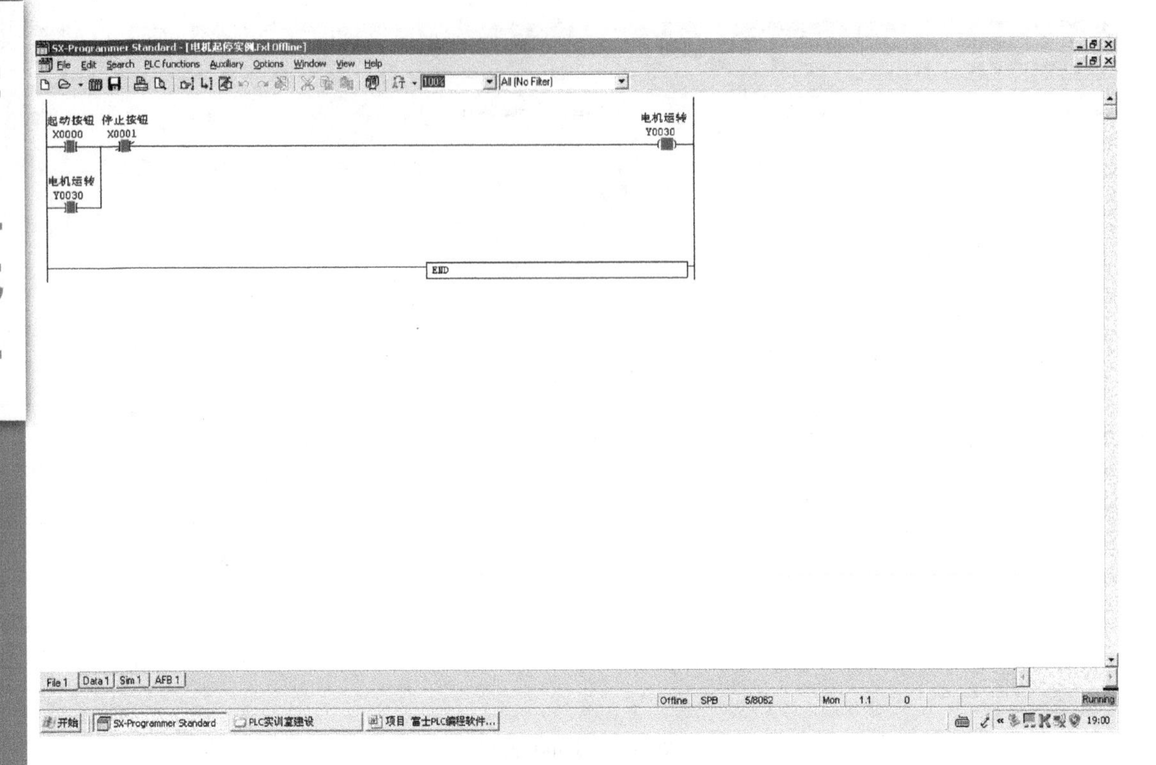

图 9-35　仿真运行

Online Windows 对话框，如图 9-37 所示。选择要打开的文件（原来保存的程序）后，单击“打开”按钮。在窗口中显示此程序。如图 9-38 所示。

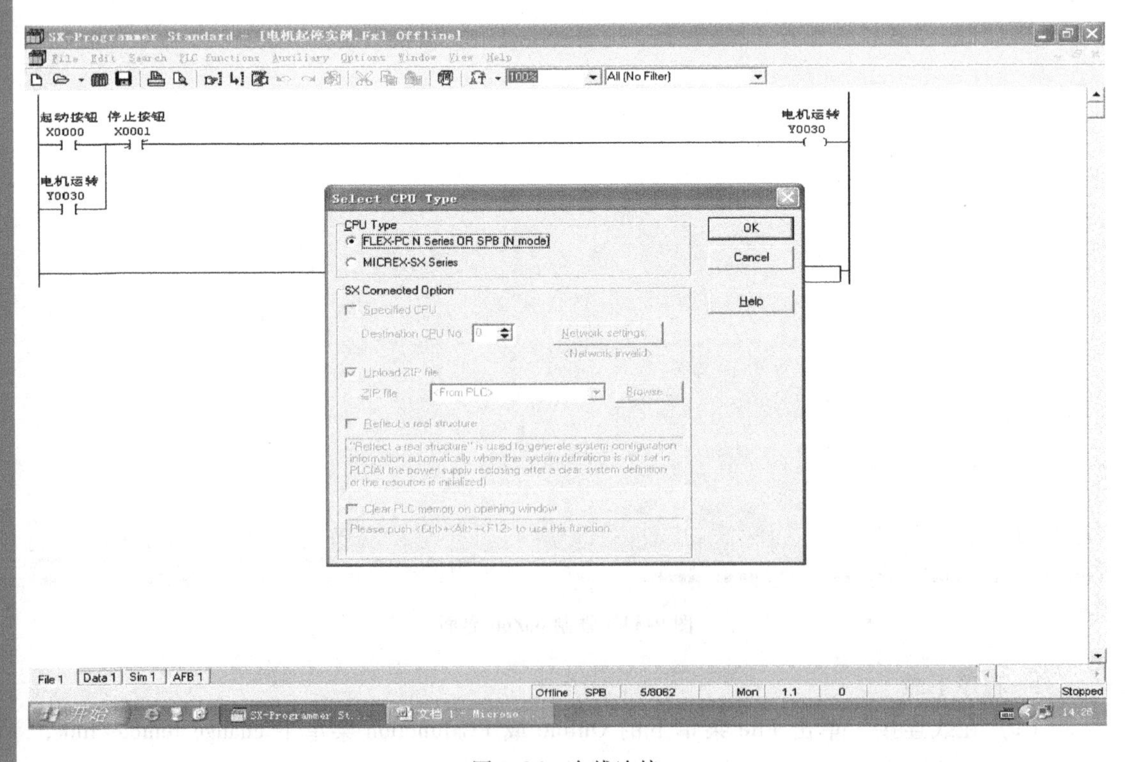

图 9-36　在线连接

图 9-37 打开程序

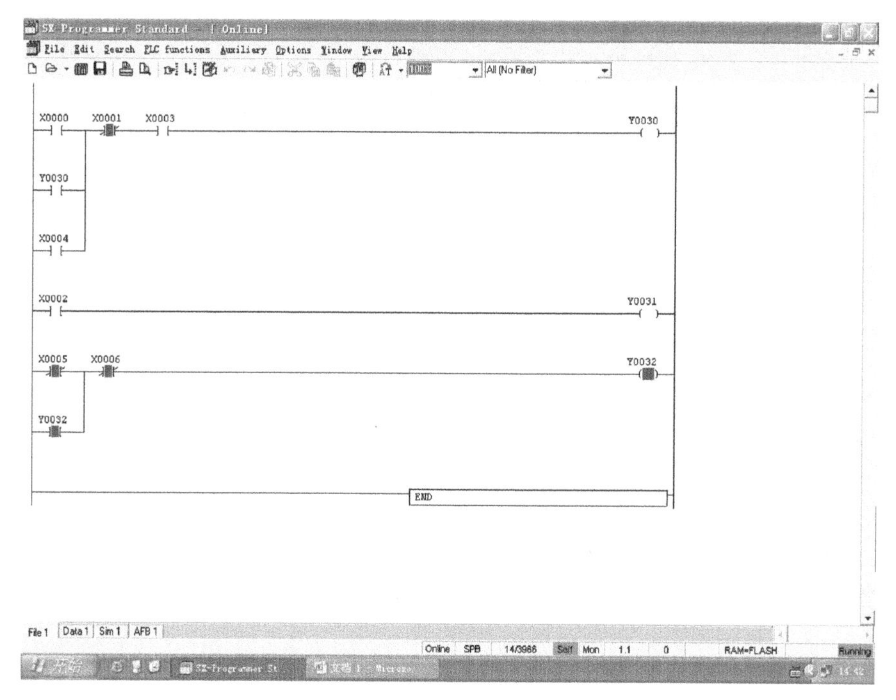

图 9-38 PLC 在线程序

（2）文件下载 单击 File 菜单下的 Load，出现 Transfer 对话框，如图 9-39 所示，选中 Programme，单击 Browse 按钮，出现路径文件夹和文件选择对话框，如图 9-40 所示。选择文件“电机起停实例. Fxl”，单击“打开”，返回到 Transfer 对话框。单击 OK 按钮执行保存，即可把文件下载到 PLC 中，或单击按钮，把文件下载到 PLC 中，如图 9-41

所示。

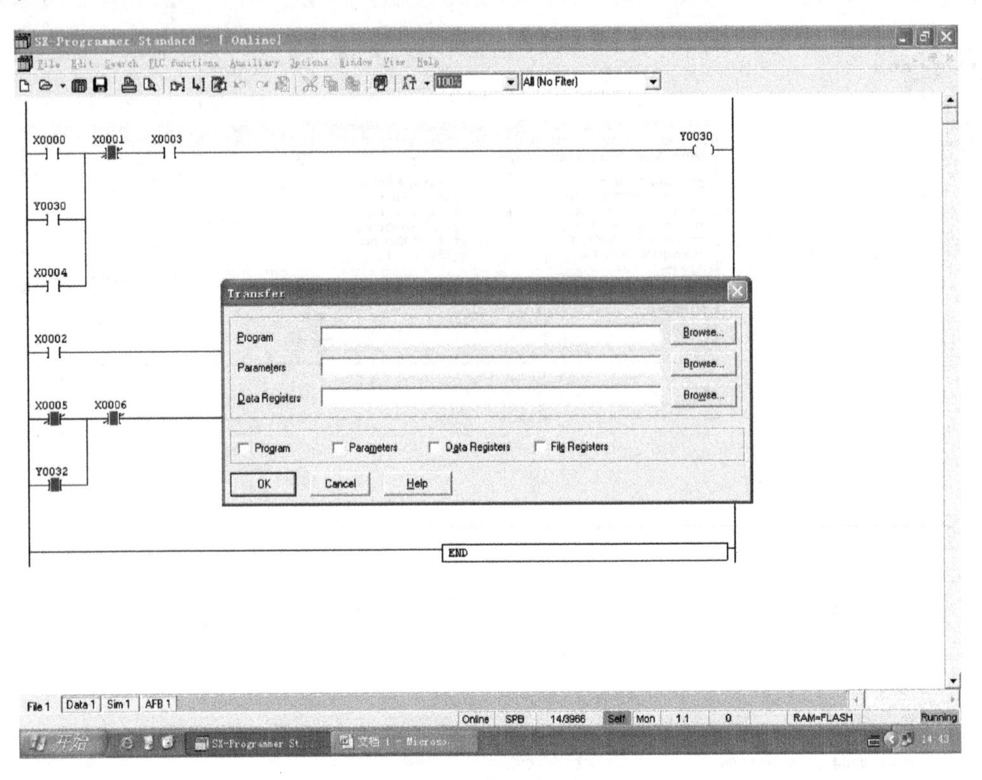

图 9-39 下载程序对话框

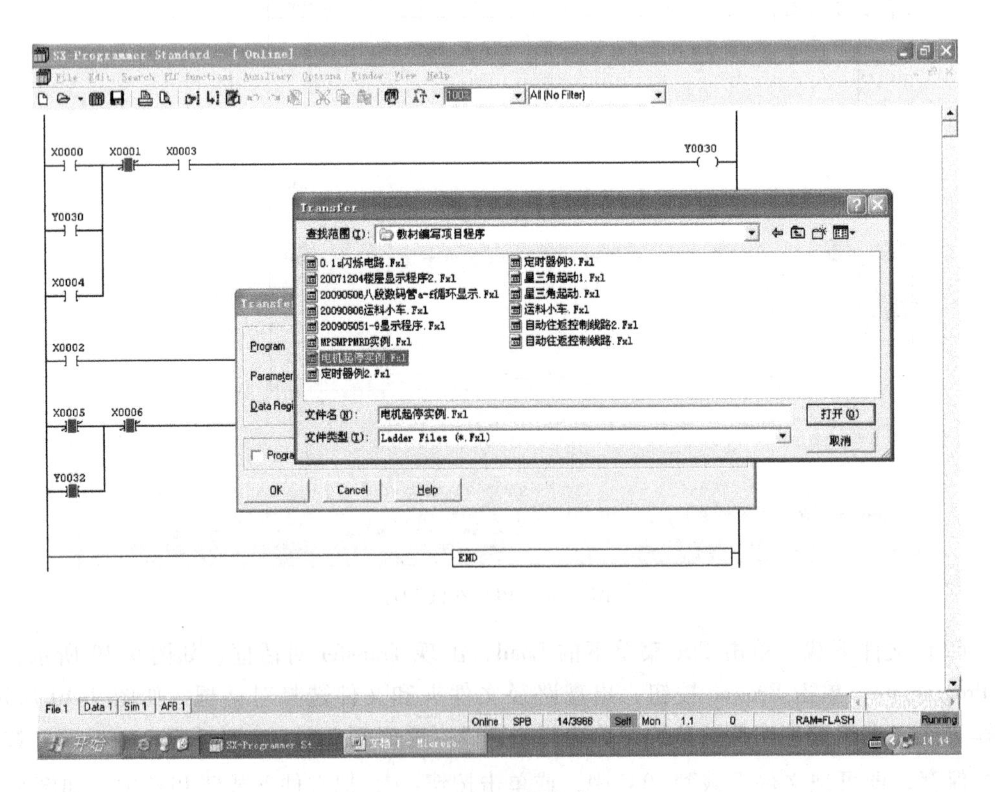

图 9-40 选择程序

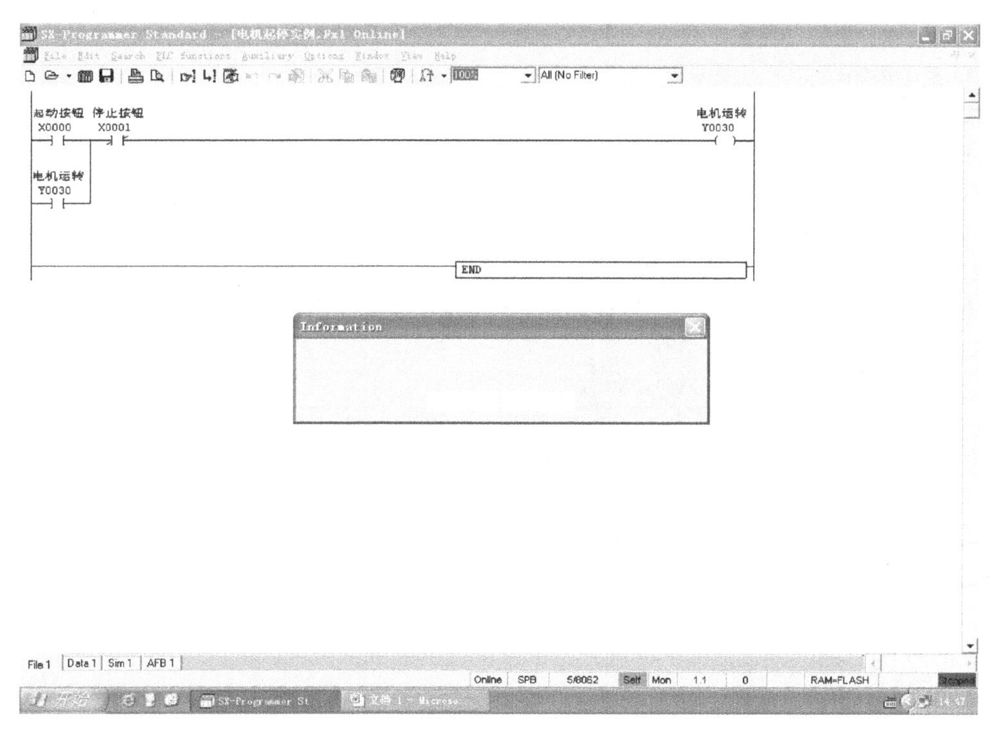

图 9-41　下载程序

6. 编程过程中连接线的绘制或删除

1）将起始点放在光标右侧，按住 Ctrl 键，再按→键，可以从左到右绘制连接线。

2）将起始点放在光标左侧，按住 Ctrl 键，再按←键，可以从右到左绘制连接线。

3）将起始点放在光标右侧，按住 Ctrl 键，再按↓键，可以从上到下绘制连接线。

4）将起始点放在光标右侧，按住 Ctrl 键，再按↑键，可以从下到上绘制连接线。

5）按住 Ctrl + Alt 键，再按→、←、↓、↑，即可删除相应的连接线。

※任务实施※

一、工作准备

1. 识读 PLC 控制三相异步电动机单方向运行梯形图（图 9-17）。
2. 备齐所用器具：装有富士 SPB 系列编程软件的电脑。

二、实施步骤

1. 程序输入（方法见编程软件使用步骤 3 程序输入）。
2. 程序仿真（方法见编程软件使用步骤 4 仿真运行程序）。
3. 依照图 9-42 进行外部接线。
4. 程序下载

1）闭合低压断路器 QF，接通交流 220V 电源。

2）程序下载（方法见编程软件使用步骤 5 程序下载）。首先在线连接，再下载程序。

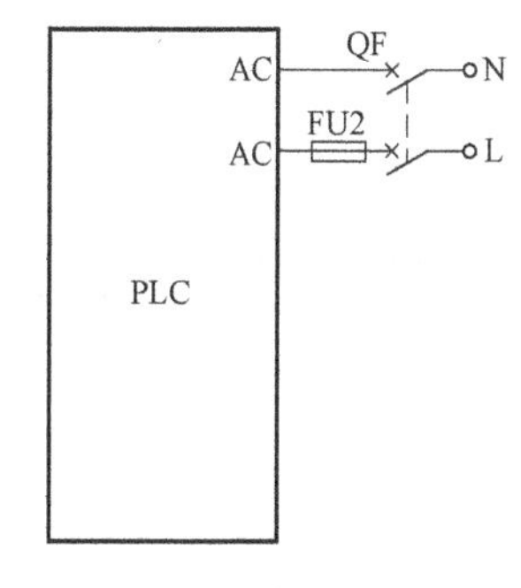

图 9-42　下载程序接线图

※任务评价※

见任务单十二。

※任务拓展※

使用富士 PLC 编程软件 SX-Programmer Standard 编写并调试图 9-43 中的程序。

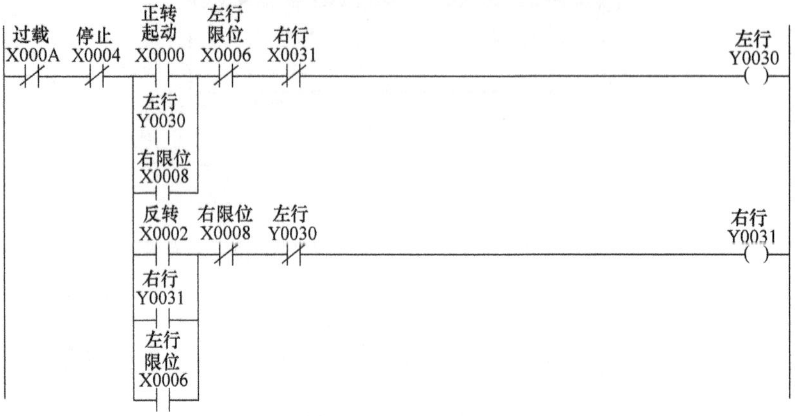

图 9-43　三相异步电动机自动往返运行梯形图

※巩固与提高※

一、操作练习题

应用 PLC 编程软件 SX-Programmer Standard 编写调试三相异步电动机自动往返运行梯形图。

二、理论练习题

1. 富士 SPB 系列 PLC 有哪些软继电器？作用是什么？
2. 说明 PLC 输入继电器和输出继电器的特点。
3. 指出下列标号元件分别是 PLC 的哪种软元件？

X0001　M0006　Y0030　M8001　T181　M0400　C067　D0020

4. 简述 PLC 的扫描工作方式。
5. 富士 PLC 编程软件 SX-Programmer Standard 工具栏中的按钮有什么功能？

※任务小结※

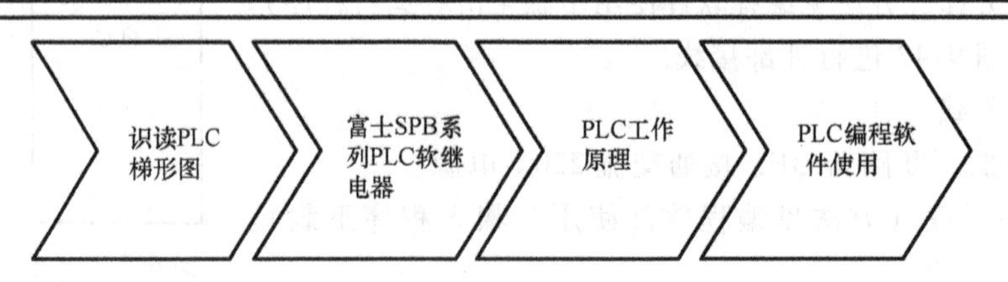

任务三　PLC 控制台式钻床单向连续运行控制电路安装与调试

※任务目标※

1. 理解 LD、LDI、OUT、END、AND、ANI、OR、ORI 基本逻辑指令，掌握其用法。
2. 正确识读 PLC 控制三相异步电动机单向连续运行控制电路和梯形图程序。
3. 正确安装、调试 PLC 控制三相异步电动机单向连续运行控制电路。

※任务描述※

现在要为某台钻安装电气控制盒，要求台钻电动机采用 PLC 控制，该电动机可实现单方向的连续转动，设置过载、短路、欠电压、失电压保护。台钻电动机型号为 YS7124T、极数为 4 极、额定功率为 0.75kW、额定电压为 380V、额定转速为 1400r/min、额定电流为 1.55A。

※相关知识※

一、识读电路

在图 9-44 中，起动按钮为 SB2，停止按钮为 SB1，电路中通过按钮和接触器及 PLC 控制电动机的起动和停止。其原理分析：合上断路器 QF1、QF2，按下按钮 SB2，接触器 KM 线圈得电，接触器 KM 主触头闭合，电动机得电旋转，松开按钮 SB2 电动机仍连续运行，按下 SB1，电动机停止。

1. 主回路

图 9-44 所示的主回路中采用了 4 个电器元件，分别为断路器 QF1、接触器 KM、热继电器 FR 和熔断器 FU1。在起动电动机前需要合上开关 QF1。

2. 控制回路

图 9-44 所示控制回路中，FR 的辅助常开触头、起动按钮 SB2 和停止按钮 SB1 作为输入信号与 PLC 的输入点连接，KM 的线圈为负载与 PLC 的输出点连接。这样整个系统总的输入点数为 3 个，输出点数为 1 个。

PLC 的 I/O 分配的地址如表 9-5所示。

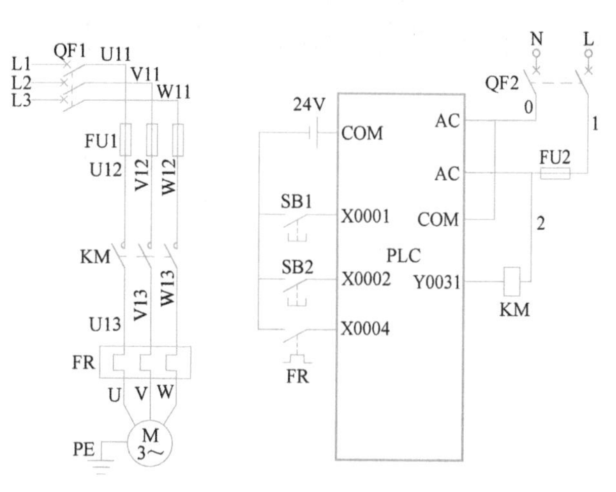

图 9-44　PLC 控制三相异步电动机单向连续运行电路原理图

表 9-5 I/O 地址分配表

输入设备	输入地址	输出设备	输出地址
停止按钮 SB1	X0001	接触器 KM	Y0031
起动按钮 SB2	X0002		
热继电器 FR	X0004		

二、程序分析

1. 梯形图

PLC 控制三相异步电动机单向连续运行的梯形图如图 9-45 所示。

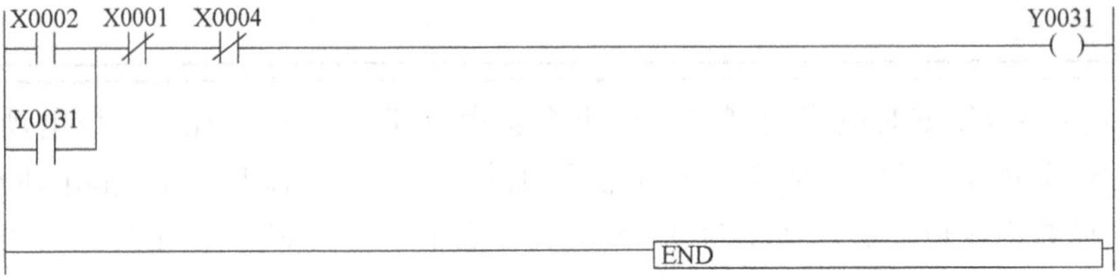

X0002 X0001 X0004 Y0031

Y0031

END

图 9-45 PLC 控制三相异步电动机单向连续运行的梯形图

原理分析：

由表 9-5 和图 9-44 可知，输入元件 SB1、SB2、FR 分别和输入继电器 X0001、X0002、X0004 相对应，输出继电器 Y0031 对应接触器 KM。按下按钮 SB2，即输入继电器 X0002 常开触头闭合，输出继电器 Y0031 得电，输出继电器 Y0031 的常开触头闭合，输出继电器 Y0031 控制的接触器 KM 线圈通电。松开按钮 SB2，电路依然通过输出继电器 Y0031 的触头，保持得电。按下按钮 SB1，即输入继电器 X0001 常闭触头打开，输出继电器 Y0031 失电，输出继电器 Y0031 的常开触头断开，对应的接触器 KM 线圈断电。

提示 移植法——根据继电器控制原理转换梯形图程序设计

继电器控制回路中的元件触头是通过不同的图形符号和文字符号来区分的，而 PLC 的触头的图形符号只有常开和常闭两种，对于不同的软元件是通过文字符号来区分。

第一步　将所有元件的常闭、常开触头直接转换成 PLC 的图形符号，接触器 KM 线圈替换成 PLC 的中括号符号。在继电器控制线路中的熔断器是为了进行短路保护，PLC 程序不需要保护，这类元件在程序中是可以省略的。

第二步　根据 I/O 分配表，将继电器控制回路图中继电器的图形符号替换为 PLC 的软元件符号。

第三步　程序优化。采用移植法编写的梯形图应进行优化，以符合 PLC 梯形图的编程原则。PLC 程序中的每一个逻辑行从左母线开始，逻辑行运算后的结果输出给相应软继电器的线圈，然后与右母线连接，在软继电器线圈右侧不能有任何元件的触头。

2. 语句表

语句表是把梯形图转换成PLC运行程序时能识别的语言并且成功实现我们所要完成的任务，在写语句表的时候要注意顺序，按照梯形图从左到右，从上到下的顺序逐行编写。

与图9-45相对应的语句表：

```
0000    LD     X0002
0001    OR     Y0031
0002    ANI    X0001
0003    ANI    X0004
0004    OUT    Y0031
0005    END
```

三、相关指令

1. 逻辑运算开始指令（LD、LDI）与线圈驱动指令（OUT）

如表9-6所示。

表9-6 LD、LDI、OUT指令

助记符	功　　能	梯形图	操作元件	程序步
LD	常开触头与母线相连	─┤├─	X、Y、M、T、C、S	1
LDI	常闭触头与母线相连	─┤/├─	X、Y、M、T、C、S	1
OUT	输出到线圈	─( )─	Y、M、T、C、S	1

提示 LD 、LDI、OUT指令使用提示

1）LD 、LDI指令既可用于与输入公共母线相连的触头，也可与ANB、ORB指令配合，用于分支回路开头。位于STL触头后面与STL触头相连的触头应该使用LD或LDI指令。

2）OUT指令可用于对输出继电器、辅助继电器、状态继电器、定时器的线圈驱动，不能对输入继电器使用。

3）OUT指令可以连续使用多次，相当于线圈并联。

4）对定时器、计数器使用OUT指令后，必须设定数值。

活动1： 编写PLC控制三相异步电动机点动运行的梯形图（图9-46）及语句表。

X0000　Y0030　END

图9-46 活动1梯形图

语句表：

00000	LD	X0000
00001	OUT	Y0030
00003	END	

2. 触头串联指令（AND、ANI）与触头并联指令（OR、ORI）

触头串并联指令如表 9-7 所示。

表 9-7　AND、ANI、OR、ORI 指令

助记符	功能	梯形图	操作元件	程序步
AND	常开触头的串联		X、Y、M、T、C、S	1
ANI	常闭触头的串联		X、Y、M、T、C、S	1
OR	常闭触头的并联		X、Y、M、T、C、S	1
ORI	常闭触头的并联		X、Y、M、T、C、S	1

提示　**AND、ANT、OR、ORI 指令使用提示**

1）AND、ANI 是单个触头串联指令，串联次数没有限制，可重复使用多次。

2）OR、ORI 是单个触头的并联指令，并联次数没有限制，可连续使用多次。

活动 2：　编写图 9-47 中的梯形图及语句表。

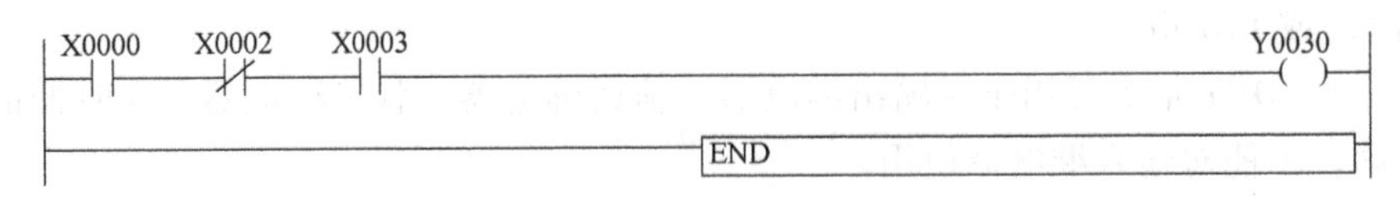

图 9-47　活动 2 梯形图

语句表：

00000	LD	X0000
00001	ANI	X0002
00002	AND	X0003
00003	OUT	Y0030
00004	END	

3. 空操作指令（NOP）及结束指令 END

END 主要用来作为程序的结束标志，如表 9-8 所示。

表 9-8　NOP、END 指令

助记符	功　能	梯形图	操作元件	程序步
NOP	无		无	1
END	一个程序的结束标志	 END	无	1

提示　**NOP、END 指令使用提示**

1）每个程序必须以 END 为结束标志。
2）程序执行过程中碰到 END 指令直接进行输出处理，结束程序。
3）用于调试程序。
4）NOP 指令一般为增加扫描周期或为以后程序修改留下相应空间。
5）PLC 内部存储器中指令全部清零后，都为 NOP 指令。

活动 3：　请写出图 9-48 中的梯形图及语句表。

图 9-48　活动 3 梯形图

语句表：

00000	LDI	X0000
00001	OR	X0001
00002	ANI	X0002
00003	AND	Y0003
00004	OUT	Y0030
00005	END	

※任务实施※

一、工作准备

1. 绘制电器元件布置图

电器元件布置图如图 9-49 所示。

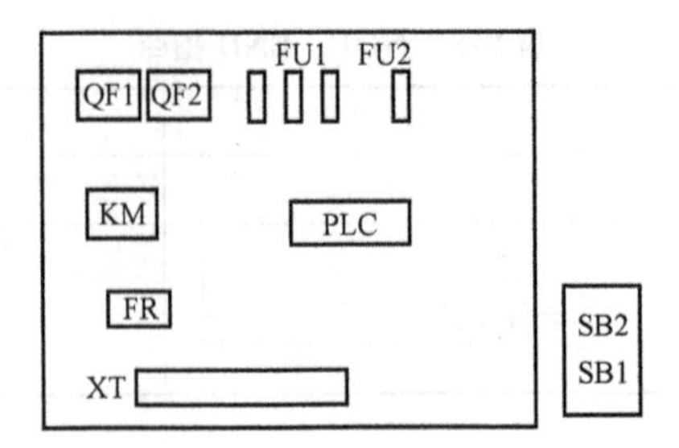

图 9-49　PLC 控制三相异步电动机单向连续运行控制电路电器元件布置图

2. 绘制电路接线图

电路接线图如图 9-50 所示。

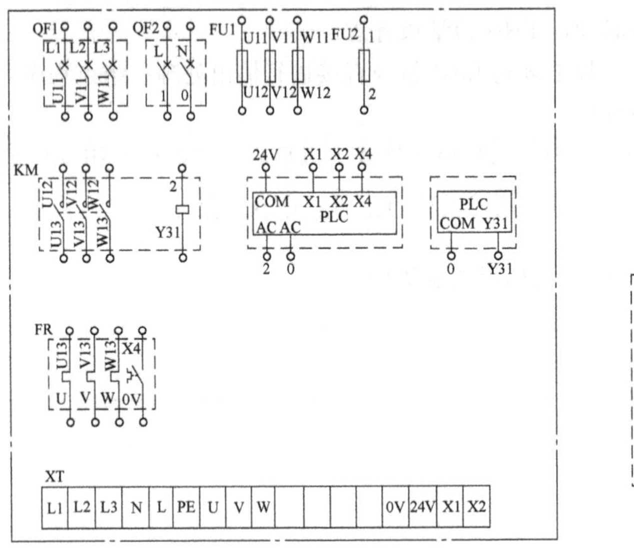

图 9-50　PLC 控制三相异步电动机单向连续运行控制电路接线图

3. 准备工具及材料

根据表 1-2 领取相应工具，根据表 9-9 PLC 控制三相异步电动机单向连续运行控制电路材料明细表领取材料。

表 9-9　PLC 控制三相异步电动机单向连续运行控制电路材料明细表

序号	代号	名称	型号	规　格	数量
1	M	三相异步电动机	YS7124T	0.75kW、380V、1.55A、1400r/min、星形联结	1
2	QF1、QF2	断路器	DZ47—63	380V、20A、整定 10A	2
3	FU1	熔断器	RT18—32	500V、配 10A 熔体	3
4	FU2	熔断器	RT18—32	500V、配 2A 熔体	1
5	KM	接触器	CJX—22	线圈电压 220V、20A	1
6	FR	热继电器	JR16—20/3	三相、20A、整定电流 1.55A	1
7	SB1 ~ SB2	按钮	LA—18	5A	2
8		计算机			1
9		接口单元			1
10		通信单元			1
11		可编程序控制器	NWOP30T—31 NWOE16R—3		1
12		控制板安装套件			1

二、实施步骤

1. 检测电器元件

按表9-9配齐所用电器元件，其各项技术指标均需符合规定要求，目测其外观无损坏，手动触头动作灵活，并用万用表进行质量检验，如不符合要求，则予以更换。

2. 安装电路板

（1）安装电器元件　在控制板上按图9-49安装电器元件和走线槽，并贴上醒目的文字符号。其排列位置、相互距离，应符合要求。紧固力适当，无松动现象，元件布置完成如图9-51所示。

提示　富士PLC输出接口电路提示

为适应不同负载需要，富士PLC的输出接口电路有3种：晶体管漏型输出和晶体管源型输出，适用于直流负载。继电器输出型，适用于交流负载。

在本实训任务中，PLC的基本模块输出电路为晶体管漏型输出，只适用于直流负载。扩展模块输出电路为继电器输出，适用于交流负载。对于三相异步电动机（交流负载），我们只能选择使用其扩展模块输出端口。

（2）布线　在控制板上按照图9-44和图9-50进行板前线槽布线，并在导线两端套编码套管和冷压接线头。如图9-52所示。

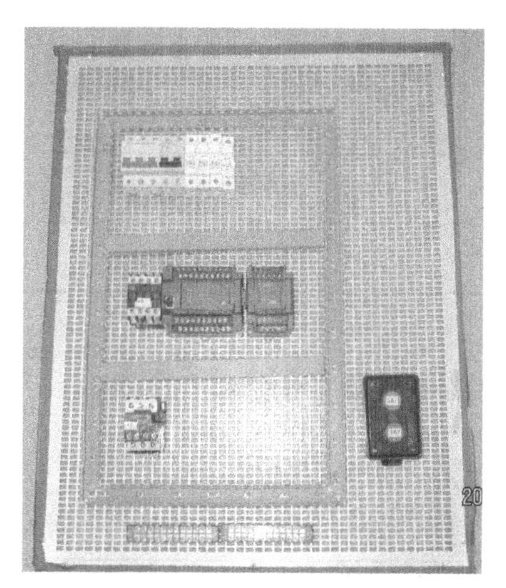

图9-51　PLC控制三相异步电动机单向连续运行控制电路电器元件实物布置图

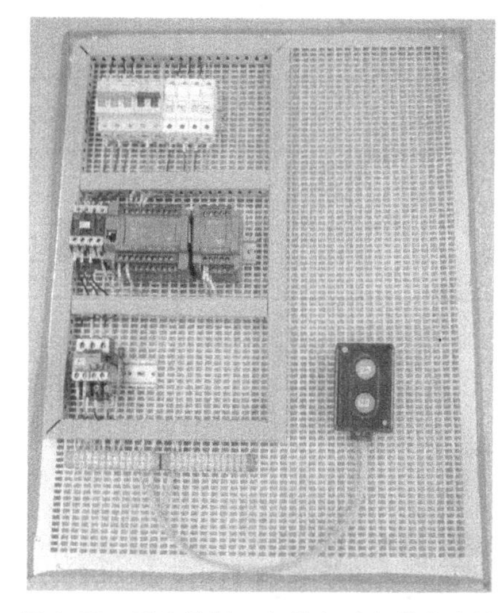

图9-52　PLC控制三相异电动机单向连续运行控制电路板

PLC的输入端信号处理	一般情况下在PLC的外部电路中，PLC的输入端尽可能与输入设备的常开触头连接。这样做1. 可使PLC的输入口在大多数的时间内处于断开状态，既可以节电，又可以延长PLC输入口的使用寿命。2. 在转换为梯形图时，能保持与继电器控制电路的习惯一致，便于理解。

3. 通电前检测

（1）主电路检测　方法同项目一任务二。

（2）控制电路检测　方法见表9-10。

表9-10　控制电路检测步骤表

步序	项　目	
1	输入电路	断开电源和主电路，测量控制电路PLC输入端X0001、X0002、X0004端子与24V电源引入端0V间的阻值
		分别按下两个按钮及热继电器，测量控制电路PLC输入端X0001、X0002、X0004端子与电源引入端0V间的阻值
2	输出电路	PLC输出Y0031号端子与1号端子间的阻值
		PLC公共端COM与0号端子间的阻值

4. 通电调试

通电调试过程分为两大步：程序传送和功能调试。

（1）程序传送。方法见编程软件使用步骤5程序下载。首先在线连接，再下载程序。

（2）功能调试。

1）单击 PLC Run/Stop 图标，让程序运行起来。

2）闭合低压断路器QF2，按表9-11中的步骤进行调试。

表9-11　调试步骤表

序号	操作内容	观察对象
1	按下起动按钮SB2	接触器KM吸合
2	松开起动按钮SB2	接触器KM保持吸合
3	按下停止按钮SB1	接触器KM断电

5. 整理现场

整理现场工具及电器元件，清理现场，根据工作过程填写任务单十三，整理工作资料。

※任务评价※

见任务单十三。

※任务拓展※

根据PLC控制三相异步电动机单向续运行电路安装及调试过程，完成PLC控制三相异步电动机点动运行电路的安装与调试。其电路图如图9-53所示。

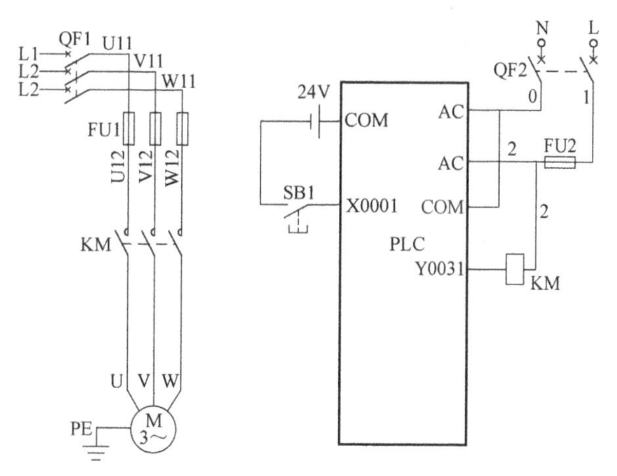

图 9-53　PLC 控制三相异步电动机点动运行电路

※巩固与提高※

一、操作练习题

用发光二极管替换三相异步电动机，使用 PLC 基本模块的输出端口对电路进行安装与调试。

二、理论练习题

（一）选择题

1. 常开触头与母线连接的指令是（　　），常闭触头与母线连接的指令是（　　）

A. LD　　B. LDI

C. OUT　　D. ANI

2. 常开触头串联的指令是（　　），常闭触头串联的指令是（　　）

A. AND　　B. ANI

C. LDI　　D. ORI

3. 常开触头并联的指令是（　　），常闭触头并联的指令是（　　）

A. OR　　B. ORI

C. ORB　　D. ANB

4. 不同 PLC 具有不同的编程语言，常用的编程语言有（　　）

A. 接线图　　B. 梯形图

C. 指令表　　D. 顺控图

5. 线圈输出指令是（　）

A. SET　　B. RST

C. OUT　　D. MCR

6. 只有触头没有线圈的软元件是（　　）

A. Y　　B. X

C. T　　　　　　　　D. C

（二）写出图 9-54 所示梯形图对应的指令程序

X0001 X0002 X0004 Y0031
Y0031
END

X0000 X0002 X0003 Y0030
Y0030
X0001
END

图 9-54　梯形图练习题

※任务小结※

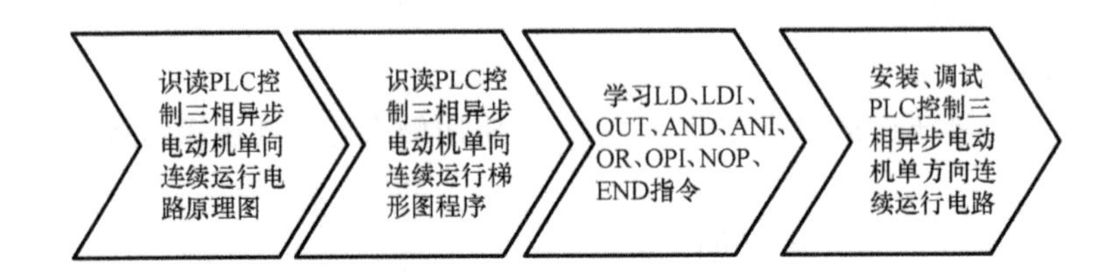

任务四　PLC 控制台式钻床正反转控制电路安装与调试

※任务目标※

1. 学会使用 PLC 的 ORB、ANB、MPS、MRD、MPP 基本逻辑指令。
2. 正确识读 PLC 控制台式钻床正反转控制电路和梯形图程序。
3. 正确安装与调试 PLC 控制台式钻床正反转控制电路。

※任务描述※

现在要为某台钻安装电气控制盒，要求台钻电动机采用 PLC 控制电动机，实现正反转运行，设置过载、短路，欠电压、失电压保护。台钻电动机型号为 YS7124T、极数为 4 极、额定功率为 0.75kW、额定电压为 380V、额定转速为 1400r/min、额定电流为 1.55A。

※相关知识※

一、识读电路

图 9-55 所示为 PLC 控制三相异步电动机的正反转电路原理图。电路中通过接触器 KM1、KM2 联锁避免主电路的相间短路，保证工作过程安全。其原理分析：合上断路器 QF1、QF2，按下正转起动按钮 SB1，接触器 KM1 线圈得电，接触器 KM1 主触头闭合，电动机得电正向旋转，松开正转起动按钮，电动机仍连续运行；按下停止按钮 SB3，电动机停止；按下反转起动按钮 SB2，接触器 KM2 线圈得电，接触器 KM2 主触头闭合，电动机得电反向旋转，松开反转起动按钮，电动机仍连续运行，按下停止按钮 SB3，电动机停止转动。

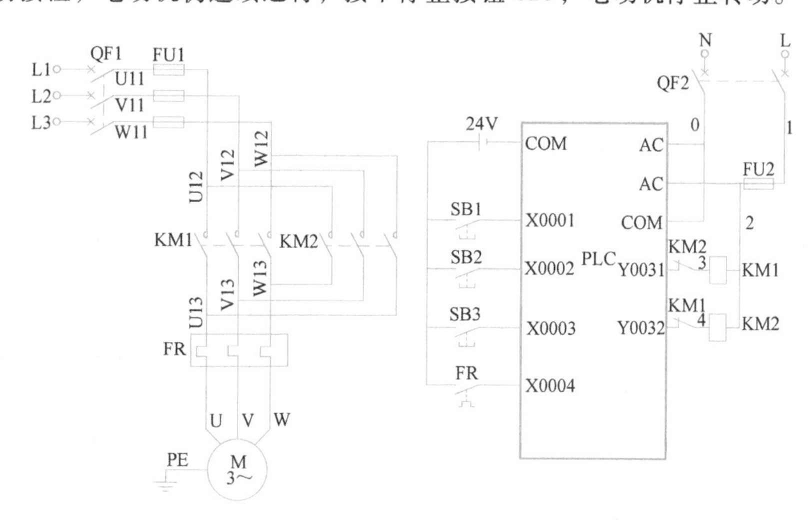

图 9-55　PLC 控制三相异步电动机正反转电路原理图

1. 主回路

图 9-54 所示的主回路中采用了 5 个电器元件，分别为断路器 QF1，熔断器 FU1，接触器 KM1、KM2，热继电器 FR。在起动电动机前需要合上开关 QF1。

2. 控制回路

控制回路中，输入端有 3 个控制按钮，一个正向起动按钮 SB1，一个反向起动按钮 SB2，一个停止按钮 SB3。接触器 KM1、KM2 的线圈与 PLC 的输出点连接，热继电器 FR 的辅助触头与 PLC 的输入点连接。

这样整个系统总的输入点数为 4 个，输出点数为 2 个。PLC 的 I/O 分配地址如表 9-12 所示。

表 9-12　I/O 地址分配表

输入设备	输入地址	输出设备	输出地址
正向起动按钮 SB1	X0001	正转接触器 KM1	Y0031
反向起动按钮 SB2	X0002	反转接触器 KM2	Y0032
停止按钮 SB3	X0003		
热继电器 FR	X0004		

二、程序分析

1. 梯形图

PLC 控制台式钻床正反转运行的控制电路梯形图，如图 9-56 所示。

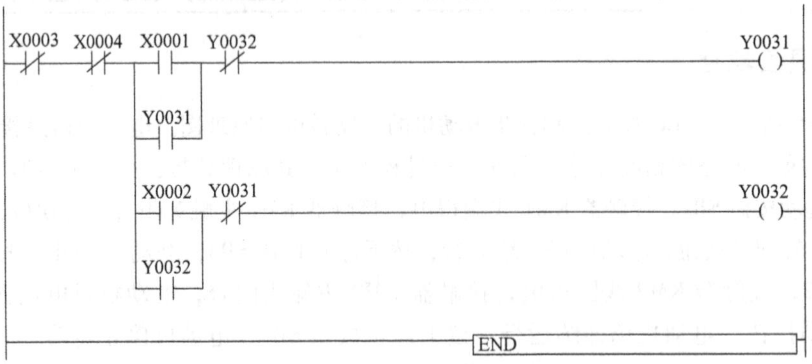

图 9-56　PLC 控制台式钻床正反转运行的控制电路梯形图

原理分析：

由表 9-12 和图 9-55 可知，输入元件 SB1、SB2、SB3、FR 分别和输入继电器 X0001、X0002、X0003、X0004 相对应，输出继电器 Y0031、Y0032 对应接触器 KM1、KM2。按下按钮 SB1，即输入继电器 X0001 动合触头闭合，输出继电器 Y0031 线圈得电，输出继电器 Y0031 的动合触头闭合自锁，输出继电器 Y0031 控制的接触器 KM1 线圈得电，KM1 主触头闭合，电动机得电正向运转。同时 Y0031 的动断触头断开，形成互锁。按下按钮 SB3，即输入继电器 X0003 常闭触头打开，输出继电器 Y0031 失电，输出继电器 Y0031 的动合触头断开，动断触头恢复闭合，对应的接触器 KM1 线圈失电，KM1 主触头断开，电动机失电停止运转。

按下按钮 SB2，即输入继电器 X0002 动合触头闭合，输出继电器 Y0032 线圈得电，输出继电器 Y0032 的动合触头闭合自锁，输出继电器 Y0032 控制的接触器 KM2 线圈得电，KM2 主触头闭合，电动机得电反向运转。同时 Y0032 的动断触头断开，形成互锁。按下按钮 SB3，即输入继电器 X0003 动断触头打开，输出继电器 Y0032 失电，输出继电器 Y0032 的动合触头断开，动断触头恢复闭合，对应的接触器 KM2 线圈失电，KM2 主触头断开，电动机失电停止运转。

电动机发生过载时，FR 动合触头闭合，输入继电器 X0004 的动断触头断开，使输出继电器 Y0031、Y0032 线圈失电，电动机失电停止运转。

2. 语句表

与图 9-56 对应的语句表：

步序	指令	元件
00000	LDI	X0003
00001	ANI	X0004
00002	MPS	
00003	LD	X0001
00004	OR	Y0031
00005	ANB	
00006	ANI	Y0032
00007	OUT	Y0031
00008	MPP	
00009	LD	X0002
00010	OR	Y0032
00011	ANB	
00012	ANI	Y0031
00013	OUT	Y0032
00014	END	

三、相关指令

1. 电路块的并联、串联指令

如表 9-13 所示。

表 9-13　电路块的并联、串联指令

助记符	功能	梯形图	操作元件	程序步
ORB	电路块并联	A块 B块	无	1
ANB	电路块串联		无	1

提示　ORB、ANB 指令使用提示

1）ORB、ANB 指令均为无操作元件的指令，只描述电路的串、并联关系。

2）两个或两个以上触头串（并）联的电路称为串（并）联电路块。

3）将串（并）联电路块并（串）联时，分支开始使用 LD、LDI 指令，分支结束使用 ORB（ANB）指令。

4）多个电路块串（并）联时，若对每个电路块使用 ORB（ANB）指令，则串（并）联电路没有限制。

5）ORB、ANB 指令也可以连续使用，但使用次数不能超过 8 次。

活动 1： 编写图 9-57 中梯形图及语句表。

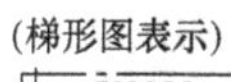

(梯形图表示)

(助记符号表示①)

步数	指令	元件	
0	LD	X0000	
1	OR	M0000	
2	LD	X0001	
3	OR	M0001	
4	ANB*		
5	LD	X0002	
6	OR	M0002	
7	ANB		
8	LD	X0003	
9	OR	M0003	
10	ANB		
11	OUT	Y0010	

*ANB的使用数目无限制

(助记符号表示②)

步数	指令	元件	
0	LD	X0000	
1	OR	M0000	
2	LD	X0001	
3	OR	M0001	
4	LD	X0002	
5	OR	M0002	
6	LD	X0003	
7	OR	M0003	
8	ANB		
9	ANB		
10	ANB		
11	OUT	Y0010	

*连续写入ANB时，最多可以写入8条指令(9块)

图 9-57　ANB 指令应用

活动 2： 编写图 9-58 中梯形图及语句表。

（梯形图表示）

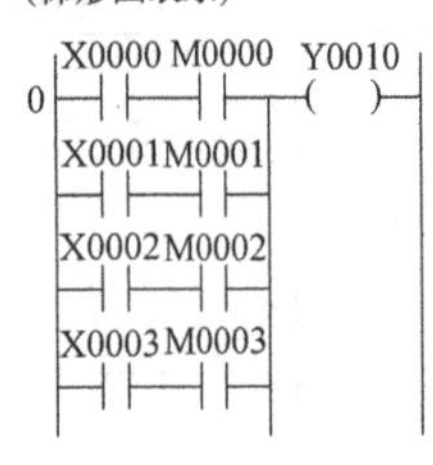

（助记符号表示①）

步数	指令	元件
0	LD	X0000
1	AND	M0000
2	LD	X0001
3	AND	M0001
4	ORB*	
5	LD	X0002
6	AND	M0002
7	ORB	
8	LD	X0003
9	AND	M0003
10	ORB	
11	OUT	Y0010

*ORB的使用数目无限制

（助记符号表示②）

步数	指令	元件
0	LD	X0000
1	AND	M0000
2	LD	X0001
3	AND	M0001
4	LD	X0002
5	AND	M0002
6	LD	X0003
7	AND	M0003
8	ORB*	
9	ORB	
10	ORB	
11	OUT	Y0010

*连续写入ORB时，最多可以写入8条指令(9块)

图 9-58　ORB 指令应用

2. 堆栈操作（多重输出）指令

如表 9-14 所示。

表 9-14　堆栈操作（多重输出）指令

助记符	功能	梯形图
MPS	进栈指令	MPS
MRD	读栈指令	MRD
MPP	出栈指令	MPP

提示　MPS、MRD、MPP 指令使用提示

1）MPS、MRD、MPP 均为无操作元件指令。都是一个步序长，用于多路输出。

2）堆栈是存储器中的一部分存储区域，用于保护逻辑运算的中间结果。

3）使用进栈指令 MPS 时，当时运算结果（数据）压入栈存储器的第一层（栈顶），同时将先前送入的数据移到栈的下一层。

4）使用读栈指令 MRD 时，将栈存储器的第一层内容读出且该数据继续保存在栈存储器的第一层，栈内的数据不发生移动。

5）使用出栈指令 MPP 时，将栈存储器的第一层内容弹出且数据从栈中消失，同时将栈中其他数据依次上移。

6）MPS 和 MPP 指令必须成对使用。

7）由于富士 SPB 只提供 11 个栈存储器，因此 MPS \ MPP 指令连续使用的次数不得超过 11 次。

<存储（堆栈）区域的动作>

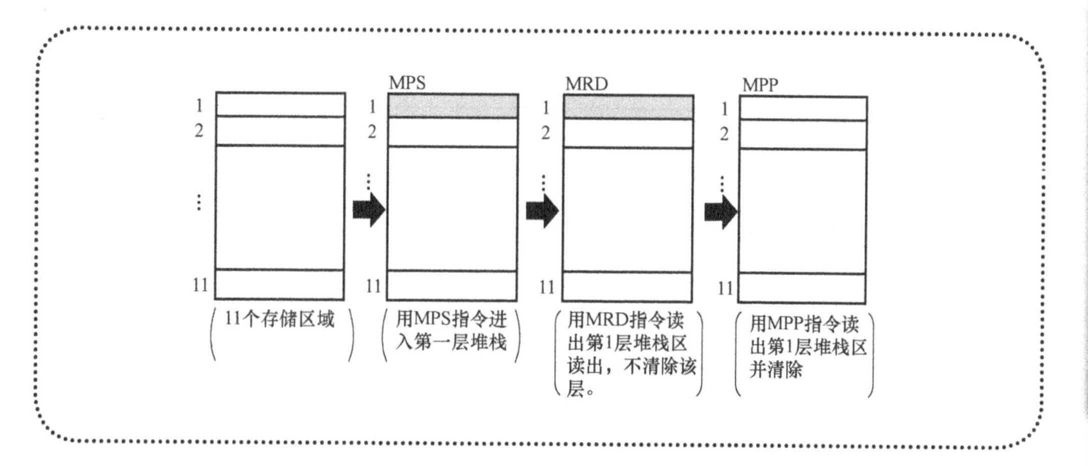

活动 3: 编写图 9-59 中梯形图及语句表。

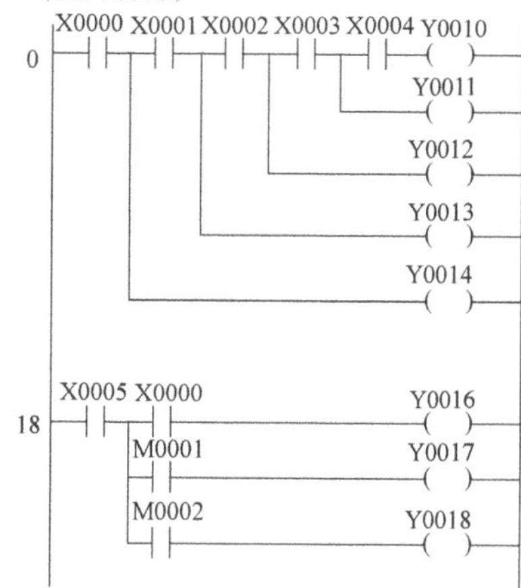

(助记符号表示)

步数	指令	元件		
0	LD	X0000		
1	MPS			
2	AND	X0001		
3	MPS			
4	AND	X0002		
5	MPS			
6	AND	X0003		
7	MPS			
8	AND	X0004		
9	OUT	Y0010		
10	MPP			
11	OUT	Y0011		
12	MPP			
13	OUT	Y0012		
14	MPP			
15	OUT	Y0013		
16	MPP			
17	OUT	Y0014		
18	LD	X0005		
19	MPS			
20	AND	M0000		
21	OUT	Y0016		
22	MRD			
23	AND	M0001		
24	OUT	Y0017		
25	MPP			
26	AND	M0002		
27	OUT	Y0018		

图 9-59　堆栈指令的应用

提示

MPS、MPP 指令的使用数目要一样多。如果使用数不同，则被认定为该电路制作不良，PLC 不能正常动作。

※任务实施※

一、工作准备

1. 绘制电器元件布置图

如图 9-60 所示。

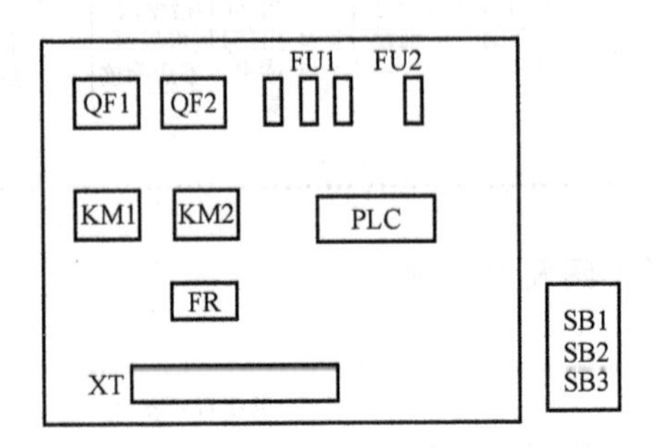

图 9-60　PLC 控制三相异步电动机正反转运行控制电路电器元件布置图

2. 绘制电路接线图

如图 9-61 所示。

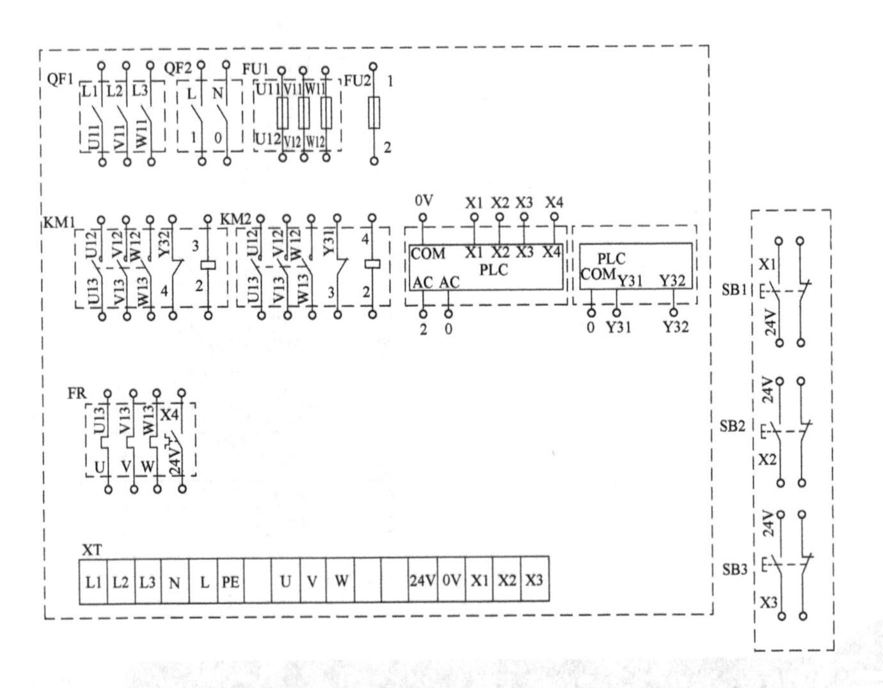

图 9-61　PLC 控制三相异电动机正反转运行控制电路接线图

3. 准备工具及材料

根据表 1-2 领取相应工具，根据表 9-15 PLC 控制三相异步电动机正反转运行控制电路材料明细表领取材料。

表 9-15 PLC 控制三相异步电动机正反转运行控制电路材料明细表

序号	代号	名称	型号	规格	数量
1	M	三相异步电动机	YS7124T	0.75kW、380V、1.55A、1400r/min、星形联结	1
2	QF1、QF2	断路器	DZ47—63	380V、20A、整定 10A	2
3	FU1	熔断器	RT18—32	500V、配 10A 熔体	3
4	FU2	熔断器	RT18—32	500V、配 2A 熔体	1
5	KM1、KM2	接触器	CJX—22	线圈电压 220V、20A	2
6	FR	热继电器	JR16—20/3	三相、20A、整定电流 1.55A	1
7	SB1、SB2、SB3	按钮	LA—18	5A	3
8		计算机			1
9		接口单元			1
10		通信单元			1
11		可编程序控制器	NWOP30T—31 NWOE16R—3		1
12		控制板安装套件			1

二、实施步骤

1. 检测电器元件

按表 9-15 配齐所用电器元件，其各项技术指标均需符合规定要求，目测其外观无损坏，手动触头动作灵活，并用万用表进行质量检验，如不符合要求，则予以更换。

2. 安装电路板

（1）安装电器元件　在控制板上按图 9-60 安装电器元件和走线槽，并贴上醒目的文字符号。其排列位置、相互距离，应符合要求。紧固力适当，无松动现象，实物布置图如图 9-62 所示。

（2）布线　在控制板上按照图 9-60 和图 9-61 进行板前线槽布线，并在导线两端套编码套管和冷压接线头。布线完成电路板如图 9-63 所示。

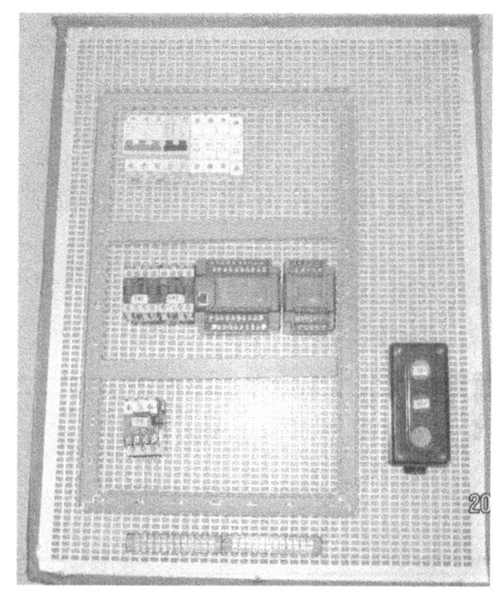

图 9-62　PLC 控制三相异步电动机正反转运行控制电路电器元件实物布置图

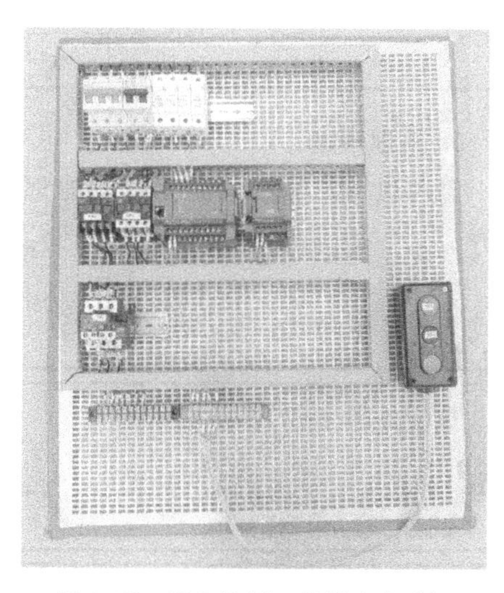

图 9-63　PLC 控制三相异步电动机正反转运行控制电路板

3. 通电前检测

（1）主电路检测　方法同项目一任务三。

（2）控制电路检测　方法见表9-16。

表9-16　控制电路检测步骤表

步序	项　　目	
1	输入电路	断开电源和主电路，测量控制电路PLC输入端X0001、X0002、X0003、X0004端子与24V电源引入端0V间的阻值
		分别按下三个按钮及热继电器，测量控制电路PLC输入端X0001、X0002、X0003、X0004端子与电源引入端0V间的阻值
2	输出电路	PLC输出Y0031、Y0032号端子与1号端子间的阻值
		PLC公共端COM与0号端子间的阻值

4. 通电调试

通电调试过程分为两大步：程序传送和功能调试。

（1）程序传送。（方法见编程软件使用步骤5程序下载）。首先在线连接，再下载程序。

（2）功能调试

1）单击PLC Run/Stop图标，让程序运行起来。

2）闭合低压断路器QF2，按表9-17中的步骤进行调试。

表9-17　调试步骤表

序号	操 作 内 容	观 察 对 象
1	按下正向起动按钮SB1	接触器KM1
2	松开正向起动按钮SB1	接触器KM1
3	按下停止按钮SB3	接触器KM1
4	按下反向起动按钮SB2	接触器KM2
5	松开反向起动按钮SB2	接触器KM2
6	按下停止按钮SB3	接触器KM2

5. 整理现场

整理现场工具及电器元件，清理现场，根据工作过程填写任务单十四，整理工作资料。

※任务评价※

见任务单十四。

※任务拓展※

根据PLC控制三相异步电动机正反转运行电路安装及调试过程，完成PLC控制三相异步电动机接触器按钮双重互锁正反转运行电路的安装与调试。

※巩固与提高※

一、操作练习题

1. 分析图 9-64 所示两个梯形图的区别。

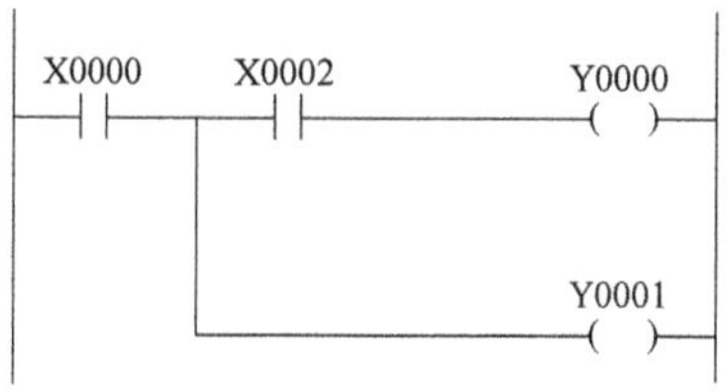

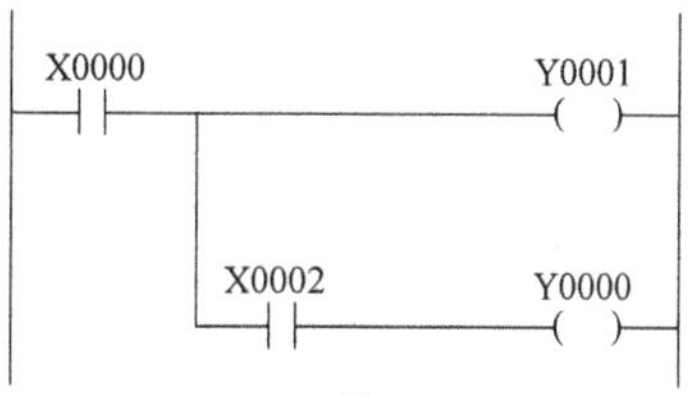

图 9-64　梯形图 1

2. 根据梯形图程序图（图 9-65），写出相应的语句表程序。

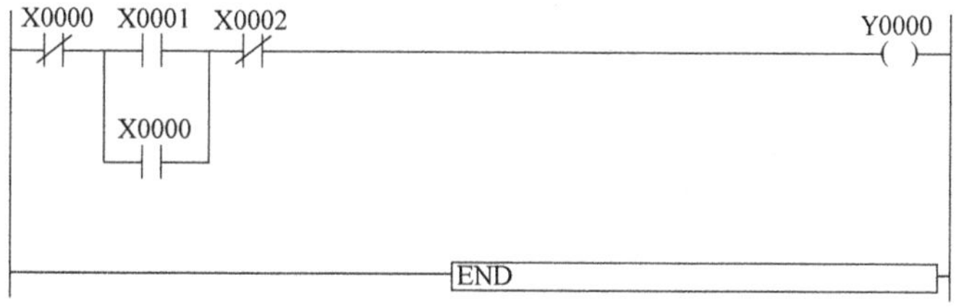

图 9-65　梯形图 2

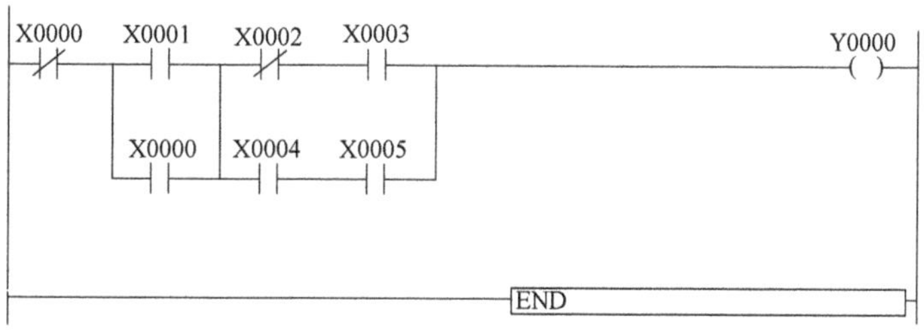

3. 画出电动机自动往返控制线路的主电路、PLC 控制电路、梯形图及语句表，并在表 9-18 中填写程序仿真及在线运行时软继电器状态（1 表示通，0 表示断）。

表 9-18　软继电器状态表

软继电器	仿真		在线	
	Y0010	Y0011	Y0010	Y0011
SB1(1)				
SB2(1)				
SB3(1)				
FR(1)				

4. 将图 9-66 中梯形图转换为语句表，并思考该梯形图如何画可避免使用堆栈指令。

图 9-66　梯形图 3

5. 试分析图 9-67 继电器控制电动机Y-△手动减压起动电路，并设计其 PLC 控制系统。

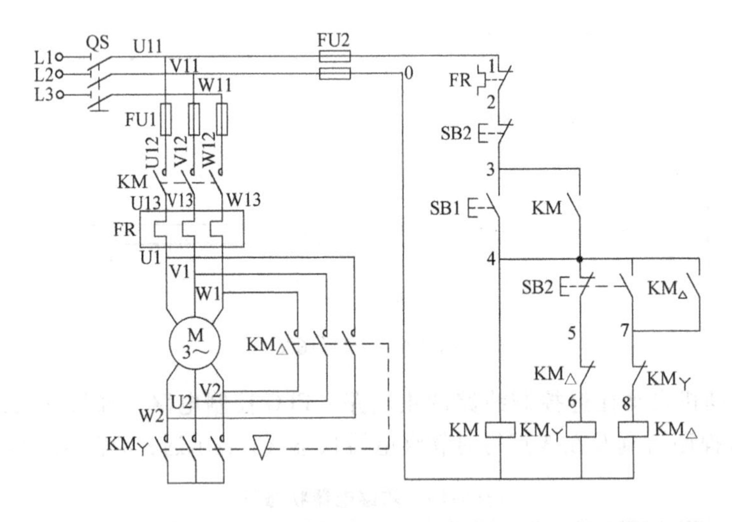

图 9-67　继电器控制电动机Y-△手动减压起动电路原理图

二、理论练习题

1. 单个常开触头与前面的触头进行串联连接的指令是（　　）。

A. AND　　B. LD　　C. ANI　　D. OUT

2. 单个常闭触头与前面的触头进行并联连接的指令是（　　）。

A. AND　　B. LD　　C. ANI　　D. OUT

3. 表示逻辑块与逻辑块之间并联的指令是（　　）。

A. AND　　B. ANB　　C. OR　　D. ORB

※任务小结※

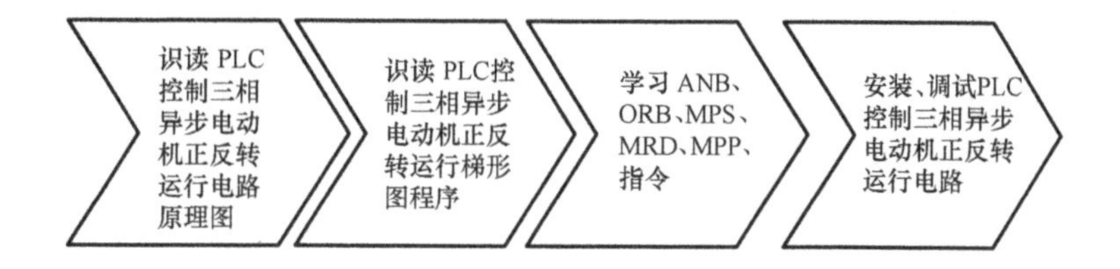

任务五　PLC 控制大功率风机星—三角减压起动电路安装与调试

※任务目标※

1. 学会使用 PLC 的定时器、MPS、MRD、MPP 基本逻辑指令。
2. 正确识读 PLC 控制大功率风机星—三角减压起动电路梯形图程序。
3. 正确安装调试 PLC 控制大功率风机星—三角减压起动电路。

※任务描述※

某工厂机加工车间要安装一台风机，如图 4-1 所示，现在要为此风机安装电气控制柜，要求三相异步电动机采用 PLC 控制，起动方式采用星-三角减压起动，要求设置过载、短路、欠电压、失电压保护。拖动风机的三相异步电动机型号为 Y132M-4、额定电压为 380V、额定功率为 7.5kW、额定转速为 1440r/min、额定电流为 15.4A，请完成该电路的安装与调试。

※相关知识※

一、识读电路

在图 9-68 中，起动按钮为 SB1，停止按钮为 SB2，电路中通过按钮和接触器及 PLC 控制电动机的星—三角减压起动。按下起动按钮 SB1，KM1 吸合并形成自保，同时 KM3 吸合，电动机按星形联结减压起动，延时时间到后，KM3 失电，KM2 得电，电动机按三角形联结运行。按下停止按钮 SB2，KM1、KM2 均失电，电动机停转。

1. 主回路

如图 9-68 图所示的主回路中采用了 6 个电器元件，分别为断路器 QF1，熔断器 FU1，接触器 KM1、KM2、KM3，热继电器 FR。这些元件需要进行导线的硬连接。在起动电动机前需要合上开关 QF1。

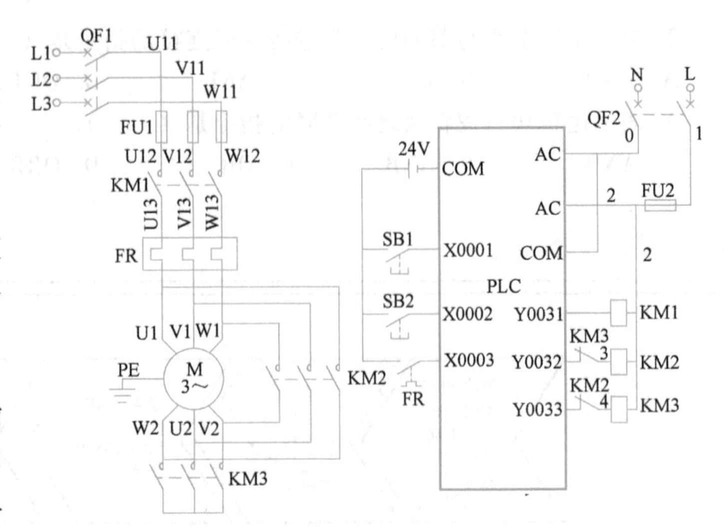

图 9-68　PLC 控制三相异步电动机星—三角减压起动电路

2. 控制回路

控制回路中，FR 的辅助常开触头、起动按钮 SB1 和停止按钮 SB2 作为输入信号与 PLC 的输入点连接，KM1、KM2、KM3 的线圈作为负载与 PLC 的输出点连接。这样整个系统总的输入点数为 3 个，输出点数为 3 个。

PLC 的 I/O 分配地址如表 9-19 所示。

表 9-19　I/O 地址分配表

输入设备	输入地址	输出设备	输出地址
起动按钮 SB1	X0001	接触器 KM1	Y0031
停止按钮 SB2	X0002	接触器 KM2	Y0032
热继电器 FR	X0003	接触器 KM3	Y0033

二、程序分析

1. 梯形图

PLC 控制三相异步电动机星—三角减压起动电路的梯形图，如图 9-69 所示。

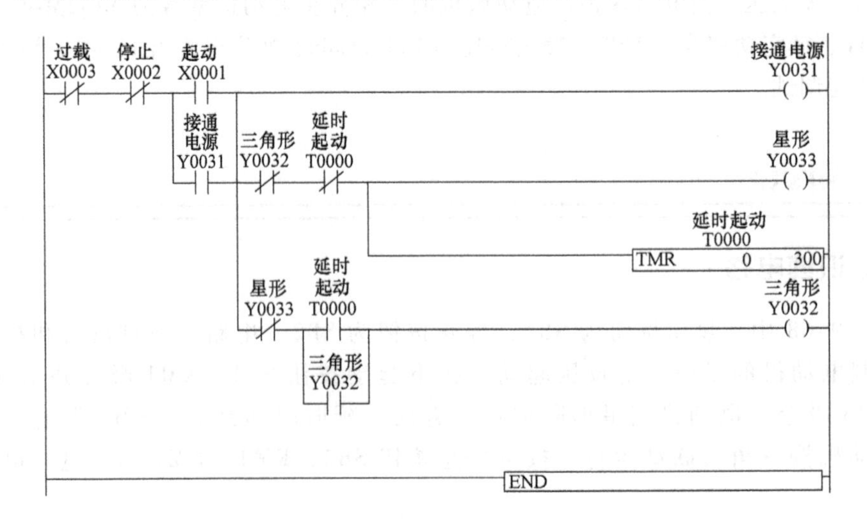

图 9-69　PLC 控制三相异步电动机星—三角减压起动电路梯形图

原理分析：

由表9-19和图9-68可知，输入元件SB1、SB2、FR分别和输入继电器X0001、X0002、X0003相对应，输出继电器Y0031对应接触器KM1。按下起动按钮SB1，输入继电器X0001的动合触头闭合，输出继电器Y0031线圈得电，Y0031动合触头闭合自锁，同时输出继电器Y0033线圈得电，定时器T0开始延时，使交流接触器KM1、KM3的线圈得电，KM1、KM3主触头闭合，电动机得电按星形联结起动运转。

延时3s，定时器T0导通，T0常闭触头断开，输出继电器Y0033线圈断电，星形联结起动结束，T0常开触头闭合，输出继电器Y0032线圈通电，Y0032动合触头闭合自锁，Y0033动断触头断开，定时器T0线圈断电，交流接触器KM2的线圈得电，KM2主触头闭合，电动机按三角形联结全压运转。

按下停止按钮SB2，输入继电器X0002的动断触头断开，输出继电器Y0031、Y0032线圈失电，使交流接触器KM1、KM2的线圈失电，KM1、KM2主触头断开，电动机失电停止运转。

电动机发生过载时，FR动合触头闭合，输入继电器X0003的动断触头断开，使输出继电器Y0031、Y0032、Y0033线圈失电，电动机失电停止运转。

2. 语句表

与图9-69相对应的语句表如下：

```
00000  LDI   X0003
00001  ANI   X0002
00002  LD    X0001
00003  OR    Y0031
00004  ANB
00005  OUT   Y0031
00006  MPS
00007  ANI   Y0032
00008  ANI   T0000
00009  OUT   Y0033
00010  OUTT  T0000  2000
00012  MPP
00013  ANI   Y0033
00014  LD    T0000
00015  OR    Y0032
00016  ANB
00017  OUT   Y0032
00018  END
```

三、相关指令

定时器指令

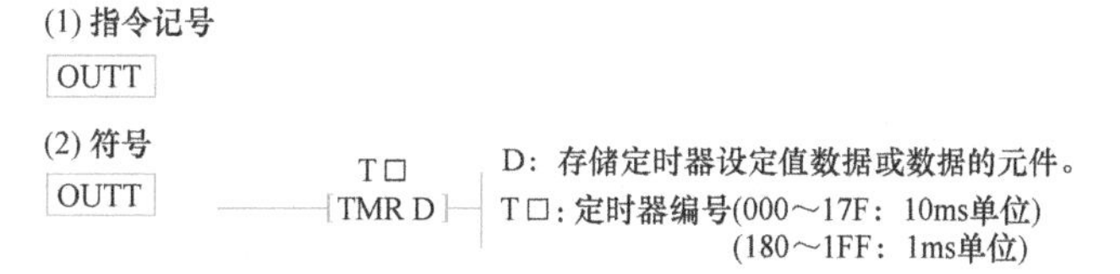

10ms以及1ms单位的定时器为加法定时器，设定值在0～32767的范围，以10ms为单位的定时器定时范围为0～327.67s。以1ms为单位的定时器定时范围为0～32.767s。当定时器输入条件ON时，进行时间计量，到等于定时器的设定值时，定时器ON。当输入条件OFF时，定时器OFF。

活动1： 使用定时器构成0.1s闪烁电路（自动复位定时器），设置Y0010每隔0.1s闪烁一次。

定时器闪烁电路梯形图如图9-70所示。

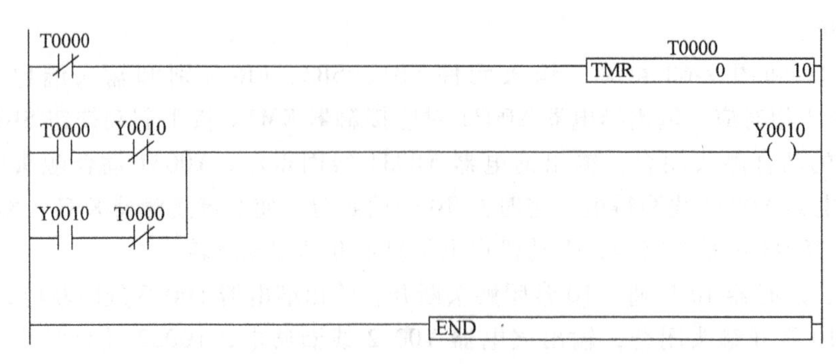

图 9-70 定时器闪烁电路梯形图

定时器闪烁电路时序图如图 9-71 所示。

定时器闪烁电路语句表如下：

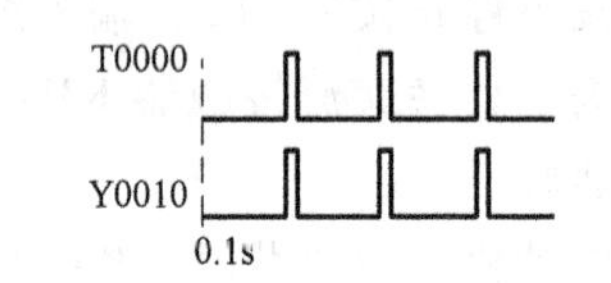

图 9-71 定时器闪烁电路时序图

00000	LDI	T0000	
00001	OUTT	T0000	10
00003	LD	T0000	
00004	ANI	Y0010	
00005	LDI	Y0010	
00006	AND	T0000	
00007	ORB		
00008	OUT	Y0010	
00009	END		

活动 2: 当 X0000 为 OFF 时，延时 10s 后 Y0010 为 ON。

延时闭合电路梯形图如图 9-72 所示。

延时闭合电路时序图如图 9-73 所示。

图 9-72 延时闭合电路梯形图

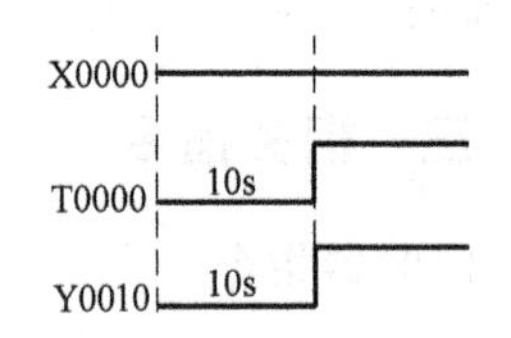

图 9-73 延时闭合电路时序图

延时闭合电路语句表如下：

00000	LDI	X0000	
00001	OUTT	T0000	1000
00003	LD	T0000	
00004	OUT	Y0010	
00005	END		

活动 3: 当 PLC 运行时 Y0010 为 ON，X0000 为 ON 时，延时 1s 后 Y0010 变为 OFF。（延时关断定时器）

延时断开电路梯形图如图 9-74 所示。

延时断开电路时序图如图 9-75 所示。

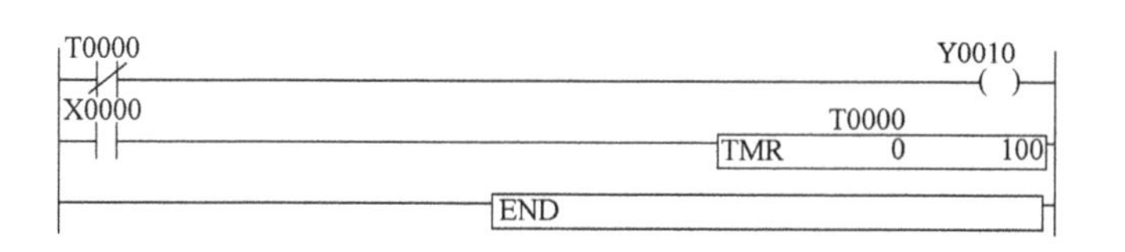

图 9-74　延时断开电路梯形图

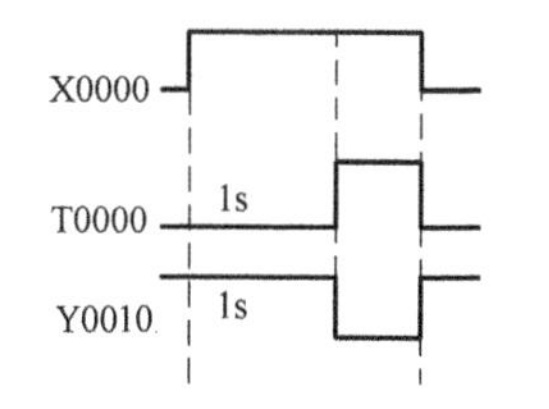

图 9-75　延时断开电路时序图

延时断开电路语句表如下：

00000	LDI	T0000	
00001	OUT	Y0010	
00002	LD	X0000	
00003	OUTT	T0000	100
00005	END		

活动 4： 当 X0000 为 ON 时，延时 30s 后，Y0030 为 ON。（利用 2 个定时器完成）

定时器的扩展应用梯形图如图 9-76 所示。

图 9-76　定时器的扩展应用梯形图

定时器的扩展应用时序图和语句表如图 9-77 所示。

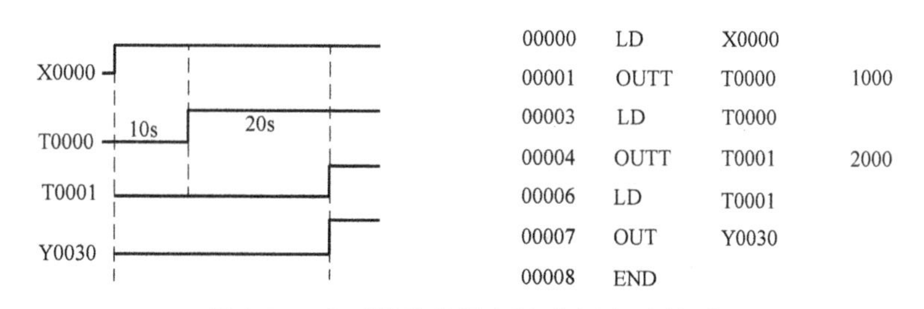

00000	LD	X0000	
00001	OUTT	T0000	1000
00003	LD	T0000	
00004	OUTT	T0001	2000
00006	LD	T0001	
00007	OUT	Y0030	
00008	END		

图 9-77　定时器的扩展应用时序图和语句表

※任务实施※

一、工作准备

1. 绘制电器元件布置图

如图 9-78 所示。

2. 绘制电路接线图

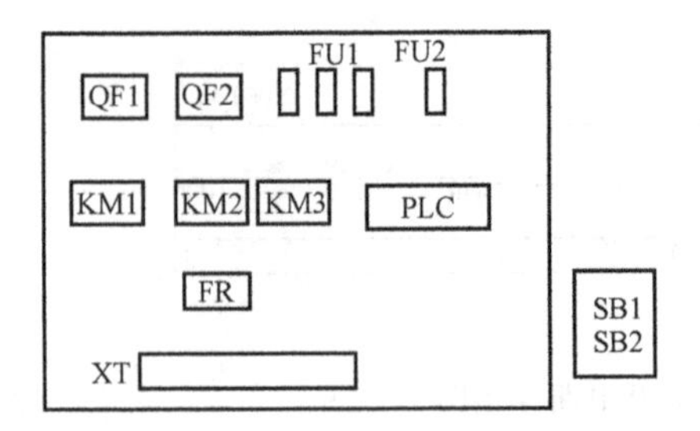

图 9-78　PLC 控制三相异步电动机星—三角减压起动电路电器元件布置图

如图 9-79 所示。

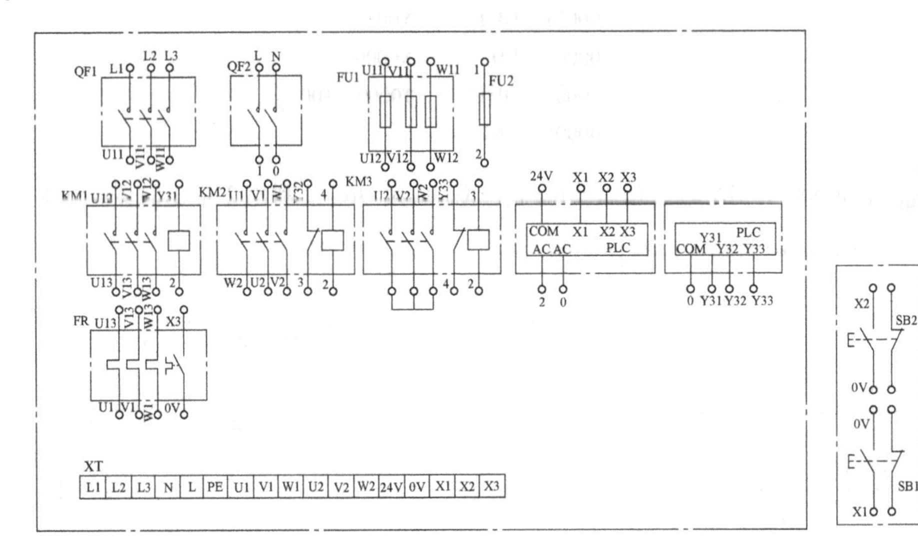

图 9-79　PLC 控制三相异步电动机星—三角减压起动电路接线图

3. 准备工具及材料

根据表 1-2 领取相应工具，根据表 9-20 PLC 控制三相异步电动机星—三角减压起动电路材料明细表领取材料。

表 9-20　PLC 控制三相异步电动机星—三角减压起动电路材料明细表

序号	代号	名称	型号	规格	数量
1	M	三相异步电动机	Y132M—4	380V、7.5kW、1440r/min、15.4A	1
2	QF1、QF2	断路器	DZ47—63	380V、20A、整定 10A	2
3	FU1	熔断器	RT18—32	500V、配 10A 熔体	3
4	FU2	熔断器	RT18—32	500V、配 2A 熔体	1
5	KM1 ~ KM3	接触器	CJX—22	线圈电压 220V、20A	3
6	FR	热继电器	JR16—20/3	三级、20A、整定电流 8.8A	1
7	SB1、SB2	按钮	LA—18	5A	2
8	XT	端子排	TB1510	600V、15A	1
9		计算机			1
10		接口单元			1
11		通信单元			1
12		可编程序控制器	NWOP30T—31 NWOE16R—3		1
13		控制板安装套件			1

二、实施步骤

1. 检测电器元件

按表9-20配齐所用电器元件，其各项技术指标均需符合规定要求，目测其外观无损坏，手动触头动作灵活，并用万用表进行质量检验，如不符合要求，则予以更换。

2. 安装电路板

（1）安装电器元件　在控制板上按图9-78安装电器元件和走线槽，并贴上醒目的文字符号。其排列位置、相互距离，应符合要求。紧固力适当，无松动现象。实物布置图如图9-80所示。

（2）布线　在控制板上按照图9-78和图9-79进行板前线槽布线，并在导线两端套编码套管和冷压接线头。布线完成电路板如图9-81所示。

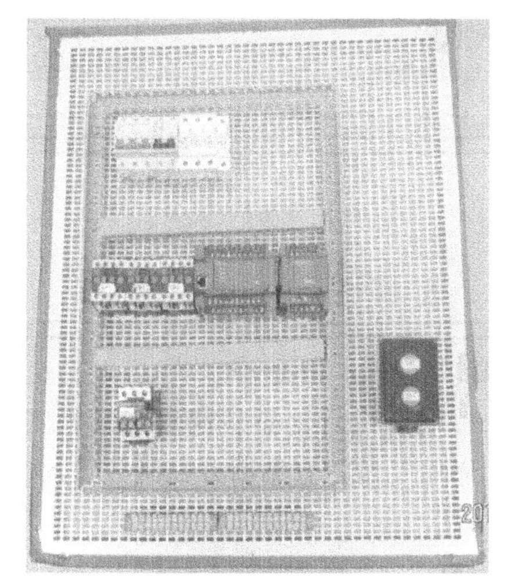

图9-80　PLC控制三相异步电动机星—三角减压起动控制电路电器元件实物布置图

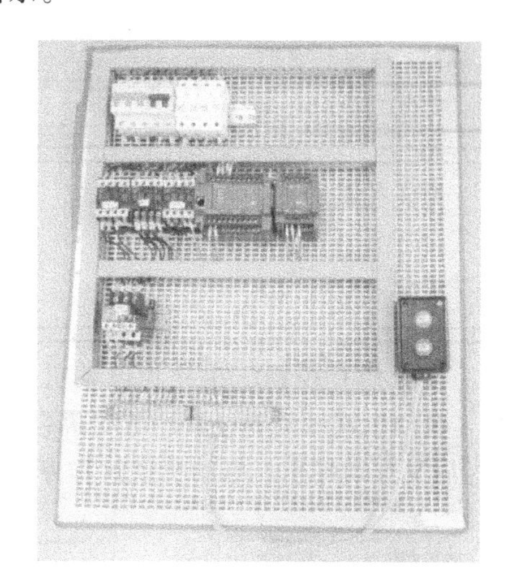

图9-81　PLC控制三相异步电动机星—三角减压起动控制线路电路板

3. 通电前检测

（1）主电路检测　方法同项目四。

（2）控制电路检测　方法见表9-21。

表9-21　控制电路检测步骤表

步序	项目	
1	输入电路	断开电源和主电路，测量控制电路PLC输入端X0001、X0002、X0003端子与24V电源引入端0V间的阻值
		分别按下两个按钮及热继电器，测量控制电路PLC输入端X0001、X0002、X0003端子与电源引入端0V间的阻值
2	输出电路	PLC输出Y0031、Y0032、Y0033号端子与1号端子间的阻值
		PLC公共端COM与0号端子间的阻值

4. 通电调试

通电调试过程分为两大步：程序传送和功能调试。

（1）程序传送。请参考项目九任务二。

（2）功能调试。

1）单击 PLC Run/Stop 图标，让程序运行起来。

2）闭合低压断路器 QF2，按表 9-22 的步骤进行调试。

表 9-22　调试步骤表

序号	操作内容	观察对象
1	按下起动按钮 SB1	接触器 KM1 吸合
		接触器 KM3 先吸合之后断开
		接触器 KM2 一定时间后吸合
2	按下停止按钮 SB2	接触器 KM1、KM2 断电

5. 整理现场

整理现场工具及电器元件，清理现场，根据工作过程填写任务单十五，整理工作资料。

※任务评价※

见任务单十五。

※任务拓展※

设计 PLC 控制三相异步电动机间歇运行。控制要求：合上开关 SA，5s 后电动机运行，电动机连续运行 10s，电动机自动停止运转。5s 后电动机自动重新起动运转，工作 10s 后又自动停止。电动机就这样停止 5s，运行 10s，周而复始，直到断开控制开关 SA。

※巩固与提高※

一、操作练习题

1. 现有两盏灯，用 PLC 设计控制系统，要求实现按下开关 1 后一号灯亮，延时 20s 后，二号灯立即亮，同时一号灯熄灭，按下开关 2，二号灯熄灭。请完成主回路、控制回路、I/O 地址分配、PLC 程序及元件选择，并进行安装、调试。

2. 现有两盏灯，用 PLC 设计控制系统，要求实现按下开关 1 后一号灯亮后，按下开关 2，二号灯立即亮，延时 20s 后，同时一号灯、二号灯均熄灭。请完成主回路、控制回路、I/O 地址分配、PLC 程序及元件选择，并进行安装、调试。

二、理论练习题

1. 定时器线圈______时开始计时，定时时间到时，其常开触头______，常闭触头______。

2. 富士 SPB 系列 PLC 中的定时器有 10ms 和______两种。相当于电气控制的______时间继电器。

3. 若定时 3s，则时间继电器 T0010 的设定值为______，时间继电器 T0181 的设定值为______。

※任务小结※

识读PLC控制三相异步星—三角减压起动电路原理图 → 识读PLC控制三相异步星—三角减压起动梯形图程序 → 学习定时器指令TMR → 安装、调试PLC控制三相异步星—三角减压起动电路

项目十 PLC控制霓虹灯电路安装与调试

任务一 PLC 控制七彩伞电路安装与调试

※任务目标※

1. 学会使用 PLC 的计数器基本逻辑指令。
2. 正确识读 PLC 控制七彩伞梯形图程序。
3. 正确安装、调试 PLC 控制七彩伞电路。

※任务描述※

现有一商业广告需要利用不同颜色的 LED 指示灯组成一把雨伞的形状，如图 10-1 所示，按下起动按钮 SB1，LED 指示灯依次循环点亮，按停止按钮 SB2，LED 指示灯熄灭。

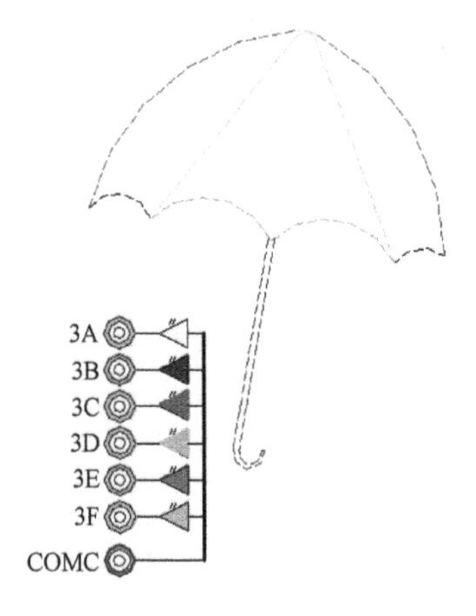

图 10-1　七彩伞平面布置图

※相关知识※

依照任务描述可知，该项目控制要求为：

1）按下起动按钮，LED 指示灯 1 先亮，接着 LED 指示灯 2 亮，灯 3 亮，……；

2）最终 LED 指示灯全亮，形成七彩雨伞形状，然后全部熄灭；

3）运行期间任何时间，按下停止按钮，LED 指示灯全灭。

一、识读电路

如图 10-2 所示，在七彩伞电路中，有 2 个输入设备：SB1、SB2；6 个输出设备：即 6 个 LED 数码管 3A ~ 3F。PLC 的 I/O 地址分配表，如表 10-1 所示。

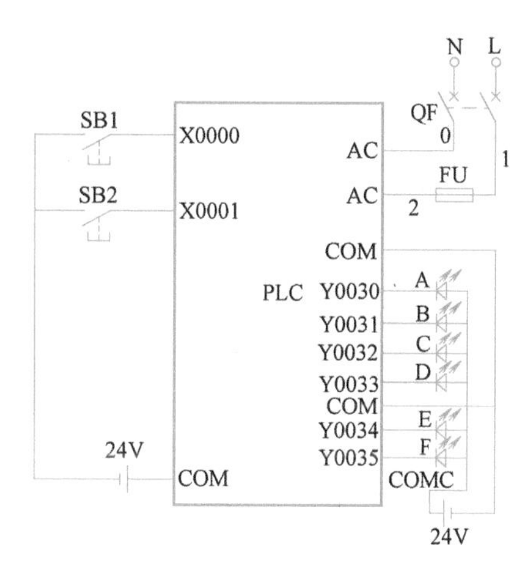

图 10-2 七彩伞电路原理图

表 10-1 I/O 地址分配表

输入设备	输入地址	输出设备	输出地址
起动按钮 SB1	X0000	LED 指示灯 3A	Y0030
停止按钮 SB2	X0001	LED 指示灯 3B	Y0031
		LED 指示灯 3C	Y0032
		LED 指示灯 3D	Y0033
		LED 指示灯 3E	Y0034
		LED 指示灯 3F	Y0035

二、程序分析

1. 梯形图

原理分析：如图 10-3 所示，程序起始前两行，其实质为定时器的闪烁电路，用在此处的作用在于确定 LED 灯颜色的交换时间，每隔 1s，M0000 开通一次，送出一个计数信号；第三行，典型的起停控制，按下起动按钮 SB1，X0000 接通，内部继电器 M0001 得电并自锁，电路起动，需要停止时，按下按钮 SB2，内部继电器 M0001 断电，自锁解除。通过内部继电器 M0001 间接控制程序的起动与停止。其余程序用了 7 个计数器，前 6 个控制 6 个彩灯的输出，最后一个计数器 C0006 作为整体的复位信号，确定了 LED 灯的变换周期。如图 10-4 所示，是一号彩灯的计数器电路，每当内部继电器 M0000 接通一次时，相应计数器 C0000 计数，设定值到，C0000 触头闭合，Y0030 端口输出，一号彩灯点亮。复位端信号 C0006 确定了 LED 灯的变换周期，7s 后，C0006 计数器计数至设定值 7，C0006 触头闭合，所有计数器清零，开始新的周期。X0001 作为停止按钮，随时停止，计数器即可清零。

T0000 — TMR T0000 0 100
T0000 M0000 / M0000 T0000 — M0000
X0000 X0001 / M0001 — M0001
M0000 M0001 — CTR C0000 0 1
C0006 / X0001 — CRst
M0000 M0001 — CTR C0001 0 2
C0006 / X0001 — CRst
M0000 M0001 — CTR C0002 0 3
C0006 / X0001 — CRst
M0000 M0001 — CTR C0003 0 4
C0006 / X0001 — CRst

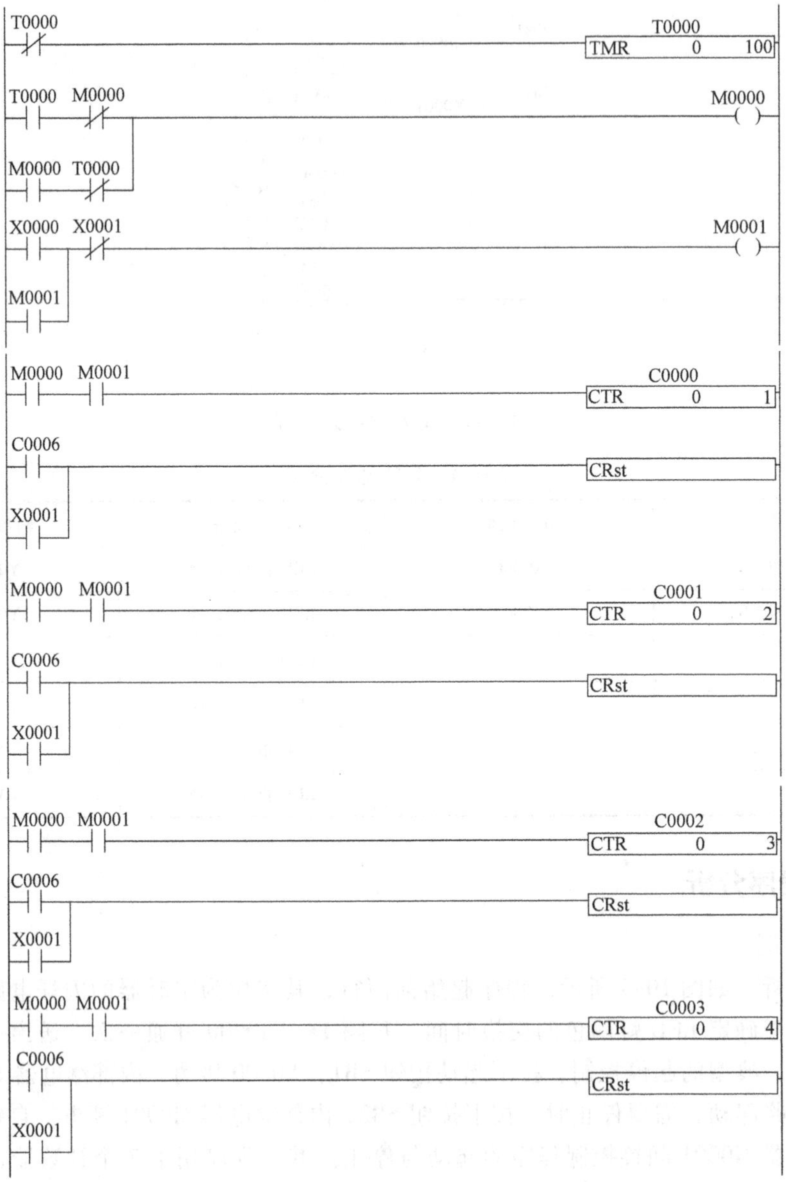

图 10-3 七彩伞的梯形图

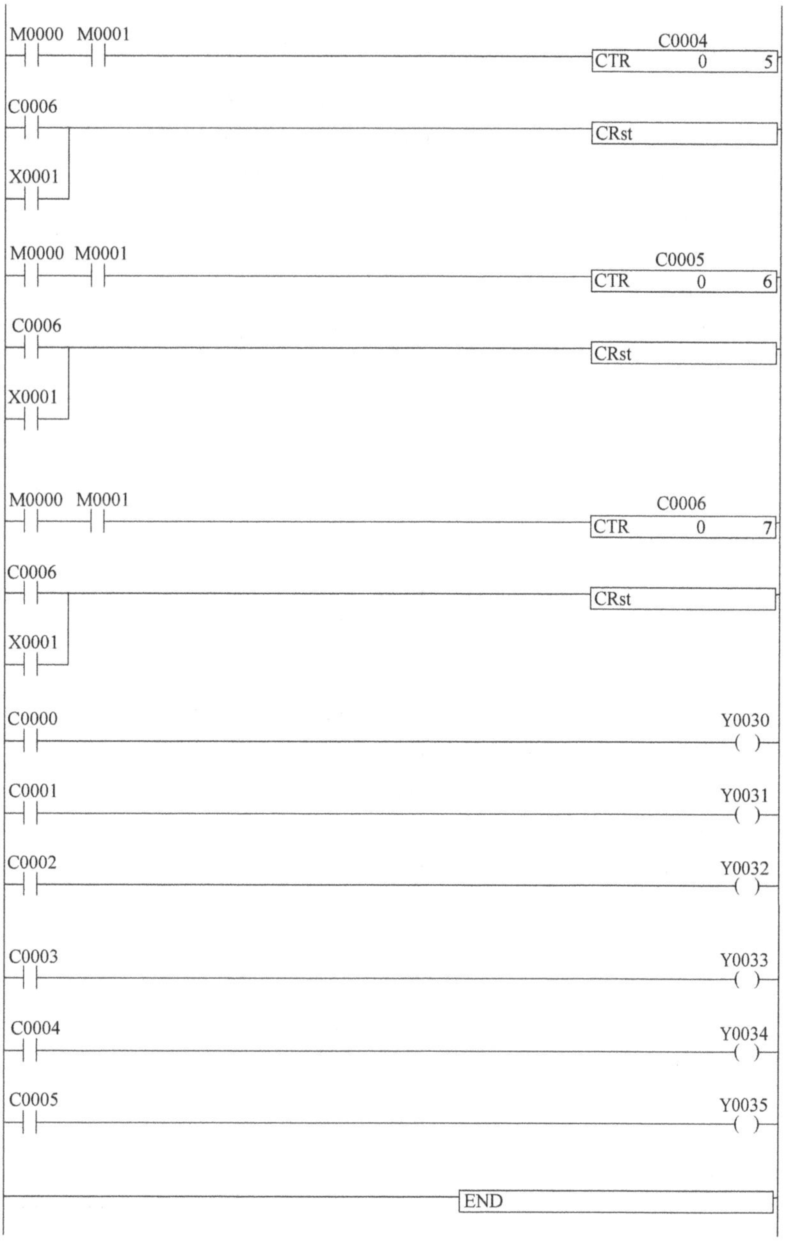

M0000 M0001 C0004 CTR 0 5
C0006 CRst
X0001
M0000 M0001 C0005 CTR 0 6
C0006 CRst
X0001
M0000 M0001 C0006 CTR 0 7
C0006 CRst
X0001
C0000 Y0030
C0001 Y0031
C0002 Y0032
C0003 Y0033
C0004 Y0034
C0005 Y0035
END

图 10-3　七彩伞的梯形图（续）

M0000 M0001 C0000 CTR 0 1
C0006 CRst
X0001
C0000 Y0030

图 10-4　彩灯计数器电路

2. 语句表

与图 10-3 梯形图相对应的语句表如下：

```
00000  LDI    T0000
00001  OUTT   T0000  100
00003  LD     T0000
00004  ANI    M0000
00005  LD     M0000
00006  ANI    T0000
00007  ORB
00008  OUT    M0000
00009  LD     X0000
00010  OR     M0001
00011  ANI    X0001
00012  OUT    M0001
00013  LD     M0000
00014  AND    M0001
00015  LD     C0006
00016  OR     X0001
00017  OUTC   C0000  1
00019  LD     M0000
00020  AND    M0001
00021  LD     C0006
00022  OR     X0001
00023  OUTC   C0001  2
00025  LD     M0000
00026  AND    M0001
00027  LD     C0006
00028  OR     X0001
00029  OUTC   C0002  3
00031  LD     M0000
00032  AND    M0001
00033  LD     C0006
00034  OR     X0001
00035  OUTC   C0003  4
00037  LD     M0000
00038  AND    M0001
00039  LD     C0006
00040  OR     X0001
00041  OUTC   C0004  5
00043  LD     M0000
00044  AND    M0001
00045  LD     C0006
00046  OR     X0001
00047  OUTC   C0005  6
00049  LD     M0000
00050  AND    M0001
00051  LD     C0006
00052  OR     X0001
00053  OUTC   C0006  7
00055  LD     C0000
00056  OUT    Y0030
00057  LD     C0001
00058  OUT    Y0031
00059  LD     C0002
00060  OUT    Y0032
00061  LD     C0003
00062  OUT    Y0033
00063  LD     C0004
00064  OUT    Y0034
00065  LD     C0005
00066  OUT    Y0035
00067  END
```

三、相关指令

1. 计数器指令

（1）指令记号

OUTC

（2）符号

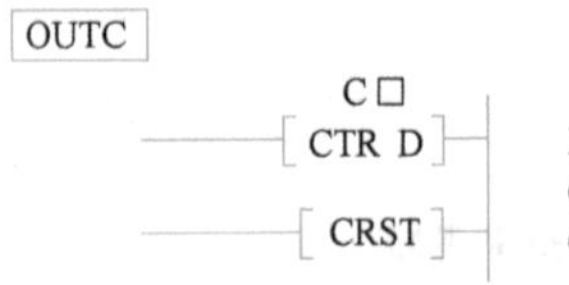

D　：存储定时器设定值数据或数据的元件

C□：计数器号

CRST：计数器复位(必须成对使用)

（3）功能

1）加法计数器，数据为二进制数。

2）可以在 0 ~ 32767 的范围内输入设定值。

3）即使输入负值到设定值上，也修订为正数进行运算。

4）（计数器现在值）≥（计数器设定值）时，计数器编号指定的计数器 C 变为 ON。

（4）说明　计数器有两个输入端，下面分别介绍它们的作用。

1）计数输入端的作用：计数器只有在复位端处于断开状态（即 X0001 触头断开）时才能进行计数工作。此时，当与计数输入端连接的 X0000 触头每次由断开到接通时，计数器的值（设定值为 3）加 1，当 X0000 由断到通 3 次（即计数端接收 3 个上升沿信号）时，计数器的当前值变为 3，此时计数器 C0000 的触头转换，如图 10-5a 中 C0000 的动合触头闭合，Y0000 线圈得电，并保持这个状态直到复位输入端接通。其时序关系如图 10-5b所示。

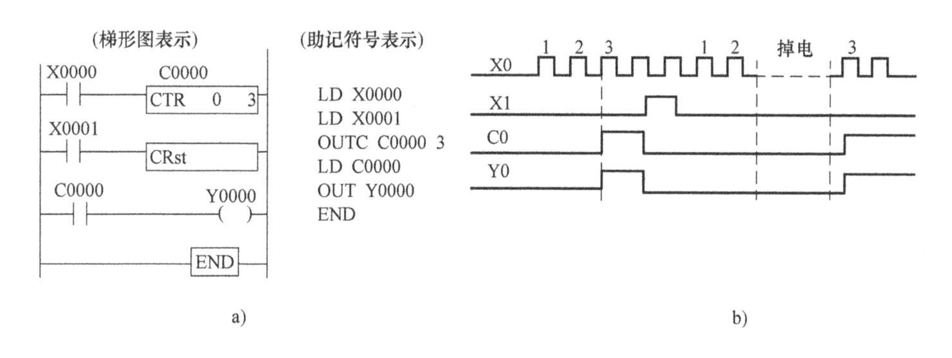

图 10-5　计数器基本电路和时序图

a）梯形图及指令表　b）时序图

2）复位输入端的作用：CRST 指令在任何情况下都是优先执行的，如图 10-5a 所示，当与复位输入端连接的 X0001 触头闭合时，计数器不再接受计数输入信号，同时当前值由 0 恢复到设定值 3，计数器 C0000 线圈失电，C0000 的触头恢复原始状态，C0000 的动合触头恢复为断开状态，Y0000 线圈失电。

2. 应用

（1）断电保持型定时器　图 10-6、图 10-7 分别为断电保持型定时器的梯形图、时序图和语句表。X0000 断电后，计数器掉电保持，当 X0000 重新通电后，继续计数，直到达到设定值，C0000 通，Y0030 通。

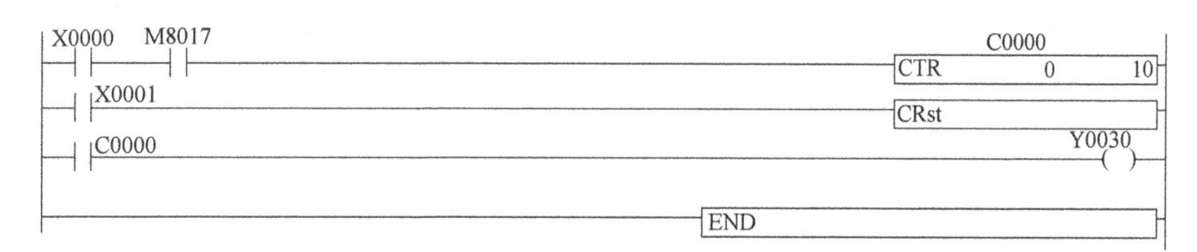

图 10-6　断电保持型定时器梯形图

（2）定时器与计数器扩展应用　图 10-8、图 10-9 分别为定时器与计数器组合长延时电路的梯形图、时序图和语句表。

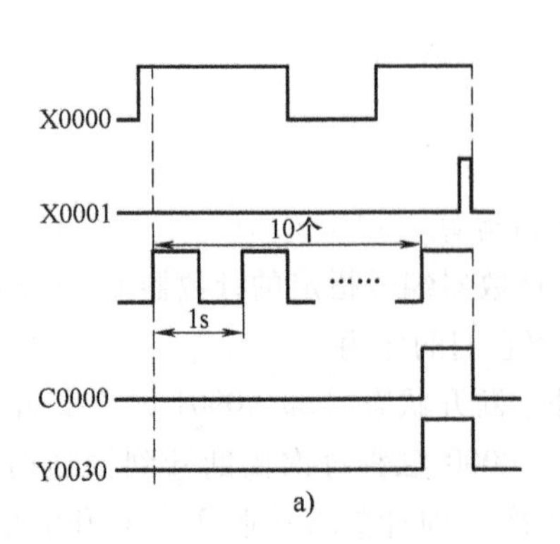


```
00000  LD    X0000
00001  AND   M8017
00002  LD    X0001
00003  OUTC  C0000  10
00005  NOP
00006  NOP
00007  LD    C0000
00008  OUT   Y0030
00009  END
```

b)

图 10-7 断电保持型定时器时序图和语句表

a）时序 b）语句表

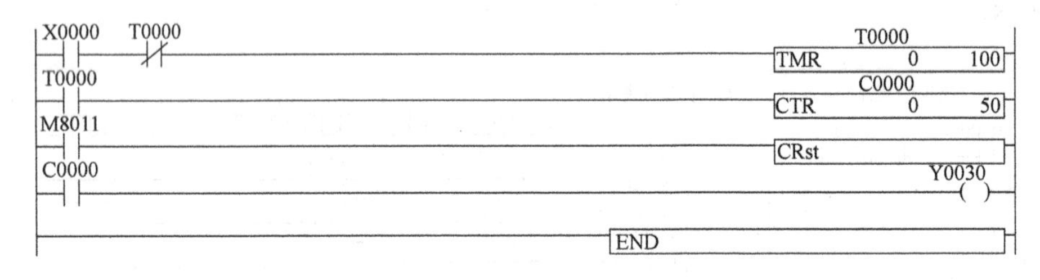

图 10-8 定时器与计数器组合长延时电路梯形图

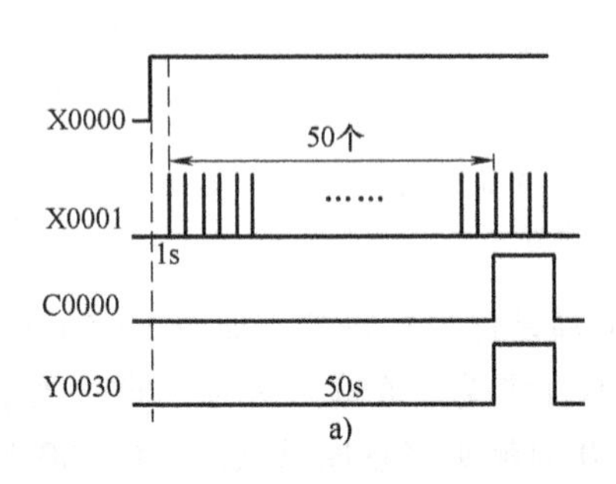


```
00000  LD    X0000
00001  ANI   T0000
00002  OUTT  T0000  100
00004  NOP
00005  LD    T0000
00006  LD    M8011
00007  OUTC  C0000  50
00009  LD    C0000
00010  OUT   Y0030
00011  END
```

b)

图 10-9 定时器与计数器组合长延时电路的时序图和语句表

a）时序图 b）语句表

※任务实施※

一、工作准备

1. 绘制电器元件布置图

绘制电器元件布置图如图 10-10 所示。

2. 绘制电路接线图

绘制电路接线图如图 10-11 所示。

3. 准备工具及材料

根据表 1-2 领取相应工具，根据表 10-2 PLC 控制七彩伞电路材料明细表领取材料。

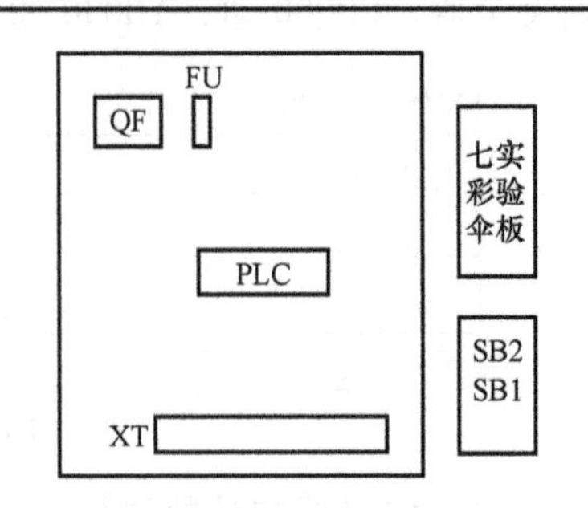

图 10-10 PLC 控制七彩伞电路电器元件布置图

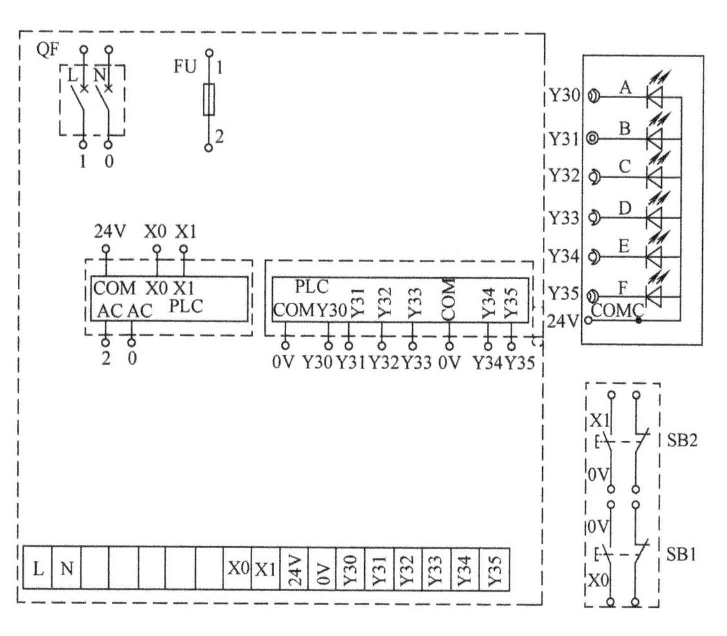

图 10-11　PLC 控制七彩伞电路接线图

表 10-2　PLC 控制七彩伞电路材料明细表

序号	代号	名称	型号	规格	数量
1	QF	断路器	DZ47—63	380V、20A、整定 10A	1
2	FU	熔断器	RT18—32	500V、配 2A 熔体	1
3	SB1、SB2	按钮	LA—18	5A	2
4		灯控板			1
5		计算机			1
6		接口单元			1
7		通信单元			1
8		可编程序控制器	NWOP30T—31 NWOE16R—3		1
9	XT	端子排	TB1510	600V、15A	1
10		控制板安装套件			1

二、实施步骤

1. 检测电器元件

按表 10-2 配齐所用电器元件，其各项技术指标均需符合规定要求，目测其外观无损坏，手动触头动作灵活，并用万用表进行质量检验，如不符合要求，则予以更换。

2. 安装电路

（1）安装电器元件　在控制板上按图 10-11 安装电器元件和走线槽，并贴上醒目的文字符号。其排列位置、相互距离，应符合要求。紧固力适当，无松动现象。实物布置图如图 10-12 所示。

（2）布线　在控制板上按照图 10-10 和图 10-11 进行板前线槽布线，并在导线两端套编码套管和冷压接线头，布线完成的电路板如图 10-13 所示。

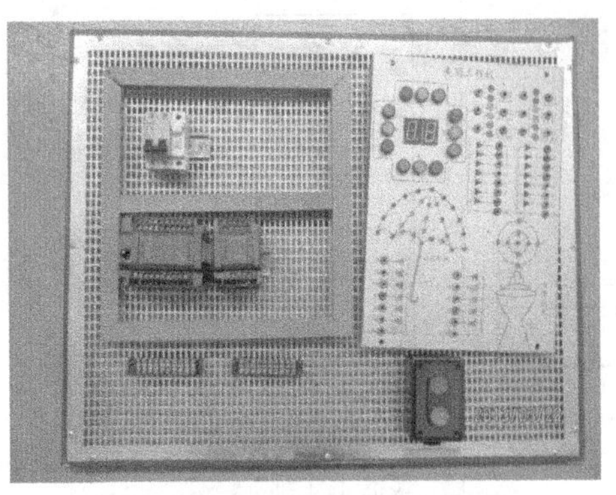

图 10-12　PLC 控制七彩伞电路电器元件实物布置图

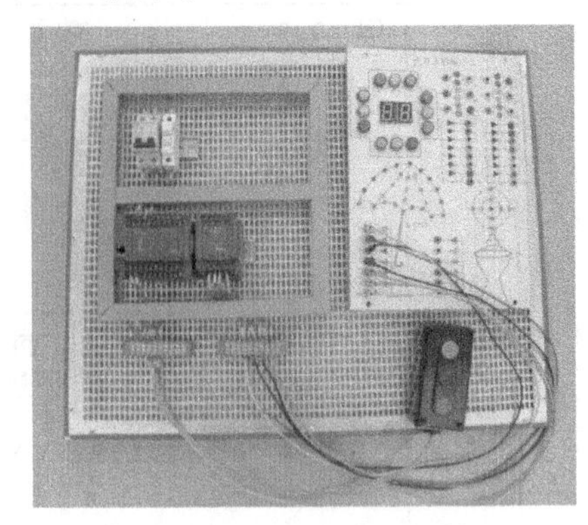

图 10-13　PLC 控制七彩伞电路板

3. 通电前检测

PLC 控制七彩伞电路检测方法见表 10-3。

表 10-3　PLC 控制七彩伞电路检测步骤表

步序	项　目	
1	输入电路	断开电源和主电路，测量控制电路 PLC 输入端 X0000、X0001 端子与 24V 电源引入端 24V 负极间的阻值
		分别按下两个按钮，测量控制电路 PLC 输入端 X0000、X0001 端子与电源引入端 24V 负极间的阻值
2	输出电路	PLC 输出 Y0030、Y0031、Y0032、Y0033、Y0034、Y0035 端子与电源引入端 24V 正极间的阻值
		PLC 输出公共端 COM 与电源引入端 24V 负极间的阻值
		PLC 的电源引入端 L 与 N 间的阻值

4. 通电调试

通电调试过程分为两大步：程序传送和功能调试。

（1）程序传送。请参考项目九任务二。

（2）功能调试。

1）单击 PLC Run/Stop 图标，让程序运行起来。

2）闭合低压断路器 QF2，按表 10-4 中的步骤进行调试。

表 10-4　调试步骤表

序号	操作内容	观察对象
1	按下起动按钮 SB1	程序界面的 7 个计数器状态；七彩伞的颜色变化
2	松开起动按钮 SB1	程序界面的 7 个计数器状态；七彩伞的颜色变化
3	按下停止按钮 SB2	程序界面的 7 个计数器状态；七彩伞的颜色变化

5. 整理现场

整理现场工具及电器元件，清理现场，根据工作过程填写任务单十六，整理工作资料。

※任务评价※

见任务单十六。

※任务拓展※

用一个按钮控制组合吊灯三档亮度，其时序图如图 10-14 所示。试用计数器指令编制程序并调试。

控制按钮
1
2
3
4
灯1
灯2
灯3

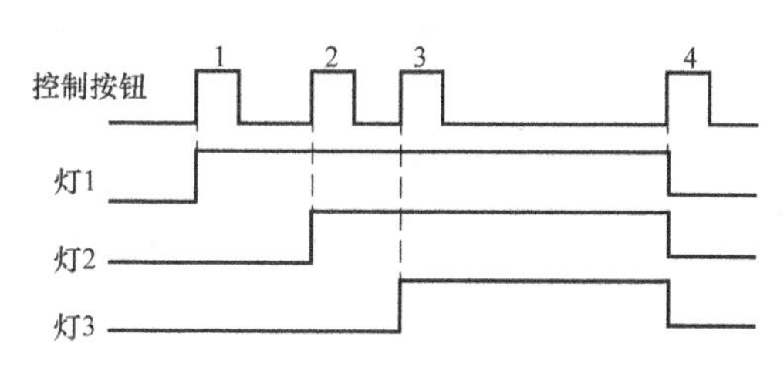

图 10-14　组合吊灯时序图

※巩固与提高※

一、操作练习题

安装、调试组合吊灯的 PLC 控制电路。

二、理论练习题

1. 简述计数器工作原理。
2. 分析图 10-15 所示梯形图，回答问题：

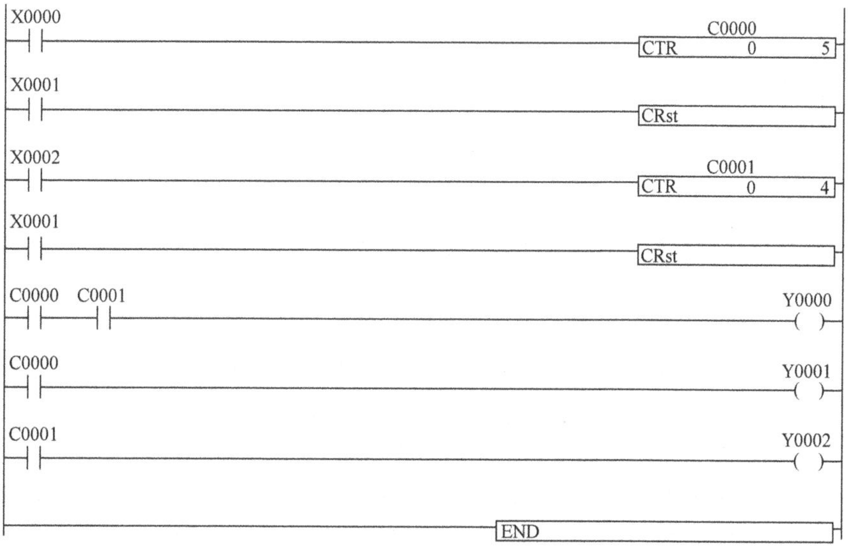

X0000
C0000
CTR
0
5
X0001
CRst
X0002
C0001
CTR
0
4
X0001
CRst
C0000
C0001
Y0000
C0000
Y0001
C0001
Y0002
END

图 10-15　梯形图

1）X0001 断开，X0000 输入 3 个脉冲，X0002 输入 4 个脉冲，则 Y0000、Y0001 和 Y0002 各为何种状态？

2）X0001 断开，X0000 输入 10 个脉冲，X0002 输入 4 个脉冲，则 Y0000、Y0001 和 Y0002 各为何种状态？

3）X0001 接通，X0000 输入 10 个脉冲，X0002 输入 4 个脉冲，则 Y0000、Y0001 和 Y0002 各为何种状态？

※任务小结※

任务二　PLC 控制天塔之光电路安装与调试

※任务目标※

1. 正确识读 PLC 控制天塔之光电路原理图。
2. 正确识读 PLC 控制天塔之光梯形图程序。
3. 学会使用 PLC 的数据传送指令、移位指令。
4. 正确安装、调试 PLC 控制天塔之光电路。

※任务描述※

由不同颜色的发光二极管 4E ~ 4A 按照一定顺序组合成天塔之光，运行 PLC，使其每隔 2s 依次闪烁，如图 10-16 所示。

※相关知识※

一、识读电路

如图 10-17 为 PLC 控制天塔之光电路原理图。按下起动按钮 SB1，发光二极管 4A 先亮，2s 后，发光二极管 4B 亮，之后每间隔 2s，发光二极管 4E ~ 4A 变换一个颜色，形成天塔之光闪烁状。按下停止按钮 SB2，天塔之光熄灭。

根据项目任务要求进行分析，归纳出电路中有两个输入设备：起动按钮 SB1，停止按钮 SB2；5 个输出设备：发光二极管 4A ~ 4E。PLC 的 I/O 地址分配表，如表 10-5 所示。

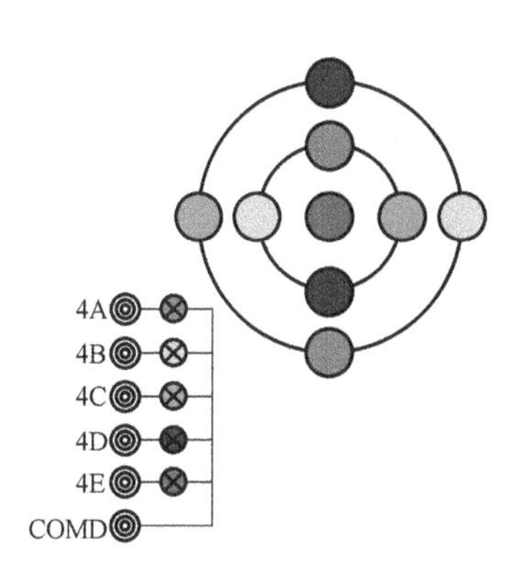

图 10-16 天塔之光平面布置图

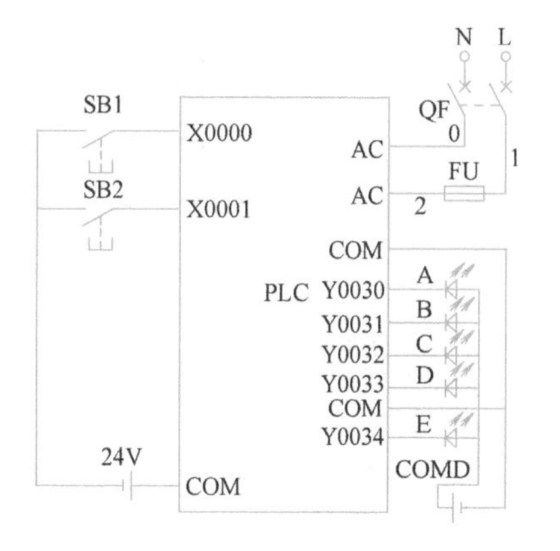

图 10-17 天塔之光电路原理图

表 10-5 I/O 地址分配表

输入设备	输入地址	输出设备	输出地址
起动按钮 SB1	X0000	发光二极管 4A	Y0030
停止按钮 SB2	X0001	发光二极管 4B	Y0031
		发光二极管 4C	Y0032
		发光二极管 4D	Y0033
		发光二极管 4E	Y0034

二、程序分析

1. 梯形图

原理分析：如图 10-18 所示，程序开始，利用 M8011 初始化脉冲，首先置位，将天塔中心的灯点亮，之后利用两个定时器，T0001 确定整个程序的运行周期时间 12s，T0000 确定不同颜色的发光二极管变换颜色的时间间隔为 2s。按下起动按钮 SB1，X0000 闭合，M0000 得电并保持，程序开始运行，定时器 T0000 每隔 2s 送出上升沿脉冲信号，示意 WY0000 移位，发光二极管颜色转换。

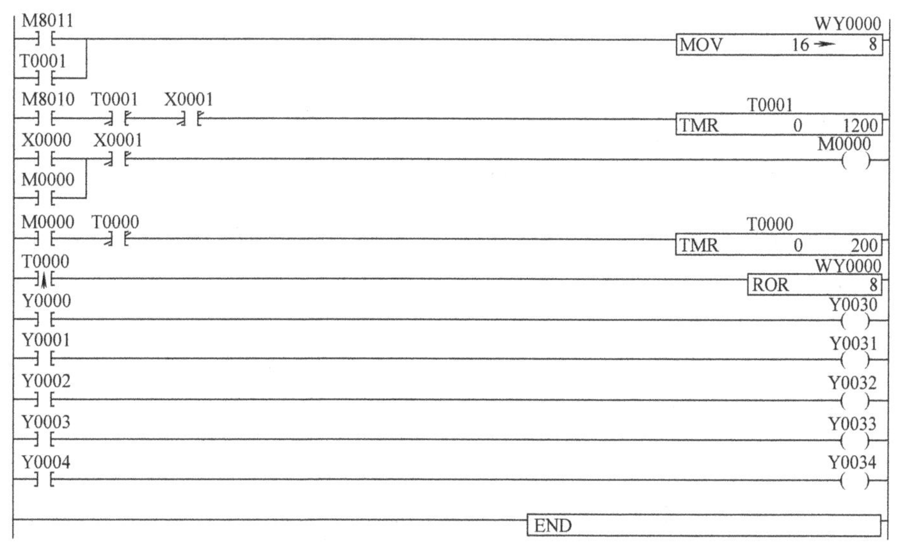

图 10-18 天塔之光梯形图

2. 语句表

与图 10-18 相对应的语句表如下：

```
00000  LD     M8011
00001  OR     T0001
00002  MOV    16      WY0000
00005  LD     M8010
00006  ANI    T0001
00007  ANI    X0001
00008  OUTT   T0001   1200
00010  LD     X0000
00011  OR     M0000
00012  ANI    X0001
00013  OUT    M0000
00014  LD     M0000
00015  ANI    T0000
00016  OUTT   T0000   200
00018  LD +   T0000
00020  ROR    WY0000
00022  LD     Y0000
00023  OUT    Y0030
00024  LD     Y0001
00025  OUT    Y0031
00026  LD     Y0002
00027  OUT    Y0032
00028  LD     Y0003
00029  OUT    Y0033
00030  LD     Y0004
00031  OUT    Y0034
00032  LD     Y0005
00033  OUT    Y0035
00034  END
```

三、相关指令

1. 16 位数据传送指令

（1）指令记号

MOV （FNC 020）

（2）符号

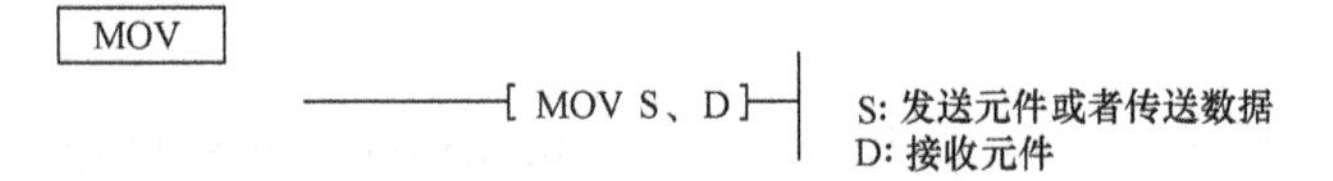

（3）功能

将由 S 指定的元件的 16 位数据或者常数数据传送到指定的元件。

活动 1：1）X0000 变为 ON 时，以二进制值传送 210 到 D9，如图 10-19 所示。

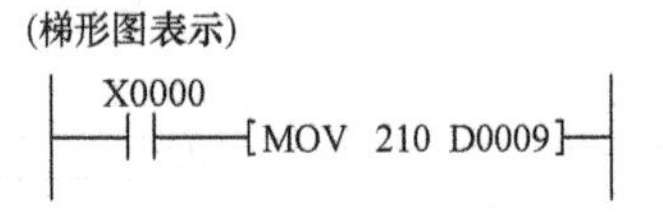

(助记符号表示)

步数	指令	元件		
0	LD	X0000		
1	MOV	K210	D0009	

K210 → 0 0 0 0 | 0 0 0 1 1 0 1 0 0 1 0

图 10-19 活动 1 的梯形图和指令 1

2）X0000 变为 ON 时，用 HEX（16 进制）值将 210 传送到 D9。如图 10-20 所示。

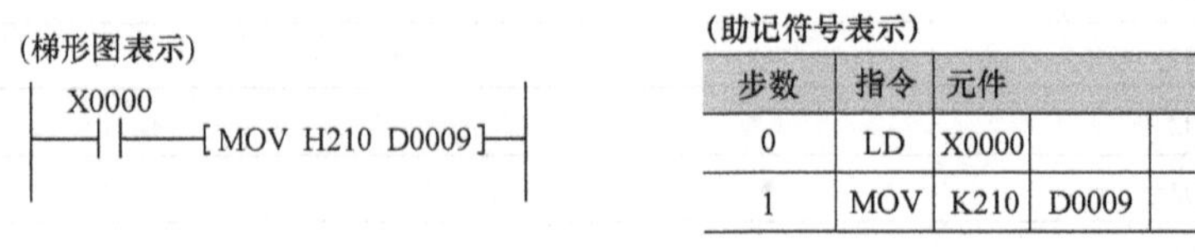

(助记符号表示)

步数	指令	元件		
0	LD	X0000		
1	MOV	K210	D0009	

0 2 1 0

K210 → 0 0 0 0 0 0 1 0 0 0 0 1 0 0 0 0

图 10-20 活动 1 的梯形图和指令 2

2. 16 位数据循环 1 位指令（不带进位标志）

（1）指令记号

ROR、ROL
(FNC052)(FNC053)

（2）符号

（3）功能

1）

ROR

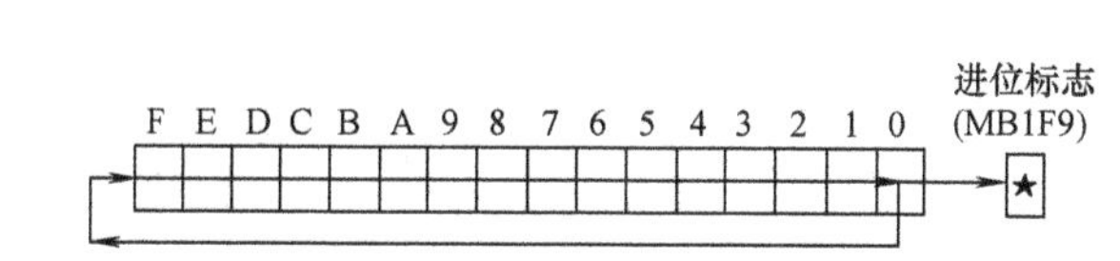

① 使指定元件 D 的数据，不带进位标志地右循环 1 位。

② 执行条件 ON 时，1 次扫描只向右循环 1 位。

③ 处理正常结束时，进位标志（MB1F9）是最后由 0 位移出的值（循环后的 F 位的值）。

2）

① 使指定元件 D 的数据，不带进位标志地向左循环 1 位。

② 执行条件 ON 时，1 次扫描只向左循环 1 位。

③ 处理正常结束时，进位标志（MB1F9）是最后由 F 位移出的值（循环后的 0 位的值）。

（4）执行条件　循环条件接点 ON 期间，每次扫描都执行运算。

活动 2： X0000 为 ON 时（上升），将 WY10 的数据向右循环 1 位，如图 10-21 所示。

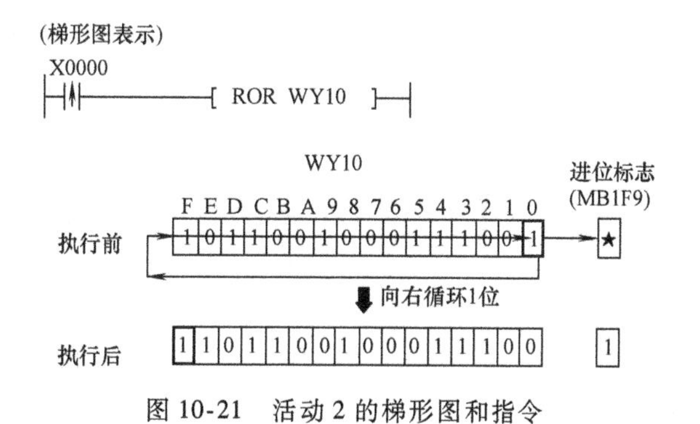

图 10-21　活动 2 的梯形图和指令

（助记符号表示）

步数	指令	元件		
0	LD↑	X0000		
2	ROR	WY10		

3. 位元件和字元件

位元件主要用于开关量信息的传递、变换及逻辑处理，它通常只有两种状态 ON（1）/OFF（0），如前面任务中介绍的输入继电器 X、输出继电器 Y。

字元件主要用于处理数值数据的元件。1 字节等于 16 位，位地址 X000～X00F 对应字地址 WX00；位地址 X010～X01F 对应字地址 WX01。

※任务实施※

一、工作准备

1. 绘制电器元件布置图

绘制电器元件布置图如图 10-22 所示。

2. 绘制电路接线图

绘制电路接线图如图 10-23 所示。

3. 准备工具及材料

根据表 1-2 领取相应工具，根据表 10-6 PLC 控制天塔之光电路材料明细表领取材料。

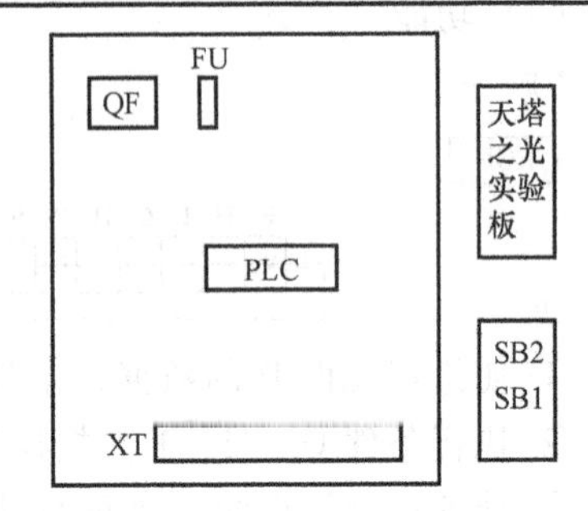

图 10-22　PLC 控制天塔之光电路电器元件布置图

表 10-6　PLC 控制天塔之光电路材料明细表

序号	代号	名称	型号	规格	数量
1	QF	断路器	DZ47—63	380V、20A、整定 10A	1
2	FU2	熔断器	RT18—32	500V、配 2A 熔体	1
3	SB1、SB2	按钮	LA—18	5A	2
4		灯控板			1
5		计算机			1
6		接口单元			1
7		通信单元			1
8		可编程序控制器	NWOP30T—31 NWOE16R—3		1
9		控制板安装套件			1

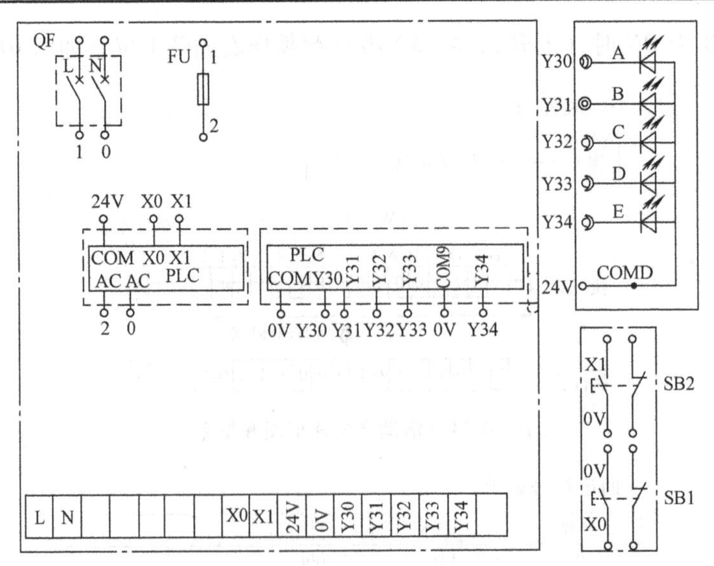

图 10-23　PLC 控制天塔之光电路接线图

二、实施步骤

1. 检测电器元件

按表 10-5 配齐所用电器元件，其各项技术指标均需符合规定要求，目测其外观无损坏，手动触头动作灵活，并用万用表进行质量检验，如不符合要求，则予以更换。

2. 安装电路

（1）安装电器元件　在控制板上按图 10-22 安装电器元件和走线槽，并贴上醒目的文字符号。其排列位置、相互距离，应符合要求。紧固力适当，无松动现象。电器元件布置完成后的电路板如图 10-24 所示。

（2）布线　在控制板上按照图 10-22 和图 10-23 进行板前线槽布线，并在导线两端套编码套管和冷压接线头。如图 10-25 所示。

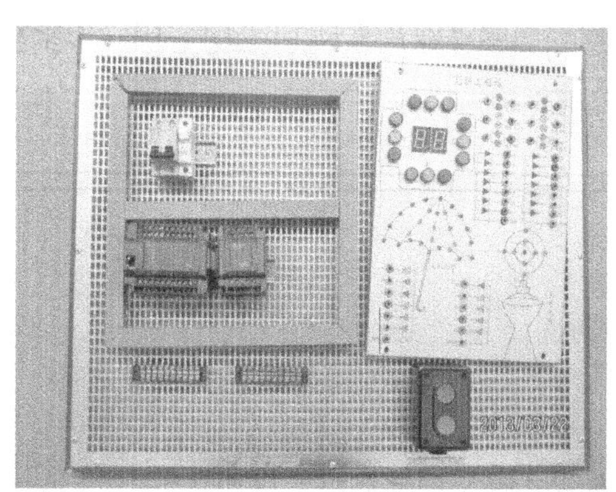

图 10-24　PLC 控制天塔之光电路电器元件实物布置图

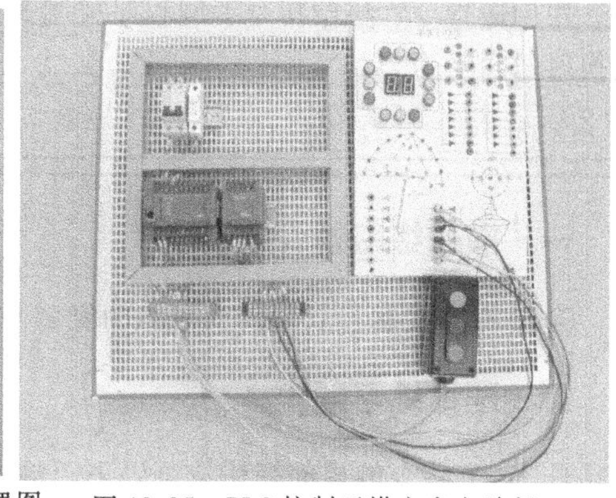

图 10-25　PLC 控制天塔之光电路板

3. 通电前检测

PLC 控制天塔之光电路检测方法见表 10-7。

表 10-7　PLC 控制天塔之光电路检测步骤表

步序	项目	
1	输入电路	断开电源和主电路，测量控制电路 PLC 输入端 X0000、X0001 端子与 24V 电源引入端 24V－间的阻值
		分别按下两个按钮，测量控制电路 PLC 输入端 X0000、X0001 端子与电源引入端 24V－间的阻值
2	输出电路	PLC 输出 Y0030、Y0031、Y0032、Y0033、Y0034 端子与电源引入端 24V＋间的阻值
		PLC 输出公共端 COM 与电源引入端 24V－间的阻值
		PLC 的电源引入端 L 与 N 间的阻值

4. 通电调试

通电调试过程分为两大步：程序传送和功能调试。

（1）程序传送。请参考项目九任务二。

（2）功能调试。

1）单击 PLC Run/Stop 图标，让程序运行起来。

2）闭合低压断路器 QF，按表 10-8 中的步骤进行调试。

表 10-8 调试步骤表

序号	操作内容	观察对象
1	按下起动按钮 SB1	程序界面的定时器状态；天塔之光彩灯的颜色变化
2	按下停止按钮 SB2	程序界面的定时器状态；天塔之光彩灯的颜色变化

5. 整理现场

整理现场工具及电器元件，清理现场，根据工作过程填写任务单十七，整理工作资料。

※任务评价※

见任务单十七。

※任务拓展※

用传送指令、移位指令编制程序控制 3 种不同颜色的背景灯 L1、L2、L3，循环点亮，变换时间间隔为 2s。

※巩固与提高※

一、操作练习题

完成 PLC 控制背景灯转换电路的安装与调试。

二、理论练习题

1. MOV 指令的目的操作数可以采用输入继电器 X 的常数吗？为什么？
2. MOV 指令驱动输出，如何复位？
3. 移位指令的基本功能是什么？简述它的现实用途。
4. 分析图 10-26 所示梯形图，Y0000 经多长时间输出一次，并写出语句表。

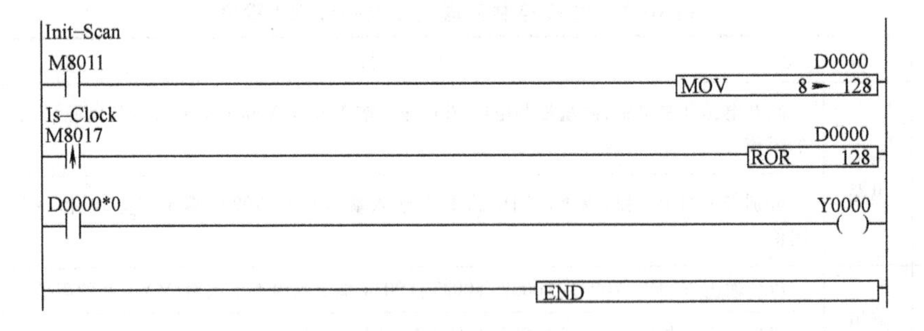

图 10-26 梯形图 1

※任务小结※

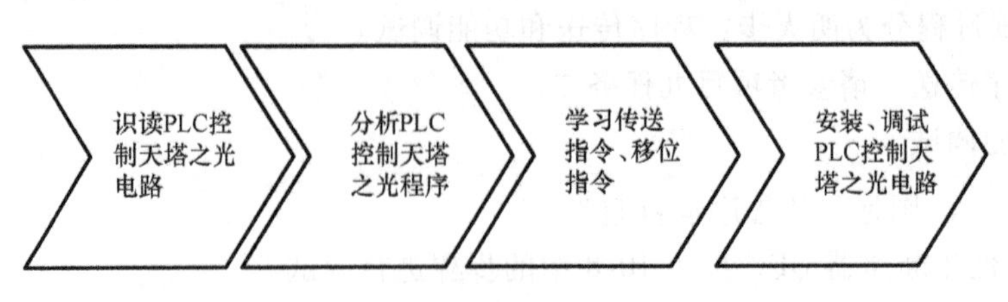

项目十一 PLC控制七段数码管电路安装与调试

※任务目标※

1. 学会使用 PLC 的数据比较指令。
2. 正确识读 PLC 控制七段数码管电路梯形图程序。
3. 正确安装、调试 PLC 控制七段数码管电路。

※任务描述※

某一活动需要一计时牌，其要求：

1）按起动按钮 SB1，由 LED 数码管组成的七段数码管循环显示。

2）LED 数码管组成的七段数码管按照数字 1 ~ 9 的方式循环显示，显示的时间间隔为 1s。七段数码管平面布置图如图 11-1 所示。

3）按停止按钮 SB2，LED 数码管停止循环无显示。

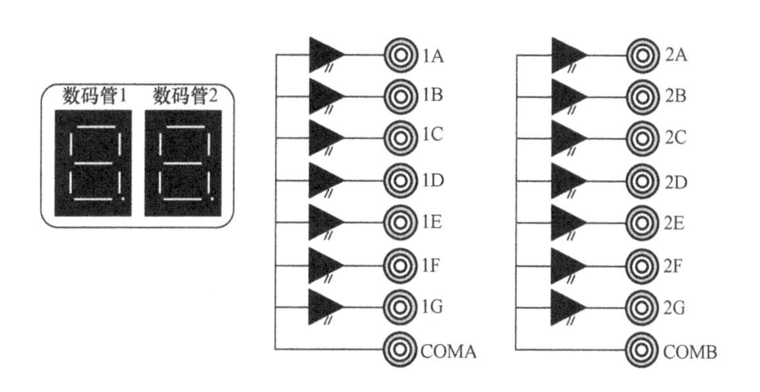

图 11-1　七段数码管平面布置图

※相关知识※

一、硬件电路分析

如图 11-2 所示，PLC 控制七段数码管电路中，有 2 个输入设备：起动按钮 SB1，停止按钮 SB2；7 个输出设备：LED 数码管的 a ~ g。PLC 的 I/O 地址分配表如表 11-1 所示。

表 11-1　I/O 地址分配表

输入设备	输入地址	输出设备	输出地址
SB1	X0000	A	Y0030
SB2	X0001	B	Y0031

（续）

输入设备	输入地址	输出设备	输出地址
		C	Y0032
		D	Y0033
		E	Y0034
		F	Y0035
		G	Y0036

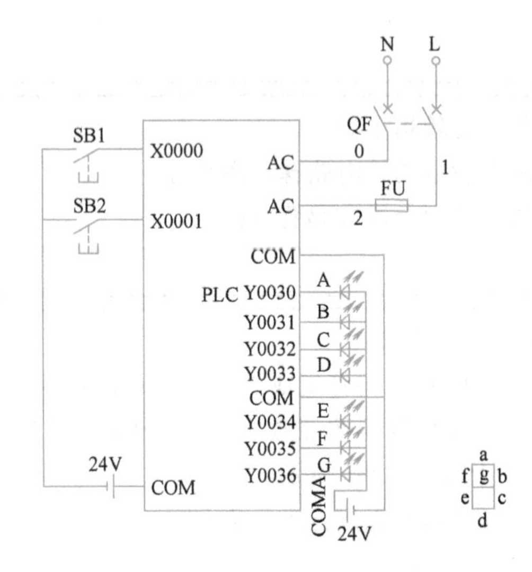

图 11-2　PLC 控制七段数码管电路原理图

二、程序分析

1. 数码管真值表

数码管真值表如表 11-2 所示。

表 11-2　数码管真值表

序号	A	B	C	D	E	F	G
1	0	1	1	0	0	0	0
2	1	1	0	1	1	0	1
3	1	1	1	1	0	0	1
4	0	1	1	0	0	1	1
5	1	0	1	1	0	1	1
6	1	0	1	1	1	1	1
7	1	1	1	0	0	0	0
8	1	1	1	1	1	1	1
9	1	1	1	1	0	1	1

2. PLC 控制七段数码管梯形图

PLC 控制七段数码管梯形图如图 11-3 所示。

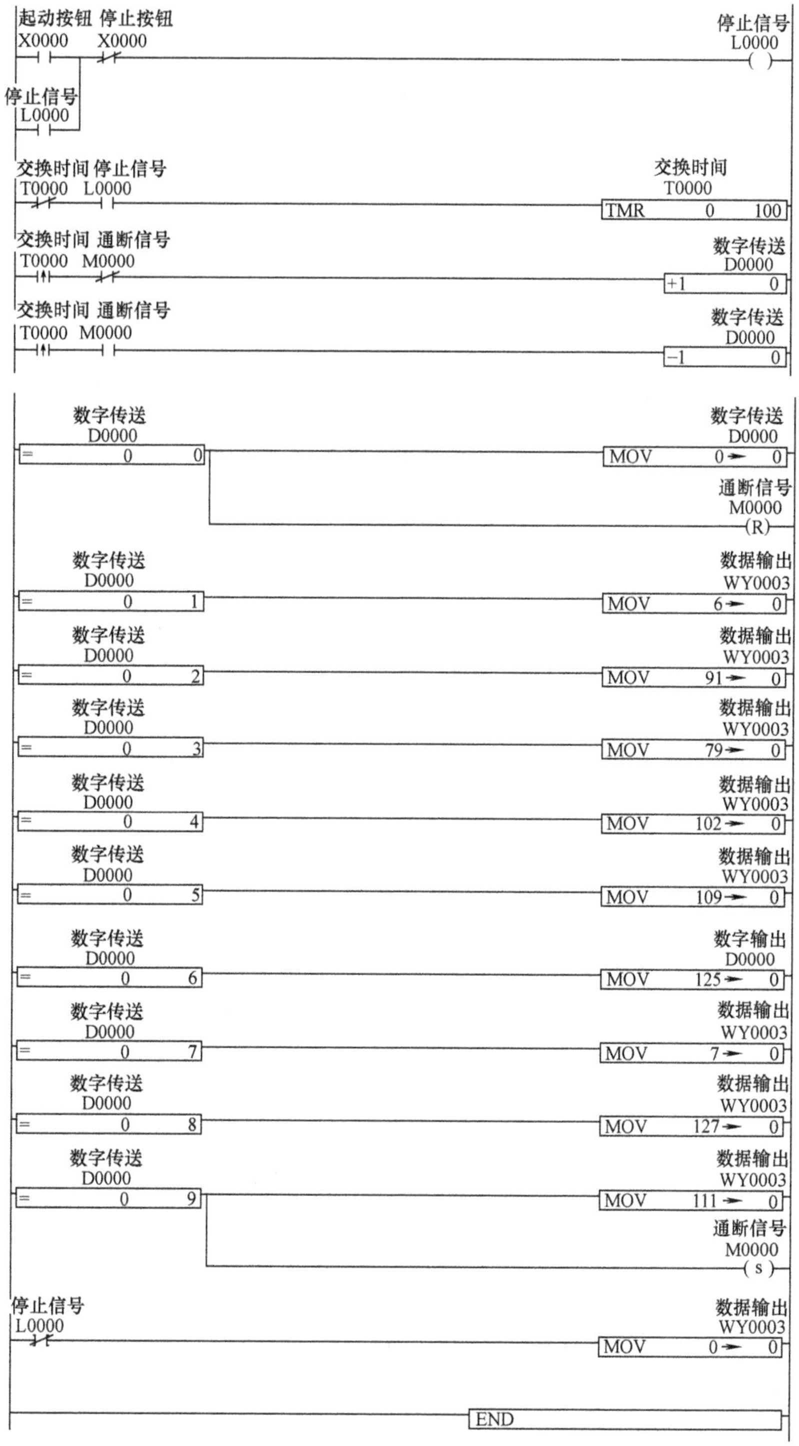

起动按钮 停止按钮 停止信号
X0000 X0000 L0000
停止信号
L0000

交换时间 停止信号 交换时间
T0000 L0000 T0000
TMR 0 100

交换时间 通断信号 数字传送
T0000 M0000 D0000
+1 0

交换时间 通断信号 数字传送
T0000 M0000 D0000
−1 0

数字传送 数字传送
D0000 D0000
= 0 0 MOV 0 → 0
通断信号
M0000
(R)

数字传送 数据输出
D0000 WY0003
= 0 1 MOV 6 → 0

数字传送 数据输出
D0000 WY0003
= 0 2 MOV 91 → 0

数字传送 数据输出
D0000 WY0003
= 0 3 MOV 79 → 0

数字传送 数据输出
D0000 WY0003
= 0 4 MOV 102 → 0

数字传送 数据输出
D0000 WY0003
= 0 5 MOV 109 → 0

数字传送 数字输出
D0000 D0000
= 0 6 MOV 125 → 0

数字传送 数据输出
D0000 WY0003
= 0 7 MOV 7 → 0

数字传送 数据输出
D0000 WY0003
= 0 8 MOV 127 → 0

数字传送 数据输出
D0000 WY0003
= 0 9 MOV 111 → 0
通断信号
M0000
(s)

停止信号 数据输出
L0000 WY0003
MOV 0 → 0

END

图 11-3 PLC 控制七段数码管梯形图

3. 语句表

与图 11-3 相对应的语句表如下：

```
00000 LD     X0000
00001 OR     L0000
00002 ANI    X0001
00003 OUT    L0000
00004 LDI    T0000
00005 AND    L0000
00006 OUTT   T00000    100
00008 LD +   T0000
00010 ANI    M0000
00011 INC    D0000
00013 LD +   T0000
00015 AND    M0000
00016 DEC    D0000
00018 LD =   D0000     0
00021 MOV    0         D0000
00024 RST    M0000
00025 LD =   D0000     1
00028 MOV    6         WY0003
00031 LD =   D0000     2
000034 MOV   91        WY0003
00037 LD =   D0000     3
00040 MOV    79        WY0003
00043 LD =   D0000     4
00046 MOV    102       WY0003
00049 LD =   D0000     5
00052 MOV    109       WY0003
00055 LD =   D0000     6
00058 MOV    125       WY0003
00061 LD =   D0000     7
00064 MOV    7         WY0003
00067 LD =   D0000     8
00070 MOV    127       WY0003
00073 LD =   D0000     9
00076 MOV    111       WY0003
00079 SET    M0000
00080 LDI    L0000
00081 MOV    0         WY0003
00084 END
```

二、相关指令

1. 加 1 指令

加 1 指令的功能是将指定的目标组件［D］的内容加 1，如图 11-4 所示，X0010 在 OFF→ON 上升沿变化时，则执行一次加 1 运算，将 D0001 中原来的内容加 1，结果存储于 D0001 中。

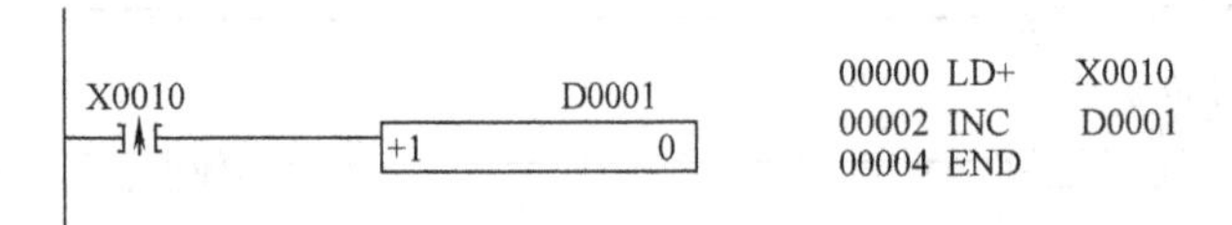

图 11-4　加 1 指令用法

2. 减 1 指令

减 1 指令的功能是将指定的目标组件［D］的内容减 1，如图 11-5 所示，X0010 在 OFF→ON 上升沿变化时，则执行一次减 1 运算，将 D0010 中原来的内容减 1，结果存储于 D0010 中。

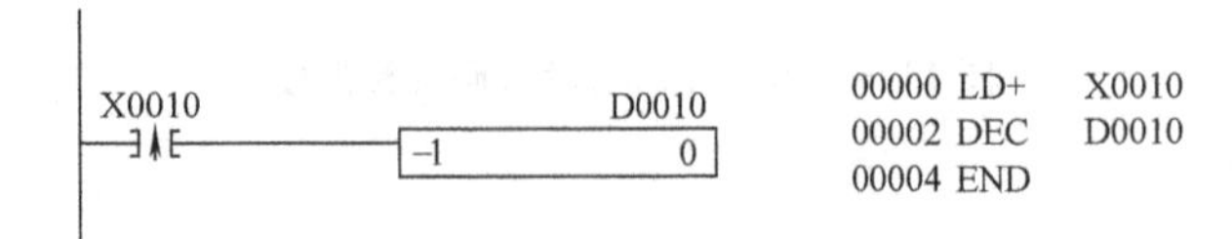

图 11-5　减 1 指令用法

3. 16位数据比较指令

（1）记号

LD = 、 AND = 、 OR = 、 LD < > 、 AND < > 、 OR < >

（2）符号

LD= ⊢[=S1、S2]⊣　AND= ─[=S1、S2]─　OR= └[=S1、S2]┘

LD<> ⊢[<>S1、S2]⊣　AND<> ─[<>S1、S2]─　OR<> └[<>S1、S2]┘

S1、S2：比较的数据

（3）功能　比较运算的结果如表11-3所示。

表11-3　比较运算

指令符号	条件及运算结果	指令符号	条件及运算结果
LD =	S1 = S2 时导通	LD < >	S1 ≠ S2 时导通
AND =	S1 = S2 时导通	AND < >	S1 ≠ S2 时导通
OR =	S1 = S2 时导通	OR < >	S1 ≠ S2 时导通

注：S1、S2 范围为 -32768 ~ 32767。

（4）执行条件　每次扫描时执行。

（5）程序举例

活动1： LD = 　WX00 的数据不断与 D0000 的数据进行比较，二者一致时 Y01F 变为 ON。

（梯形图表示）

0 ─[= WX00 D0000]──(Y01F)─

（助记符号表示）

步数	指令	元件	
0	LD =	WX00	D0000
3	OUT	Y01F	

活动2： AND = 　X000 变为 ON 后，D0001 与 D0002 的数据作比较。二者一致时，Y010 变为 ON。

（梯形图表示）

0 ─| X000 |─[=D0001 D0002]──(Y010)─

（助记符号表示）

步数	指令	元件	
0	LD =	X000	
1	AND =	D0001	D0002
4	OUT	Y010	

活动3： OR = 　D0000 的数据为100（BIN值）时，或者 D0001 与 D0002 的数据一致时，Y010 变为 ON。

（梯形图表示）

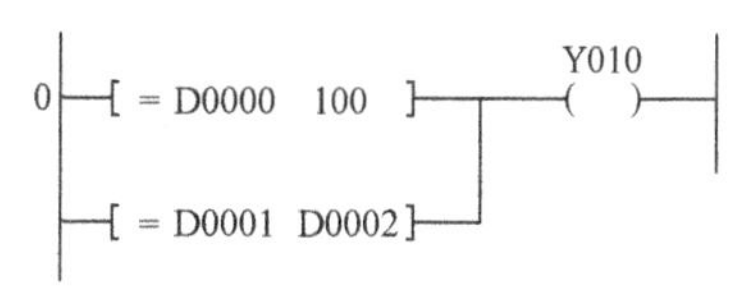

（助记符号表示）

步数	指令	元件	
0	LD =	D0000	K100
3	OR =	D0001	D0002
6	OUT	Y010	

活动 4： LD < >　WX00 的数据与 WX01 的数据不断进行比较，不一致时 Y030 变为 ON。

(梯形图表示)

0 ─[<> WX00 WX01]─(Y030)─

(助记符号表示)

步数	指令	元件		
0	LD < >	WX00	WX01	
3	OUT	Y030		

活动 5： AND < >　OR < >　X000 变为 ON，D0000 与 D0001 的数据不一致时或者 C000（计数器的现在值）不为 0 时，Y01F 变为 ON。

(梯形图表示)

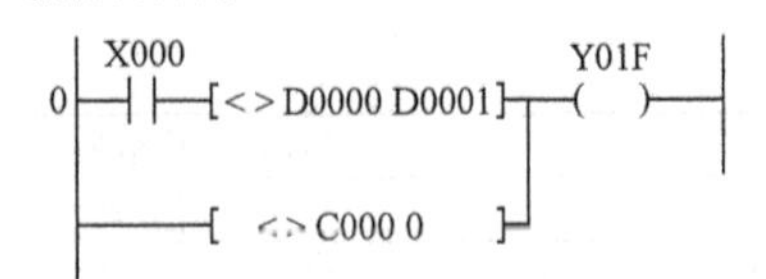

(助记符号表示)

步数	指令	元件		
0	LD =	X000		
1	AND < >	D0000	D0001	
4	OR < >	D000	K0	
7	OUT	Y01F		

※任务实施※

一、工作准备

1. 绘制电器元件布置图

绘制电器元件如图 11-6 所示。

2. 绘制电路接线图

绘制电路接线图如图 11-7 所示。

3. 准备工具及材料

根据表 1-2 领取相应工具。根据表 11-4 PLC 控制七段数码管电路材料明细表领取材料。

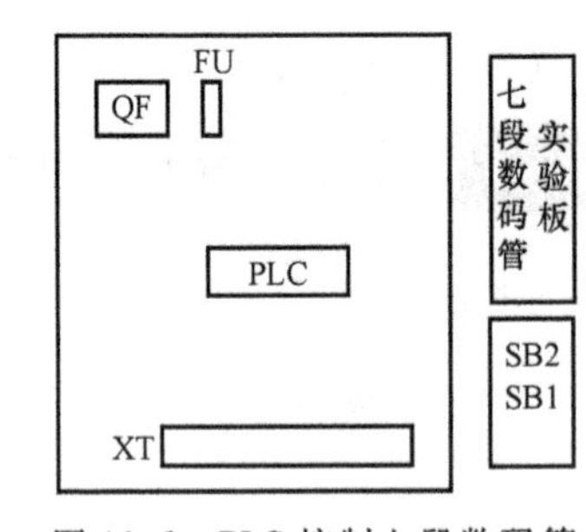

图 11-6　PLC 控制七段数码管电路电器元件布置图

表 11-4　PLC 控制七段数码管电路材料明细表

序号	代号	名称	型号	规格	数量
1	QF	断路器	DZ47—63	380V、20A、整定 10A	1
2	FU	熔断器	RT18—32	500V、配 2A 熔体	1
3	SB1、SB2	按钮	LA—18	5A	2
4		灯控板			1
5		计算机			1
6		接口单元			1
7		通信单元			1
8		可编程序控制器	NWOP30T—31 NWOE16R—3		1
9		控制板安装套件			1

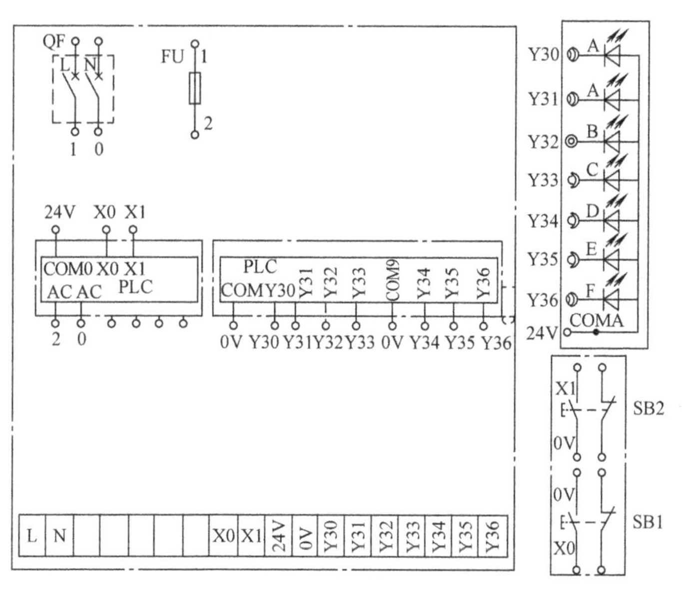

图 11-7　PLC 控制七段数码管电路接线图

二、实施步骤

1. 检测电器元件

按表 11-4 配齐所用电器元件，其各项技术指标均需符合规定要求，目测其外观无损坏，手动触头动作灵活，并用万用表进行质量检验，如不符合要求，则予以更换。

2. 安装电路

（1）安装电路元件　在控制板上按图 11-6 安装电器元件和走线槽，并贴上醒目的文字符号。其排列位置、相互距离，应符合要求。紧固力适当，无松动现象。实物布置图如图 11-8 所示。

（2）布线　在控制板上按照图 11-6 和图 11-7 进行板前线槽布线，并在导线两端套编码套管和冷压接线头。布线完成后的电路板如图 11-9 所示。

3. 通电前检测

PLC 控制七段数码管电路检测方法见表 11-5。

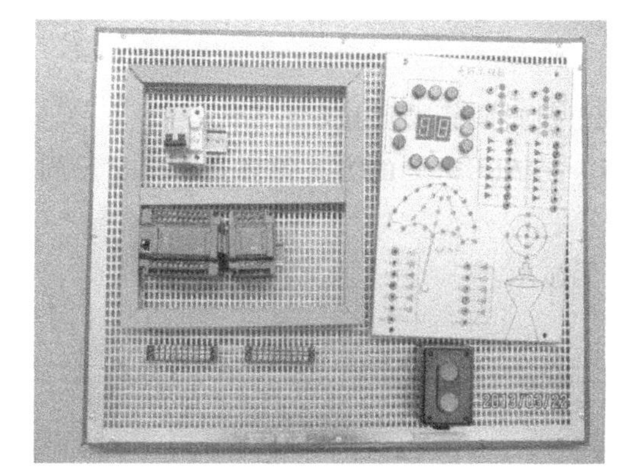

图 11-8　PLC 控制七段数码管电路电器元件实物布置图

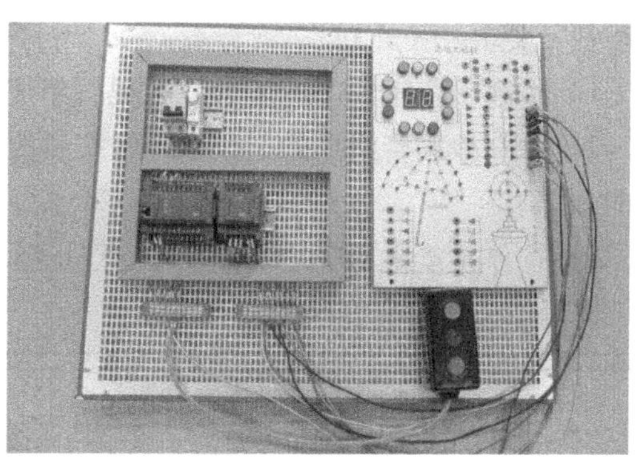

图 11-9　PLC 控制七段数码管电路板

表 11-5　PLC 控制七段数码管电路检测步骤表

步序	项目	
1	输入电路	断开电源和主电路，测量控制电路 PLC 输入端 X0000、X0001 端子与 24V 电源引入端 24V－间的阻值
		分别按下两个按钮，测量控制电路 PLC 输入端 X0000、X0001 端子与电源引入端 24V－间的阻值
2	输出电路	PLC 输出 Y0030、Y0031、Y0032、Y0033、Y0034、Y0035、Y0036 端子与电源引入端 24V＋间的阻值
		PLC 输出公共端 COM 与电源引入端 24V－间的阻值
		PLC 的电源引入端 L 与 N 间的阻值

4. 通电调试

通电调试过程分为两大步：程序传送和功能调试。

（1）程序传送请参考项目九任务二。

（2）功能调试。

1）单击 PLC Run/Stop 图标，让程序运行起来。

2）闭合低压断路器 QF2，按表 11-6 中的步骤进行调试。

表 11-6　调试步骤表

序号	操作内容	观察对象
1	按下起动按钮 SB1	七段数码管的数字显示
2	按下停止按钮 SB2	七段数码管的数字显示

5. 整理现场

整理现场工具及电器元件，清理现场，根据工作过程填写任务单十八，整理工作资料。

※任务评价※

见任务单十八。

※任务拓展※

设计并安装、调试由 LED 数码管组成的七段数码管循环显示的另一方式（注：采用 PLC 控制完成）。

任务要求：

1）按起动按钮 SB1，由 LED 数码管组成的七段数码管循环显示。

2）LED 数码管组成的七段数码管按照数字 1～9ABCDEF 的方式循环显示。显示间隔时间为 2s。

3）按停止按钮 SB2，LED 数码管停止循环无显示。

※巩固与提高※

一、操作练习题

设计并安装、调试由 LED 数码管组成的七段数码管循环显示的另一方式。（注：采用

PLC 控制完成)

二、理论练习题

1. 数据加 1 减 1 指令的基本功能是什么？叙述它的使用意义。

2. 富士 SPB 系列 PLC 数据传送比较指令有哪些？简述这些指令的编号、功能、操作数范围等。

3. 分析图 11-10 中，PLC 的输出端 Y0000、Y0001、Y0002、Y0003 的状态并写出语句表。

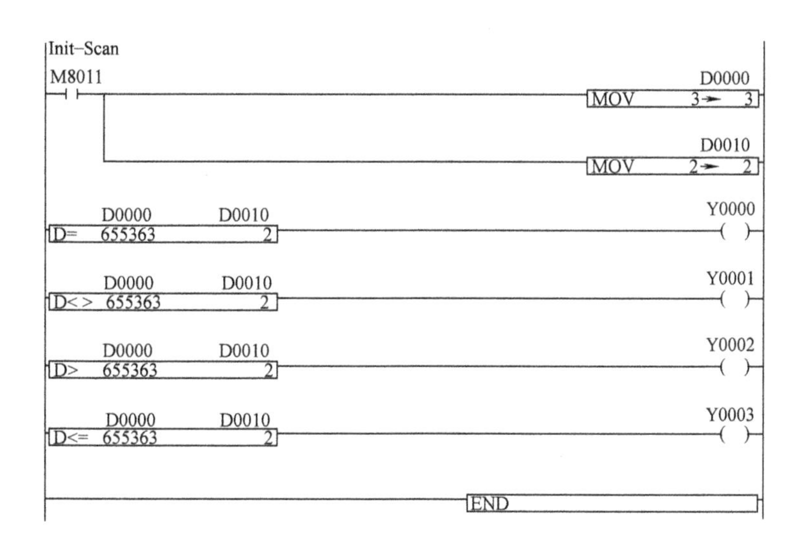

图 11-10 梯形图 2

4. 3 个电动机相隔 5s 起动，各运行 10s 停止，循环往复。使用传送比较指令完成控制要求。

5. 用传送与比较指令做简易 4 层升降机的自动控制。要求：

1）只有在升降机停止时，才能呼叫升降机。

2）只能接受一层呼叫信号，先按者优先，后按者无效。

3）上升或下降或停止自动判别。

※任务小结※

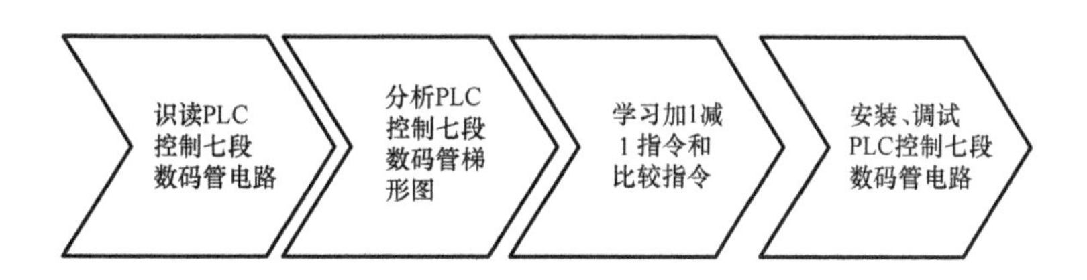

※单元知识小结※

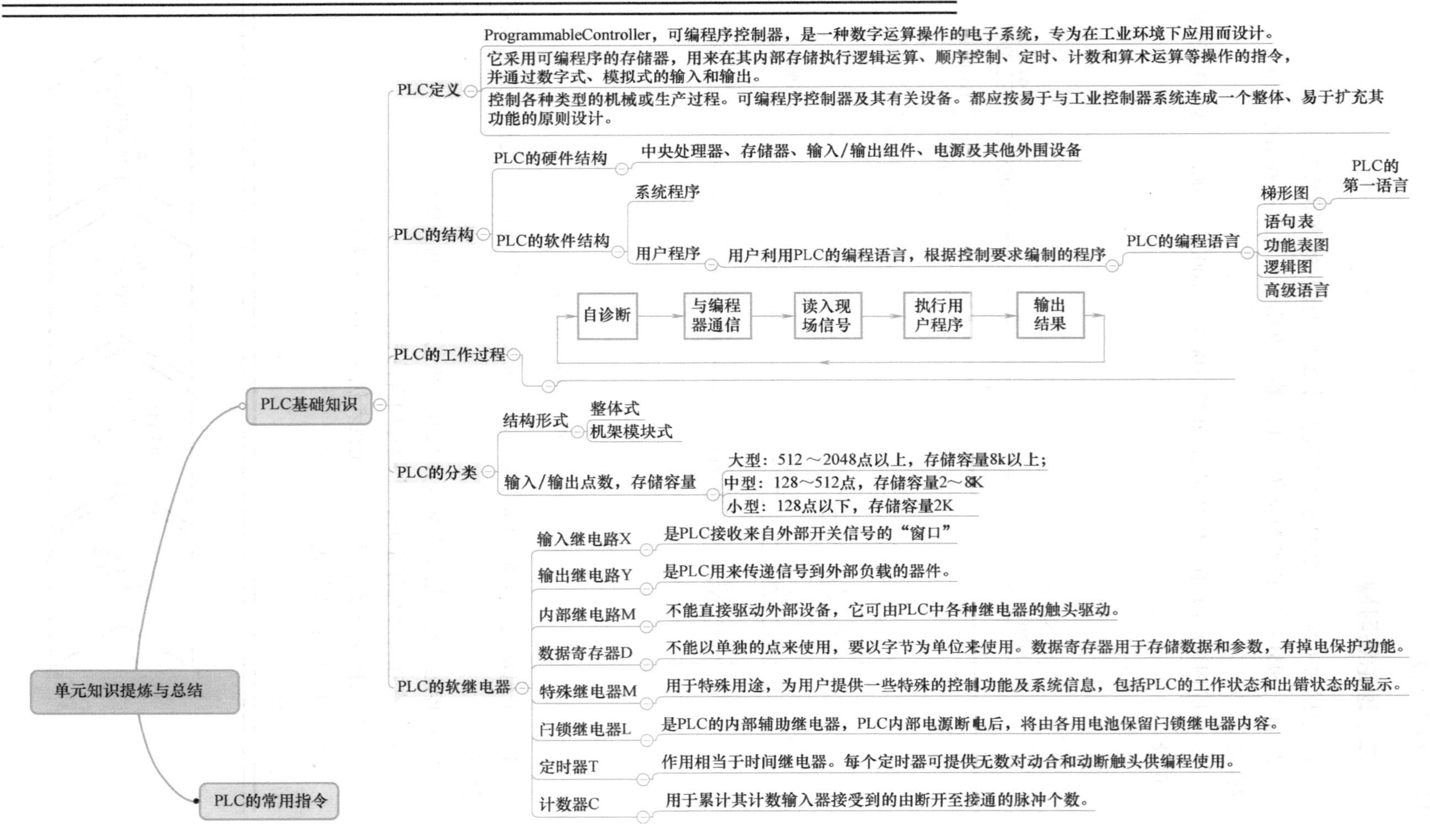

单元知识提炼与总结
PLC基础知识
PLC的常用指令
PLC定义
ProgrammableController，可编程序控制器，是一种数字运算操作的电子系统，专为在工业环境下应用而设计。
它采用可编程序的存储器，用来在其内部存储执行逻辑运算、顺序控制、定时、计数和算术运算等操作的指令，并通过数字式、模拟式的输入和输出。
控制各种类型的机械或生产过程。可编程序控制器及其有关设备。都应按易于与工业控制器系统连成一个整体、易于扩充其功能的原则设计。
PLC的结构
PLC的硬件结构
中央处理器、存储器、输入/输出组件、电源及其他外围设备
PLC的软件结构
系统程序
用户程序
用户利用PLC的编程语言，根据控制要求编制的程序
PLC的编程语言
梯形图
PLC的第一语言
语句表
功能表图
逻辑图
高级语言
PLC的工作过程
自诊断
与编程器通信
读入现场信号
执行用户程序
输出结果
PLC的分类
结构形式
整体式
机架模块式
输入/输出点数，存储容量
大型：512～2048点以上，存储容量8k以上；
中型：128～512点，存储容量2～8K
小型：128点以下，存储容量2K
PLC的软继电器
输入继电路X
是PLC接收来自外部开关信号的“窗口”
输出继电路Y
是PLC用来传递信号到外部负载的器件。
内部继电路M
不能直接驱动外部设备，它可由PLC中各种继电器的触头驱动。
数据寄存器D
不能以单独的点来使用，要以字节为单位来使用。数据寄存器用于存储数据和参数，有掉电保护功能。
特殊继电器M
用于特殊用途，为用户提供一些特殊的控制功能及系统信息，包括PLC的工作状态和出错状态的显示。
闩锁继电器L
是PLC的内部辅助继电器，PLC内部电源断电后，将由各用电池保留闩锁继电器内容。
定时器T
作用相当于时间继电器。每个定时器可提供无数对动合和动断触头供编程使用。
计数器C
用于累计其计数输入器接受到的由断开至接通的脉冲个数。

- 单元知识提炼与总结
  - PLC常用指令
    - PLC常用基本指令
      - 逻辑运算开始指令
        - LD常开触头与母线相连
        - LDI常闭触头与母线相连
      - 线圈驱动指令
        - OUT输出到线圈
      - 触头串连指令
        - AND常开触头的串连
        - ANI常闭触头的串连
      - 触头并连指令
        - OR常开触头的并连
        - ORI常闭触头的并连
      - 结束指令
        - END用来作为程序的结束标志
      - 块指令
        - ANB并联电路块的串联
        - ORB串联电路块的并联
      - 堆栈指令
        - MPS进栈指令、MDR读栈指令、MPP出栈指令
      - 定时器指令T
        - 10ms以及1ms单位的定时器，为加法定时器
      - 计数器指令C
        - 加法计数器，数据为二进制数，计数范围0～32767
    - PLC常用功能指令
      - 16位传送指令MOV
        - 将由S指定的元件的16位数据或者常数数据传送到指定的元件。
      - 16位数据循环1位指令ROR/ROL
        - 是指令元件[D]的数据，不带进位标志向右/向左循环1位
      - 接点比较LD=指令
        - 连接母线形接点，当[SI(.)]=[S2(.)]时接通
      - 加一/减一指令
        - 将指定的目标组件[D]的内容加1/减1，并储存结果
  - PLC基础知识

学习单元三

UNIT 3

变频器控制电路

单元概要描述

本单元以电梯门电机为载体，以变频器控制电路的安装、调试任务为主线，引导学生认识变频器，学习变频器面板控制三相异步电动机起动电路、变频器端口控制三相异步电动机起动电路、变频器控制三相异步电动机调速控制等电路工作原理，学会正确安装、调试变频器控制电路，并能进行简单故障的处理。

项目十二
变频器控制电路安装与调试

任务一　认识变频器

※任务目标※

1. 了解变频器的概念及发展。
2. 掌握变频器的组成及各部分的作用。
3. 初步了解变压变频调速的概念。
4. 理解变频调速的原理。

※任务描述※

企业车间升级改造要引进一批变频器，其型号为V1000系列，如图12-1所示。要使用它进行一系列电气控制线路的改造及其一些典型变频器控制线路的制作。本次任务是认识、了解变频器，熟悉V1000变频器的基本组成，性能指标。

※相关知识※

1. 什么是变频器

变频器是利用电力半导体器件的通断作用将工频电源变换为另一频率的电能控制装置。它主要由两部分电路构成，一是主电路（整流器、中间电路和逆变器），二是控制电路（开关电源板、控制电路板）。CPU就安装在控制电路板上，变频器的操作软件烧录在CPU上，同一型号的变频器软件是固定的，惟一例外的就是三晶变频器，软件可根据使用需求更改。

图12-1　V1000系列变频器

2. 变频器的结构

变频器通常包含4个组成部分：整流器（Rectifier）、中间电路、逆变器（Inverter）和控制电路，如图12-2所示。其中，整流器、中间电路和逆变器构成了变频器的主电路。图12-3为变频器内部电路图。

整流器将输入的交流电转换为直流电，逆变器将直流电再转换成所需频率的交流电。中间电路的作用有三点：

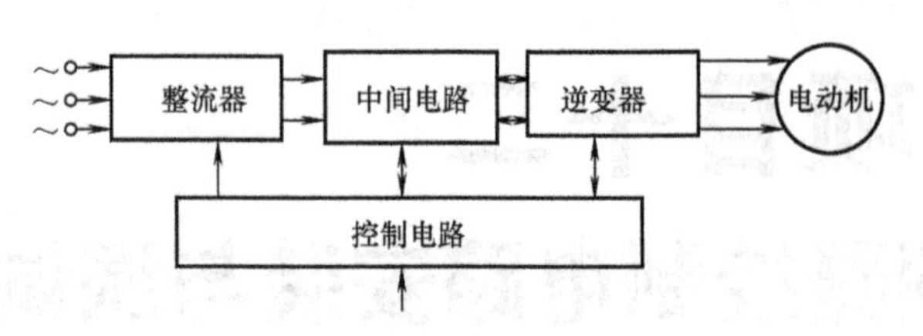

图 12-2 变频器结构框图

1）使脉动的直流电压变得稳定或平滑，供逆变器使用；

2）通过开关电源为各个控制线路供电；

3）可以配置滤波或制动装置以提高变频器性能。

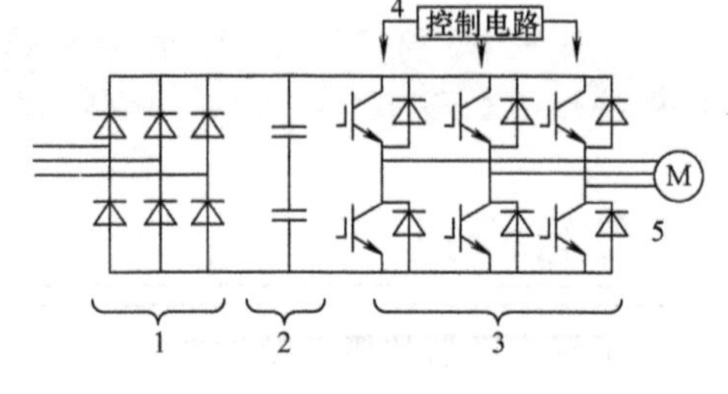

图 12-3 变频器内部电路图

1—整流环节 2—滤波环节

3—逆变环节 4—控制环节 5—负载

控制电路将信号传送给整流器、中间电路和逆变器，同时也接收来自这些部分的信号，其主要组成部分是输出驱动电路、操作控制电路。主要功能有：

1）利用信号来开关逆变器的半导体器件；

2）提供操作变频器的各种控制信号；

3）监视变频器的工作状态，提供保护功能。

3. 变频器的发展

变频技术诞生背景是交流电动机无级调速的广泛需求。传统的直流调速技术因体积大、故障率高而应用受限。

20 世纪 60 年代以后，电力电子器件普遍应用了晶闸管及其升级产品。但其调速性能远远无法满足需要。20 世纪 70 年代开始，脉宽调制变压变频（PWM - VVVF）调速的研究得到突破，20 世纪 80 年代以后微处理器技术的完善使得各种优化算法得以容易的实现。20 世纪 80 年代中后期，美、日、德、英等发达国家的 VVVF 变频器技术实用化，商品投入市场，得到了广泛应用。

我国变频器行业起步比较晚，到 20 世纪 90 年代初，国内企业才开始认识变频器的作用，并开始尝试使用，国外的变频器产品正式涌入中国市场。最先进入的是日本厂家，1986 年我国传统电机厂开始引进日本的变频设计和制造技术，1988 年日本三星公司的第一台低压变频器进入中国，较早进入的还有东芝、三菱等。此外进入国内的变频器多为大功率晶体管为逆变元件的产品，属于变频器的第二代产品。

随后进入中国的产品还有很多。例如：日本的富士、日立、安川、明电舍、春日；德国的西门子、伦茨；法国的施奈德；芬兰的 ABB，丹麦的丹佛斯等。近三四年内又有英国的欧陆、CT；德国的科比；芬兰的威肯；日本的松下、欧姆龙；美国的 A-B、通用和摩托托尼；韩国的三星、LG；意大利的安塞尔多、西威等。这些国外品牌厂家千方百计寻求本地化生产，扩大销售，先后西门子在天津、富士在江苏无锡、三垦在江苏江阴、ABB 在北京、东芝在辽宁辽阳、安川在上海、艾默生在深圳、施奈德在苏州、三菱在大连等设厂，生产部分系列品牌的变频器。

我国变频器总的潜在市场应为 1200 亿～1800 亿元，其中常压变频器约占市场份额的

60%左右，中、高压变频器需求数量相对较少，但由于单台变频器功率大、售价高，约占市场的40%左右。

4. 变频器的作用

变频器集成了高压大功率晶体管技术和电子控制技术，得到广泛应用。变频器的作用是改变交流电动机供电的频率和幅值，因而改变其运动磁场的周期，达到平滑控制电动机转速的目的。变频器的出现，使得复杂的调速控制简单化，用变频器加交流笼型电动机组合替代了大部分原先只能用直流电动机完成的工作，缩小了体积，降低了维修率，使传动技术发展到新阶段。

5. 变频器的分类

变频器的分类方式有以下几种：

（1）按供电电压可分　低压变频器（110V、220V、380V）、中压变频器（500V、660V、1140V）和高压变频器（3kV、3.3kV、6kV、6.6kV、10kV）。

（2）按供电电源的相数分　单相输入变频器和三相输入变频器。

（3）按功能分　恒转矩（恒功率）通用型变频器、平方转矩风机水泵节能型变频器、简易型变频器、迷你型变频调速器、通用型变频器、纺织专用型变频器、高频电主轴变频器、电梯专用变频器、直流输入型矿山电力机车用变频器、防爆变频器等。

（4）按直流电源的性质分　电流型变频器和电压型变频器。

1）电流型变频器。在交—直—交变频器中，中间直流环节采用的是大电感滤波即电流型变频器其储能元件为电感线圈，其直流回路的电流波形比较平直。

2）电压型变频器。在交—直—交变频器中，中间直流环节采用的是大电容滤波即电压型变频器其储能元件为电容器，其直流回路的电压波形比较平直，中、小容量变频器以电压型变频器为主。

（5）按输出电压调节方式分　PAM输出电压调节方式变频器和SPWM输出电压调节方式变频器。

1）脉幅调制（PAM）。变频器电压的大小是通过调节直流电压幅值来实现的。

2）脉宽调制（SPWM）。变频器电压的大小是通过调节脉冲占空比来实现的。中、小容量的通用变频器几乎全都采用此类变频器。

（6）按控制方式分　U/f控制方式和转差频率控制方式。

（7）按其输出功率大小分　小功率变频器、中功率变频器和大功率变频器。

※任务实施※

一、认识变频器

1）观察变频器面板的结构，熟悉变频器各端子的作用。

2）识别并记录变频器的输入、输出端子的编号。

二、保护罩的拆装

1. 工具准备

V1000变频器一台，十字螺钉旋具一把。

2. 保护罩的拆卸方法

1）旋松前外罩的安装螺钉，拆下前外罩，如图 12-4 所示。

2）朝内侧按下下部外罩的左右卡爪，同时朝身体方向拉出，将其拆下，如图 12-5 所示。

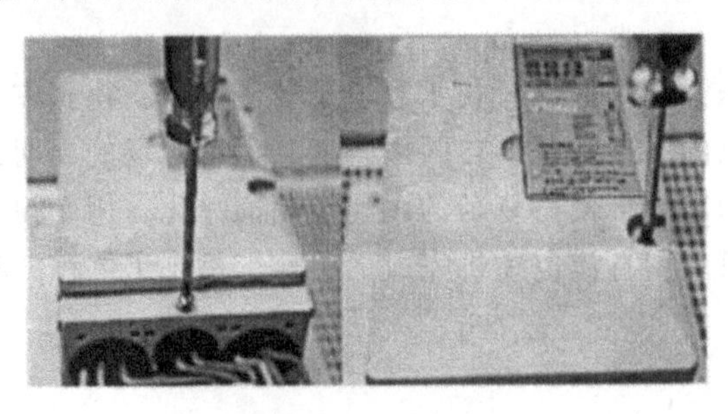

图 12-4　旋松螺钉

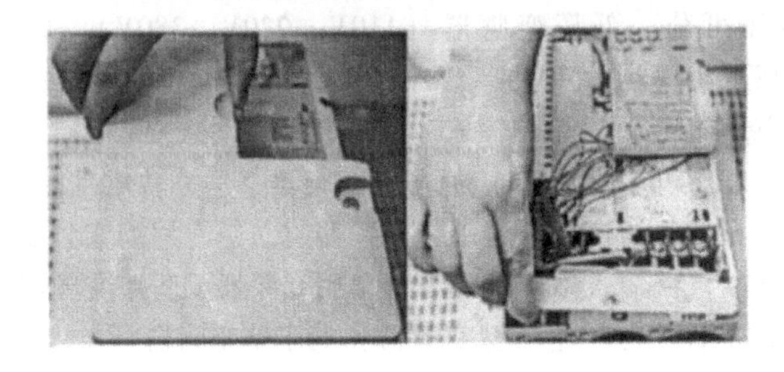

图 12-5　拆下前外罩

3. 安装保护罩

接线完毕后，将保护罩恢复原来的位置，如图 12-6 所示。

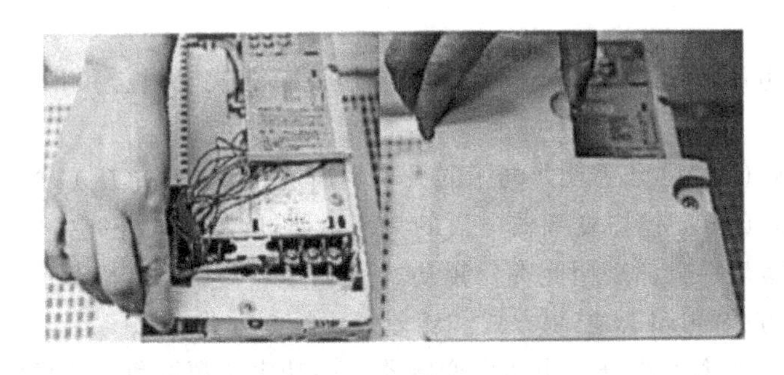

图 12-6　安装保护罩

在此之前，在变频器和其他机器的接线结束后，请确认所有的接线是否正确。合上外罩时，请注意不要对电线施加过大的压力。

三、认识主回路端子

主回路端子排排列位置如图 12-7 所示。

变频器主回路各端子的功能如表 12-1 所示。

四、认识控制回路端子

控制回路端子排排列位置如图 12-8 所示。

变频器控制回路各端子的功能如表 12-2 所示。

表 12-1　变频器主回路各端子功能表

端子符号	端子名称	功　能
R/L1	主回路电源输入	连接商用电源的端子； 对于单相 200V 输入的变频器，仅使用 R/L1、S/L2 端子； 对 T/L3 端子不作任何连接
S/L2		
T/L3		
U/T1	变频器输出	连接电机的端子
V/T2		
W/T3		
B1	制动电阻器/制动电阻器单元连接	连接制动电阻器或制动电阻器单元的端子
B2		

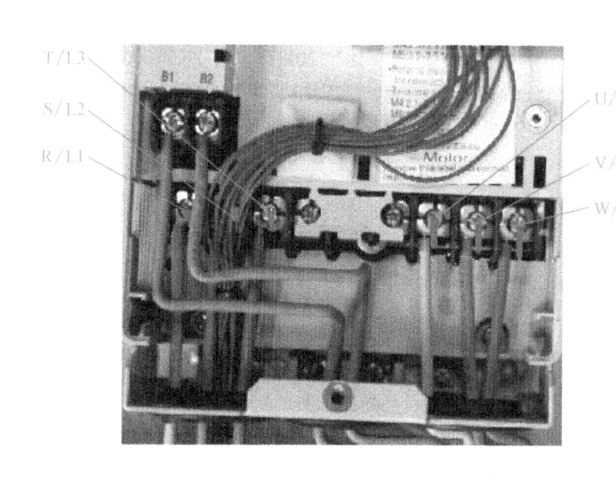

图 12-7　变频器主回路端子排排列图

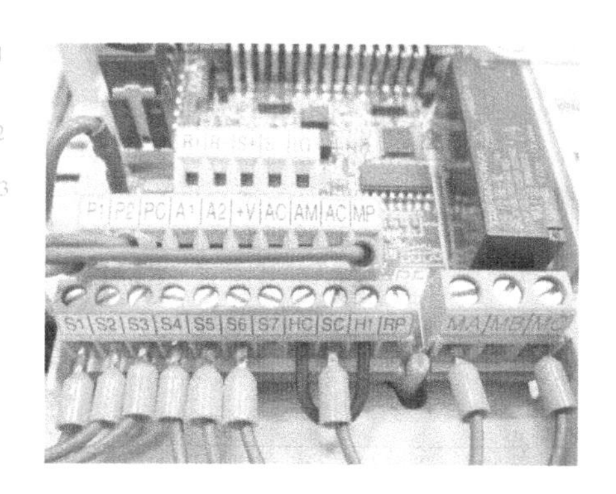

图 12-8　变频器控制回路端子排排列图

表 12-2　变频器控制回路各端子功能表

种类	端子符号	端子名称（出厂设定）	端子的功能（信号电平）
多功能接点输入	S1	多功能输入选择 1 （闭：正转运行 开：停止）	光耦合器 DC 24V，8mA （注）初始设定为共发射极模式。切换为共集电极模式时，请通过拨动开关 S3 设定，并使用外部电源 DC 24 ± 10%。
	S2	多功能输入选择 2 （闭：反转运行 开：停止）	
	S3	多功能输入选择 3 （外部故障（常开接点））	
	S4	多功能输入选择 4 （故障复位）	
	S5	多功能输入选择 5 （多段速指令 1）	
	S6	多功能输入选择 6 （多段速指令 2）	
	S7	多功能输入选择 7 （点动指令）	
	SC	多功能输入选择公共点 控制公共点	顺控公共点

（续）

种类	端子符号	端子名称（出厂设定）	端子的功能（信号电平）
		输入端子	
主速频率指令输入	RP	主速指令脉冲序列输入 （主速频率指令）	响应频率：0.5Hz～32kHz （H占空比：30%～70%） （高电平电压：3.5～13.2V） （低电平电压：0.0～0.8V） （输入阻抗：3kΩ）
	+V	频率设定用电源	－10.5V（最大允许电流20mA）
	A1	多功能模拟量输入 （主速频率指令）	电压输入 DC 0～＋10V（20kΩ）分辨率1/1000
	A2	多功能模拟量输入 （主速频率指令）	电压输入或电流输入 （通过拨动开关S1选择） DC 0～＋10V（20kΩ）分辨率1/1000 4～20mA（250Ω）或0～20mA（250Ω）分辨率：1/500
	AC	频率指令公共点	0V
安全输入	HC	安全指令用公共点	DC 24V，10mA
	H1	安全输入	开：以安全输入自由运行 闭：一般运行 （注）通过外部安全开关停止时，请务必拆下HC-H1间的短接线
		输出端子	
多功能接点输出	MA	常开接点输出（故障）	继电器输出 DC 30V，10mA～1A AC 250V，10mA～1A 最小负载：DC 5V，10mA（参考值）
	MB	常闭接点输出（故障）	
	MC	接点输出公共点	
多功能光电耦合器输出	P1	光耦合器输出1（运行中）	光电耦合器输出 DC 48V，2～50mA以下
	P2	光耦合器输出2 （频率一致）	
	PC	光耦合器输出公共点	
监视输出	MP	脉冲序列输出（输出频率）	32kHz（最大）
	AM	模拟量监视输出 （输出频率）	DC 0～10V（2mA以下） 分辨率：1/1000
	AC	监视公共点	0V
		通信端子	
MEMOBUS通信	R＋	通信输入（＋）	可通过MEMOBUS通信用 RS-485或RS-422进行通信运行 RS-485/422MEMOBUS通信协议 115.2kbps（最大）
	R－	通信输入（－）	
	S＋	通信输出（＋）	
	S－	通信输出（－）	
	IG	通信接地	0V

资料卡片

变频器安装和使用注意事项

1）为了防止触电，操作时应注意以下事项（表12-3）。

表12-3 防止触电注意事项

序号	注 意 事 项
1	勿在电源接通的状态下进行接线作业
2	勿在拆下变频器外罩的状态下运行
3	务必将电动机侧的接地端子接地
4	在进行变频器端子的接线之前，切断所有机器的电源
5	非专业人员勿进行维护、检查或更换部件
6	严禁穿着宽松的衣服或佩戴饰品操作，操作时应戴护目镜保护眼睛
7	勿在通电状态下拆下变频器的外罩或触摸印制电路板

2）为了防止火灾，操作时应注意以下事项（表12-4）。

表12-4 防止火灾注意事项

序号	注 意 事 项
1	按规定的力矩来紧固端子螺钉
2	主回路电源勿使用错误的电压
3	勿使易燃物紧密接触变频器或将易燃物附带在变频器上

3）为了防止受伤，操作时勿抓住前外罩搬运变频器。

4）为了防止机器损坏，操作时应注意以下事项（表12-5）。

表12-5 防止机器损坏注意事项

序号	注 意 事 项
1	遵守静电防止措施（ESD）规定的步骤
2	在变频器输出电压的过程中，勿切断电动机的电源
3	控制回路接线时，勿使用屏蔽线以外的电缆
4	非专业人员勿接线
5	勿更改变频器的回路
6	变频器和其他机器的接线完毕后，确认所有的接线是否正确

※任务评价※

见任务单十九。

※任务拓展※

西门子变频器是由德国西门子公司研发、生产、销售的知名变频器品牌，主要用于控制和调节三相交流异步电动机的速度。并以其稳定的性能、丰富的组合功能、高性能的矢量控制技术、低速高转矩输出、良好的动态特性、超强的过载能力、创新的BiCo（内部功能互联）功能以及无可比拟的灵活性，在变频器市场占据着重要的地位。

西门子变频器 MicroMaster440 是全新一代可以广泛应用的多功能标准变频器。

它采用高性能的矢量控制技术，提供低速高转矩输出和良好的动态特性，同时具备超强的过载能力，以满足广泛的应用场合。创新的 BiCo（内部功能互联）功能有无可比拟的灵活性。

请利用网络或其他资源查询西门子变频器 MicroMaster440 的使用方法及注意事项，并制作 ppt 进行展示。

※巩固与提高※

1. 试述变频器的作用。
2. 变频器的类型有几种？
3. 为防止触电，在操作变频器时应注意哪些问题？
4. 一台型号为 Y112M4 的三相异步电动机，在工频条件下工作时，其同步转速为多少？如将频率调整为 30Hz，其同步转速为多少？

※任务小结※

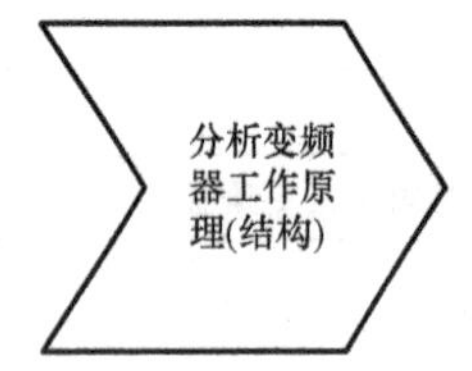

任务二　变频器面板控制电梯交流门机电路安装与调试

※任务目标※

1. 掌握变频器面板组成及各部分作用。
2. 正确识读变频器面板控制三相异步电机连续运行电路原理图，会分析其工作原理。
3. 会根据变频器用户手册和变频器面板控制三相异步电动机连续运行电路设置变频器参数。
4. 能根据变频器面板控制三相异步电动机连续运行电路安装、调试电路。

※任务描述※

根据电梯门的开关过程来完成变频器面板控制电动机运行电路的安装与调试。

电梯门对电动机的要求：正反两个方向转动，开门过程中，电动机速度应为慢——快——慢，关门速度应为快——慢——快。交流电梯门电动机技术参数如下：额定电压为 380V、额定功率为 120W、额定速度为 1400r/min，星形接法。

※相关知识※

一、认识变频器面板

安川变频器 V1000 操作面板如图 12-9 所示，各部分的名称与功能如表 12-6 所示。

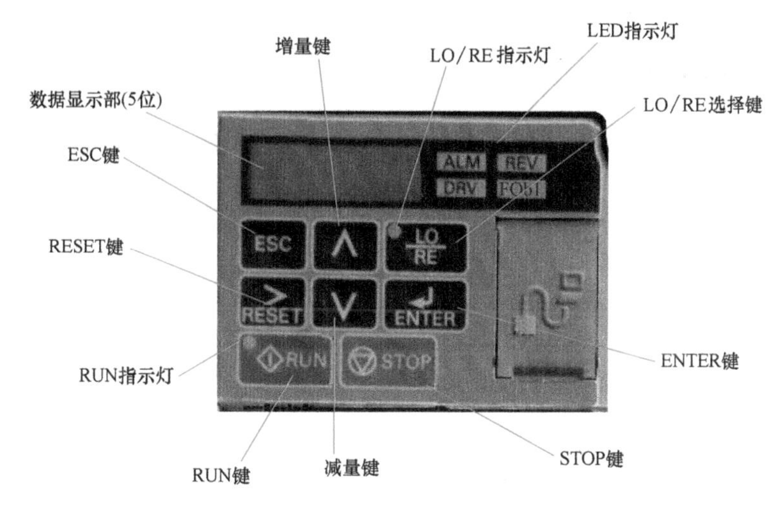

图 12-9　变频器操作面板

表 12-6　安川变频器 V1000 操作面板各部分的名称与功能

序号	操作部	名称	功能
1	F60.00	数据显示部	显示频率或参数编号等
2	ESC	ESC 键（退回）	回到按 ENTER 键前的状态
3	RESET	RESET 键	1. 移动参数的数值设定时的位数 2. 检出故障时变为故障复位键
4	RUN	RUN 键	使变频器运行
5	∧	增量键	选择参数编号、模式、设定值（增加）。前进至下一项目及数据
6	∨	减量键	选择参数编号、模式、设定值（减少）。返回至原来的项目及数据
7	STOP	STOP 键	使变频器停止 （注）即使变频器正在通过多功能接点输入端子的信号进行运行（设定为 REMOTE 时），如果觉察到危险，也可按下 STOP 键，紧急停止变频器。不想通过 STOP 键执行停止操作时，请将 o2-02（STOP 键的功能选择）设定为 0（无效）
8	ENTER	ENTER 键（确定）	1. 确定各种模式、参数、设定值时按下该键 2. 用于从一个画面进入下一个画面
9	LO/RE	LO/RE 选择键	对用操作器（LOCAL）进行运行与用控制回路端子进行运行（REMOTE）的方式进行切换时按下该键 （注）可能会因误将操作器从 REMOTE 切换为 LOCAL 而妨碍正常运行时，即将 o2-01（LOCAL/REMOTE 键的功能选择）设定为 0（无效），使 LO/RE 选择键无效

（续）

序号	操作部	名称	功能
10		RUN 指示灯	在变频器运行中点亮。关于 RUN 指示灯的闪烁
11		LO/RE 指示灯	在操作器（LOCAL）选择中点亮。关于 RUN 指示灯的闪烁

二、变频器自学习

所谓自学习，是指变频器自动协调并设定电动机运行时所需参数的功能。V1000 变频器有 3 种自学习方式，如表 12-7 所示。选择旋转形自学习方式的操作步骤如图 12-10 所示。

表 12-7　自学习种类

自学习模式	多功能输入功能	多功能输出功能
V/f 节能控制用自学习	不动作	与通常运行时的动作相同
旋转形自学习	不动作	与通常运行时的动作相同
仅对线间电阻的停止形自学习	不动作	保持自学习开始状态

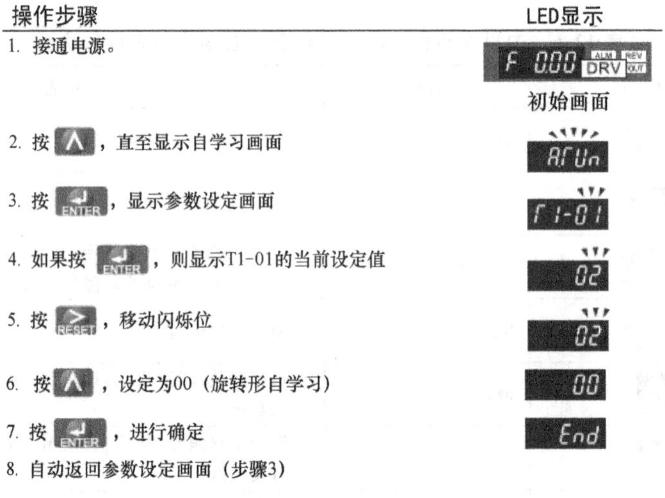

操作步骤	LED显示
1. 接通电源。	F 0.00 ALM REV DRV OUT 初始画面
2. 按 Λ，直至显示自学习画面	AFUn
3. 按 ENTER，显示参数设定画面	T1-01
4. 如果按 ENTER，则显示T1-01的当前设定值	02
5. 按 > RESET，移动闪烁位	02
6. 按 Λ，设定为00（旋转形自学习）	00
7. 按 ENTER，进行确定	End
8. 自动返回参数设定画面（步骤3）	

图 12-10　自学习设定步骤

选择自学习的种类后，按照电动机铭牌数据，输入电动机信息。操作步骤如图 12-11 所示。

参数设置完成后，按下 RUN 键，变频器开始自学习，约 1～2min，自学习过程结束。

V1000 变频器具有驱动模式和程序模式两种操作模式。在驱动模式下，可进行变频器的运行，并对运行状态进行监视显示，但不能设定程序。在程序模式下，可进行变频器所有参数的查看/设定，还可进行自学习，但不能进行电动机运行的变更。变频器通电后，自动进入驱动模式。在驱动模式下的键操作示例如图 12-12 所示。（其他参数可参照设置）

例：可以以此例作为任务将频率指令设定为 LOCAL（LED 操作器），将频率指令的初始值 F0. 00（0Hz）变更为 F6. 00（6Hz）。

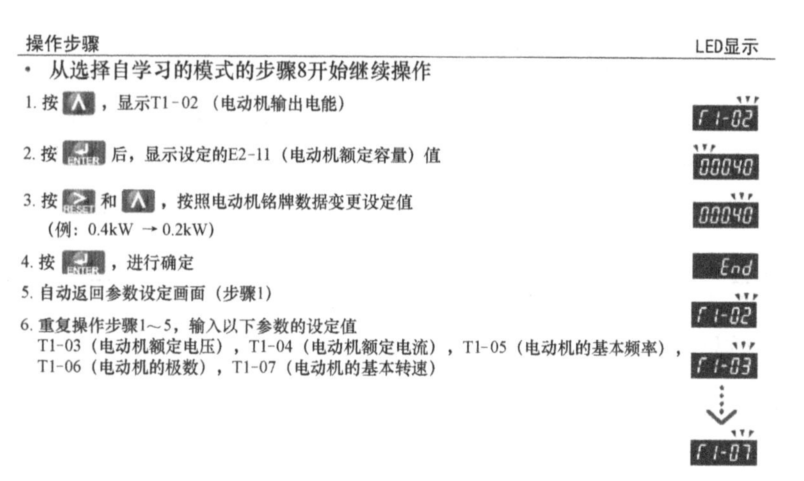

图 12-11　电动机参数的输入步骤

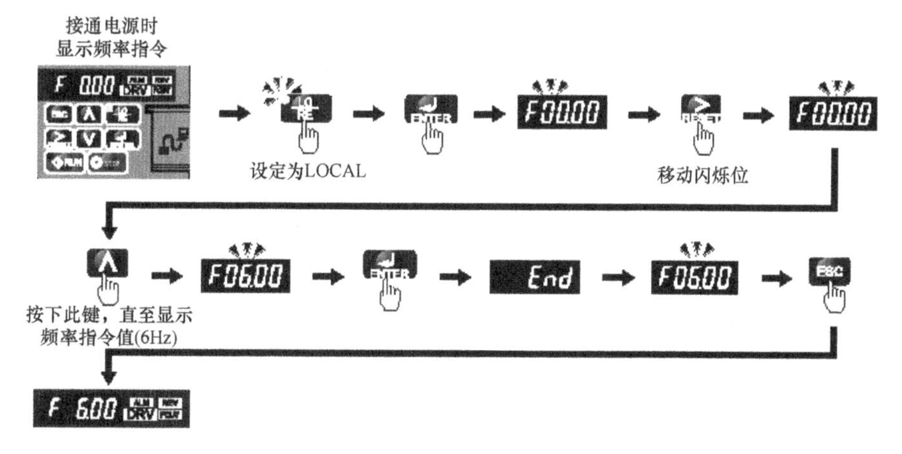

图 12-12　更改频率顺序示意图

在程序模式下，可进行参数的设定和自学习。可根据设定内容分为以下模式。

1）校验模式。核对、设定出厂后被改变的参数。

2）通用设定模式。查看、设定变频器运行所需的最低限度的参数。

3）参数设定模式。查看、设定变频器的所有参数。

4）自学习模式。通过矢量控制来运行电动机参数不明的电机时，自动计算电动机参数并进行设定。

通过控制面板 RUN、 STOP 键进行变频器的运行操作。

三、变频器控制运行指令选择

变频器控制运行指令用 B1-02 进行选择，有 4 种方式，如表 12-8 所示。

表 12-8　B1-02 设定方法

参数	设定	说　　明
B1-02	0	LED 操作器上的 RUN 键及 STOP 键
	1	控制回路端子的 S1 或 S2
	2	MEMOBUS 通信（RS-422/485、端子 R＋、R－、S＋及 S－）
	3	选购卡

四、变频器面板控制三相异步电动机连续运行控制电路

控制电路连接方式根据变频器容量而异。控制电源由主回路直流电源通过内部供给。变频器面板控制三相异步电动机连续运行控制电路如图 12-13 所示。该电路的工作过程为：合上断路器，按下“RUN”键，电动机运行，按下“STOP”键，电动机停止运行。

※任务实施※

一、工作准备

1. 绘制电器元件布置图

绘制电器元件布置图如图 12-14 所示。

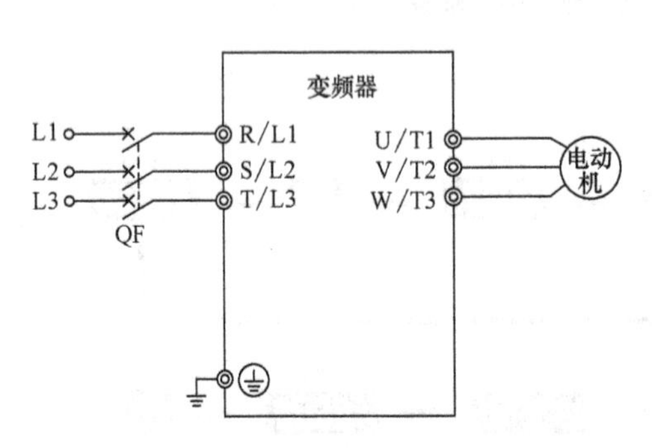

图 12-13　变频器面板控制三相异步电动机连续运行控制电路图

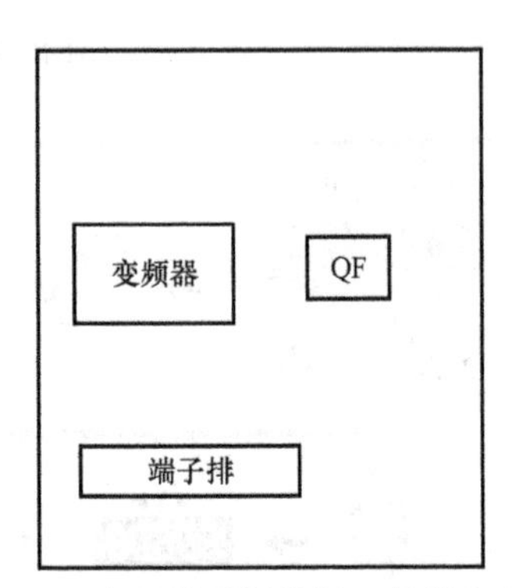

图 12-14　变频器面板控制三相异步电动机连续运行控制电路电器元件布置图

2. 绘制电路接线图

绘制电路接线图如图 12-15 所示。

3. 准备工具及材料

根据表 1-2 领取相应工具，根据表 12-9 变频器面板控制三相异步电动机连续运行控制电路材料明细表领取材料。

表 12-9　变频器面板控制三相异步电动机连续运行控制电路材料明细表

序号	代号	名称	型号	规格	数量
1	V1000	变频器	安川 V1000		1
2	M	三相异步电动机	YS6314	120W、380V、星形联结、0.48A、1400r/min	1
3	QF	断路器	DZ47—63	380V、20A、整定 10A	1
4	XT	端子排	TB1510	600V、15A	1

二、实施步骤

1. 检测电器元件

按表 12-9 配齐所用电器元件，其各项技术指标均应符合规定要求，目测其外观无损坏，手动触头动作灵活，并用万用表进行质量检验，如不符合要求，则予以更换。

2. 安装电路

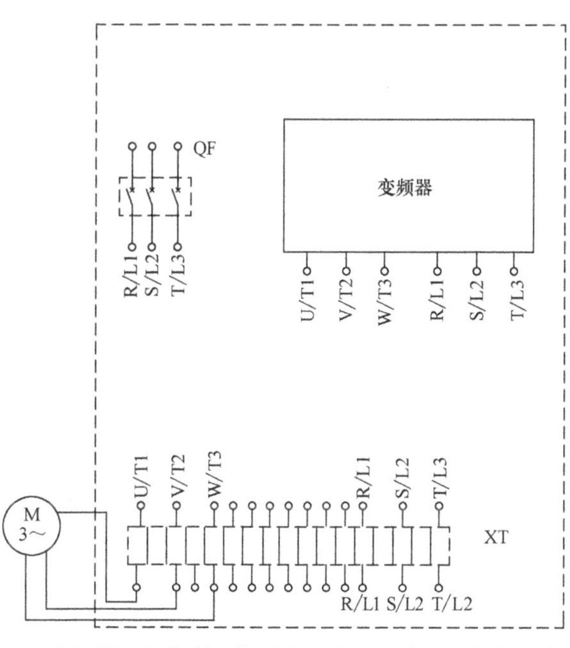

图 12-15　变频器面板控制三相异步电动机连续运行控制电路接线图

（1）安装电器元件　在控制板上按图 12-14 安装电器元件并贴上醒目的文字符号。其排列位置、相互距离，应符合要求。紧固力适当，无松动现象。电器元件布置完成后的电路板如图 12-16 所示。

（2）布线　在控制板上按照图 12-14 和图 12-15 进行板前明线布线，如图 12-17 所示。板前明线配线的工艺要求参照学习单元一项目一任务三。

3. 通电调试

（1）参数设置　利用控制面板来执行运行指令时，需将 B1-02 设定为 0。在该设定下，可通过 RUN 键和 STOP 键来进行变频器的操作。接通电源时，变频器将通过 B1-02 来确认运行指令权在何处。

（2）通电测试　为保证人身安全，在通电试车时，要认真执行安全操作规程的有关规定，一人监护，一人操作。试车前应检查与通电试车有关的电气设备是否有不安全的因素存在，若查出应立即整改，然后方能试车

将 B1-02 设定为 0 后，接通电源，将频率设定为 F6.00（6Hz）。设置过程见图12-15。按下 RUN 键，电动机开始运行，按下 STOP 键，停止运行。

4. 故障排查

（1）故障现象　按下 RUN 键，电动机无反应，此时电路出现了什么故障？

（2）故障检修　可按下述检修步骤操作，直至故障排除。

1）检查电源，用万用表分别检测断路器进线端电源和出线端电源。

2）查看参数设置，按照图 12-12 设置参数后，将 B1-02 设定为 0。

3）排除故障后通电试车。

5. 整理现场

整理现场工具及电器元件，清理现场，根据工作过程填写任务单二十，整理工作资料。

图 12-16　变频器面板控制三相异步电动机连续运行控制电路电器元件实物布置图

图 12-17　变频器面板控制三相异步电动机连续运行控制电路接线图

※任务评价※

见任务单二十。

※任务拓展※

如果将本任务中的安川变频器 V1000 改为西门子变频器 MicroMaster440，那么如何控制三相异步电动机连续运行?

※巩固与提高※

1. 变频器有__________、__________两种操作模式，接通电源时，变频器自动进入__________操作模式。

2. 在驱动模式下，可以进行哪些操作?

3. 说明将电动机的额定电流输入到变频器中的操作步骤。

※任务小结※

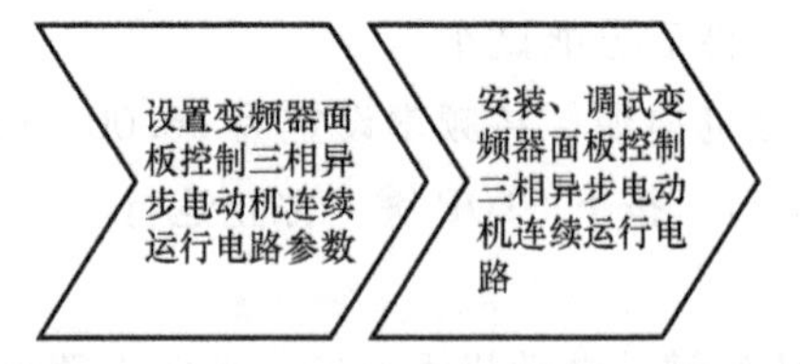

任务三　变频器端口控制电梯门机开关门运行电路的安装与调试

※任务目标※

1. 掌握变频器端口组成及功能。

2. 正确识读变频器端口控制三相异步电动机正反转电路原理图。

3. 会根据变频器用户手册和变频器端口控制三相异步电动机正反转电路设置变频器参数。

4. 能根据变频器端口控制三相异步电动机正反转电路控制电路图安装、调试电路。

※任务描述※

在电梯轿厢内有司机操纵箱，在司机操作状态下，按下开门按钮，电梯开门，按下关门按钮，电梯关门，司机利用开关门按钮可以实现对电梯门的控制。门机技术参数如下：额定电压为380V、额定功率为120W，额定速度为1400r/min、星形接法。下面我们结合电梯门的开关过程来完成利用变频器端口控制电梯门机开关门（即三相异步电动机正反转）运行电路的安装与调试。

※相关知识※

通过利用变频器控制回路端子连接的按钮来控制电动机的运行操作过程称为变频器端口控制。变频器 V1000 出厂设定为 2 线制顺序控制。控制电路如图 12-18 所示，图中，s1 端子为正转运行，s2 端子为反转运行，sc 为公共端。

该电路的工作过程为：按下 SB1，电动机正转运行，按下 STOP 键，电动机停止运行，按下 SB2，电动机反转运行，按下 STOP 键，电动机停止运行。

※任务实施※

一、工作准备

1. 绘制电器元件布置图

绘制电器元件布置图如图 12-19 所示。

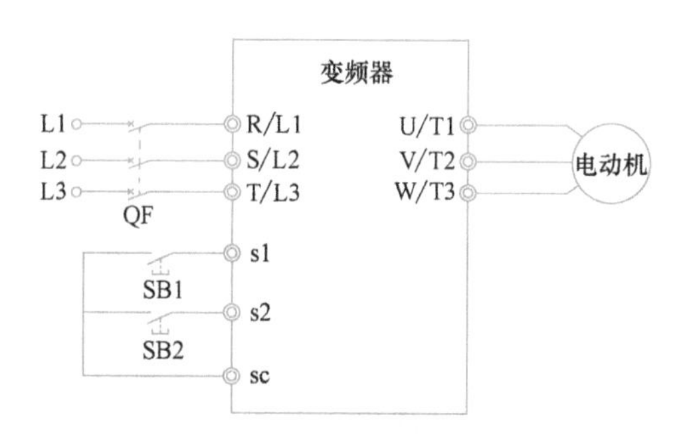

图 12-18　变频器端口控制三相异步电动机正反转运行电路原理图

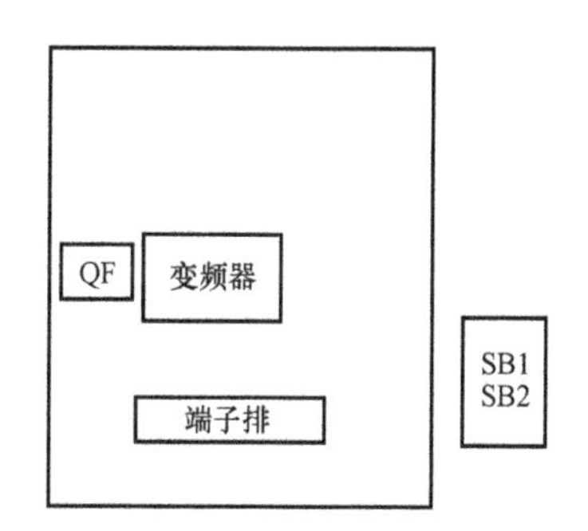

图 12-19　变频器端口控制三相异步电动机正反转运行电路电器元件布置图

2. 绘制电路接线图

绘制电路接线图如图 12-20 所示。

3. 准备工具及材料

根据表 1-2 领取相应工具，根据表 12-10 变频器端口控制三相异步电动机正反转运行电路材料明细表领取材料。

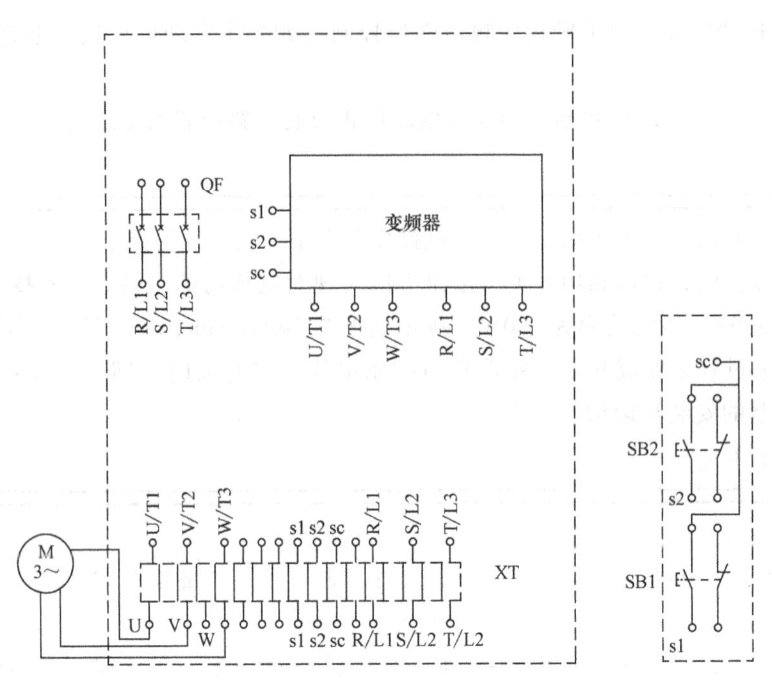

图 12-20　变频器端口控制三相异步电动机正反转运行电路接线图

表 12-10　变频器端口控制三相异步电动机正反转运行电路原理图材料明细表

序号	代号	名称	型号	规格	数量
1	V1000	变频器	V1000	5.5kW	1
2	M	三相异步电动机	YS6314	120W、380V、星形联结、0.48A、1400r/min	1
3	QF	断路器	DZ47—63	380V、20A、整定 10A	1
4	SB1、SB2	按钮	LA—18	5A	2
5	XT	端子排	TB1510	600V、15A	1

二、实施步骤

1. 检测电器元件

按表 12-5 配齐所用电器元件，其各项技术指标均需符合规定要求，目测其外观无损坏，手动触头动作灵活，并用万用表进行质量检验，如不符合要求，则予以更换。

2. 安装电路

(1) 安装电器元件　在控制板上按图 12-19 安装电器元件并贴上醒目的文字符号。其排列位置、相互距离应符合要求。紧固力适当，无松动现象。电器元件布置完成的电路板如图 12-21 所示。

(2) 布线　在控制板上按照图 12-19 和图 12-20 进行板前明线布线，如图 12-22 所示。板前明线配线的工艺要求请参照学习单元一项目一任务三。

3. 安装电动机

安装工艺请参照学习单元一项目二。

4. 通电调试

(1) 参数设置　将 B1-02 设定为 1。将频率指令设定为 F6.00 (6Hz)，设置过程见图 12-17。

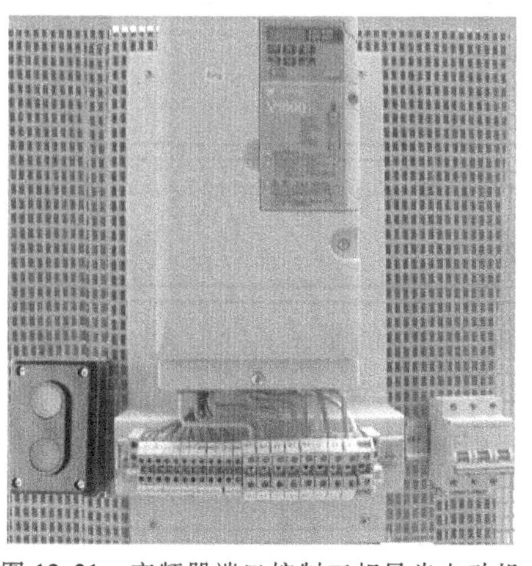

图 12-21　变频器端口控制三相异步电动机正反转运行电路电器元件实物布置图

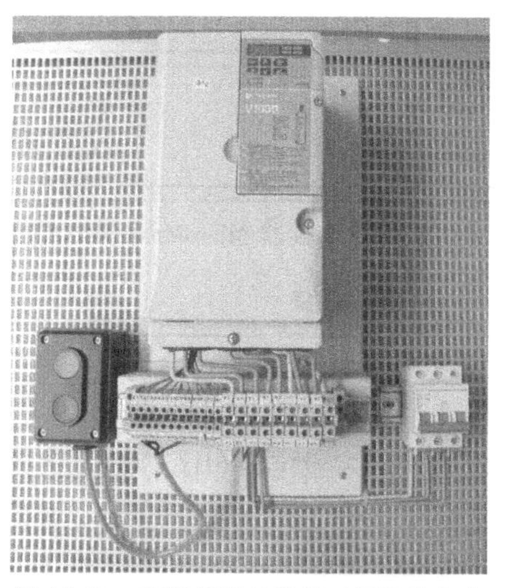

图 12-22　变频器端口控制三相异步电动机正反转运行电路接线图

（2）通电试车　为保证人身安全，在通电试车时，要认真执行安全操作规程的有关规定，一人监护，一人操作。试车前应检查与通电试车有关的电气设备是否有不安全的因素存在，若查出应立即整改，然后方能试车。

提示　变频器端口控制三相异步电动机正反转运行电路通电调试提示

通电试转

经指导教师批准，在指导教师监护下进行。

1. 接通主电源，按下 SB1，电动机以 6Hz 频率的速度正转运行，按下 SB2，电动机以 6Hz 的速度反转运行。

2. 无振动

先闭合电源开关，后闭合断路器

故障调试

1. 不运行：参数 B1-02 设置错误，更改。

2. 有振动：查找松动处，紧固

确保电源切断

5. 故障排查

（1）故障现象　按下 SB1，电动机不运行，此时电路出现了什么故障?

（2）故障检修　检修时，可按下述检修步骤操作，直至故障排除。

1）检查电源，用万用表分别检测断路器进线端电源和出线端电源。

2）查看参数设置，按照图 12-12 设置参数后，将 B1-02 设定为 1。

3）排除故障后通电试车。

6. 整理现场

整理现场工具及电器元件，清理现场，根据工作过程填写工作单二十一，整理工作资料。

※任务评价※

见任务单二十一。

※任务拓展※

采用西门子变频器 MicroMaster440 完成端口控制三相异步电动机正反转运行电路的装调。

※巩固与提高※

1. 变频器 S1 端子的功能是__________，S2 端子的功能是__________，SC 端子的功能是__________。

2. 如将频率设定为 6Hz，则电动机的同步转速为多少？根据实际转速计算出转差率。

※任务小结※

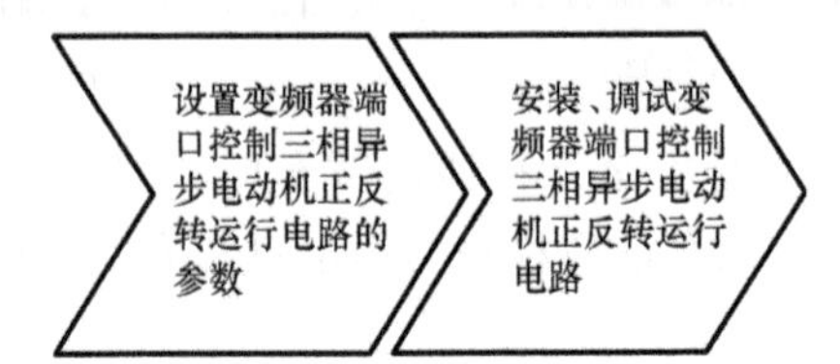

任务四　变频器控制电梯门机多段速运行电路的安装与调试

※任务目标※

1. 掌握变频器多段速控制端子组成及功能。
2. 正确识读变频器控制三相异步电动机多段速运行电路原理图，会分析其工作原理。
3. 会根据变频器用户手册和变频器控制三相异步电动机多段速运行电路设置变频器参数。
4. 能根据变频器控制三相异步电动机多段速运行电路安装、调试电路。

※任务描述※

安川变频器 V1000 通过 16 段的频率指令和点动频率指令，最多可进行 17 段速的速度切换。下面我们结合电梯门的开关过程来完成变频器控制电动机多段速运行电路的安装与调试。对电梯门的要求见学习单元五。门电机技术参数如下：额定电压为 380V、额定功率为 120W、额定速度为 1400r/min、星形联结。

※相关知识※

一、识读电路

变频器控制三相异步电动机多段速运行电路原理图如图 12-23 所示。

变频器端子 s5、s6 功能如表 12-11 所示。

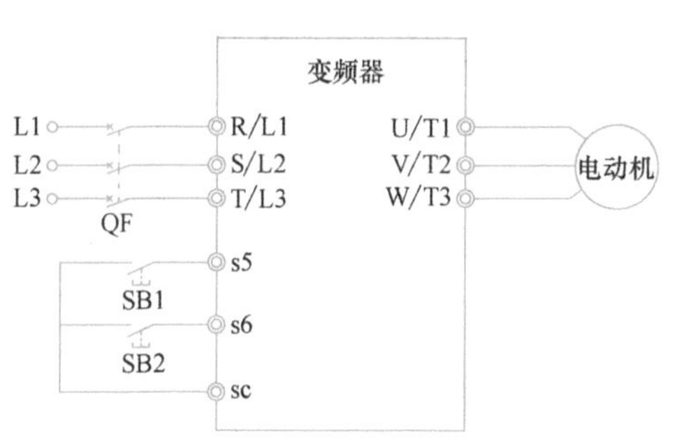

图 12-23　变频器控制三相异步电动机多段速运行电路原理图

表 12-11　端子功能

端子	参数 NO.	出厂设定	内容
s5	H1—05	3	多段速指令 1
s6	H1—06	4	多段速指令 2

该控制电路的工作过程为：合上断路器 QF，按下 RUN 键，电动机以第一速度运行；按下 SB1，电动机以第二速度运行；松开 SB1，按下 SB2，电动机以第三速度运行；同时按下 SB1、SB2，电动机以第四速度运行，按下 STOP 键，电动机停止运行。

二、参数设置

变频器控制三相异步电动机多段速运行参数设置，如表 12-12 所示。

表 12-12　变频器控制三相异步电动机多段速运行参数设置

NO.	名称	内容
d1-01	频率指令 1	以 01-03（频率指令设定/显示的单位）的设定单位设定频率指令。
d1-02	频率指令 2	设定多功能输入“多段速指令 1”ON 时的频率指令。
d1-03	频率指令 3	设定多功能输入“多段速指令 2”ON 时的频率指令。
d1-04	频率指令 4	设定多功能输入“多段速指令 1、2”ON 时的频率指令。

※任务实施※

一、工作准备

1. 绘制电器元件布置图

绘制电器元件布置图如图 12-24 所示。

2. 绘制电路接线图

绘制电路接线图如图 12-25 所示。

3. 准备工具及材料

根据表 1-2 领取相应工具，根据表 12-13 变频器控制三相异步电动机多段速运行电路材料明细表领取材料。

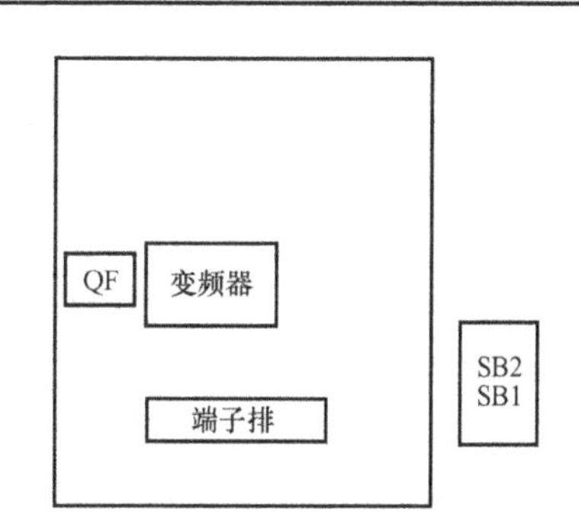

图 12-24　变频器控制三相异步电动机多段速运行电路电器元件布置图

表 12-13　变频器控制三相异步电动机多段速运行电路材料明细表

序号	代号	名称	型号	规格	数量
1	V1000	变频器	V1000	5.5kW	1
2	M	三相异步电动机	YS6314	120W、380V、星形联结、0.48A、1400r/min	1
3	QF	断路器	DZ47—63	380V、20A、整定 10A	1
4	SB1、SB2	按钮	LA—18	5A	2
5	XT	端子排	TB1510	600V、15A	1

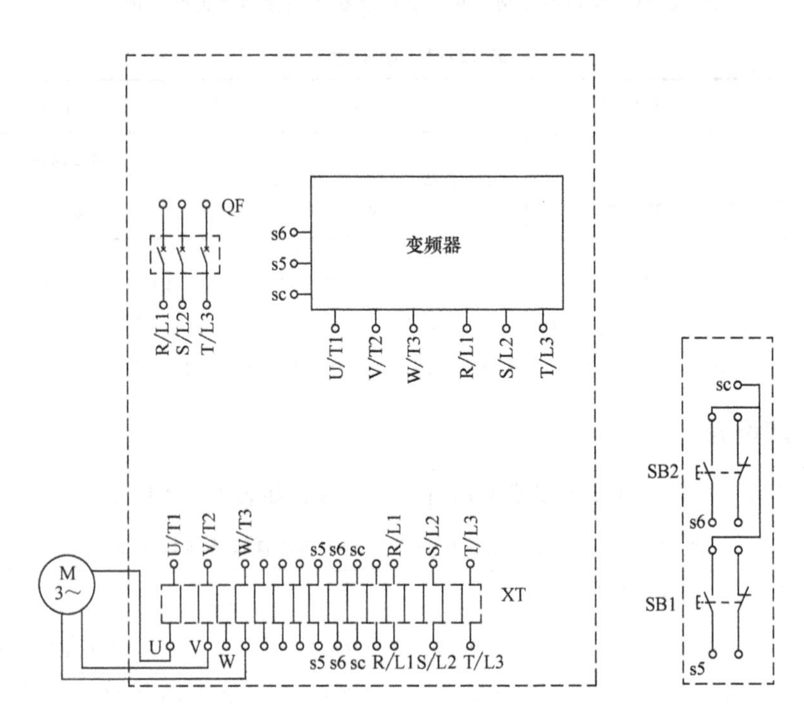

图 12-25　变频器控制三相异步电动机多段速运行控制电路接线图

二、实施步骤

1. 检测电器元件

按表 12-13 配齐所用电器元件，其各项技术指标均需符合规定要求，目测其外观无损坏，手动触头动作灵活，并用万用表进行质量检验，如不符合要求，则予以更换。

2. 安装电路

（1）安装电器元件　在控制板上按图 12-24 安装电器元件，并贴上醒目的文字符号。其排列位置、相互距离应符合要求。紧固力适当，无松动现象。电器元件布置完成的电路板如图 12-26 所示。

（2）布线　在控制板上按照图 12-24 和图 12-25 进行板前明线布线，如图 12-27 所示。板前明线配线的工艺要求请参照学习单元一项目一任务三。

（3）安装电动机　安装工艺请参照学习单元一项目二。

3. 通电调试

（1）参数设置　在参数设定模式中对下列参数设定频率：

d1－01＝5Hz：1段速

d1－02＝20Hz：2段速

d1－03＝50Hz：3段速

d1－04＝60Hz：4段速

设置过程见图12-12。

（2）通电试车　为保证人身安全，在通电试车时，要认真执行安全操作规程的有关规定，一人监护，一人操作。试车前应检查与通电试车有关的电气设备是否有不安全的因素存在，若查出应立即整改，然后方能试车。

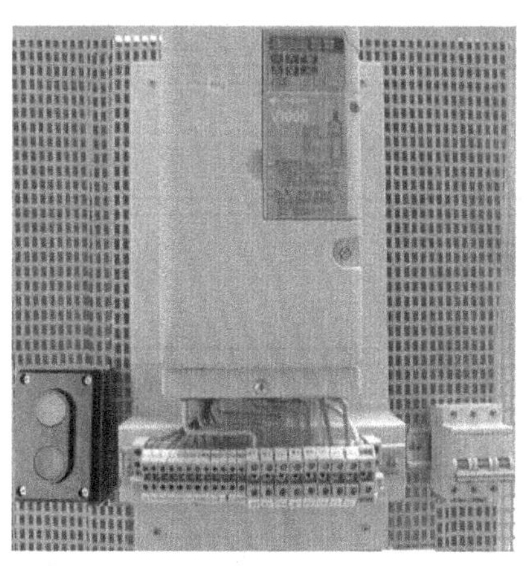

图12-26　变频器控制三相异步电动机多段速运行电路电器元件实物布置图

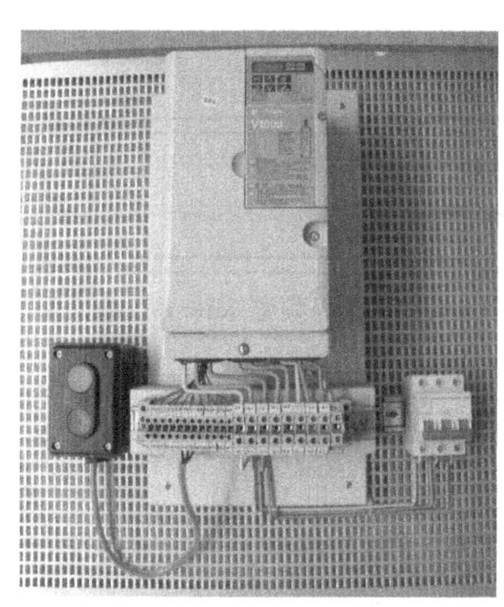

图12-27　变频器控制三相异步电动机多段速运行电路板

提示　变频器控制三相异步电动机多段速运行电路通电调试提示

通电试转

经指导教师批准，在指导教师监护下进行。

1）接通主电源，按下ESC键，直至显示初始画面。DRV点亮。按下LO/RE，选择LOCAL。按下RUN，则电动机以5Hz运行。按下SB1，电动机以20Hz运行，断开SB1，按下SB2，电动机以50Hz运行，SB1、SB2同时按下，则电动机以60Hz运行，实现了4段速运行方式。按下STOP键，电动机停止运行。

2）无振动。

先闭合电源开关，后闭合断路器。

调试

1）不运行：参数b1-02设置错误，更改。

2）有振动：查找松动处，紧固。

确保电源切断。

4. 故障排查

(1) 故障现象 按下 RUN 键，电动机不运行，此时电路出现了什么故障?

(2) 故障检修 检修时，可按下述检修步骤操作，直至故障排除。

1) 检查电源，用万用表分别检测断路器进线端电源和出线端电源。

2) 查看参数设置，按照图 12-12 设置参数后，将 H1-05 设定为 3，将 H1-06 设定为 4。

3) 排除故障后通电试车。

5. 整理现场

整理现场工具及电器元件，清理现场，根据工作过程填写任务单二十二，整理工作资料。

※任务评价※

见任务单二十二。

※任务拓展※

采用西门子变频器 MicroMaster440 完成多段速控制。

※巩固与提高※

1. 说明变频器端子 S5、S6 的功能。
2. 如何将安川 V1000 变频器的 4 段速分别设为 10Hz、20Hz、30Hz 和 40Hz?

※任务小结※

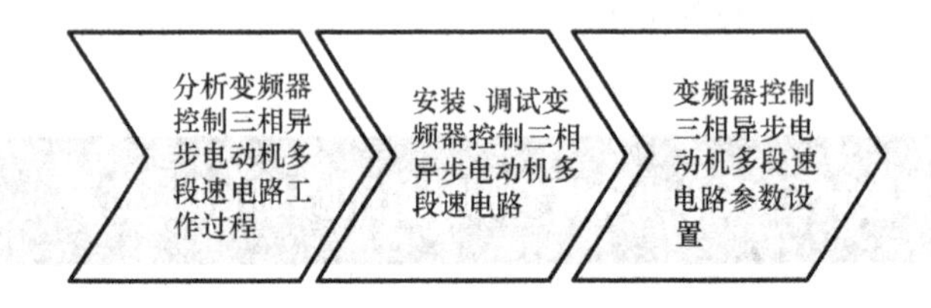

学习单元三　变频器控制电路

※单元知识小结※

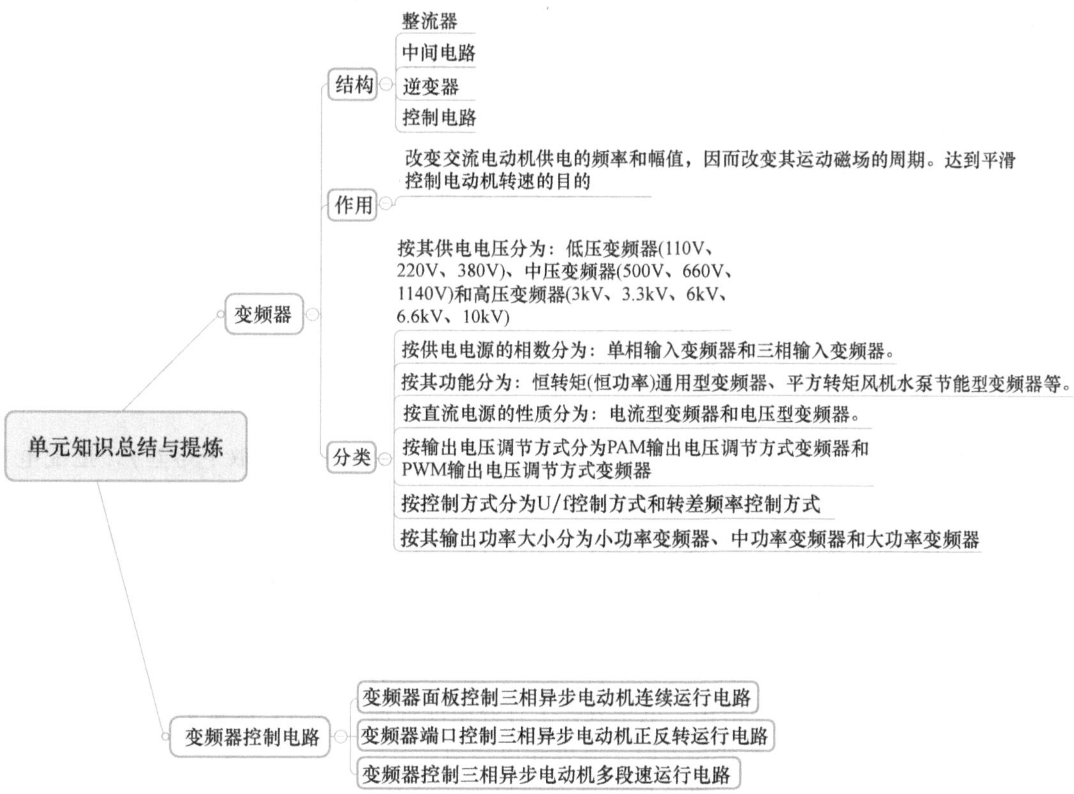

- 单元知识总结与提炼
  - 变频器
    - 结构
      - 整流器
      - 中间电路
      - 逆变器
      - 控制电路
    - 作用
      - 改变交流电动机供电的频率和幅值，因而改变其运动磁场的周期。达到平滑控制电动机转速的目的
    - 分类
      - 按其供电电压分为：低压变频器(110V、220V、380V)、中压变频器(500V、660V、1140V)和高压变频器(3kV、3.3kV、6kV、6.6kV、10kV)
      - 按供电电源的相数分为：单相输入变频器和三相输入变频器。
      - 按其功能分为：恒转矩(恒功率)通用型变频器、平方转矩风机水泵节能型变频器等。
      - 按直流电源的性质分为：电流型变频器和电压型变频器。
      - 按输出电压调节方式分为PAM输出电压调节方式变频器和PWM输出电压调节方式变频器
      - 按控制方式分为U/f控制方式和转差频率控制方式
      - 按其输出功率大小分为小功率变频器、中功率变频器和大功率变频器
  - 变频器控制电路
    - 变频器面板控制三相异步电动机连续运行电路
    - 变频器端口控制三相异步电动机正反转运行电路
    - 变频器控制三相异步电动机多段速运行电路

附录

附录 A　电工安全操作规程

电工安全技术操作规程适用于施工现场的安装维修电工。

（一）一般规定

1. 电工属于特种作业人员，必须经当地劳动部门统一考试合格后，核发全国统一的“特种作业人员操作证”，方准上岗作业，并定期两年复审一次。

2. 电工作业必须两人同时作业，一人作业，一人监护。

3. 在全部停电或部分停电的电气线路（设备）上工作时，必须将设备（线路）断开电源，并对可能送电的部分及设备（线路），采取防止突然窜电的措施，必要时应作短路线保护。

4. 检修电气设备（线路）时，应先将电源切断（拉断刀开关，取下熔丝），把配电箱锁好，并挂上“有人工作，禁止合闸”警示牌，或派专人看护。

5. 所有绝缘检验工具，应妥善保管，严禁他用，存放在干燥、清洁的工具柜内，并按规定进行定期检查、校验，使用前，必须先检查是否良好后，方可使用。

6. 在带电设备附近作业，严禁使用钢（卷）尺进行测量有关尺寸。

7. 用锤子打接地极时，握锤的手不准戴手套，扶接地极的人应在侧面，应用工具将接地极卡紧、稳住。使用冲击钻。电钻或钎子打砼眼或仰面打眼时，应戴防护镜。

8. 用感应法干燥电箱或变压器时，其外壳应接地。

9. 使用手持电动工具时，机壳应有良好的接地，严禁将外壳接地线和工作零线拧在一起插入插座，必须使用二线带地，三线带地插座。

10. 配线时，必须选用合适的剥线钳，不得损伤线芯，削线头时，刀口要向外，用力要均匀。

11. 电气设备所用熔丝的额定电流应与其负荷容量相适应，禁止以大代小或用其他金属丝代替熔丝。

12. 工作前必须做好充分准备，由工作负责人根据要求把安全措施及注意事项向全体人员进行布置，并明确分工，对于患有不适宜工作的疾病者，请长假复工者，缺乏经验的工人及有思想情绪的人员，不能分配其重要技术工作和登高作业。

13. 作业人员在工作前不许饮酒，工作中必须穿戴整齐，精神集中，不准擅离职守。

（二）安装

1. 施工现场供电应采用三相五线制（TN-S）系统，所有电气设备的金属外壳及电线管必须与专用保护零线可靠连接，对产生振动的设备其保护零线的连接点不少于两处，保护零线不得装设开关或熔断器。

2. 保护零线应单独敷设，不作他用，除在配电室或配电箱处作接地外，应在线路中间处和终端处作重复接地，并应与保护零线相连接，其接地电阻不大于10Ω。

3. 保护零线的截面，应不小于工作零线的截面，同时，必须满足机械强度的要求，保护零线架空敷设的间距大于12m时，保护零线必须选择小于10mm^2 的绝缘铜线或小于16mm^2 的绝缘铝线。

4. 与电气设备相连接的保护零线截面应不小于2.5mm^2 的绝缘多股铜芯线，保护零线的统一标志为绿/黄双色线，在任何情况下，不准用绿/黄线作负荷线。

5. 单相线路的零线截面与相线相同，三相线路工作零线和保护零线截面不小于相线截面的50%。

6. 架空线路的档距不得大于35m，其线间距离不得小于0.3m，架空线相序排列：面向负荷从左侧起为L1、N、L2、L3、PE（注：L1、L2、L3为相线，N为工作零线，PE为保护零线）。

7. 在一个架空线路档距内，每一层架空线的接头数不得超过该层导线条数的50%，且一条导线只允许有一个接头，线路在跨越铁路、公路、河流、电力线路档距内不得有接头。

8. 架空线路宜采用砼杆或木杆，砼杆不得有露筋、环向裂纹和扭曲，木杆不得腐朽，其梢径应不小于130mm，电杆埋设深度宜为杆长的1/10加0.6m，但在松软土质处应适当加大埋设深度或采用卡盘等加固。

9. 橡皮电缆架空敷设时，应沿墙壁或电杆高置，并用绝缘子固定，严禁使用金属裸线作绑线，固定点间距应保证橡皮电缆能承受自重所带来的负荷，橡皮电缆的最大弧垂距地不得小于2.5m。

10. 配电箱、开关箱应装设在干燥、通风及常温场所，箱要防雨、防尘、加锁，门上要有“有电危险”标志，箱内分路开关要标明用途，固定式箱底离地高度应大于1.3m，小于1.5m，移动式箱底离地高度应大于0.6m，小于1.5m，箱内工作零线和保护零线应分别用接线端子分开敷设，箱内电器和线路安装必须整齐，并每月检修一次，金属后座及外壳必须作保护接零，箱内不得放置任何杂物。

11. 总配电箱和开关箱中的两级剩余电流选择的额定漏电动作电流和额定漏电动作时间应合理匹配，使之具有分级保护的功能，每台用电设备应有各自专用的开关箱，必须实行“一机一闸”制，安装断路器。

12. 配电箱、开关箱中的导线进、出线口应在箱底面，严禁设在箱体的上面、侧面、后面或箱门外，进出线应加护套分路成束并作防水弯，导线束不得与箱体进、出口直接接触，移动式配电箱和开关箱进、出线必须采用橡皮绝缘电缆。

13. 每一台电动建筑机械或手移电动工具的开关箱内，必须装设隔离开关和过载、短路、漏电保护装置，其负荷线必须按其容量选用无接头的多股铜芯橡皮保护套软电缆或塑料护套软线，导线接头应牢固可靠，绝缘良好。

14. 照明变压器必须使用双绕组型，严禁使用自耦变压器，照明开关必须控制相线，使用行灯时，电源电压不超过36V。

15. 安装设备电源线时，应先安装用电设备一端，再安装电源一端，拆除时反向进行。

（三）用电维修

1. 检修工具、仪器等要经常检查，保持绝缘良好状态，不准使用不合格的检修工具和仪器。

2. 电机和电器拆除检修后，其线头应及时用绝缘包布包扎好，高压电机和高压电器拆除后其线头必须短路接地。

3. 在高、低压电气设备线路上工作，必须停电进行，一般不准带电作业。

4. 停电后的设备及线路在接地线前应用合格的验电器，按规定进行验电确认无电后方可操作，携带式接电线应为柔软的裸铜线，其截面不小于25mm^2，不应有断股和断裂现象。

5. 接拆地线应由两人进行，一人监护，一人操作，应戴好绝缘手套，接地线时先接地线端后接导线端，拆地线时先拆导线端，后拆地线端。

6. 脚扣、踏板安全带使用前应检查是否结实可靠，应根据电杆大小选用脚扣、踏板上杆时跨步应合适，脚扣不应相撞，使用安全带松紧要合适、系牢，结扣应放在前侧的左右。

7. 登杆作业前，必须检查木杆根部有无腐朽、空心现象（松木杆不大于1/4，杉木杆不大于1/3），原有拉线，帮桩是否良好，水泥杆应检查外观平整、光滑无外露钢筋无明显裂纹，杆体无显著倾斜及下沉现象。

8. 杆上及地面工作人员均应戴安全帽，并在工作区域内做好监护工作防止行人、车辆穿越，传递材料应用带绳或系工具袋传递，禁止上下抛掷。

9. 雷雨及6级以上大风天气，不可进行杆上作业。

10. 现场变（配）电室，应有两人值班，对于小容量的变（配）电室，单人值班时，不论高压设备是否带电，均不准越过检查和从事修理工作。

11. 在高压带电区域内部分停电工作时，操作者与带电设备的距离应符合安全规定，运送工具、材料时与带电设备保持一定的安全距离。

注意：电工上岗之前必须通过专业培训并持有特种作业上岗证。

附录 B　常用低压电器电气符号

名称	图形符号	文字符号	名称	图形符号	文字符号
按钮常闭触头	E-	SB	通电延时继电器常开(动合)触头		KT
按钮常开触头	E-	SB	通电延时继电器常闭(动断)触头		KT
熔断器		FU	断电延时继电器常开(动合)触头		KT
接触器主触头		KM	断电延时继电器常闭(动断)触头		KT
接触器常闭辅助触头		KM	热继电器驱动器件		FR
接触器常开辅助触头		KM	热继电器常闭(动断)辅助触头		FR
接触器线圈		KM	行程开关常开(动合)触头		SQ
行程开关常闭(动断)触头		SQ			

参考文献

[1] 赵承荻．电机与电气控制技术［M］．北京：高等教育出版社，2002．

[2] 李敬梅．电力拖动控制线路与技能训练［M］．4版．北京：中国劳动社会保障出版社，2007．

[3] 许晓峰．电机与拖动［M］．北京：高等教育出版社，2011．

[4] 周希章．机床电路故障的诊断与修理［M］．北京：机械工业出版社，2004．

[5] 王建．电气控制电路安装与检修［M］．北京：中国劳动社会保障出版社，2006．

[6] 王平．电气控制与PLC［M］．北京：高等教育出版社，2004．

[7] 商恭福．电工识读电气图技巧［M］．北京：中国电力出版社，2006．

[8] 李国瑞．电气控制技术项目教程［M］．北京：机械工业出版社，2009．

[9] 余雷声．电气控制与PLC应用［M］．北京：机械工业出版社，2006．

[10] 张桂金．电气控制线路故障分析与处理［M］．西安：西安电子科技大学出版社，2009．

[11] 吴奕林．工厂电气控制技术［M］．北京：北京理工大学出版社，2012．

[12] 段树成．工厂电气控制电路实例详解［M］．北京：化学工业出版社，2012．

中等职业学校以工作过程为导向课程改革实验项目
电气运行与控制专业核心课程系列教材

电气控制基础电路安装与调试工作页

岳丽英　主　编
孙宝林　主　审

机械工业出版社

目　录

任务单一

台式钻床点动运行控制电路的安装与调试

班级______ 姓名______ 同组人______

工作时间：　　　年　　月　　日

一、工作准备

想一想

你见过哪些设备是由点动运行控制电路完成控制的？

认一认

指出图1-1中电器元件的名称，并填写在横线上。

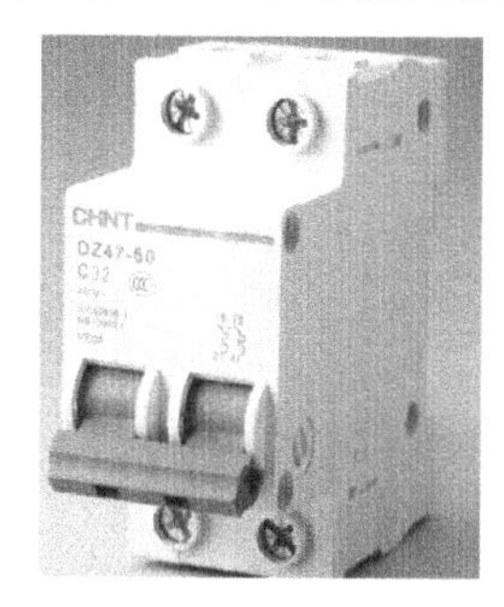

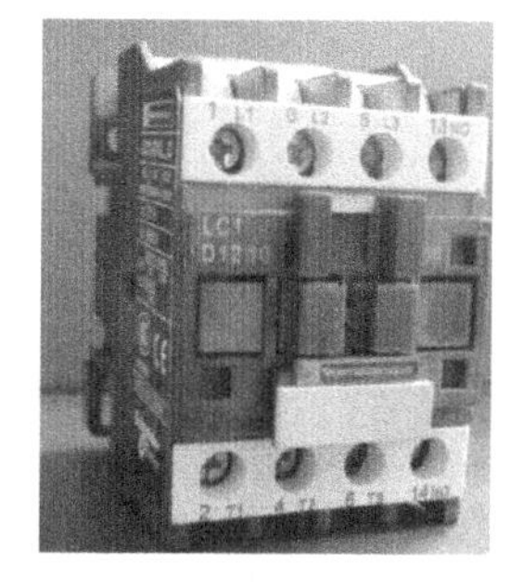

______________　______________　______________

图1-1　电器元件

测一测

用万用表电阻挡测试接触器的触头，并在图1-1中标出常开、常闭触头。

读一读

识读三相异步电动机点动运行控制电路原理图，如图 1-2 所示，并完成以下任务。

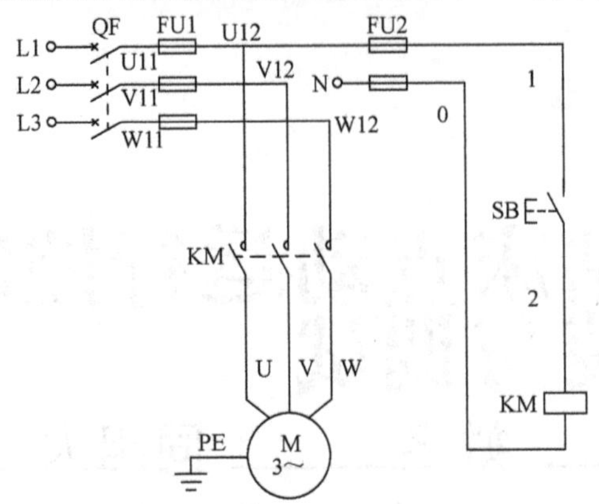

图 1-2　三相异步电动机点动运行控制电路原理图

1. 明确图 1-2 中所用电器元件名称及其作用，并填入表 1-1 中。

表 1-1　电器元件名称及其作用

序号	名称	作用	符号
1			
2			
3			
4			
5			
6			
7			
8			
9			

2. 小组讨论图 1-2 中点动运行控制电路工作原理。

起动控制：

停止控制：

备一备

1. 根据三相异步电动机点动运行控制电路原理图材料明细表备齐电器元件及材料，并进行质量检验。（见教材）

2. 备齐工具、仪表（见教材）。

二、任务实施

1. 绘制电器元件布置图

根据电路原理图画出电器元件布置图。

2. 绘制电路接线图

3. 安装与接线

安装步骤及工艺要求(见教材)。

4. 通电前检测

1)检查所接电路。按照电路图从头到尾的顺序检查电路。

2)用万用表初步测试电路有无短路情况。确保电路未通电的情况下把万用表打到欧姆挡,用万用表检查电路,并填写在表1-2,表1-3中。

表1-2　点动运行控制电路检测

项目	测量结果	电路是否正常
断开电源和主电路,测量控制电路电源两端(U11-N)		
按下点动起动按钮,测量控制电路电源两端(U11-N)		

表1-3　点动运行控制电路主电路检测

项目	测量结果	电路是否正常
断开电源,合上断路器,测量主电路L1-U、L2-V、L3-W		
断开电源,合上断路器,手动压下接触器KM,测量主电路L1-U、L2-V、L3-W		

三相异步电动机

5. 通电试车

1）整理实验台上多余导线及工具、仪表，以免短路或触电。

2）为保证人身安全，在通电试车时，一人操作一人监护，认真执行、安全操作规程的有关规定，经老师检查并现场监护。

在教师检查无误后，经教师允许后才可以通电运行。将通电试车情况记录到表1-4中。

① 通电顺序：先合上实验台总电源开关——主电路断路器。

② 按下起动按钮SB，观察并记录电动机工作状态＿＿＿＿＿＿，接触器KM状态＿＿＿＿＿。

③ 松开起动按钮SB，观察并记录电动机工作状态＿＿＿＿＿＿，接触器KM状态＿＿＿＿＿。

表 1-4　通电试车记录

试转情况	电动机是否能点动运行							
	几次通电实现							
故障排查	故障现象及排查方法							
工作用时	开始时间		结束时间		实际用时			
文明工作		很好		好		一般		较差
验收情况								

三、任务评价

表 1-5 为任务评价表。

表 1-5　任务评价表

评价项目	评价内容	参考分	评分标准	得分
识读电路图	1. 正确识读点动控制电路中的电器元件 2. 能正确分析该电路工作原理	15	1. 正确识读电器元件,每处 1 分 2. 正确分析该电路工作原理,5 分	
装前检查	检查电器元件质量完好	10	正确检查电器元件,每处 1 分	
安装电器元件	1. 按布置图安装电器元件 2. 安装电器元件牢固、整齐、匀称、合理	10	1. 按照布置图安装电器元件,5 分 2. 安装电器元件牢固、整齐、匀称、合理,5 分	
布线	1. 接线紧固、无压绝缘、无损伤导线绝缘或线芯 2. 按照电路图接线,思路清晰	20	1. 按照接线图正确接线,安装工艺符合板前布线工艺要求,20 分 2. 接线松动,每处扣 1 分 3. 损坏导线或线芯,每根扣 2 分 4. 错接,每处扣 2 分	
通电前检查	1. 自检电路 2. 仪器、仪表使用正确	10	1. 漏检,每处扣 2 分 2. 万用表使用错误,每次扣 3 分	
通电试车	在保证人身安全的前提下,通电试车一次成功	10	第一次试车成功,10 分 第二次试车成功,5 分	
故障排查	1. 仪器、仪表使用正确 2. 在保证人身及设备安全的前提下,故障排查一次成功	10	第一次故障排查成功,10 分 第二次故障排查成功,5 分	
安全文明操作	1. 爱护设备及工具 2. 遵守安全文明生产规程 3. 成本及环保意识	10	1. 着装整洁,1 分 2. 保持工作环境清洁,1 分 3. 节约意识,1 分 4. 执行安全操作规程,7 分	
资料整理	任务单填写齐全、整洁、无误	5	1. 任务单填写齐全、工整,2 分 2. 任务单填写无误,3 分	
总分				

任务单二

台式钻床单向连续运行控制电路的安装与调试

班级______ 姓名______ 同组人______

工作时间：　　　年　　月　　日

一、工作准备

想一想

你见过哪些设备是由单向连续运行控制电路完成控制的？

认一认

指出图 2-1 中电器元件名称，并填写在横线上。

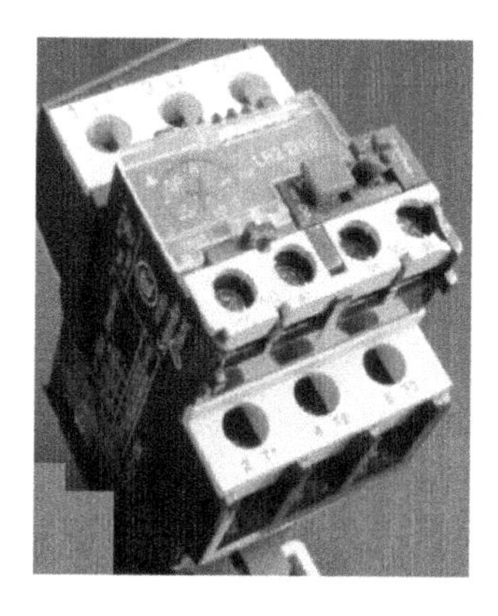

____

图 2-1　电器元件

测一测

用万用表电阻挡测试热继电器的触头，并在图 2-1 中标出常开、常闭触头。

读一读

识读三相异步电动机单向连续运行控制电路原理图，如图 2-2 所示，并完成以下任务。

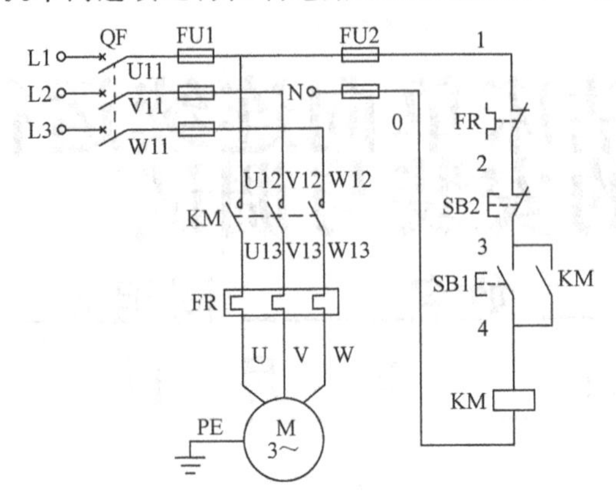

图 2-2　三相异步电动机单向连续运行控制电路原理图

1. 明确图 2-2 中所用电器元件名称及其作用。

表 2-1　电器元件及名称

序号	名称	作用	符号
1			
2			
3			
4			
5			
6			
7			
8			
9			

2. 小组讨论图 2-2 中单向连续运行控制电路工作原理。

起动控制：

停止控制：

备一备

1. 根据三相异步电动机单向连续运行控制电路原理图材料明细表备齐电器元件及材

料，并进行质量检验（见教材）。

2. 备齐工具、仪表（见教材）。

二、任务实施

1. 绘制电器元件布置图

根据电路原理图画出电器元件布置图。

2. 绘制电路接线图

3. 安装与接线

安装步骤及工艺要求(见教材)。

4. 通电前检测

1)检查所接电路。按照电路图从头到尾的顺序检查电路。

2)用万用表初步测试电路有无短路情况。确保电路未通电的情况下把万用表打到欧姆挡,用万用表检查电路,并填写在表2-2、表2-3中。

表2-2 单向连续运行电路控制电路检测

项目	测量结果	电路是否正常
断开电源和主电路,测量控制电路电源两端(U11-N)		
按下起动按钮,测量控制电路电源两端(U11-N)		

表2-3 单向连续运行控制电路主电路检测

项目	测量结果	电路是否正常
断开电源,合上断路器,测量主电路L1-U、L2-V、L3-W		
断开电源,合上断路器,手动压下接触器KM,测量主电路L1-U、L2-V、L3-W		

三相异步电动机

5. 通电试车

1）整理实验台上多余导线及工具、仪表，以免短路或触电。

2）为保证人身安全，在通电试车时，一人操作一人监护，认真执行、安全操作规程的有关规定，经老师检查并现场监护。

在教师检查无误后，经教师允许后才可以通电运行。将通电试车情况记录到表2-4中。

① 通电顺序：先合上实验台总电源开关——主电路断路器。

按下起动按钮SB1，观察并记录电动机工作状态____________，接触器KM状态____________。

② 松开起动按钮，观察并记录电动机工作状态____________，接触器KM状态____________。

③ 按下停止按钮SB2，观察并记录电动机工作状态____________，接触器KM状态____________。

表2-4 通电试车记录

<table>
<tr><td rowspan="2">试转情况</td><td colspan="2">电动机是否单方向连续运行</td><td colspan="6"></td></tr>
<tr><td colspan="2">几次通电实现</td><td colspan="6"></td></tr>
<tr><td>故障排查</td><td colspan="2">故障现象及排查方法</td><td colspan="6"></td></tr>
<tr><td>工作用时</td><td>开始时间</td><td></td><td>结束时间</td><td></td><td>实际用时</td><td colspan="3"></td></tr>
<tr><td>文明工作</td><td></td><td>很好</td><td></td><td>好</td><td></td><td>一般</td><td></td><td>较差</td></tr>
<tr><td>验收情况</td><td colspan="8"></td></tr>
</table>

三、任务评价

表2-5为任务评价表。

表2-5 任务评价表

评价项目	评价内容	参考分	评分标准	得分
识读电路图	1. 正确识读单向连续运行控制电路中的电器元件 2. 能正确分析该电路工作原理	15	1. 正确识读电器元件每处1分 2. 正确分析该电路工作原理，5分	
装前检查	检查电器元件质量完好	10	正确检查电器元件，每处1分	
安装电器元件	1. 按布置图安装电器元件 2. 安装电器元件牢固、整齐、匀称、合理	10	1. 按照布置图安装电器元件，5分 2. 安装电器元件牢固、整齐、匀称、合理，5分	

（续）

评价项目	评价内容	参考分	评分标准	得分
布线	1. 接线紧固、无压绝缘、无损伤导线绝缘或线芯 2. 按照电路图接线，思路清晰	20	1. 按照接线图正确接线，安装工艺符合板前布线工艺要求，20分 2. 接线松动，每处扣1分 3. 损坏导线或线芯，每根扣2分 4. 错接，每处扣2分	
通电前检查	1. 自检电路 2. 仪器、仪表使用正确	10	1. 漏检，每处扣2分 2. 万用表使用错误，每次扣3分	
通电试车	在保证人身安全的前提下，通电试车一次成功	10	第一次试车成功，10分 第二次试车成功，5分	
故障排查	1. 仪器、仪表使用正确 2. 在保证人身及设备安全的前提下，故障排查一次成功	10	第一次故障排查成功，10分 第二次故障排查成功，5分	
劳动保护及安全文明	1. 爱护设备及工具 2. 遵守安全文明生产规程；成本及环保意识	10	1. 着装整洁，1分 2. 保持工作环境清洁，1分 3. 节约意识，1分 4. 执行安全操作规程，7分	
资料整理	任务单填写齐全、整洁、无误	5	1. 任务单填写齐全、工整，2分 2. 任务单填写无误，3分	
总分				

任务单三

台式钻床接触器互锁正反转控制电路的安装与调试

班级______ 姓名______ 同组人______

工作时间：　　年　月　日

一、工作准备

想一想

你见过哪些设备是由正反转控制电路完成控制的？

读一读

识读接触器互锁正反转控制电路原理图，如图 3-1 所示，并完成以下任务。

1. 明确图 3-1 中所用电器元件名称及其作用，并填入表 3-1 中。

表 3-1　电器元件及其作用

序号	名称	作用	符号
1			
2			
3			
4			
5			
6			
7			
8			
9			

2. 小组讨论图 3-1 中接触器互锁正反转控制电路工作原理。

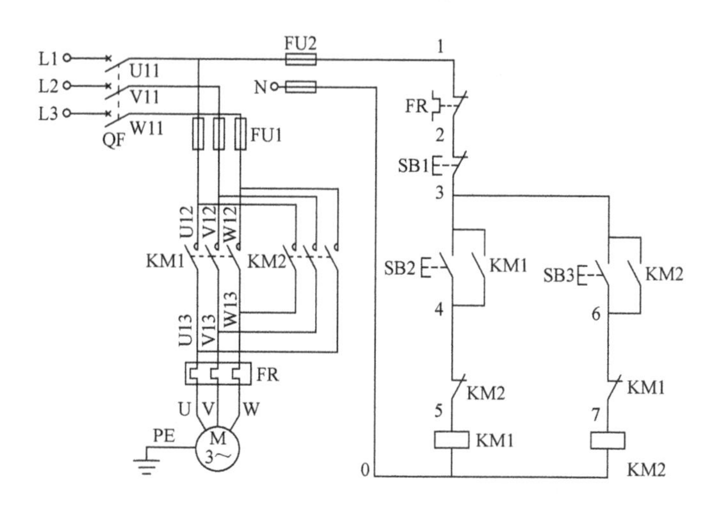

图 3-1 接触器互锁正反转控制电路原理图

正转起动控制：

停止控制：

反转起动控制：

什么是互锁？互锁的作用是什么？

备一备

1. 根据台钻接触器互锁正反转控制电路原理图材料明细表领料。（见教材）
2. 领用工具、仪表。（见教材）

二、任务实施

1. 绘制电器元件布置图

根据电路原理图画出电器元件布置图。

2. 绘制电路接线图

3. 安装与接线

安装步骤及工艺要求（见教材）。

4. 通电前检测

1）检查所接电路。按照电路图从头到尾的顺序检查电路。

2）用万用表初步测试电路有无短路情况。确保电路未通电的情况下把万用表打到欧姆挡，用万用表检查电路，并填写在表 3-2 中。

表 3-2　接触器互锁正反转控制电路检测

项目	测量结果	电路是否正常
断开电源和主电路，测量控制电路电源两端（U11-N）		
按下正转起动按钮，测量控制电路电源两端（U11-N）		
按下反转起动按钮，测量控制电路电源两端（U11-N）		

5. 通电试车

1）整理实验台上多余导线及工具、仪表，以免短路或触电。

2）为保证人身安全，在通电试车时，一人操作一人监护，认真执行、安全操作规程的有关规定，经老师检查并现场监护。

在教师检查无误后，经教师允许后才可以通电运行。将通电试车情况记录到表 3-3 中。

① 先合上实验台总电源开关——主电路断路器。

② 按下正转起动按钮，观察并记录电动机工作状态及转动方向______________，正转接触器状态__________，反转接触器状态__________。

③ 按下反转起动按钮，观察并记录电动机状态__________________，正转接触器状态____________，反转接触器状态____________。解释为何出现此现象？______________
____

④ 按下停止按钮，观察并记录电动机工作状态及转动方向______________，正转接触器状态__________，反转接触器状态__________。

⑤ 按下反转起动按钮，观察并记录电动机状态__________________，正转接触器状态____________，反转接触器状态____________。

⑥ 按下正转起动按钮，观察并记录电动机工作状态及转动方向________________，正转接触器状态________，反转接触器状态________。解释为何出现此现象？__________
____

⑦ 按下停止按钮，观察并记录电动机工作状态及转动方向____________________，正转接触器状态__________，反转接触器状态__________。

表 3-3　通电试车记录

<table>
<tr><td rowspan="2">试转情况</td><td colspan="2">正反转是否实现</td><td colspan="6"></td></tr>
<tr><td colspan="2">几次通电实现</td><td colspan="6"></td></tr>
<tr><td>故障排查</td><td colspan="2">故障现象及排查方法</td><td colspan="6"></td></tr>
<tr><td>工作用时</td><td>开始时间</td><td></td><td>结束时间</td><td></td><td>实际用时</td><td colspan="3"></td></tr>
<tr><td>文明工作</td><td></td><td>很好</td><td></td><td>好</td><td></td><td>一般</td><td></td><td>较差</td></tr>
<tr><td>验收情况</td><td colspan="8"></td></tr>
</table>

三、任务评价

表 3-4 为任务评价表。

表 3-4 任务评价表

评价项目	评价内容	参考分	评分标准	得分
识读电路图	1. 正确识读接触器互锁正反转控制电路中电器元件 2. 能正确分析该电路工作原理	15	1. 正确识读电器元件,每处 1 分 2. 正确分析该电路工作原理,5 分	
装前检查	检查电器元件件质量完好	10	正确检查电器元件,每处 1 分	
安装电器元件	1. 按布置图安装电器元件 2. 安装电器元件牢固、整齐、匀称、合理	10	1. 按布置图安装电器元件,5 分 2. 安装电器元件牢固、整齐、匀称、合理,5 分	
布线	1. 接线紧固、无交叉、无压绝缘、无损伤导线绝缘或线芯 2. 符合板前布线明线工艺	20	1. 按照接线图正确接线,安装工艺符合板前布线明线工艺,20 分 2. 接线松动,每处扣 1 分 3. 损坏导线或线芯,每根扣 2 分 4. 线路交叉,每根扣 2 分 5. 错接,每处扣 2 分	
通电前检查	1. 自检电路 2. 仪器、仪表使用正确	10	1. 漏检,每处扣 2 分 2. 万用表使用错误,每次扣 3 分	
通电试车	在保证人身安全的前提下,通电试车一次成功	10	第一次试车成功,10 分 第二次试车成功,5 分	
故障排查	1. 仪器、仪表使用正确 2. 在保证人身及设备安全的前提下,故障排查一次成功	10	第一次故障排查成功,10 分 第二次故障排查成功,5 分	
劳动保护及安全文明	1. 爱护设备及工具 2. 遵守安全文明生产规程 3. 成本及环保意识	10	1. 着装整洁,1 分 2. 保持工作环境清洁,1 分 3. 节约意识,1 分 4. 执行安全操作规程,7 分	
资料整理	任务单填写齐全、整洁、无误	5	1. 任务单填写齐全,工整,2 分 2. 任务单填写无误,3 分	
总分				

任务单四

工作台自动往返控制电路的安装与调试

班级______ 姓名______ 同组人______

工作时间：　　　年　月　日

一、工作准备

想一想

你见过哪些设备是由自动往返控制电路完成控制的？

认一认

指出图4-1中电器元件名称，并填写在横线上。

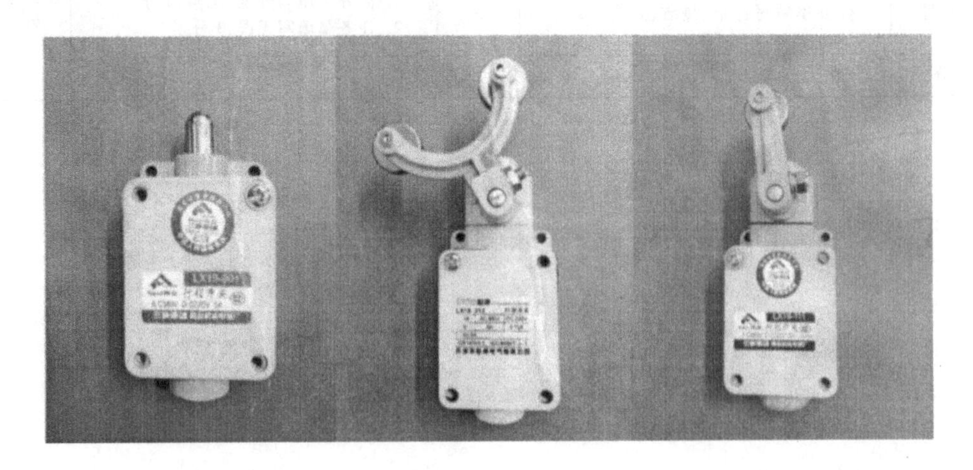

______　　______　　______

图4-1　电器元件

测一测

用万用表电阻挡测试行程开关的两对触头，并在图 4-2 中标出常开、常闭触头。

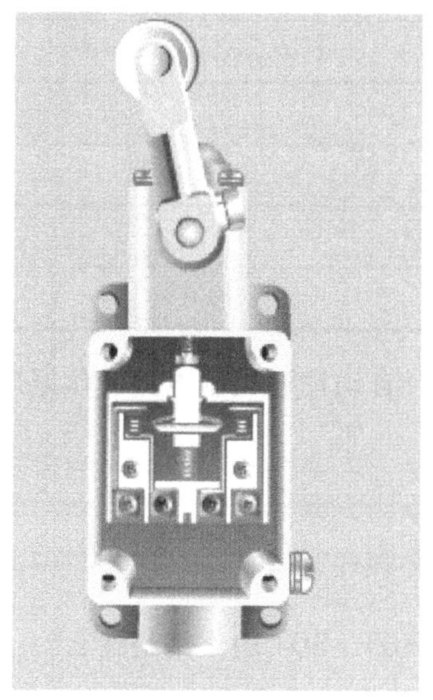

图 4-2　行程开关

读一读

识读自动往返控制电路原理图，如图 4-3 所示，并完成以下任务。

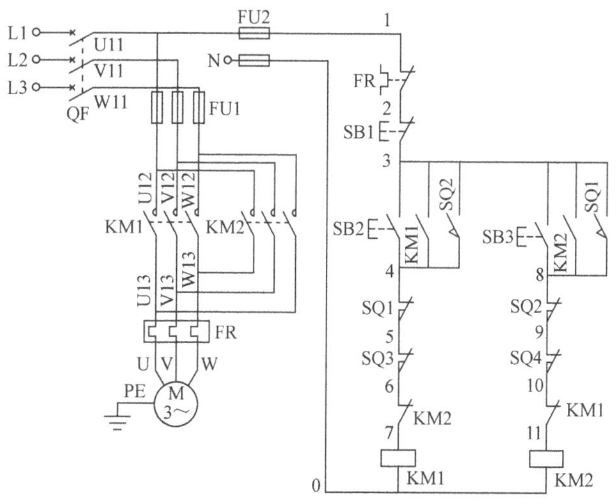

图 4-3　自动往返控制电路原理图

1. 明确图 4-3 中所用电器元件名称及其作用，并填入表 4-1 中。

表 4-1　电器元件名称及其作用

序号	名称	作用	符号
1			
2			
3			

（续）

序号	名称	作用	符号
4			
5			
6			
7			
8			
9			

2. 小组讨论图 4-3 中工作台自动往返控制电路工作原理。

工作原理分析：

SQ1、SQ2 的作用是什么，SQ3、SQ4 的作用是什么？

备一备

1. 根据工作台自动往返控制电路材料明细表领料（见教材）。
2. 领用工具、仪表（见教材）。

二、任务实施

1. 绘制电器元件布置图

根据电路原理图画出电器元件布置图。

2. 绘制电路接线图

3. 安装与接线

安装步骤及工艺要求（见教材）。

4. 通电前检测

1)检查所接电路。按照电路图从头到尾的顺序检查电路。

2)用万用表初步测试电路有无短路情况。确保电路未通电的情况下把万用表打到欧姆挡,用万用表检查电路,并填写在表4-2中。

表4-2 工作台自动往返控制电路检测

项目	测量结果	电路是否正常
断开电源和主电路,测量控制电路电源两端(U11-N)		
按下正转起动按钮,测量控制电路电源两端(U11-N)		
按下反转起动按钮,测量控制电路电源两端(U11-N)		

5. 通电试车

1) 整理实验台上多余导线及工具、仪表,以免短路或触电。

2) 为保证人身安全,在通电试车时,一人操作一人监护,认真执行安全操作规程的有关规定,经老师检查并现场监护。

在教师检查无误后,经教师允许后才可以通电运行。将通电试车情况记录到表4-3中。

① 通电顺序:先合上实验台总电源开关——三相电源开关——主电路断路器。

② 按下正转起动按钮,观察并记录电动机工作状态及转动方向________________,正转接触器状态____________,反转接触器状态____________。

③ 按下停止按钮,观察并记录电动机状态______________________________,正转接触器状态____________,反转接触器状态____________。

④ 按下反转起动按钮,观察并记录电动机状态及转动方向____________________,正转接触器状态____________,反转接触器状态____________。

⑤ 按下停止按钮,观察并记录电动机状态________________________,正转接触器状态____________,反转接触器状态____________。

⑥ 按下正转起动按钮,然后松开,手动模拟把左行程开关压到左边,观察并记录电动机状态及转动方向______________________________,正转接触器状态____________,反转接触器状态____________。

在此状态下,手动模拟把左行程开关压到右边,观察并记录电动机状态及转动方向____________,正转接触器状态____________,反转接触器状态____________。

⑦ 手动模拟把右行程开关压到右边,观察并记录电动机状态及转动方向__________,正转接触器状态____________,反转接触器状态____________。

在此状态下,手动模拟把左行程开关压到左边,观察并记录电动机状态及转动方向________,正转接触器状态____________,反转接触器状态____________。

⑧ 手动模拟把左行程开关压到左边,观察并记录电动机状态及转动方向__________,正转接触器状态____________,反转接触器状态____________。

在此状态下，手动模拟把左行程开关压到右边，观察并记录电动机状态及转动方向__________，正转接触器状态__________，反转接触器状态__________。

⑨ 按下停止按钮，观察并记录电动机状态__________，正转接触器状态__________，反转接触器状态__________。

表 4-3 通电试车记录

<table>
<tr><td rowspan="2">试转情况</td><td colspan="2">工作台自动往返是否实现</td><td colspan="6"></td></tr>
<tr><td colspan="2">几次通电实现</td><td colspan="6"></td></tr>
<tr><td>故障排查</td><td colspan="2">故障现象及排查方法</td><td colspan="6"></td></tr>
<tr><td>工作用时</td><td>开始时间</td><td></td><td>结束时间</td><td></td><td>实际用时</td><td colspan="3"></td></tr>
<tr><td>文明工作</td><td></td><td>很好</td><td></td><td>好</td><td></td><td>一般</td><td></td><td>较差</td></tr>
<tr><td>验收情况</td><td colspan="8"></td></tr>
</table>

三、任务评价

表 4-4 为任务评价表。

表 4-4 任务评价表

评价项目	评价内容	参考分	评分标准	得分
识读电路图	1. 正确识读自动往返控制电路中电器元件 2. 能正确分析该电路工作原理	15	1. 正确识读电器元件,每处得 1 分 2. 正确分析该电路工作原理,5 分	
装前检查	检查电器元件质量完好	10	正确检查电器元件,每处得 1 分	
安装电器元件	1. 按布置图安装电器元件 2. 安装电器元件牢固、整齐、匀称、合理	10	1. 按布置图安装电器元件,5 分 2. 安装电器元件牢固、整齐、匀称、合理,5 分	
布线	1. 接线紧固、无压绝缘、无损伤导线绝缘或线芯 2. 安装工艺符合板前线槽布线工艺要求	20	1. 按照接线图正确接线,安装工艺符合板前线槽布线工艺要求,20 分 2. 接线松动,每处扣 1 分 3. 损坏导线或线芯,每根扣 2 分 4. 错接,每处扣 2 分	
通电前检查	1. 自检电路 2. 仪器、仪表使用正确	10	1. 漏检,每处扣 2 分 2. 万用表使用错误,每次扣 3 分	
通电试车	在保证人身安全的前提下,通电试车一次成功	10	第一次试车成功,10 分 第二次试车成功,5 分	

（续）

评价项目	评价内容	参考分	评分标准	得分
故障排查	1. 仪器、仪表使用正确 2. 在保证人身及设备安全的前提下，故障排查一次成功	10	第一次故障排查成功，10 分 第二次故障排查成功，5 分	
劳动保护及安全文明	1. 爱护设备及工具 2. 遵守安全文明生产规程 3. 成本及环保意识	10	1. 着装整洁，1 分 2. 保持工作环境清洁，1 分 3. 节约意识，1 分 4. 执行安全操作规程，7 分	
资料整理	任务单填写齐全、整洁、无误	5	1. 任务单填写齐全，工整，2 分 2. 任务单填写无误，3 分	
总分				

任务单五

两台风机顺序起动控制电路的安装与调试

班级______ 姓名______ 同组人______

工作时间： 年 月 日

一、工作准备

想一想

你见过哪些设备是由顺序起停控制电路完成控制的？

读一读

识读两台风机顺序起动控制电路原理图，如图 5-1 所示，并完成以下任务。

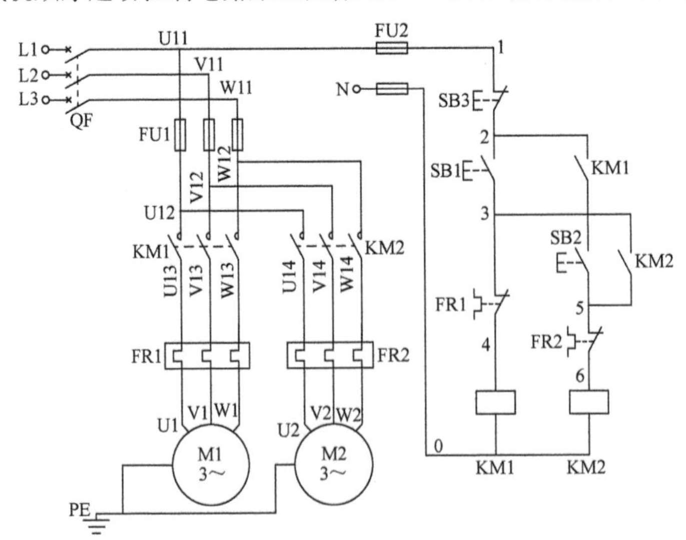

图 5-1 两台风机顺序起动控制电路原理图

1. 明确图 5-1 中所用电器元件名称及其作用,并填入表 5-1 中。

表 5-1　电器元件名称及其作用

序号	名称	作用	符号
1			
2			
3			
4			
5			
6			

2. 小组讨论图 5-1 中电路的工作原理。

起动控制:

停止控制:

备一备

1. 根据两台风机顺序起动控制电路材料明细表备齐电器元件及材料，并进行质量检验（见教材)。

2. 备齐工具、仪表（见教材)。

二、任务实施

1. 绘制电器元件布置图

根据电路原理图画出电器元件布置图。

2. 绘制电路接线图

3. 安装与接线

1)小组成员讨论线路连接的思路与方法,并做介绍。

2)小组合作完成线路连接。

4. 通电前检测

1)检查所接电路。按照电路图从头到尾,按顺序检查电路。

2)用万用表初步测试电路有无短路情况。确保电路未通电的情况下把万用表打到欧姆挡,用万用表检查电路,并填写在表5-2中。

表5-2 两台风机顺序起动控制电路检测

项目	测量结果	电路是否正常
断开电源和主电路,测量控制电路电源两端(U11-N)		
按下SB2,测量控制电路电源两端(U11-N)		
按下SB3,同时按下SB2,测量控制电路电源两端(U11-N)		

5. 通电试车

1)整理实验台上多余导线及工具、仪表,以免短路或触电。

2)为保证人身安全,在通电试车时,一人操作一人监护,认真执行安全操作规程的有关规定,经老师检查并现场监护。

在教师检查无误后,经教师允许后才可以通电运行。将通电试车情况记录到表5-3中。

① 通电顺序:先合上实验台总电源开关——主电路断路器。

② 按下SB1,观察并记录电动机工作状态及转动方向____________________,KM1接触器状态____________,KM2接触器状态____________。

③ 按下SB2,观察并记录电动机状态______________________________,KM1接触器状态____________,KM2接触器状态____________。

④ 按下停止按钮,观察并记录电动机工作状态及转动方向____________________,KM1接触器状态____________,KM2接触器状态____________。

结论:以上现象说明两台电动机在停止时有何顺序?________________________

表5-3 通电试车记录

<table>
<tr><td rowspan="2">试转情况</td><td colspan="4">顺序起动控制是否实现</td><td colspan="4"></td></tr>
<tr><td colspan="4">几次通电实现</td><td colspan="4"></td></tr>
<tr><td>工作用时</td><td>开始时间</td><td></td><td>结束时间</td><td></td><td>实际用时</td><td colspan="3"></td></tr>
<tr><td>文明工作</td><td></td><td>很好</td><td></td><td>好</td><td></td><td>一般</td><td></td><td>较差</td></tr>
<tr><td>验收情况</td><td colspan="8"></td></tr>
</table>

三、任务评价

表 5-4 为任务评价表。

表 5-4　任务评价表

评价项目	评价内容	参考分	评分标准	得分
识读电路图	1. 正确识读顺序起动控制电路中的电器元件 2. 能正确分析该电路工作原理	15	1. 正确识读电器元件,每处得 1 分 2. 正确分析该电路工作原理,5 分	
安装前检查	检查元器件质量完好	10	正确检查电器元件,每处得 1 分	
安装电器元件	1. 按布置图安装电器元件 2. 安装电器元件牢固、整齐、匀称、合理	10	按布置图安装电器元件,5 分 安装电器元件牢固、整齐、匀称、合理,5 分	
布线	1. 接线紧固、无压绝缘、无损伤导线绝缘或线芯 2. 按照电路图接线,思路清晰	20	1. 按照接线图正确接线,安装工艺符合板前线槽布线工艺要求,20 分 2. 接线松动,每处扣 1 分 3. 损坏导线或线芯,每根扣 2 分 4. 错接,每处扣 2 分	
通电前检查	1. 自检电路 2. 仪器、仪表使用正确	10	1. 漏检,每处扣 2 分 2. 万用表使用错误每次扣 3 分	
通电试车	在保证人身安全的前提下,通电试车一次成功	10	第一次试车成功,10 分 第二次试车成功,5 分	
故障排查	1. 仪器、仪表使用正确 2. 在保证人身及设备安全的前提下,故障排查一次成功	10	第一次故障排查成功,10 分 第二次故障排查成功,5 分	
劳动保护及安全文明	1. 爱护设备及工具 2. 遵守安全文明生产规程 3. 成本及环保意识	10	1. 着装整洁,1 分 2. 保持工作环境清洁,1 分 3. 节约意识,1 分 4. 执行安全操作规程,7 分	
资料整理	工作单填写齐全、整洁、无误	5	1. 工作单填写齐全,工整,2 分 2. 工作单填写无误,3 分	
总分				

任务单六

大功率风机星—三角减压起动电路的安装与调试

班级______ 姓名______ 同组人______

工作时间：　　　年　　月　　日

一、工作准备

想一想

你见过哪些设备是由减压起动电路完成控制的？

认一认

指出图6-1中电器元件名称，并填写在横线上。

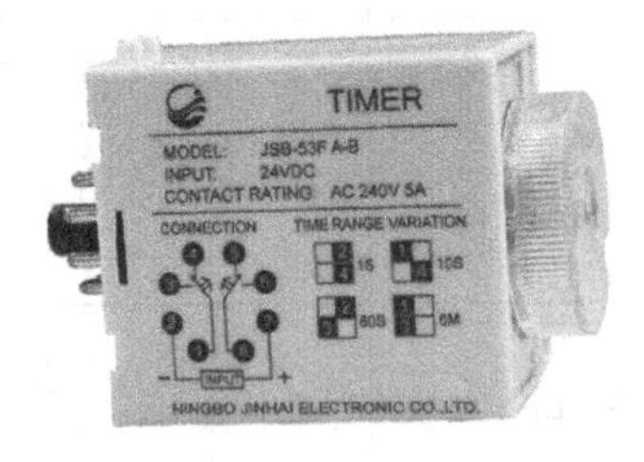

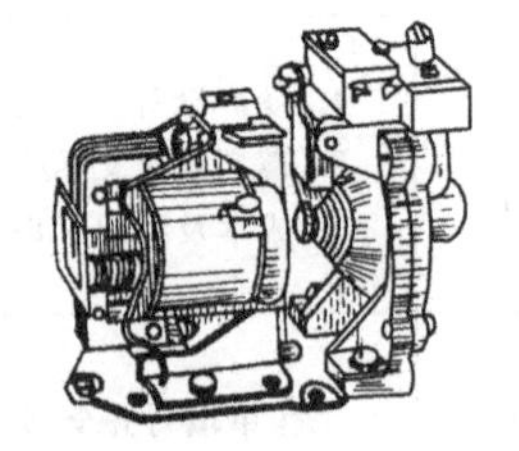

__________　　__________　　__________

图6-1　电器元件

测一测

用万用表电阻挡测试时间继电器的触头，并在图6-1中标出常开、常闭触头。

读一读

识读三相异步电动机星—三角减压起动控制电路原理图，如图 6-2 所示，并完成以下任务。

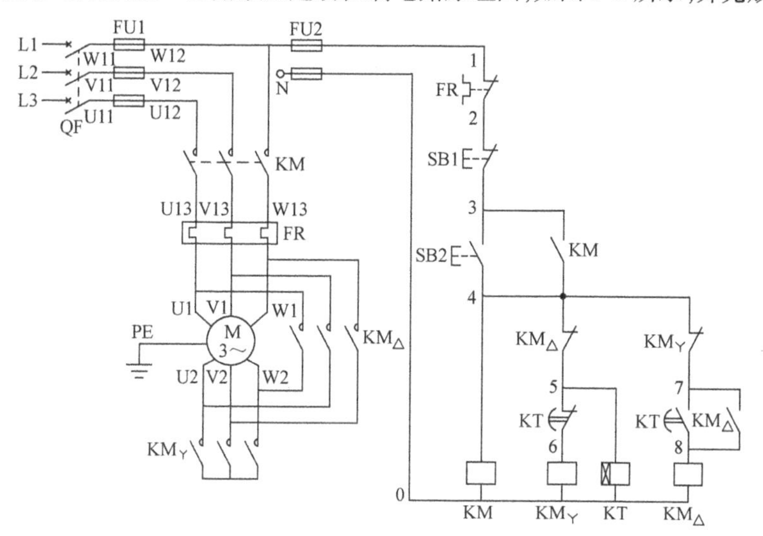

图 6-2　三相异步电动机星—三角减压起动控制电路原理图

1. 明确图 6-2 中所用电器元件名称及其作用，并填入表 6-1 中。

表 6-1　电器元件名称及其作用

序号	名称	作用	符号
1			
2			
3			
4			
5			
6			
7			
8			
9			

2. 画出三相异步电动机星形、三角形接线图。

3. 小组讨论星—三角减压起动控制电路工作原理。

星形起动控制：

三角形运行控制：

停止控制：

备一备

1. 根据三相异步电动机星—三角减压起动电路原理图材料明细表备齐电器元件及材料，并进行质量检验（见教材）。

2. 备齐工具、仪表（见教材）。

二、任务实施

1. 绘制电器元件布置图

根据电路原理图画出电器元件布置图。

2. 绘制电路接线图

3. 安装与接线

安装步骤及工艺要求(见教材)。

4. 通电前检测

1)检查所接电路。按照电路图从头到尾,按顺序检查电路。

2)用万用表初步测试电路有无短路情况。确保电路未通电的情况下把万用表打到欧姆挡,用万用表检查电路,并填写在表6-2、表6-3中。

表6-2　三相异步电动机星—三角减压起动控制电路检测

项目	测量结果	电路是否正常
断开电源和主电路,测量控制电路电源两端(U11-N)		
按下起动按钮,测量控制电路电源两端(U11-N)		

表6-3　三相异步电动机星—三角减压起动主电路检测

项目	测量结果	电路是否正常
断开电源,合上断路器,测量主电路 L1-U1、L2-V1、L3-W1		
断开电源,合上断路器,手动压下接触器 KM,测量主电路 L1-U1、L2-V1、L3-W1		

（续）

项目	测量结果	电路是否正常
断开电源，测量主电路 U1-W2、V1-U2、W1-V2		
断开电源，手动压下 $KM_{\triangle}$ 测量主电路 U1-W2、V1-U2、W1-V2		
断开电源，测量主电路 U2、V2、W2 与 KM_{Y} 短接点		
断开电源，手动压下 KM_{Y}，测量主电路 U2、V2 、W2 与 KM_{Y} 短接点		

5. 通电试车

1）整理实验台上多余导线及工具、仪表，以免短路或触电。

2）为保证人身安全，在通电试车时，一人操作一人监护，认真执行安全操作规程的有关规定，经老师检查并现场监护。

在教师检查无误后，经教师允许后才可以通电运行。将通电试车情况填到表 6-4 中。

① 通电顺序：先合上实验台总电源开关——主电路断路器。

② 按下起动按钮 SB2，观察并记录电动机工作状态____________，接触器 KM 状态____________，接触器 KM_{Y} 状态____________，时间继电器 KT 状态____________，接触器 $KM_{\triangle}$ 状态____________。

③ 延时时间到，观察并记录电动机工作状态____________，接触器 KM 状态____________，接触器 KM_{Y} 状态____________。时间继电器 KT 状态____________，接触器 $KM_{\triangle}$ 状态____________。

④ 按下停止按钮，观察并记录电动机工作状态____________，接触器 KM 状态____________，接触器 KM_{Y} 状态____________。时间继电器 KT 状态____________，接触器 $KM_{\triangle}$ 状态____________。

表 6-4　通电试车记录

试转情况	星—三角减压起动是否实现							
	几次通电实现							
故障排查	故障现象及排查方法							
工作用时	开始时间		结束时间		实际用时			
文明工作		很好		好		一般		较差
验收情况								

三、任务评价

表 6-5 为任务评价表。

表 6-5　任务评价表

评价项目	评价内容	参考分	评分标准	得分
识读电路图	1. 正确识读星—三角减压起动控制线路中电器元件 2. 能正确分析该电路工作原理	15	1. 正确识读电器元件,每处得 1 分 2. 正确分析该电路工作原理,5 分	
装前检查	检查元器件质量完好	10	正确检查电器元件,每处得 1 分	
安装电器元件	1. 按布置图安装电器元件 2. 安装电器元件牢固、整齐、匀称、合理	10	1. 按布置图安装电器元件,5 分 2. 安装电器元件牢固、整齐、匀称、合理,5 分	
布线	1. 接线紧固、无压绝缘、无损伤导线绝缘或线芯 2. 按照电路图接线,思路清晰	20	1. 按照接线图正确接线,安装工艺符合板前线槽布线工艺要求,20 分 2. 接线松动,每处扣 1 分 3. 损坏导线或线芯,每根扣 2 分 4. 错接,每处扣 2 分	
通电前检查	1. 自检电路 2. 仪器、仪表使用正确	10	1. 漏检,每处扣 2 分 2. 万用表使用错误,每次扣 3 分	
通电试车	在保证人身安全的前提下,通电试车一次成功	10	第一次试车成功,10 分 第二次试车成功,5 分	
故障排查	1. 仪器、仪表使用正确 2. 在保证人身及设备安全的前提下,故障排查一次成功	10	第一次故障排查成功,10 分 第二次故障排查成功,5 分	
劳动保护及安全文明	1. 爱护设备及工具 2. 遵守安全文明生产规程 3. 成本及环保意识	10	1. 着装整洁,1 分 2. 保持工作环境清洁,1 分 3. 节约意识,1 分 4. 执行安全操作规程,7 分	
资料整理	任务单填写齐全、整洁、无误	5	1. 任务单填写齐全,工整,2 分 2. 任务单填写无误,3 分	
总分				

任务单七

卷扬机电磁制动控制电路的安装与调试

班级______ 姓名______ 同组人______

工作时间： 年 月 日

一、工作准备

想一想

你了解电动机有哪些制动措施？哪些设备的制动是由电磁制动控制来完成制动的？

认一认

指出图7-1中电器元件名称，并填写在横线上。

______ ______

图7-1 电器元件

测一测

用万用表电阻挡测试速度继电器的触头状态。

读一读

识读三相异步电动机电磁制动控制电路原理图，如图7-2所示，并完成以下任务。

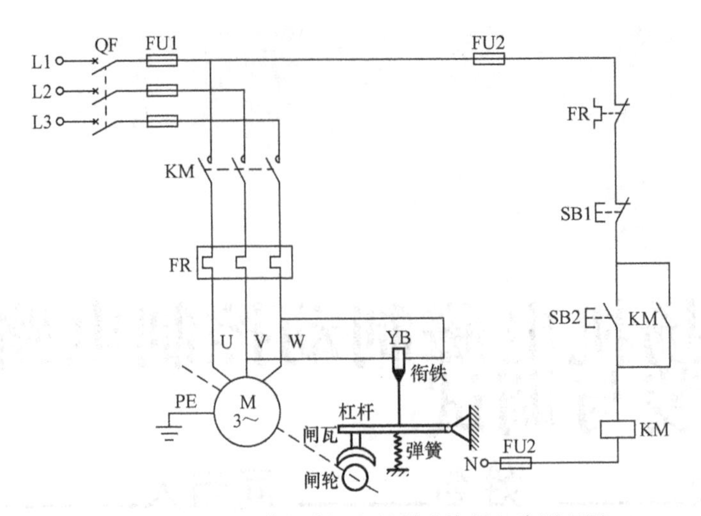

图 7-2　三相异步电动机电磁制动控制电路原理图

1. 明确图 7-2 中所用电器元件名称及其作用，并填入表 7-1 中。

表 7-1　电器元件名称及其作用

序号	名称	作用	符号
1			
2			
3			
4			
5			
6			
7			
8			
9			

2. 小组讨论图 7-2 中三相异步电动机电磁制动控制电路工作原理。

起动控制：

制动控制：

备一备

1. 根据三相异步电动机电磁制动控制电路原理图材料明细表备齐电器元件及材料，并进行质量检验（见教材）。

2. 备齐工具、仪表（见教材）。

二、任务实施

1. 绘制电器元件布置图

根据电路原理图画出电器元件布置图。

2. 绘制电路接线图

3. 安装与接线

安装步骤及工艺要求(见教材)。

4. 通电前检测

1)检查所接电路。按照电路图从头到尾,按顺序检查电路

2)用万用表初步测试电路有无短路情况。确保电路未通电的情况下把万用表打到欧姆挡,用万用表检查电路,并填写在表7-2、表7-3。

表7-2　三相异步电动机电磁制动电路控制电路检测

项目	测量结果	电路是否正常
断开电源和主电路,测量控制电路电源两端(U11-N)		
按下起动按钮,测量控制电路电源两端(U11-N)		

表7-3　三相异步电动机电磁制动控制电路主电路检测

项目	测量结果	电路是否正常
断开电源,合上断路器,测量主电路L1-U、L2-V、L3-W		
断开电源,合上断路器,手动压下接触器KM,测量主电路L1-U、L2-V、L3-W		

5. 通电试车

1）整理实验台上多余导线及工具、仪表，以免短路或触电。

2）为保证人身安全，在通电试车时，一人操作一人监护，认真执行安全操作规程的有关规定，经老师检查并现场监护。

在教师检查无误后，经教师允许后才可以通电运行。将通电试车情况记录到表

7-4 中。

① 通电顺序：先合上实验台总电源开关——主电路断路器。

② 按下起动按钮 SB2，观察并记录电动机工作状态________________，接触器 KM 状态____________。

③ 松开起动按钮 SB2，观察并记录电动机工作状态________________，接触器 KM 状态____________。

④ 按下停止按钮 SB1，观察并记录电动机工作状态________________，接触器 KM 状态____________。

表 7-4　通电试车记录

<table>
<tr><td rowspan="2">试转情况</td><td colspan="2">电动机是否迅速制动</td><td colspan="6"></td></tr>
<tr><td colspan="2">几次通电实现</td><td colspan="6"></td></tr>
<tr><td>故障排查</td><td colspan="2">故障现象及排查方法</td><td colspan="6"></td></tr>
<tr><td>工作用时</td><td>开始时间</td><td></td><td>结束时间</td><td></td><td>实际用时</td><td colspan="3"></td></tr>
<tr><td>文明工作</td><td></td><td>很好</td><td></td><td>好</td><td></td><td>一般</td><td></td><td>较差</td></tr>
<tr><td>验收情况</td><td colspan="8"></td></tr>
</table>

三、任务评价

表 7-5 为任务评价表。

表 7-5　任务评价表

评价项目	评价内容	参考分	评分标准	得分
识读电路图	1. 正确识读电磁制动控制线路中的电器元件 2. 能正确分析该电路工作原理	15	1. 正确识读电器元件，每处 1 分 2. 正确分析该电路工作原理，5 分	
装前检查	检查电器元件质量完好	10	正确检查电器元件，每处 1 分	
安装电器元件	1. 按布置图安装电器元件 2. 安装电器元件牢固、整齐、匀称、合理	10	1. 按照布置图安装电器元件，5 分 2. 安装电器元件牢固、整齐、匀称、合理，5 分	

（续）

评价项目	评价内容	参考分	评分标准	得分
布线	1. 接线紧固、无压绝缘、无损伤导线绝缘或线芯 2. 按照电路图接线，思路清晰	20	1. 按照接线图正确接线，安装工艺符合板前布线工艺要求，20分 2. 接线松动，每处扣1分 3. 损坏导线或线芯，每根扣2分 4. 错接，每处扣2分	
通电前检查	1. 自检电路 2. 仪器、仪表使用正确	10	1. 漏检，每处扣2分 2. 万用表使用错误，每次扣3分	
通电试车	在保证人身安全的前提下，通电试车一次成功	10	第一次试车成功，10分 第二次试车成功，5分	
故障排查	1. 仪器、仪表使用正确 2. 在保证人身及设备安全的前提下，故障排查一次成功	10	第一次故障排查成功，10分 第二次故障排查成功，5分	
劳动保护及安全文明	1. 爱护设备及工具 2. 遵守安全文明生产规程 3. 成本及环保意识	10	1. 着装整洁，1分 2. 保持工作环境清洁，1分 3. 节约意识，1分 4. 执行安全操作规程，7分	
资料整理	任务单填写齐全、整洁、无误	5	1. 任务单填写齐全、工整，2分 2. 任务单填写无误，3分	
总分				

任务单八

双速风机运行控制电路的安装与调试

班级______ 姓名______ 同组人______

工作时间：　　　年　　月　　日

一、工作准备

想一想

你见过哪些机械设备使用的是双速电动机？

认一认

指出图8-1中电器元件名称，并填写在横线上。

______________　　______________　　______________

图8-1　电器元件

读一读

识读双速电动机控制电路原理图，如图8-2所示，并完成以下任务。

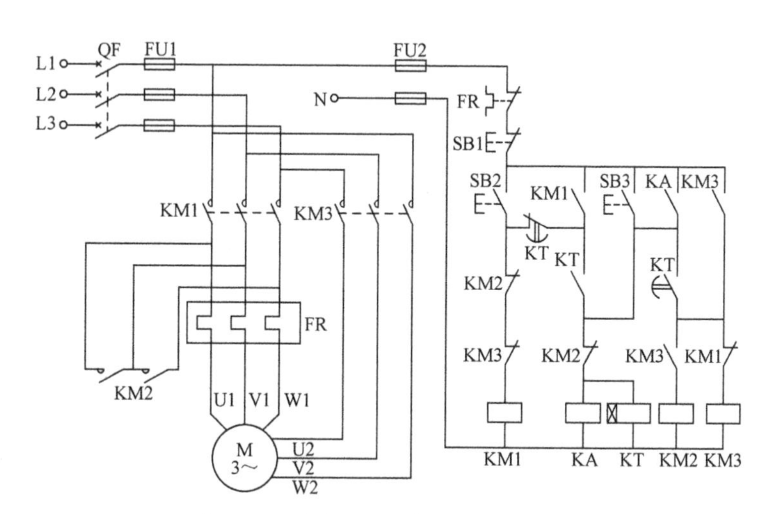

图 8-2　双速电动机控制电路原理图

1. 明确图 8-2 中所用电器元件名称及其作用,并填入表 8-1 中。

表 8-1　电器元件名称及其作用

序号	名称	作用	符号
1			
2			
3			
4			
5			
6			
7			
8			
9			

2. 画出双速电动机星形、三角形接线图。

3. 小组讨论双速电动机控制电路工作原理。

低速起动控制:

高速运行控制:

停止控制：

备一备

1. 根据双速电动机控制线路原理图材料明细表备齐电器元件及材料，并进行质量检验（见教材）。

2. 备齐工具、仪表（见教材）。

二、任务实施

1. 绘制电器元件布置图

根据电路原理图画出电器元件布置图。

2. 绘制电路接线图

3. 安装与接线

安装步骤及工艺要求(见教材)。

4. 通电前检测

1)检查所接电路。按照电路图从头到尾,按顺序检查电路。

2)用万用表初步测试电路有无短路情况。确保电路未通电的情况下把万用表打到欧姆挡,用万用表检查电路,并填写在表8-2、表8-3中。

表8-2　双速电动机控制电路检测

项目	测量结果	电路是否正常
断开电源和主电路,测量控制电路电源两端(U11-N)		
按下慢速起动按钮SB2,测量控制电路电源两端(U11-N)		
按下快速起动按钮SB3,测量控制电路电源两端(U11-N)		

表 8-3　双速电动机控制电路主电路检测

项目	测量结果	电路是否正常
断开电源，合上断路器，测量主电路 L1-U1、L2-V2、L3-W3		
断开电源，合上断路器，手动压下接触器 KM1，测量主电路 L1-U1、L2-V1、L3-W1		

5. 通电试车

1）整理实验台上多余导线及工具、仪表，以免短路或触电。

2）为保证人身安全，在通电试车时，一人操作一人监护，认真执行安全操作规程的有关规定，经老师检查并现场监护。

在教师检查无误后，经教师允许后才可以通电运行。将通电试车情况填到表 8-4 中。

通电顺序：先合上实验台总电源开关——主电路断路器。

低速控制：按下 SB2，观察并记录电动机工作状态____________，接触器 KM1 状态____________。

高速控制：按下 SB3，观察并记录电动机工作状态____________，接触器 KM2、KM3 状态____________。中间继电器状态____________。时间继电器 KT 状态____________。

停车过程：按下 SB1，观察并记录电动机工作状态____________，接触器状态____________。

表 8-4　通电试车记录

<table>
<tr><td rowspan="2">试转情况</td><td colspan="2">双速电动机高低速运行是否正常</td><td colspan="5"></td></tr>
<tr><td colspan="2">几次通电实现</td><td colspan="5"></td></tr>
<tr><td>故障排查</td><td colspan="2">故障现象及排查方法</td><td colspan="5"></td></tr>
<tr><td>工作用时</td><td>开始时间</td><td></td><td>结束时间</td><td></td><td>实际用时</td><td colspan="2"></td></tr>
<tr><td>文明工作</td><td></td><td>很好</td><td></td><td>好</td><td></td><td>一般</td><td></td></tr>
<tr><td>验收情况</td><td colspan="7"></td></tr>
</table>

较差 appears in the last column of the 文明工作 row.

三、任务评价

表 8-5 为任务评价表。

表 8-5 任务评价表

评价项目	评价内容	参考分	评分标准	得分
识读电路图	1. 正确识读双速电动机控制电路中的电器元件 2. 能正确分析该电路工作原理	15	1. 正确识读电器元件,每处 1 分 2. 正确分析该电路工作原理,5 分	
装前检查	检查电器元件质量完好	10	正确检查电器元件,每处 1 分	
安装电器元件	1. 按布置图安装电器元件 2. 安装电器元件牢固、整齐、匀称、合理	10	1. 按照布置图安装电器元件,5 分 2. 安装电器元件牢固、整齐、匀称、合理,5 分	
布线	1. 接线紧固、无压绝缘、无损伤导线绝缘或线芯 2. 按照电路图接线,思路清晰	20	1. 按照接线图正确接线,安装工艺符合板前布线工艺要求,20 分 2. 接线松动,每处扣 1 分 3. 损坏导线或线芯,每根扣 2 分 4. 错接,每处扣 2 分	
通电前检查	1. 自检电路 2. 仪器、仪表使用正确	10	1. 漏检,每处扣 2 分 2. 万用表使用错误,每次扣 3 分	
通电试车	在保证人身安全的前提下,通电试车一次成功	10	第一次试车成功,10 分 第二次试车成功,5 分	
故障排查	1. 仪器、仪表使用正确 2. 在保证人身及设备安全的前提下,故障排查一次成功	10	第一次故障排查成功,10 分 第二次故障排查成功,5 分	
劳动保护及安全文明	1. 爱护设备及工具 2. 遵守安全文明生产规程 3. 成本及环保意识	10	1. 着装整洁,1 分 2. 保持工作环境清洁,1 分 3. 节约意识,1 分 4. 执行安全操作规程,7 分	
资料整理	任务单填写齐全、整洁、无误	5	1. 任务单填写齐全、工整,2 分 2. 任务单填写无误,3 分	
总分				

任务单九

起重机绕线转子异步电动机转子回路串电阻起动控制电路安装与调试

班级______ 姓名______ 同组人______

工作时间：　　　年　　月　　日

一、工作准备

想一想

你见过哪些设备是由绕线转子异步电动机完成电力拖动的？

认一认

指出图 9-1 中电器元件名称，并填写在横线上。

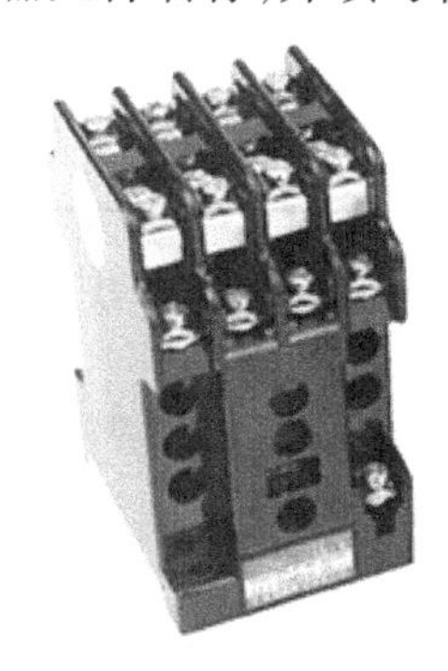

______________　　______________

图 9-1　电器元件

测一测

用万用表电阻挡测试中间继电器的触头，并在图 9-1 中标出常开、常闭触头。

读一读

识读绕线转子异步电动机转子绕组串接电阻起动控制电路原理图，如图 9-2 所示，并完成以下任务。

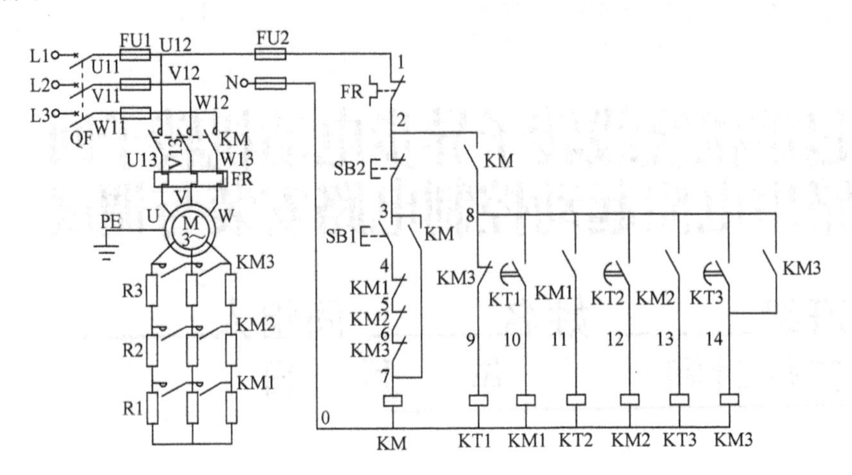

图 9-2　绕线转子异步电动机转子绕组串接电阻起动控制电路原理图

1. 明确图 9-2 中所用电器元件名称及其作用，并填入表 9-1 中。

表 9-1　电器元件名称及其作用

序号	名称	作用	符号
1			
2			
3			
4			
5			
6			
7			
8			
9			

2. 小组讨论图 9-2 中绕线转子异步电动机转子串接电阻起动控制电路工作原理。

起动控制：

停止控制：

备一备

1. 根据时间继电器控制绕线转子异步电动机转子绕组串接电阻起动控制电路原理图材料明细表领料（见教材）。

2. 领用工具、仪表（见教材）。

二、任务实施

1. 绘制电器元件布置图

根据电路原理图画出电器元件布置图。

2. 绘制电路接线图

3. 安装与接线

安装步骤及工艺要求(见教材)。

4. 通电前检测

1)检查所接电路。按照电路图从头到尾,按顺序检查电路。

2)用万用表初步测试电路有无短路情况。确保电路未通电的情况下把万用表打到欧姆挡,用万用表检查电路,并填写在表9-2中。

表9-2　绕线转子异步电动机转子绕组串接电阻起动控制电路检测

项目	测量结果	电路是否正常
断开电源和主电路,测量控制电路电源两端		
按下起动按钮,测量控制电路电源两端		
未压下KM时,测L1-U,L2-V,L3-W		
压下KM后再次测量L1-U,L2-V,L3-W		

5. 通电试车

1）整理实验台上多余导线及工具、仪表，以免短路或触电。

2）为保证人身安全，在通电试车时，一人操作一人监护，认真执行安全操作规程的有关规定，经老师检查并现场监护。

在教师检查无误后，经教师允许后才可以通电运行。将通电试车情况记录到表 9-3 中。

① 通电顺序：先合上实验台总电源开关——主电路断路器。

按下按钮 SB1，观察并记录电动机工作状态____________________，接触器 KM 状态____________，时间继电器 KT1 状态____________。

② 第一延时时间到，观察并记录 M 工作状态____________________，接触器 KM1 状态____________，时间继电器 KT2 状态____________。

③ 第二延时时间到，观察并记录 M 工作状态____________________，接触器 KM2 状态____________，时间继电器 KT3 状态____________。

④ 第三延时时间到，观察并记录 M 工作状态____________________，接触器 KM3 状态____________。

⑤ 按下停止按钮 SB2，观察并记录 M 工作状态____________________，接触器 KM1 状态____________，接触器 KM2 状态____________，接触器 KM3 状态____________，时间继电器 KT1 状态____________________，时间继电器 KT2 状态____________，时间继电器 KT3 状态____________。

表 9-3　通电试车记录

<table>
<tr><td rowspan="2">试转情况</td><td>绕线转子异步电动机起动是否实现</td><td colspan="7"></td></tr>
<tr><td>几次通电实现</td><td colspan="7"></td></tr>
<tr><td>故障排查</td><td>故障现象及排查方法</td><td colspan="7"></td></tr>
<tr><td>工作用时</td><td>开始时间</td><td></td><td>结束时间</td><td></td><td>实际用时</td><td colspan="3"></td></tr>
<tr><td>文明工作</td><td></td><td>很好</td><td></td><td>好</td><td></td><td>一般</td><td></td><td>较差</td></tr>
<tr><td>验收情况</td><td colspan="8"></td></tr>
</table>

三、任务评价

表 9-4 为任务评价表。

表 9-4　任务评价表

评价项目	评价内容	参考分	评分标准	得分
识读电路图	1. 正确识读时间继电器控制绕线转子异步电动机转子绕组串接电阻起动控制电路中电器元件 2. 能正确分析该电路工作原理	15	1. 正确识读电器元件,每处得 1 分 2. 正确分析该电路工作原理,5 分	

（续）

评价项目	评价内容	参考分	评分标准	得分
装前检查	检查电器元件质量完好	10	正确检查电器元件，每处得1分	
安装电器元件	1. 按布置图安装电器元件 2. 安装电器元件牢固、整齐、匀称、合理	10	1. 按布置图安装电器元件，5分 2. 安装电器元件牢固、整齐、匀称、合理，5分	
布线	1. 接线紧固、无压绝缘、无损伤导线绝缘或线芯 2. 按照电路图接线，思路清晰	20	1. 按照接线图正确接线，安装工艺符合板前线槽布线工艺要求，20分 2. 接线松动，每处扣1分 3. 损坏导线或线芯，每根扣2分 4. 错接，每处扣2分	
通电前检查	1. 自检电路 2. 仪器、仪表使用正确	10	1. 漏检，每处扣2分 2. 万用表使用错误，每次扣3分	
通电试车	在保证人身安全的前提下，通电试车一次成功	10	第一次试车成功，10分 第二次试车成功，5分	
故障排查	1. 仪器、仪表使用正确 2. 在保证人身及设备安全的前提下，故障排查一次成功	10	第一次故障排查成功，10分 第二次故障排查成功，5分	
劳动保护及安全文明	1. 爱护设备及工具 2. 遵守安全文明生产规程 3. 成本及环保意识	10	1. 着装整洁，1分 2. 保持工作环境清洁，1分 3. 节约意识，1分 4. 执行安全操作规程，7分	
资料整理	任务单填写齐全、整洁、无误	5	1. 任务单填写齐全，工整，2分 2. 任务单填写无误，3分	
总分				

任务单十

电梯直流门机电路的安装与调试

班级______ 姓名______ 同组人______

工作时间：　　年　月　日

一、工作准备

想一想

直流电动机的调速方法有几种？

认一认

指出图10-1中电器元件名称，并填写在横线上。

______________　　______________

图10-1　电器元件

测一测

用万用表电阻挡测试中间继电器的触头，并说出常开、常闭触头。

读一读

识读直流电动机调速控制电路原理图，如图 10-2 所示，并完成以下任务。

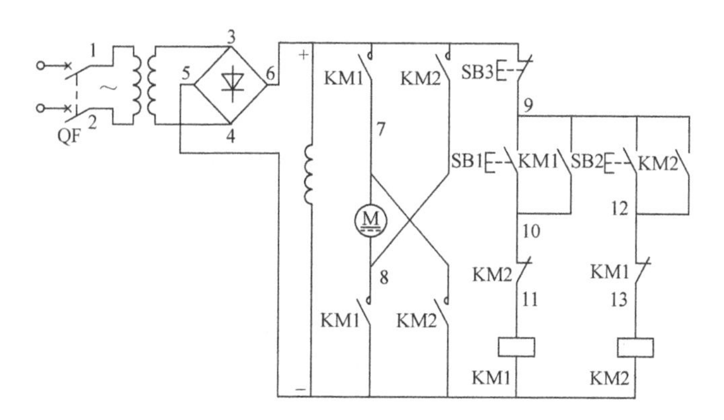

图 10-2 直流电动机调速控制电路原理图

1. 明确图 10-2 中所用电器元件名称及其作用，并填入表 10-1 中。

表 10-1 电器元件名称及其作用

序号	名称	作用	符号
1			
2			
3			
4			
5			
6			
7			
8			
9			

2. 小组讨论图 10-2 中电路的工作原理。

起动控制：

停止控制：

什么是整流？

备一备

1. 根据直流电动机正反转控制电路材料明细表备齐电器元件及材料，并进行质量检验（见教材）。

2. 备齐工具、仪表（见教材）。

二、任务实施

1. 绘制电器元件布置图

根据电路原理图画出电器元件布置图。

2. 绘制电路接线图

3. 安装与接线

1）小组成员讨论线路连接的思路与方法，并做介绍。

2）小组合作完成线路连接。

4. 通电前检测

1）检查所接电路。按照电路图从头到尾，按顺序检查电路。

2）用万用表初步测试电路有无短路情况。确保电路未通电的情况下把万用表打到欧姆挡，用万用表检查电路，并填写在表 10-2 中。

表 10-2　直流电动机接触器联锁正反转控制电路检测

项目	测量结果	电路是否正常
断开电源和主电路，测量控制电路电源两端（17-21）		
按下正转起动按钮，测量控制电路电源两端（17-21）		
按下反转起动按钮，测量控制电路电源两端（17-21）		

5. 通电试车

1）整理实验台上多余导线及工具、仪表，以免短路或触电。

2）为保证人身安全，在通电试车时，一人操作一人监护，认真执行安全操作规程的有关规定，经老师检查并现场监护。

在教师检查无误后，经教师允许后才可以通电运行。将通电试车情况记录到表 10-3 中。

① 通电顺序：先合上实验台总电源开关——主电路断路器 QF。

② 按下按钮 SB1，观察并记录电动机工作状态________________，接触器 KM1 状态________________。接触器 KM2 状态________________。

③ 按下停止按钮 SB3，观察并记录电动机工作状态________________，接触器 KM1 状

态______________。接触器 KM2 状态______________。

④ 按下按钮 SB2，观察并记录电动机工作状态______________，接触器 KM1 状态______________。接触器 KM2 状态______________。

表 10-3 通电试车记录

试转情况	直流电动机正反转是否实现							
	几次通电实现							
工作用时	开始时间		结束时间		实际用时			
文明工作		很好		好		一般		较差
验收情况								

三、任务评价

表 10-4 为任务评价表。

表 10-4 任务评价表

评价项目	评价内容	参考分	评分标准	得分
识读电路图	1. 正确识读直流电动机接触器联锁正反转控制电路中电器元件 2. 能正确分析该电路工作原理	15	1. 正确识读电器元件，每处得 1 分 2. 正确分析该电路工作原理，5 分	
安装前检查	检查元器件质量完好	10	正确检查电器元件，每处得 1 分	
安装电器元件	1. 按布置图安装电器元件 2. 安装电器元件牢固、整齐、匀称、合理	10	1. 按布置图安装电器元件，5 分 2. 安装电器元件牢固、整齐、匀称、合理，5 分	
布线	1. 接线紧固、无压绝缘、无损伤导线绝缘或线芯 2. 按照电路图接线，思路清晰	20	1. 按照接线图正确接线，安装工艺符合板前线槽布线工艺要求，20 分 2. 接线松动，每处扣 1 分 3. 损坏导线或线芯，每根扣 2 分 4. 错接，每处扣 2 分	
通电前检查	1. 自检电路 2. 仪器、仪表使用正确	10	1. 漏检，每处扣 2 分 2. 万用表使用错误，每次扣 3 分	
通电试车	在保证人身安全的前提下，通电试车一次成功	10	第一次试车成功，10 分 第二次试车成功，5 分	
故障排查	1. 仪器、仪表使用正确 2. 在保证人身及设备安全的前提下，故障排查一次成功	10	第一次故障排查成功，10 分 第二次故障排查成功，5 分	
劳动保护及安全文明	1. 爱护设备及工具 2. 遵守安全文明生产规程 3. 成本及环保意识	10	1. 着装整洁，1 分 2. 保持工作环境清洁，1 分 3. 节约意识，1 分 4. 执行安全操作规程，7 分	
资料整理	工作单填写齐全、整洁、无误	5	1. 工作单填写齐全，工整，2 分 2. 工作单填写无误，3 分	
总分				

任务单十一

认识PLC

班级______ 姓名______ 同组人______

工作时间：　　年　月　日

一、工作准备

想一想

了解 PLC 实验台整体结构，主体分为________________部分，各部分功能________________

读一读

识读控制板器件，如图 11-1 所示，并完成以下任务。

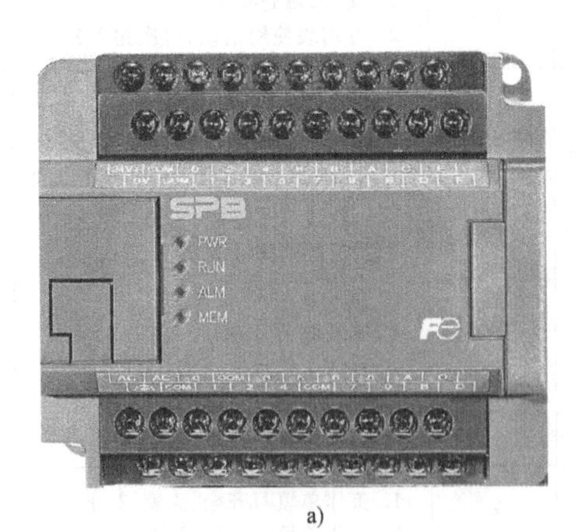

a)

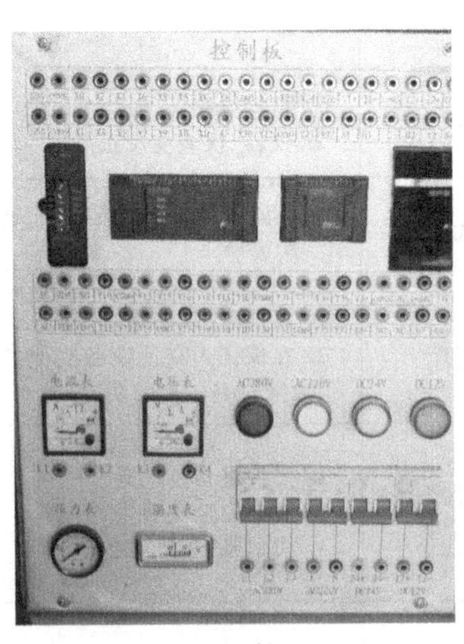

b)

图 11-1　PLC 基本单元及控制面板

a）PLC 基本单元　b）控制面板

明确图 11-1 中所用电器元件名称及其作用，并填入表 11-1 中。

表 11-1　电器元件名称及其作用

序号	名称	作用	符号
1			
2			
3			
4			
5			
6			
7			
8			
9			

画一画

绘制 PLC 外部接线图。

认一认

1）富士 SPB 系列 PLC 基本模块输入端口编号________________共有端子数____个。输出端口编号________________共有端子数____个。富士 SPB 系列 PLC 基本模块的 I/O 点数为______。

2）富士 SPB 系列 PLC 扩展模块输入端口编号________________　端子总数为____个，输出端口编号________________。端子总数为____个，扩展模块的 I/O 点数为______。

3）富士 SPB 系列 PLC 的输入公共 COM 端有______个。PLC 的输出公共 COM 端有______个。

测一测

用万用表检测 PLC 各个端子，了解 PLC 的输入/输出接口电路。把万用表打到欧姆挡，用万用表检查电路，并记录。

1）检测基本模块输入单元的两个 COM 之间，电阻值为______，说明它们彼此______（连通，断开）；COM 端口与各输入端口间的电阻值为______。交换万用表的两个指针再测，结果______，说明了________。

2）检测基本模块输出单元各个 COM 之间，电阻值为______，说明它们彼此______（连通，断开）；各 COM 端口与各输出端口间的电阻值______。结果发现______。交换万用表的两个指针再测，结果______，说明了______。

3）检测扩展模块输入单元的两个 COM 之间，电阻值为______，说明它们彼此______（连通，断开）；COM 端口与各输入端口间的电阻值为______。交换万用表的两个指针，结果______，说明了______。

4）检测扩展模块输出单元各个 COM 之间，电阻值为______，说明它们彼此______（连通，断开）；各 COM 端口与各输出端口间的电阻值______。结果发现______。交换万用表的两个指针，结果______，说明了______。

备一备

1. 根据认识 PLC 材料明细表备齐电器元件及材料，并进行质量检验（见教材）。
2. 备齐工具、仪表（见教材）。

二、任务实施

1. 绘制 PLC 灯控电路接线图

2. 在实训台上安装、接线

3. 通电前检测

1）检查所接电路。按照电路图从头到尾，按顺序检查电路。

2）用万用表初步测试电路有无短路情况。确保电路未通电的情况下把万用表打到欧姆挡，用万用表检查电路，并填写在表 11-2 中。

表 11-2　PLC 简单灯控电路检测

项　　目		测量结果	电路是否正常
输入电路	断开电源和主电路，测量控制电路 PLC 输入端 X0001、X0002 端子与公共端 COM 间的阻值		
	按下按钮，测量控制电路 PLC 输入端 X0001、X0002 端子与公共端 COM 间的阻值		
输出电路	断开电源和主电路，测量控制电路 PLC 电源输入端 L 与输出端 COM 之间的阻值		
	PLC 输出 Y0030、Y0031 端子与公共端 COM 间的阻值		

4. 通电调试

1）整理实验台上多余导线及工具、仪表，以免短路或触电。

2）为保证人身安全，在通电试车时，一人操作一人监护，认真执行安全操作规程的有关规定。

在教师检查无误后，经教师允许后才可以通电运行。

① 闭合 220V 交流电源，记录 PLC 上电源指示灯 POW 状态________。

② 闭合 24V 直流电源，按下按钮 SB1，记录 PLC 上 X0001 输入指示灯状态________，

彩灯 HL 状态________。

③ 松开按钮 SB1，记录 PLC 上 X0001 输入指示灯状态状态________，彩灯 HL 的状态________。

将通电调试情况记录到表 11-3 中。

表 11-3 通电调试记录

<table>
<tr><td rowspan="2">通电情况</td><td colspan="2">电动机是否单方向连续运行</td><td colspan="6"></td></tr>
<tr><td colspan="2">几次通电实现</td><td colspan="6"></td></tr>
<tr><td>工作用时</td><td>开始时间</td><td></td><td>结束时间</td><td></td><td>实际用时</td><td colspan="3"></td></tr>
<tr><td>文明工作</td><td></td><td>很好</td><td></td><td>好</td><td></td><td>一般</td><td></td><td>较差</td></tr>
</table>

三、任务评价

表 11-4 为任务评价表。

表 11-4 任务评价表

评价项目	评价内容	参考分	评分标准	得分
认识 PLC 面板	认识 PLC 面板各部件及作用	20	全面、准确讲解 PLC 各部件名称及作用,20 分	
认识 PLC 外部接线图	准确识读图纸,清晰陈述,言简意赅,容易理解	20	每错 1 处扣 1 分	
PLC 外部电路连接	接线正确,思路清晰	20	1. 按照电路原理图正确接线,20 分 2. 损坏导线或线芯,每根扣 2 分 3. 错接,每处扣 2 分	
通电前检查	1. 自检电路 2. 仪器、仪表使用正确	15	1. 漏检,每处扣 2 分 2. 万用表使用错误,每次扣 3 分	
通电运行	在保证人身安全的前提下,通电运行一次成功	15	第一次试运行成功,10 分 第二次试运行成功,5 分	
劳动保护及安全文明	1. 爱护设备及工具 2. 遵守安全文明生产规程 3. 成本及环保意识	10	1. 着装整洁,1 分 2. 保持工作环境清洁,1 分 3. 节约意识,1 分 4. 执行安全操作规程,1 分	
时间	45min		1. 提前正确完成,每 5min 加 2 分 2. 超过规定时间,每 5min 扣 2 分	
总分				

任务单十二

PLC编程软件使用

班级______ 姓名______ 同组人______

工作时间： 年 月 日

一、工作准备

看一看

启动桌面上、富士 PLC 编程软件 SX-Programmer Standard，进入编程界面，熟悉菜单名称。

记一记

常用基本指令符号如表 12-1 所示。

表 12-1 常用基本指令符号

序号	符号	名称	作用
1	][		
2	]/[		
3	( )		

备一备

备齐所用器具：装有富士 SPB 系列编程软件的电脑。

二、任务实施

1. 编写梯形图

电脑编写 PLC 控制电动机单方向运行梯形图。

2. 仿真运行并记录

1）令 X0001 为“on”，记录 Y0031 的状态________。

2）令 X0001 为“off”，记录 Y0031 的状态________。

3）令 X0002 为“on”，记录 Y0031 的状态________。

4）令 X0002 为“off”，记录 Y0031 的状态________。

5）停止仿真运行程序。

3. 程序下载

1）先把 220V 交流电接到 PLC 的 AC、AC 端。

2）闭合 220V 交流电源，记录 PLC 上的电源指示灯状态______。

3）在线连接，记录 PLC 上的 RUN 指示灯状态______记录 PLC 中原有的程序。

4）程序下载，记录程序界面右下角的表示状态______。

5）运行程序，记录程序界面右下角的表示状态______，PLC 上的 RUN 指示灯状态______。

将程序操作情况记录到表 12-2 中。

表 12-2　程序操作情况

<table>
<tr><td rowspan="2">程序操作情况</td><td colspan="2">下载运行是否实现</td><td colspan="6"></td></tr>
<tr><td colspan="2">几次操作实现</td><td colspan="6"></td></tr>
<tr><td>工作用时</td><td>开始时间</td><td></td><td>结束时间</td><td></td><td>实际用时</td><td colspan="3"></td></tr>
<tr><td>文明工作</td><td></td><td>很好</td><td></td><td>好</td><td></td><td>一般</td><td></td><td>较差</td></tr>
<tr><td>验收情况</td><td colspan="8"></td></tr>
</table>

三、任务评价

表 12-3 为任务评价表。

表 12-3　任务评价表

评价项目	评价内容	参考分	评分标准	得分
识读程序	正确识读梯形图程序	30	正确叙述梯形图程序工作原理,30 分	
程序编写及仿真	1. 能正确编写梯形图程序 2. 能正确保存文件 3. 会将梯形图转换语句表 4. 会仿真运行梯形图	40	1. 输入梯形图错误,每处扣 2 分 2. 保存文件错误,扣 4 分 3. 转换语句表错误,扣 4 分 4. 程序仿真错误,扣 4 分	

（续）

评价项目	评价内容	参考分	评分标准	得分
在线连接与下载	1. 在线连接，能顺利打开 PLC 中原有程序 2. 能从电脑中找出文件，进行下载操作 3. 看懂程序目前状态，会进行运行、停止操作	20	1. 在线连接错误，每步扣 5 分 2. 下载操作错误，每处扣 5 分 3. 运行操作程序错误，每处扣 2 分	
劳动保护及安全文明	1. 爱护设备及工具 2. 遵守安全文明生产规程 3. 成本及环保意识	10	1. 发生安全事故，记 0 分 2. 违反一条安规，扣 3 分	
时间	45min		提前正确完成，每 5min 加 2 分 超过规定时间，每 5min 扣 2 分	
总分				

任务单十三

PLC控制台式钻床单向连续运行控制电路的安装与调试

班级______ 姓名______ 同组人______

工作时间：　　年　月　日

一、工作准备

想一想

分析三相异步电动机单向连续运行的电气控制原理。

理一理

根据以上电气控制思路，分析如何改用 PLC 进行控制。完成 PLC 的 I/O 地址分配表，如表 13-1 所示。

表 13-1　I/O 地址分配表

输入			输出		
元器件名称	功能	PLC 地址	元器件名称	功能	PLC 地址

画一画

1. 绘制 PLC 硬件接线图

2. 绘制梯形图，写出语句表

备一备

1. 根据PLC控制三相异步电动机单向连续运行控制电路材料明细表备齐电器元件及材料，并进行质量检验（见教材）。

2. 备齐工具、仪表（见教材）。

二、任务实施

1. 绘制电器元件布置图

根据电路原理图画出电器元件布置图。

2. 绘制电路接线图

3. 安装与接线

安装步骤及工艺要求（见教材）。

4. 通电前检测

1）检查所接电路。按照电路图从头到尾，按顺序检查电路。

2）用万用表初步测试电路有无短路情况。确保电路未通电的情况下把万用表打到欧姆挡，用万用表检查电路，并填写在表13-2、表13-3中。

表13-2 PLC控制三相异步电动机单向连续运行控制电路的控制电路检测

项目		测量结果	电路是否正常
输入电路	测量控制电路PLC输入端X0001、X0002端子与24V电源引入端0V间的阻值		
	按下起动按钮，测量控制电路PLC输入端X0001、X0002端子与24V电源引入端0V间的阻值		
输出电路	测量控制电路PLC电源输入端L与输出端COM之间的阻值		
	PLC输出端子Y0031与电源引入端L间的阻值		

表 13-3　PLC 控制三相异步电动机单向连续运行控制电路的主电路检测

项　　目	测量结果	电路是否正常
断开电源，合上断路器，测量主电路 L1-U、L2-V、L3-W		
断开电源，合上断路器，手动压下接触器 KM，测量主电路 L1-U、L2-V、L3-W		

5. 通电试车

1）整理实验台上多余导线及工具、仪表，以免短路或触电。

2）为保证人身安全，在通电试车时，一人操作一人监护，认真执行安全操作规程的有关规定。

在教师检查无误后，经教师允许后才可以通电运行。

① 闭合 220V 交流电源，在线下载所编写的程序到 PLC 中。

② 运行程序。闭合 24V 直流电源，按下起动按钮 SB2，记录电脑中 X0002 状态________，Y0031 状态________，PLC 上 X0002 输入指示灯状态________，Y0031 状态________，接触器 KM 的状态________。

③ 松开按钮 SB2，记录电脑中 X0002 状态________，Y0031 状态________，PLC 上 X0002 输入指示灯状态________，Y0031 状态________，接触器 KM 的状态________。

④ 闭合 380V 交流电源，在线运行程序。

⑤ 按下按钮 SB2，记录电动机的状态________。

⑥ 松开按钮 SB2，记录电动机的状态________。

⑦ 按下按钮 SB1，记录电动机的状态________。

将通电试车情况记录到表 13-4 中。

表 13-4　通电试车记录

运行情况	单向连续运行起动是否实现							
	几次通电实现							
工作用时	开始时间		结束时间		实际用时			
文明工作		很好		好		一般		较差
验收情况								

三、任务评价

表 13-5 为任务评价表。

表 13-5　任务评价表

评价项目	评价内容	参考分	评分标准	得分
识读程序	正确识读 PLC 控制三相异步电动机单向连续运行控制电路及梯形图程序	10	正确叙述 PLC 控制三相异步电动机连续运行梯形图程序，10 分	

（续）

评价项目	评价内容	参考分	评分标准	得分
程序编写及仿真	1. 能正确编写梯形图程序 2. 能正确保存文件 3. 会将梯形图转换语句表 4. 会仿真运行梯形图	25	1. 输入梯形图错误，每处扣2分 2. 保存文件错误，扣4分 3. 转换语句表错误，扣4分 4. 程序仿真错误，扣4分	
设备安装	1. 能正确分配I/O端口 2. 会安装元器件 3. 完整、规范接线 4. 能按要求编号	30	1. 不能正确分配端口，扣3分 2. 画错I/O接线图，扣3分 3. 错、漏线，每处扣2分 4. 错、漏编号，每处扣1分	
调试与运行	1. 运行系统，分析操作结果 2. 正确监控梯形图	25	1. 系统通电操作错误，每步扣5分 2. 分析操作结果错误，每处扣2分 3. 监控梯形图错误，扣2分	
劳动保护及安全文明	1. 爱护设备及工具 2. 遵守安全文明生产规程 3. 成本及环保意识	10	1. 发生安全事故，记0分 2. 违反一条安规，扣3分	
时间	45min		1. 提前正确完成，每5min加2分 2. 超过规定时间，每5min减2分	
总分				

任务单十四

PLC控制台式钻床正反转控制电路的安装与调试

班级______ 姓名______ 同组人______

工作时间：　　　年　　月　　日

一、工作准备

想一想

分析三相异步电动机正反转运行控制的电气控制原理。

理一理

根据以上电气控制思路，分析如何改用 PLC 进行控制。完成 PLC 的 I/O 地址分配表，如表 14-1 所示。

表 14-1　I/O 地址分配表

输　入			输　出		
元器件名称	功能	PLC 地址	元器件名称	功能	PLC 地址

画一画

1. 绘制 PLC 硬件接线图

2. 绘制梯形图，写出语句表

备一备

1. 根据PLC控制三相异步电动机正反转运行控制电路材料明细表备齐电器元件及材料，并进行质量检验（见教材）。

2. 备齐工具、仪表（见教材）。

二、任务实施

1. 绘制电器元件布置图

根据电路原理图画出电器元件位置布置图。

2. 绘制电路接线图

3. 安装与接线

安装步骤及工艺要求（见教材）。

4. 通电前检测

1）检查所接电路。按照电路图从头到尾，按顺序检查电路。

2）用万用表初步测试电路有无短路情况。确保电路未通电的情况下把万用表打到欧姆挡，用万用表检查电路，并填写在表14-2、表14-3中。

表14-2 PLC控制三相异步电动机正反转运行控制电路的控制电路检测

项目		测量结果	电路是否正常
输入电路	断开电源和主电路，测量控制电路PLC输入端X0001、X0002、X0003端子与24V电源引入端24V+间的阻值		
	按下起动按钮，测量控制电路PLC输入端X0001、X0002、X0003端子与24V电源引入端24V+间的阻值		
输出电路	断开电源和主电路，测量控制电路PLC电源输入端L与输出端COM之间的阻值		
	PLC输出Y0031端子与输出公共端COM间的阻值端		

表 14-3　PLC 控制三相异步电动机正反转运行控制电路的主电路检测

项　　目	测量结果	电路是否正常
断开电源，合上断路器，测量主电路 L1-U、L2-V、L3-W		
断开电源，合上断路器，手动压下接触器 KM1，测量主电路 L1-U、L2-V、L3-W		
断开电源，合上断路器，手动压下接触器 KM2，测量主电路 L1-W、L2-V、L3-U		

5. 通电试车

1）整理实验台上多余导线及工具、仪表，以免短路或触电。

2）为保证人身安全，在通电试车时，一人操作一人监护，认真执行安全操作规程的有关规定。

在教师检查无误后，经教师允许后才可以通电运行。

① 闭合 220V 交流电源，在线下载所编写的程序到 PLC 中。

② 运行程序。闭合 24V 直流电源，按下正向起动按钮 SB1，记录电脑中 X0001 状态______，Y0031 状态________，PLC 上 X0001 输入指示灯状态______，Y0031 输出指示灯状态______，接触器 KM1 的状态__________。松开按钮 SB1，记录电脑中 X0001 状态______，Y0031 状态________，PLC 上 X0001 输入指示灯状态______，Y0031 状态______，接触器 KM1 的状态__________。按下停止按钮 SB3，记录电脑中 Y0031 状态______，Y0031 输出指示灯状态______，接触器 KM1 的状态__________。

③ 按下反向起动按钮 SB2，记录电脑中 X0002 状态______，Y0032 状态____，PLC 上 X0002 输入指示灯状态______，Y0032 状态______，接触器 KM2 的状态__________。按下停止按钮 SB3，记录电脑中 Y0032 状态______，Y0032 输出指示灯状态______，接触器 KM2 的状态__________。

④ 闭合 380V 交流电源，在线运行程序。

⑤ 按下按钮 SB1，记录电动机的状态________。松开按钮 SB1，记录电动机的状态________。

⑥ 按下按钮 SB3，记录电动机的状态________。

⑦ 按下按钮 SB2，记录接电动机的状态________。松开按钮 SB2，记录电动机的状态________。

⑧ 按下按钮 SB3，记录电动机的状态________。

将通电试车情况记录到表 14-4 中。

表 14-4　通电试车记录

运行情况	正反转控制运行起动是否实现							
	几次通电实现							
工作用时	开始时间		结束时间		实际用时			
文明工作		很好		好		一般		较差
验收情况								

三、任务评价

表 14-5 为任务评价表。

表 14-5　任务评价表

评价项目	评价内容	参考分	评分标准	得分
识读程序	正确分析 PLC 控制三相异步电动机正反转运行电路及梯形图程序	10	正确叙述 PLC 控制三相异步电动机正反转运行梯形图程序	
程序编写及仿真	1. 能正确编写梯形图程序 2. 能正确保存文件 3. 会将梯形图转换语句表 4. 会仿真运行梯形图	25	1. 输入梯形图错误，每处扣 2 分 2. 保存文件错误，扣 4 分 3. 转换语句表错误，扣 4 分 4. 程序仿真错误，扣 4 分	
电路安装	1. 能正确分配 I/O 端口 2. 会安装元器件 3. 完整、规范接线 4. 能按要求编写线号	30	1. 不能正确分配端口，扣 3 分 2. 画错 I/O 接线图，扣 3 分 3. 错、漏线，每处扣 2 分 4. 错、漏编号，每处扣 1 分	
调试与运行	1. 运行系统，分析操作结果 2. 正确在线监控程序运行	25	1. 系统通电操作错误每步，扣 5 分 2. 分析操作结果错误每处，扣 2 分 3. 监控梯形图错误，扣 2 分	
劳动保护及安全文明	1. 爱护设备及工具 2. 遵守安全文明生产规程 3. 成本及环保意识	10	1. 发生安全事故，记 0 分 2. 违反一条安规，扣 3 分	
时间	45min		1. 提前正确完成，每 5min 加 2 分 2. 超过规定时间，每 5min 减 2 分	
总分				

任务单十五

PLC控制大功率风机星—三角减压起动电路的安装与调试

班级______ 姓名______ 同组人______

工作时间： 年 月 日

一、工作准备

想一想

分析三相异步电动机星—三角减压起动电路运行的电气控制原理。

理一理

根据以上电气控制思路，分析如何改用PLC进行控制。完成PLC的I/O地址分配表，如表15-1所示。

表15-1 I/O地址分配表

输入			输出		
元器件名称	功能	PLC地址	元器件名称	功能	PLC地址

画一画

1. 绘制PLC硬件接线图

2. 绘制梯形图，写出语句表

备一备

1. 根据 PLC 控制三相异步电动机星—三角减压起动电路运行电路材料明细表备齐电器元件及材料，并进行质量检验（见教材）。

2. 备齐工具、仪表（见教材）。

二、任务实施

1. 绘制电器元件布置图

根据电路原理图（见教材）画出电器元件布置图。

2. 绘制电路接线图

3. 安装与接线

安装步骤及工艺要求（见教材）

4. 通电前检测

1）检查所接电路。按照电路图从头到尾，按顺序检查电路。

2）用万用表初步测试电路有无短路情况。确保电路未通电的情况下把万用表打到欧姆挡，用万用表检查电路，并填写在表 15-2、表 15-3 中。

表 15-2　PLC 控制三相异步电动机星—三角减压起动电路控制电路检测

项　　目		测量结果	电路是否正常
输入电路	断开电源和主电路，测量控制电路 PLC 输入端 X0001、X0002、X0003 与 24V 电源引入端 0V 间的阻值		
	按下起动按钮，测量控制电路 PLC 输入端 X0001、X0002、X0003 与 24V 电源引入端 0V 间的阻值		
输出电路	断开电源和主电路，测量控制电路 PLC 电源输入端 L 与输出端 COM 之间的阻值		
	PLC 输出端子 Y0031、Y0032、Y0033 与电源输入端 L 间的阻值		

表 15-3　PLC 控制三相异步电动机星—三角减压起动电路主电路检测

项　　目	测量结果	电路是否正常
断开电源，合上断路器，测量主电路 L1-U1、L2-V1、L3-W1		
断开电源，合上断路器，手动压下接触器 KM，测量主电路 L1-U1、L2-V1、L3-W1		
断开电源，测量主电路 U1-W2、V1-U2、W1-V2		
断开电源，手动压下 $KM_{\triangle}$ 测量主电路 U1-W2、V1-U2、W1-V2		
断开电源，测量主电路 U2、V2 、W2 与 KM_{Y} 短接点		
断开电源，手动压下 KM_{Y}，测量主电路 U2、V2 、W2 与 KM_{Y} 短接点		

5. 通电试车

1）整理实验台上多余导线及工具、仪表，以免短路或触电。

2）为保证人身安全，在通电试车时，一人操作一人监护，认真执行安全操作规程的有关规定。

在教师检查无误后，经教师允许后才可以通电运行。

① 闭合 220V 交流电源，在线下载所编写的程序到 PLC 中。

② 在线运行程序，按下起动按钮 SB1，记录电脑中 X0001 状态______，Y0031 状态________，Y0033 的状态________，PLC 上 X0002 输入指示灯状态______，Y0031 输出指示灯状态______，Y0033 输出指示灯状态______，记录接触器 KM1 的状态__________，KM3 的状态________。观察定时器 T0000 的变化________，延时 3s 后，记录定时器 T0000 的状态________，Y0031 的状态________，Y0032 的状态________，Y0033 的状态________。PLC 上 Y0031 输出指示灯状态______，Y0032 输出指示灯状态______，Y0033 输出指示灯状态______，记录接触器 KM1 的状态________，KM2 的状态________，KM3 的状态__________。

③ 按下停止按钮 SB2，记录电脑中 X0002 状态______，Y0031 的状态________，Y0032 的状态________，Y0033 的状态________，PLC 上 X0002 输入指示灯状态______，Y0031 输出指示灯状态______ Y0032 输出指示灯状态______，Y0033 输出指示灯状态______，记录接触器 KM1 的状态________，KM2 的状态________，KM3 的状态__________。

④ 闭合 380V 交流电源，在线运行程序。

⑤ 按下起动按钮 SB1，电动机的状态________。延时 3s 后，电动机的状态________。

⑥ 按下停止按钮 SB2，电动机的状态________。

将通电试车情况记录到表 15-4 中。

表 15-4　通电试车记录

运行情况	星—三角减压起动是否实现							
	几次通电实现							
工作用时	开始时间		结束时间		实际用时			
文明工作		很好		好		一般		较差
验收情况								

三、任务评价

表 15-5 为任务评价表。

表 15-5　任务评价表

评价项目	评价内容	参考分	评分标准	得分
识读电路和程序	正确识读和分析 PLC 控制三相异步电动机星—三角减压起动电路及梯形图程序	10	正确叙述 PLC 控制三相异步电动机星—三角减压起动梯形图程序	
程序编写及仿真	1. 能正确编写梯形图程序 2. 能正确保存文件 3. 会将梯形图转换语句表 4. 会仿真运行梯形图	25	1. 输入梯形图错误，每处扣 2 分 2. 保存文件错误，扣 4 分 3. 转换语句表错误，扣 4 分 4. 程序仿真错误，扣 4 分	
电路安装	1. 能正确分配 I/O 端口 2. 会安装元器件 3. 完整、规范接线 4. 能按要求编写线号	30	1. 不能正确分配端口，扣 3 分 2. 画错 I/O 接线图，扣 3 分 3. 错、漏线，每处扣 2 分 4. 错、漏编号，每处扣 1 分	
调试与运行	1. 运行系统，分析操作结果 2. 正确在线监控程序运行	25	1. 系统通电操作错误，每步扣 5 分 2. 分析操作结果错误，每处扣 2 分 3. 监控梯形图错误，扣 2 分	
劳动保护及安全文明	1. 爱护设备及工具 2. 遵守安全文明生产规程 3. 成本及环保意识	10	1. 发生安全事故，记 0 分 2. 违反一条安规，扣 3 分	
时间	45min		1. 提前正确完成，每 5min 加 2 分 2. 超过规定时间，每 5min 减 2 分	
总分				

任务单十六

PLC控制七彩伞电路的安装与调试

班级______ 姓名______ 同组人______

工作时间:　　　年　　月　　日

一、工作准备

理一理

根据 PLC 控制七彩伞运行任务要求，分析其输入、输出及 PLC 的 I/O 地址分配，完成表 16-1。

表 16-1　I/O 地址分配表

输　入			输　出		
元器件名称	功能	PLC 地址	元器件名称	功能	PLC 地址

画一画

1. 绘制 PLC 硬件接线图

2. 绘制梯形图，写出语句表

备一备

1. 根据PLC控制七彩伞电路材料明细表备齐电器元件及材料，并进行质量检验（见教材）。

2. 备齐工具、仪表（见教材）。

二、任务实施

1. 绘制电器元件布置图

根据电路原理图（见教材）画出电器元件位置布置图。

2. 绘制电路接线图

3. 安装与接线

安装步骤及工艺要求（见教材）。

4. 通电前检测

1）检查所接电路。按照电路图从头到尾，按顺序检查电路。

2）用万用表初步测试电路有无短路情况。确保电路未通电的情况下把万用表打到欧姆挡，用万用表检查电路，并填写在表16-2中。

表16-2　PLC控制七彩伞电路检测

项　　目		测量结果	电路是否正常
输入电路	断开电源，测量电路PLC输入端X0000、X0001端子与公共端COM间的阻值		
	按下起动按钮，测量电路PLC输入端X0000、X0001端子与公共端COM间的阻值		
输出电路	断开电源，测量电路PLC电源输入端L与输出端COM之间的阻值		
	PLC输出端Y0030、Y0031、Y0032、Y0033、Y0034端子与公共端COM间的阻值		

5. 通电试车

1）整理实验台上多余导线及工具、仪表，以免短路或触电。

2）为保证人身安全，在通电试车时，一人操作一人监护，认真执行安全操作规程的有关规定。

在教师检查无误后，经教师允许后才可以通电运行。

① 闭合220V交流电源，在线下载所编写的程序到PLC中。

② 在线运行程序，记录C0000当前值______，C0001当前值______，C0002当前值______，C0003当前值______，C0004当前值______，C0005当前值______，C0006当前值______，观察M0000______s通断一次。

③ 按下起动按钮SB1，记录记录C0000值______，Y0030状态________，Y0030输出指示灯状态______，二极管3a的状态__________。

④ 记录C0000、C0001、C0002、C0003、C0004、C0005、C0006的变化随机程序运行过程____。

将通电试车情况记录到表16-3中。

表16-3 通电试车记录

<table>
<tr><td rowspan="2">运行情况</td><td colspan="2">PLC控制七彩伞运行是否实现</td><td colspan="6"></td></tr>
<tr><td colspan="2">几次通电实现</td><td colspan="6"></td></tr>
<tr><td>工作用时</td><td>开始时间</td><td></td><td>结束时间</td><td></td><td>实际用时</td><td colspan="3"></td></tr>
<tr><td>文明工作</td><td></td><td>很好</td><td></td><td>好</td><td></td><td>一般</td><td></td><td>较差</td></tr>
<tr><td>验收情况</td><td colspan="8"></td></tr>
</table>

三、任务评价

表16-4为任务评价表。

表16-4 任务评价表

评价项目	评价内容	参考分	评分标准	得分
识读电路和程序	正确分析PLC控制七彩伞电路及梯形图程序	10	正确叙述PLC控制七彩伞梯形图程序,10分	
程序编写及仿真	1. 能正确编写梯形图程序 2. 能正确保存文件 3. 会将梯形图转换语句表 4. 会仿真运行梯形图	25	1. 输入梯形图错误,每处扣2分 2. 保存文件错误,扣4分 3. 转换语句表错误,扣4分 4. 程序仿真错误,扣4分	
电路安装	1. 能正确分配I/O端口 2. 会安装电器元件 3. 完整、规范接线 4. 能按要求编写线号	30	1. 不能正确分配端口,扣3分 2. 画错I/O接线图,扣3分 3. 错、漏线,每处扣2分 4. 错、漏编号,每处扣1分	
调试与运行	1. 运行系统,分析操作结果 2. 正确在线监控程序运行	25	1. 系统通电操作错误,每步扣5分 2. 分析操作结果错误,每处扣2分 3. 监控梯形图错误,扣2分	
劳动保护及安全文明	1. 爱护设备及工具 2. 遵守安全文明生产规程 3. 成本及环保意识	10	1. 发生安全事故,记0分 2. 违反一条安规,扣3分	
时间	45min		1. 提前正确完成,每5min加2分 2. 超过规定时间,每5min减2分	
总分				

任务单十七

PLC控制天塔之光电路的安装与调试

班级______ 姓名______ 同组人______

工作时间：　　年　月　日

一、工作准备

理一理

根据 PLC 控制天塔之光运行任务要求，分析其输入、输出及 PLC 地址分配，完成表 17-1。

表 17-1　I/O 地址分配表

输　入			输　出		
元器件名称	功能	PLC 地址	元器件名称	功能	PLC 地址

画一画

1. 绘制 PLC 硬件接线图

2. 绘制梯形图，写出语句表

备一备

1. 根据 PLC 控制天塔之光电路材料明细表备齐电器元件及材料，并进行质量检验（见教材）。

2. 备齐工具、仪表（见教材）。

二、任务实施

1. 绘制电器元件布置图

根据电路原理图（见教材）画出电器元件布置图。

2. 绘制电路接线图

3. 安装与接线

安装步骤及工艺要求（见教材）。

4. 通电前检测

1）检查所接电路。按照电路图从头到尾，按顺序检查电路。

2）用万用表初步测试电路有无短路情况。确保电路未通电的情况下把万用表打到欧姆挡，用万用表检查电路，并填写在表 17-2 中。

表 17-2 PLC 控制天塔之光电路检测

项目		测量结果	电路是否正常
输入电路	断开电源，测量电路 PLC 输入端 X0000、X0001 号端子与公共端 COM 间的阻值		
	按下起动按钮，测量电路 PLC 输入端 X0000、X0001 端子与公共端 COM 间的阻值		
输出电路	断开电源，测量电路 PLC 电源输入端 L 与输出端 COM 之间的阻值		
	PLC 输出 Y0030、Y0031、Y0032、Y0033、Y0034 端子与公共端 COM 间的阻值		

5. 通电调试

1）整理实验台上多余导线及工具、仪表，以免短路或触电。

2）为保证人身安全，在通电试车时，一人操作一人监护，认真执行安全操作规程的有关规定。

3）闭合 220V 交流电源，在线下载所编写的程序到 PLC 中。

4）运行程序前，记录电脑中 WY0000 当前值为________，数码管显示______。PLC

上 Y0034、Y0033、Y0032、Y0031、Y0030 输出指示灯状态依次为__________。运行程序，观察电脑中时间继电器 T1 变化______，记录电脑中 WY0000 状态为________，数码管显示______。PLC 上 Y0034、Y0033、Y0032、Y0031、Y0030 输出指示灯状态依次为__________。按下起动按钮 SB1，观察时间继电器 T0 变化________，2s 后，观察 ROR 指令中 WY0000 的状态，数码管状态______________，PLC 上 Y0034、Y0033、Y0032、Y0031、Y0030 输出指示灯状态变化为____________。

5）按下停止按钮 SB2，记录 MOV 指令的 WY0000 数值变为______，ROR 指令中 WY0000 数值，数码管显示______，PLC 上 Y0034、Y0033、Y0032、Y0031、Y0030 输出指示灯状态依次为__________________。

将通电调试情况记录到表 17-3 中。

表 17-3　通电调试记录

<table>
<tr><td rowspan="2">运行情况</td><td colspan="2">PLC 控制天塔之光运行是否实现</td><td colspan="5"></td></tr>
<tr><td colspan="2">几次通电实现</td><td colspan="5"></td></tr>
<tr><td>工作用时</td><td>开始时间</td><td></td><td>结束时间</td><td></td><td>实际用时</td><td colspan="2"></td></tr>
<tr><td>文明工作</td><td></td><td>很好</td><td></td><td>好</td><td></td><td>一般</td><td></td><td>较差</td></tr>
<tr><td>验收情况</td><td colspan="8"></td></tr>
</table>

三、任务评价

表 17-4 为任务评价表。

表 17-4　任务评价表

评价项目	评价内容	参考分	评分标准	得分
识读电路和程序	正确分析 PLC 控制天塔之光运行电路及梯形图程序	10	正确叙述 PLC 控制天塔之光运行梯形图程序	
程序编写及仿真	1. 能正确编写梯形图程序 2. 能正确保存文件 3. 会将梯形图转换语句表 4. 会仿真运行梯形图	25	1. 输入梯形图错误，每处扣 2 分 2. 保存文件错误，扣 4 分 3. 转换语句表错误，扣 4 分 4. 程序仿真错误，扣 4 分	
电路安装	1. 能正确分配 I/O 端口 2. 会安装元器件 3. 完整、规范接线 4. 能按要求编写线号	30	1. 不能正确分配端口，扣 3 分 2. 画错 I/O 接线图，扣 3 分 3. 错、漏线，每处扣 2 分 4. 错、漏编号，每处扣 1 分	
调试与运行	1. 运行系统，分析操作结果 2. 正确监控梯形图	25	1. 系统通电操作错误，每步扣 5 分 2. 分析操作结果错误，每处扣 2 分 3. 监控梯形图错误，扣 2 分	
劳动保护及安全文明	1. 爱护设备及工具 2. 遵守安全文明生产规程 3. 成本及环保意识	10	1. 发生安全事故，记 0 分 2. 违反一条安规，扣 3 分	
时间	45min		1. 提前正确完成，每 5min 加 2 分 2. 超过规定时间，每 5min 减 2 分	
总分				

任务单十八

PLC控制七段数码管电路的安装与调试

班级______ 姓名______ 同组人______

工作时间：　　年　月　日

一、工作准备

理一理

根据 PLC 控制七段数码管运行任务要求，分析其输入、输出及 PLCI/O 地址分配，完成表 18-1。

表 18-1　I/O 地址分配表

输　入			输　出		
元器件名称	功能	PLC 地址	元器件名称	功能	PLC 地址

画一画

1. 绘制 PLC 硬件接线图

2. 绘制梯形图，写出语句表

备一备

1. 根据 PLC 控制七段数码管运行控制电路材料明细表备齐电器元件及材料，并进行质量检验（见教材）。

2. 备齐工具、仪表（见教材）。

二、任务实施

1. 绘制电器元件布置图

根据电路原理图（见教材）画出电器元件布置图。

2. 绘制电路接线图

3. 安装与接线

安装步骤及工艺要求（见教材）。

4. 通电前检测

1）检查所接电路。按照电路图从头到尾，按顺序检查电路。

2）用万用表初步测试电路有无短路情况。确保电路未通电的情况下把万用表打到欧姆挡，用万用表检查电路，并填写在表 18-2 中。

表 18-2 PLC 控制七段数码管运行控制电路检测

项目		测量结果	电路是否正常
输入电路	断开电源，测量电路 PLC 输入端 X0000、X0001 端子与公共端 COM 间的阻值		
	按下起动按钮，测量电路 PLC 输入端 X0000、X0001 端子与公共端 COM 间的阻值		
输出电路	断开电源，测量电路 PLC 电源输入端 L 与输出端 COM 之间的阻值		
	PLC 输出 Y0030、Y0031、Y0032、Y0033、Y0034、Y0035、Y0036 端子与公共端 COM 间的阻值		

5. 通电试车

1）整理实验台上多余导线及工具、仪表，以免短路或触电。

2）为保证人身安全，在通电调试时，一人操作一人监护，认真执行安全操作规程的有关规定。

在教师检查无误后，经教师允许后才可以通电运行。

① 闭合 220V 交流电源，在线下载所编写的程序到 PLC 中。

② 在线运行程序，观察 D0000 当前值为______，按下起动按钮 SB1，观察并记录电脑中 D0000 数值的变化______，数码管显示有何变化______________________________。

③ 数码管显示“1”时，PLC 上 Y0036、Y0035、Y0034、Y0033、Y0032、Y0031、Y0030 输出指示灯状态依次为______________。点击 data 窗口，在 address 下方输入 wy0003，记录其二进制数值为______________，十进制数值为______________。

④ 数码管显示“2”时，PLC 上 Y0036、Y0035、Y0034、Y0033、Y0032、Y0031、Y0030 输出指示灯状态依次为______________。点击 data 窗口，记录 wy0003 中二进制数值为______________，十进制数值为____________________。

⑤ 数码管显示“3”时，PLC 上 Y0036、Y0035、Y0034、Y0033、Y0032、Y0031、Y0030 输出指示灯状态依次为______________。点击 data 窗口，记录 wy0003 中二进制数值为______________，十进制数值为______________________。

⑥ 数码管显示“4”时，PLC 上 Y0036、Y0035、Y0034、Y0033、Y0032、Y0031、Y0030 输出指示灯状态依次为______________。点击 data 窗口，记录 wy0003 中二进制数值为______________，十进制数值为______________________。

⑦ 数码管显示“5”时，PLC 上 Y0036、Y0035、Y0034、Y0033、Y0032、Y0031、Y0030 输出指示灯状态依次为______________。点击 data 窗口，记录 wy0003 中二进制数值为______________，十进制数值为______________________。

⑧ 数码管显示“6”时，PLC 上 Y0036、Y0035、Y0034、Y0033、Y0032、Y0031、Y0030 输出指示灯态依次为______________。点击 data 窗口，记录 wy0003 中二进制数值为______________，十进制数值为____________________。

⑨ 数码管显示“7”时，PLC 上 Y0036、Y0035、Y0034、Y0033、Y0032、Y0031、Y0030 输出指示灯状态依次为______________。点击 data 窗口，记录 wy0003 中二进制数值为______________，十进制数值为____________________。

⑩ 数码管显示“8”时，PLC 上 Y0036、Y0035、Y0034、Y0033、Y0032、Y0031、Y0030 输出指示灯状态依次为______________。点击 data 窗口，记录 wy0003 中二进制数值为______________，十进制数值为______________。

⑪ 数码管显示“9”时，PLC 上 Y0036、Y0035、Y0034、Y0033、Y0032、Y0031、Y0030 输出指示灯状态依次为______________。点击 data 窗口，记录 wy0003 中二进制数值为______________，十进制数值为______________。

将通电调试情况记录到表 18-3 中。

表 18-3　通电调试记录

<table>
<tr><td rowspan="2">运行情况</td><td>PLC 控制七段数码管运行是否实现</td><td colspan="7"></td></tr>
<tr><td>几次通电实现</td><td colspan="7"></td></tr>
<tr><td>工作用时</td><td>开始时间</td><td></td><td>结束时间</td><td></td><td>实际用时</td><td colspan="3"></td></tr>
<tr><td>文明工作</td><td></td><td>很好</td><td></td><td>好</td><td></td><td>一般</td><td></td><td>较差</td></tr>
<tr><td>验收情况</td><td colspan="8"></td></tr>
</table>

三、任务评价

表 18-4 为任务评价表。

表 18-4　任务评价表

评价项目	评价内容	参考分	评分标准	得分
识读电路和程序	正确分析 PLC 控制七段数码管电路及梯形图程序	10	正确叙述 PLC 控制七段数码管梯形图程序,10 分	
程序编写及仿真	1. 能正确编写梯形图程序 2. 能正确保存文件 3. 会将梯形图转换语句表 4. 会仿真运行梯形图	25	1. 输入梯形图错误,每处扣 2 分 2. 保存文件错误,扣 4 分 3. 转换语句表错误,扣 4 分 4. 程序仿真错误,扣 4 分	
设备安装	1. 能正确分配 I/O 端口 2. 会安装电器元件 3. 完整、规范接线 4. 能按要求编写线号	30	1. 不能正确分配端口,扣 3 分 2. 画错 I/O 接线图,扣 3 分 3. 错、漏线,每处扣 2 分 4. 错、漏编号,每处扣 1 分	
调试与运行	1. 运行系统,分析操作结果 2. 正确监控梯形图	25	1. 系统通电操作错误,每步扣 5 分 2. 分析操作结果错误,每处扣 2 分 3. 监控梯形图错误,扣 2 分	
劳动保护及安全文明	1. 爱护设备及工具 2. 遵守安全文明生产规程 3. 成本及环保意识	10	1. 发生安全事故,记 0 分 2. 违反一条安规,扣 3 分	
时间	45min		1. 提前正确完成,每 5min 加 2 分 2. 超过规定时间,每 5min 减 2 分	
总分				

任务单十九

认识变频器

班级______ 姓名______ 同组人______

工作时间：　　　年　　月　　日

一、工作准备

写一写

1）变频器是利用电力半导体器件的______________作用将工频电源变换为另一频率的电能控制装置。它主要由两部分电路构成，一是______________，二是______________。

2）变频器的作用是____。

3）变频器按直流电源的性质分为：______________和______________。

4）变频器通常包含4个组成部分：______________、____________、__________和______组成。

5）变频器主回路电源输入端的端子符号为________、__________、________。连接三相异步电动机的端子符号为__________、__________、__________。

6）变频器上B1、B2端子的功能为____。

画一画

画出变频器面板示意图，并标注面板各功能键及用途。

搜一搜

在互联网上搜一搜变频器的厂家及最新技术。

备一备

1. 准备 V1000 变频器一台，并观察外观及接线端子有无损坏。
2. 备齐工具（见教材）。

表 19-1　拆装变频器所需工具

序　号	名　称
1	
2	
3	
4	
5	

二、任务实施

根据变频器拆装步骤正确拆装变频器。

三、任务评价

表 19-2 为任务评价表。

表 19-2　任务评价表

评价项目	评价内容	参考分	评分标准	得分
识读变频器	1. 认识变频器 2. 变频器工作原理	25	1. 正确识读变频器各端子名称、作用,10 分 2. 正确分析变频器工作原理,15 分	
装前检查	检查变频器质量完好	15	电器元件漏检,每处扣 3 分	
安装变频器	1. 接线紧固 2. 按照步骤安装,思路清晰	40	1. 按照变频器安装步骤正确安装,40 分 2. 螺钉不紧,每处扣 5 分	
劳动保护及安全文明	1. 爱护设备及工具 2. 遵守安全文明生产规程 3. 成本及环保意识	20	1. 着装整洁,15 分 2. 保持工作环境清洁,5 分 3. 执行安全操作规程,5 分 4. 节约意识,5 分	
总分				

任务单二十

变频器面板控制三相异步电动机连续运行电路的安装与调试

班级______ 姓名______ 同组人______

工作时间：　　年　月　日

一、工作准备

写一写

在图 20-1 中，标出变频器面板各部分的名称。

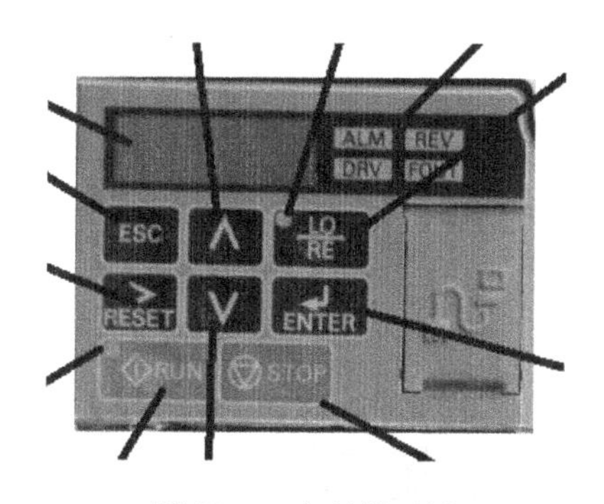

图 20-1　变频器面板

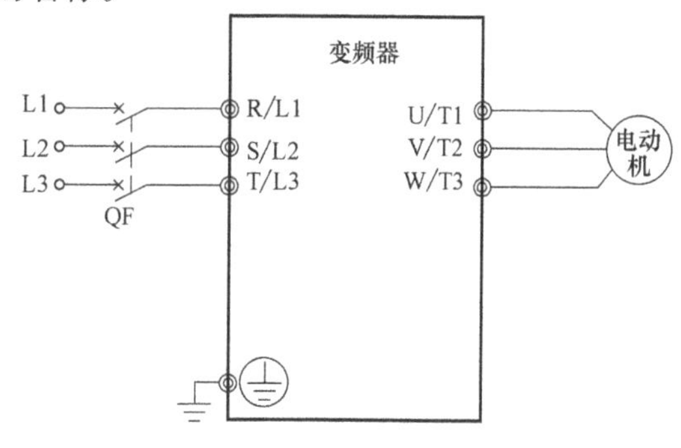

图 20-2

读一读

识读电气控制原理图，并完成以下任务。

1. 明确电路所用电器元件名称及其作用，并填入表 20-1。

表 20-1　电器元件名称及其作用

序号	名称	作　用	符号
1			
2			
3			
4			
5			
6			

2. 小组讨论图 20-2 中线路的工作原理。

起动：

停止：

备一备

1. 根据变频器面板控制三相异步电动机连续运行电路材料明细表备齐电器元件及材料，并进行质量检验（见教材）。

2. 备齐工具、仪表（见教材）。

二、任务实施

1. 绘制电器元件布置图

根据电路原理图（图 20-2）画出电器元件位置布置图。

2. 绘制电路接线图

操作步骤	LED 显示
1. 接通电源	F 0.00 ALM DRV REV OUT 初始画面
2. 按 ∧，直至显示自学习画面	AfUn
3. 按 ENTER，显示参数设定画面	T1-01
4. 如果按 ENTER，则显示 T1-01 的当前设定值	02
5. 按 > RESET，移动闪烁位	02
6. 按 ∧，设定为 00（旋转形自学习）	00
7. 按 ENTER，进行确定	End
8. 自动返回参数设定画面（步骤 3）	

图 20-3　设置自学习种类

3. 安装与接线

安装步骤及工艺要求（见教材）。

4. 线路检测

检查所接电路。按照电路图从头到尾，按顺序检查电路。

5. 参数设置

1）接通电源后，设置变频器自学习种类，如图 20-3 所示。

2）输入电动机参数。如图 20-4 所示。

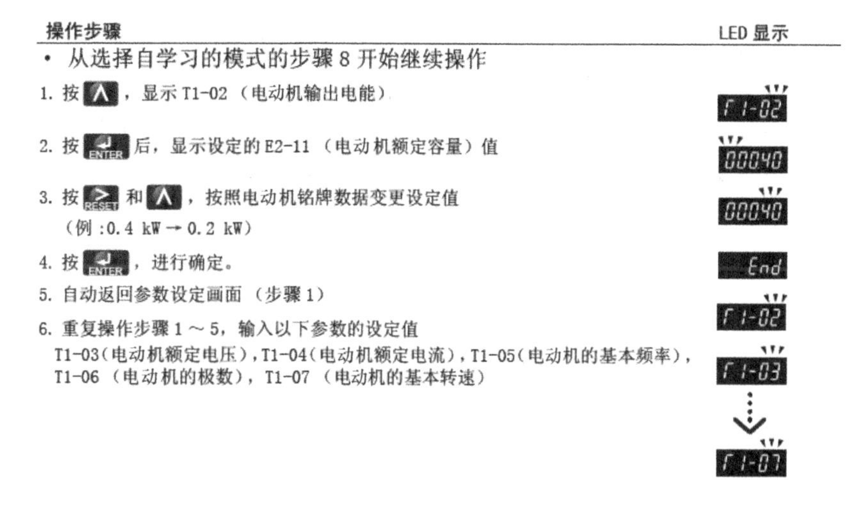

图 20-4　输入电动机参数

3）变频器面板控制电动机参数设置。参照学习手册，将参数 B1-02 设定为 0，将频率设定为 F6.00（6Hz）。

6. 通电试车

1）整理实验台上多余导线及工具、仪表，以免短路或触电。

2）为保证人身安全，在通电试车时，一人操作一人监护，认真执行安全操作规程的有关规定，经老师检查并现场监护。

在教师检查无误后，经教师允许后才可以通电运行。将通电试车情况记录到表 20-2 中。

① 按下 RUN 键，观察并记录电动机工作状态。此时，变频器显示的频率为________Hz，电动机的速度为______r/min。

② 按下 STOP 键，观察并记录电动机工作状态。此时，变频器显示的频率为________Hz，电动机的速度为______r/min。

表 20-2　通电试车记录

试转情况	面板控制是否实现							
	几次通电实现							
工作用时	开始时间		结束时间		实际用时			
文明工作		很好		好		一般		较差
验收情况								

三、任务评价

表 20-3 为任务评价表。

表 20-3 任务评价表

评价项目	评价内容	参考分	评分标准	得分
识读电路图	认识变频器面板控制电动机电路图中电器元件符号及作用	15	1. 正确识读变频器面板控制电动机电路中电器元件符号,5 分 2. 正确分析变频器面板控制电动机电路工作原理,10 分	
装前检查	检查电器元件质量完好	10	电器元件漏检,每处扣 1 分	
安装电器元件	1. 按照电器元件布置图安装元件 2. 电器元件安装整齐	10	1. 不按照电器布置图安装电器元件,扣 10 分 2. 电器元件安装不紧固,每只扣 4 分 3. 损坏电器元件,扣 10 分 4. 电器元件安装不整齐、不匀称、不合理或错接,每处扣 2 分	
布线	1. 接线紧固、无压绝缘、无损伤导线绝缘或线芯 2. 按照电路图接线,思路清晰	20	1. 按照接线图正确接线,安装工艺符合板前线槽布线工艺要求,20 分 2. 接线松动,每处扣 1 分 3. 损坏导线或线芯,每根扣 2 分 4. 错接,每处扣 2 分	
参数设置	正确设置参数	10	参数设置过程熟练、正确,10 分	
通电试车	在保证人身安全的前提下,通电试车一次成功	10	第一次试车不成功,扣 5 分 第二次试车不成功,扣 8 分 第三次试车不成功,扣 10 分	
故障排查	1. 仪器、仪表使用正确 2. 在保证人身及设备安全的前提下,故障排查一次成功	10	第一次故障排查不成功,扣 5 分 第二次故障排查不成功,扣 8 分 第三次故障排查不成功,扣 10 分	
劳动保护及安全文明	1. 爱护设备及工具 2. 遵守安全文明生产规程 3. 成本及环保意识	10	1. 着装整洁,2 分 2. 保持工作环境清洁,2 分 3. 执行安全操作规程,3 分 4. 节约意识,3 分	
资料整理	工作单填写齐全、整洁、无误	5	1. 工作单填写齐全,工整,2 分 2. 工作单填写无误,3 分	
总分				

任务单二十一

变频器端口控制三相异步电动机正反转运行电路的安装与调试

班级______ 姓名______ 同组人______

工作时间：　　　年　　月　　日

一、工作准备

读一读

识读变频器端口控制三相异步电动机正反转运行电路原理图，如图 21-1 所示，并完成以下任务。

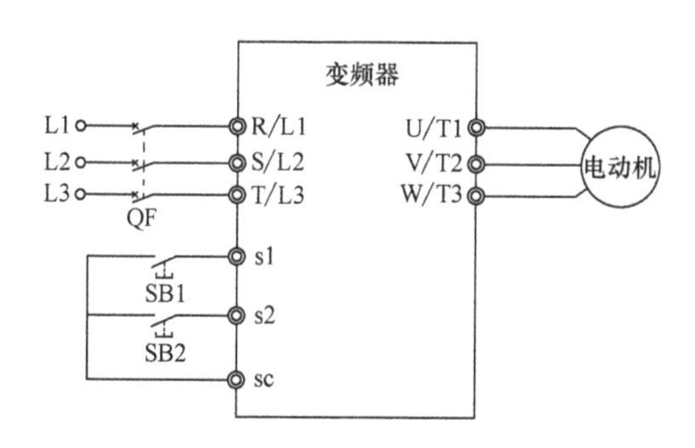

图 21-1　变频器端口控制三相异步电动机正反转运行电路原理图

1. 明确图 21-1 中所用电器元件名称及其作用，并填入表 21-1。

表 21-1　电器元件名称及其作用

序　号	名　　称	作　　用	符　　号
1			
2			
3			
4			
5			

（续）

序　号	名　　称	作　　用	符　　号
6			
7			
8			
9			

2. 小组讨论图 21-1 中线路的工作原理。

起动：

停止：

备一备

1. 根据变频器端口控制三相异步电机正反转运行电路原理图材料明细表备齐电器元件及材料，并进行质量检验。（见教材）

2. 备齐工具、仪表。（见教材）

二、任务实施

1. 绘制电器元件布置图

根据图 21-1 画出电器元件布置图。

2. 绘制电路接线图

3. 安装与接线

安装步骤及工艺要求（见教材）。

4. 通电前检测

1）检查所接电路。按照电路图从头到尾，按顺序检查电路。

2）检查各接线端子是否牢固，是否有接错的端子。

5. 参数设置

参照学习手册，将参数 B1-02 设定为 1，将频率设定为 F6.00（6Hz）。

6. 通电试车

1）整理实验台上多余导线及工具、仪表，以免短路或触电。

2）为保证人身安全，在通电试车时，一人操作一人监护，认真执行安全操作规程的有关规定，经老师检查并现场监护。

在教师检查无误后，经教师允许后才可以通电运行。将通电试车情况记录到表21-2中。

① 按下 SB1，观察并记录电动机工作状态。此时，变频器显示的频率为________Hz，电动机的速度为______r/min。

② 按下 SB2，观察并记录电动机工作状态。此时，变频器显示的频率为________Hz，电动机的速度为______r/min。

表 21-2　通电试车记录

<table>
<tr><td rowspan="2">试转情况</td><td colspan="2">正反转控制是否实现</td><td colspan="6"></td></tr>
<tr><td colspan="2">几次通电实现</td><td colspan="6"></td></tr>
<tr><td>工作用时</td><td>开始时间</td><td></td><td>结束时间</td><td></td><td>实际用时</td><td colspan="3"></td></tr>
<tr><td>文明工作</td><td></td><td>很好</td><td></td><td>好</td><td></td><td>一般</td><td></td><td>较差</td></tr>
<tr><td>验收情况</td><td colspan="8"></td></tr>
</table>

三、任务评价

表 21-3 为任务评价表。

表 21-3　任务评价表

评价项目	评价内容	参考分	评分标准	得分
识读电路图	1. 认识变频器端口控制电动机正反转运行电路图中电器元件符号及作用 2. 会分析变频器端口控制电动机正反转运行电路工作原理	15	1. 正确识读电路中电器元件符号，5 分 2. 正确分析电路工作原理，10 分	
装前检查	检查电器元件质量完好	10	电器元件漏检，每处扣 1 分	
安装电器元件	1. 按照电器元件布置图安装电器元件 2. 电器元件安装整齐	10	1. 不按照电器元件布置图安装电器元件，扣 10 分 2. 电器元件安装不紧固，每只扣 4 分 3. 损坏电器元件，扣 10 分 4. 电器元件安装不整齐、不匀称、不合理或错接，每处扣 2 分	
布线	1. 接线紧固、无压绝缘、无损伤导线绝缘或线芯 2. 按照电路图接线，思路清晰	20	1. 按照接线图正确接线，安装工艺符合板前线槽布线工艺要求，20 分 2. 接线松动，每处扣 1 分 3. 损坏导线或线芯，每根扣 2 分 4. 错接，每处扣 2 分	
参数设置	正确设置参数	10	参数设置过程熟练、正确，10 分	

（续）

评价项目	评价内容	参考分	评分标准	得分
通电试车	在保证人身安全的前提下，通电试车一次成功	10	第一次试车不成功，扣5分 第二次试车不成功，扣8分 第三次试车不成功，扣10分	
故障排查	1. 仪器、仪表使用正确 2. 在保证人身及设备安全的前提下，故障排查一次成功	10	第一次故障排查不成功，扣5分 第二次故障排查不成功，扣8分 第三次故障排查不成功，扣10分	
劳动保护及安全文明	1. 爱护设备及工具 2. 遵守安全文明生产规程 3. 成本及环保意识	10	1. 着装整洁，2分 2. 保持工作环境清洁，2分 3. 执行安全操作规程，3分 4. 节约意识，3分	
资料整理	任务单填写齐全、整洁、无误	5	1. 任务单填写齐全，工整，2分 2. 任务单填写无误，3分	
总分				

任务单二十二

变频器控制三相异步电动机多段速运行电路的安装与调试

班级______ 姓名______ 同组人______

工作时间：　　年　月　日

一、工作准备

读一读

识读变频器控制三相异步电动机多段速运行电路原理图，并完成以下任务。

1. 明确图 22-1 中所用电器元件名称及其作用，并填入表 22-1。

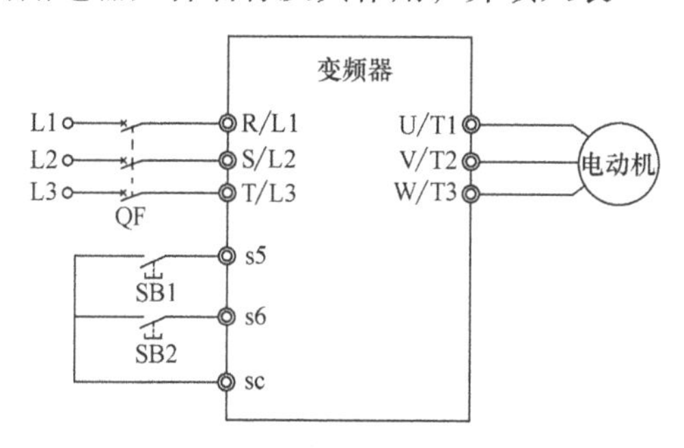

图 22-1　变频器控制三相异步电动机多段速运行电路原理图

表 22-1　电器元件名称及其作用

序　号	名　　称	作　　用	符　　号
1			
2			
3			
4			
5			
6			
7			
8			
9			

2. 小组讨论图 22-1 中线路的工作原理。

起动：

停止：

备一备

1. 根据变频器控制三相异步电动机多段速运行电路材料明细表备齐电器元件及材料，并进行质量检验（见教材）。

2. 备齐工具、仪表（见教材）。

二、任务实施

1. 绘制电器元件布置图

根据图 22-1 画出电器元件布置图。

2. 绘制电路接线图

3. 安装与接线

安装步骤及工艺要求（见教材）。

4. 通电前检测

1）检查所接电路。按照电路图从头到尾，按顺序检查电路。

2）检查各接线端子是否牢固，是否有接错的端子。

5. 参数设置

在参数设定模式中对下列参数设定频率：

d1-01 = 5Hz：1 段速

d1-02 = 20Hz：2 段速

d1-03 = 50Hz：3 段速

d1-04 = 60Hz：4 段速

6. 通电试车

1）整理实验台上多余导线及工具、仪表，以免短路或触电。

2）为保证人身安全，在通电试车时，一人操作一人监护，认真执行安全操作规程的有关规定，经老师检查并现场监护。

在教师检查无误后，经教师允许后才可以通电运行。将通电试车情况记录到表22-2中。

① 按下RUN键，观察电动机速度状态。此时，变频器显示的频率为________Hz，电动机的速度为______r/min。

② 按下SB1，观察电动机速度状态。此时，变频器显示的频率为________Hz，电动机的速度为______r/min。

③ 按下SB2，观察电动机速度状态。此时，变频器显示的频率为________Hz，电动机的速度为______r/min。

④ 同时按下SB1、SB2，观察电动机速度状态。此时，变频器显示的频率为________Hz，电动机的速度为______r/min。

表22-2 通电试车记录

<table>
<tr><td rowspan="2">试转情况</td><td colspan="2">多段速控制是否实现</td><td colspan="6"></td></tr>
<tr><td colspan="2">几次通电实现</td><td colspan="6"></td></tr>
<tr><td>工作用时</td><td>开始时间</td><td></td><td>结束时间</td><td></td><td>实际用时</td><td colspan="3"></td></tr>
<tr><td>文明工作</td><td></td><td>很好</td><td></td><td>好</td><td></td><td>一般</td><td></td><td>较差</td></tr>
<tr><td>验收情况</td><td colspan="8"></td></tr>
</table>

三、任务评价

表22-3为任务评价表。

表22-3 任务评价表

评价项目	评价内容	参考分	评分标准	得分
识读电路图	1. 认识变频器控制三相异步电动机多段速运行控制电路图中电器元件符号及作用 2. 分析变频器控制三相异步电动机多段速运行控制电路工作原理	15	1. 正确识读变频器控制三相异步电动机多段速运行控制电路电器元件中符号,5分 2. 正确分析变频器控制三相异步电动机多段速运行控制电路工作原理,10分	
装前检查	检查电器元件质量完好	10	电器元件漏检,每处扣1分	
安装电器元件	1. 按照电器元件布置图安装电器元件 2. 电器元件安装整齐	10	1. 不按照电器元件布置图安装电器元件,扣10分 2. 电器元件安装不紧固,每只扣4分 3. 损坏电器元件,扣10分 4. 电器元件安装不整齐、不匀称、不合理或错接,每处扣2分	
布线	1. 接线紧固、无压绝缘、无损伤导线绝缘或线芯 2. 按照电路图接线,思路清晰	20	1. 按照接线图正确接线,安装工艺符合板前线槽布线工艺要求,20分 2. 接线松动,每处扣1分 3. 损坏导线或线芯,每根扣2分 4. 错接,每处扣2分	

（续）

评价项目	评价内容	参考分	评分标准	得分
参数设置	正确设置参数	10	参数设置过程熟练、正确，10 分	
通电试车	在保证人身安全的前提下，通电试车一次成功	10	第一次试车不成功，扣 5 分 第二次试车不成功，扣 8 分 第三次试车不成功，扣 10 分	
故障排查	1. 仪器、仪表使用正确 2. 在保证人身及设备安全的前提下，故障排查一次成功	10	第一次故障排查不成功，扣 5 分 第二次故障排查不成功，扣 8 分 第三次故障排查不成功，扣 10 分	
劳动保护及安全文明	1. 爱护设备及工具 2. 遵守安全文明生产规程 3. 成本及环保意识	10	1. 着装整洁，2 分 2. 保持工作环境清洁，2 分 3. 执行安全操作规程，3 分 4. 节约意识，3 分	
资料整理	任务单填写齐全、整洁、无误	5	1. 任务单填写齐全，工整，2 分 2. 任务单填写无误，3 分	
总分